图解数据结构

使用Python

吴灿铭 著

清華大學出版社
北京

内 容 简 介

本书采用丰富的图例来阐述基本概念，并以简洁清晰的语言来诠释重要的理论和算法，同时配合完整的范例程序代码，使读者可以通过“实例+实践”来熟悉数据结构。

本书内容共9章，先从基本的数据结构概念开始介绍，再以Python语言来实现数组、堆栈、链表、队列、树、图、排序、查找等重要的数据结构。在附录A提供了Python语言的快速入门，附录B是使用Python语言实现数据结构程序时调试经验的分享，附录C则提供了所有课后习题的答案。

图书在版编目（CIP）数据

图解数据结构：使用Python/吴灿铭著.—北京：清华大学出版社，2018（2022.7重印）
ISBN 978-7-302-49532-1

Ⅰ. ①图… Ⅱ. ①吴… Ⅲ. ①数据结构—图解②软件工具—程序设计 Ⅳ. ①TP311.12-64②TP311.561

中国版本图书馆CIP数据核字（2018）第029409号

责任编辑：夏毓彦
封面设计：王　翔
责任校对：闫秀华
责任印制：刘海龙

出版发行：清华大学出版社
网　　址：http://www.tup.com.cn，http://www.wqbook.com
地　　址：北京清华大学学研大厦A座　　**邮　　编：**100084
社 总 机：010-83470000　　**邮　　购：**010-62786544
投稿与读者服务：010-62776969，c-service@tup.tsinghua.edu.cn
质 量 反 馈：010-62772015，zhiliang@tup.tsinghua.edu.cn

印 装 者：天津鑫丰华印务有限公司
经　　销：全国新华书店
开　　本：190mm×260mm　　**印　　张：**26.5　　**字　　数：**678千字
版　　次：2018年4月第1版　　**印　　次：**2022年7月第5次印刷
定　　价：79.00元

产品编号：077878-01

前　言

数据结构一直是计算机科学领域非常重要的基础课程，它是各大专院校的计算机科学、信息科学、信息工程、应用数学、金融工程等信息相关系的必修课程，近年来包括电子工程、通信工程以及一些商学管理系也把它列入选修课程。同时，一些信息相关科系的转系考试和研究生升学考试，都把数据结构列入必考的专业课。由此可知，无论是从考试的角度还是研究信息类科学专业的角度，数据结构都是被高度重视的一门基础+核心课程。

对于第一次接触数据结构课程的初学者来说，数据结构中大量的理论及算法不易理解，常会造成学习障碍与挫折感。为了帮助读者快速理解数据结构，本书采用丰富的图例来阐述基本概念，并以简洁清晰的语言来诠释重要的理论和算法，同时配合完整的范例程序代码，期望通过“实例+实践”来熟悉数据结构。因此，本书是兼具内容和专业的数据结构教学用书。

市面上以 Python 程序设计语言来实践数据结构理论的书比较少，本书则是针对这种情况而编写的。本书提供了完整的程序代码，让学习变得更加轻松。本书先从最基本的数据结构概念开始，再以 Python 语言来实现数组、堆栈、链表、队列、树、图、排序、查找等重要的数据结构。在附录 A 提供了 Python 语言的快速入门，附录 B 则是使用 Python 语言实现数据结构的程序时调试经验的分享。

笔者长期从事信息教育及写作工作，在语句的表达上尽量简洁有力，为了检验大家在各章的学习成果，还特别搜集了大量的习题。

一本好的理论书籍除了内容完备和专业外，更需要有清楚易懂的结构安排和表达方式。在仔细阅读本书之后，相信读者会体会笔者的用心，也希望读者能对计算机专业这门基础+核心的学科有更深、更完整的认识。

改编说明

现在无人不谈“大数据技术”和“人工智能技术”，而商业智能和机器学习等应用的具体开发中又大量使用Python这门排名已经上升到第5位的程序设计语言。另外，已经有越来越多的大专院校采用 Python 语言来教授计算机程序设计课程，因而用Python语言来描述算法和讲述数据结构就成为顺其自然的事情了。

“数据结构”毫无疑问是计算机科学既经典又核心的课程之一，只要从事计算机相关的开发工作，系统地学习数据结构是进入这个行业的“开山斧”。数据结构不仅讲授数据的结构以及在计算机内存储和组织数据的方式，它背后真正蕴含的是与之息息相关的算法，精心选择的数据结构配合恰如其分的算法就意味着数据或者信息在计算机内被高效率地存储和处理。算法其实就是数据结构的灵魂，它既神秘又神奇“好玩”，可以说是“聪明人在计算机上的游戏”。

本书是一本综合且全面讲述数据结构及其算法分析的教科书，为了便于高校的教学或者读者自学，作者在描述数据结构原理和算法时文字清晰而严谨，为每个算法及其数据结构提供了演算的详细图解。另外，为了适合在教学中让学生上机实践或者自学者上机“操练”，本书为每个经典的算法都提供了 Python 语言编写的完整范例程序（包含完整的源代码），每个范例程序都经过了测试和调试，可以直接在标准的 Python 解释器中运行，目的就是让本书的学习者以这些范例程序作为参照，迅速掌握数据结构和算法的要点。本书所有范例程序的下载网址如下：

https://pan.baidu.com/s/1jJWK4Lo（注意区分数字和英文字母的大小写）

如果下载有问题，请电子邮件联系 booksaga@126.com，邮件主题为“图解数据结构——使用 Python 源代码”。

学习本书需要有面向对象程序设计语言的基础，如果读者没有学习过任何面向对象的程序设计语言，那么建议读者先学习一下 Python 语言再来学习本书。如果读者已经掌握了 Java、C++、C#等任何一种面向对象的程序设计语言，而没有学习过 Python 语言，只需快速浏览一下附录 A“Python 语言快速入门”，即可开始本书的学习。关于 Python 运行环境的简单说明也在附录 A 中讲解，当然读者也可以从 https://www.python.org/网站中下载适合自己的计算机及其操作系统的 Python 版本，再安装和设置好 Python 运行环境。

为了方便教学和读者自学，本书每章的最后都提供了丰富的课后习题，同时在整本书的附录 C 也提供了所有课后习题的详细解答，供读者参考对照。

资深架构师 赵军

2018 年 1 月

目　　录

第 1 章　数据结构导论 …… 1

1.1　数据结构的定义 …… 2

1.1.1　数据与信息 …… 2

1.1.2　数据的特性 …… 3

1.1.3　数据结构的应用 …… 3

1.2　算法 …… 5

1.3　认识程序设计 …… 7

1.3.1　程序开发流程 …… 8

1.3.2　结构化程序设计 …… 8

1.3.3　面向对象程序设计 …… 9

1.4　算法性能分析 …… 11

1.4.1　Big-Oh …… 12

1.4.2　Ω …… 15

1.4.3　θ …… 15

【课后习题】 …… 15

第 2 章　数组结构 …… 17

2.1　线性表简介 …… 18

2.2　认识数组 …… 19

2.2.1　二维数组 …… 21

2.2.2　三维数组 …… 25

2.2.3　n 维数组 …… 27

2.3　矩阵 …… 28

2.3.1　矩阵相加 …… 28

2.3.2　矩阵相乘 …… 29

2.3.3　转置矩阵 …… 31

2.3.4　稀疏矩阵 …… 32

2.3.5　上三角形矩阵 …… 35

2.3.6　下三角形矩阵 …… 39

2.3.7　带状矩阵 …… 43

2.4　数组与多项式 …… 44

【课后习题】 …… 46

第 3 章 链表 48

3.1 单向链表 49
3.1.1 建立单向链表 50
3.1.2 遍历单向链表 51
3.1.3 在单向链表中插入新节点 53
3.1.4 在单向链表中删除节点 58
3.1.5 单向链表的反转 61
3.1.6 单向链表的连接功能 64
3.1.7 多项式链表表示法 69
3.2 环形链表 71
3.2.1 环形链表的建立与遍历 72
3.2.2 在环形链表中插入新节点 74
3.2.3 在环形链表中删除节点 78
3.2.4 环形链表的连接功能 82
3.2.5 环形链表与稀疏矩阵表示法 85
3.3 双向链表 86
3.3.1 双向链表的建立与遍历 87
3.3.2 在双向链表中插入新节点 91
3.3.3 在双向链表中删除节点 95
【课后习题】 99

第 4 章 堆栈 101

4.1 堆栈简介 102
4.1.1 用列表实现堆栈 103
4.1.2 用链表实现堆栈 107
4.2 堆栈的应用 110
4.2.1 递归算法 111
4.2.2 汉诺塔问题 115
4.2.3 老鼠走迷宫 120
4.2.4 八皇后问题 125
4.3 算术表达式的表示法 128
4.3.1 中序法转为前序法与后序法 129
4.3.2 前序法与后序法转为中序法 135
4.3.3 中序法表达式的求值运算 137
4.3.4 前序法表达式的求值运算 138
4.3.5 后序法表达式的求值运算 139

【课后习题】 ……140

第 5 章 队列 ……143

5.1 认识队列 ……144

5.1.1 队列的基本操作 ……144

5.1.2 用数组实现队列 ……145

5.1.3 用链表实现队列 ……148

5.2 队列的应用 ……151

5.2.1 环形队列 ……151

5.2.2 双向队列 ……155

5.2.3 优先队列 ……159

【课后习题】 ……160

第 6 章 树形结构 ……161

6.1 树的基本概念 ……162

6.2 二叉树简介 ……164

6.2.1 二叉树的定义 ……165

6.2.2 特殊二叉树简介 ……166

6.3 二叉树的存储方式 ……167

6.3.1 一维数组表示法 ……167

6.3.2 链表表示法 ……170

6.4 二叉树遍历 ……172

6.4.1 中序遍历 ……173

6.4.2 后序遍历 ……173

6.4.3 前序遍历 ……173

6.4.4 二叉树节点的插入与删除 ……178

6.4.5 二叉运算树 ……184

6.5 线索二叉树 ……189

6.6 树的二叉树表示法 ……195

6.6.1 树转化为二叉树 ……195

6.6.2 二叉树转换成树 ……196

6.6.3 森林转换为二叉树 ……197

6.6.4 二叉树转换成森林 ……198

6.6.5 树与森林的遍历 ……199

6.6.6 确定唯一二叉树 ……201

6.7 优化二叉查找树 ……202

6.7.1 扩充二叉树 ……202

6.7.2 霍夫曼树 ······204
6.7.3 平衡树 ······205
6.8 B 树 ······210
【课后习题】······212

第 7 章 图形结构 ······216

7.1 图形简介 ······217
7.1.1 欧拉环与欧拉链 ······217
7.1.2 图形的定义 ······218
7.1.3 无向图 ······218
7.1.4 有向图 ······219
7.2 图的数据表示法 ······220
7.2.1 邻接矩阵法 ······220
7.2.2 邻接表法 ······224
7.2.3 邻接复合链表法 ······226
7.2.4 索引表格法 ······228
7.3 图的遍历 ······230
7.3.1 深度优先遍历法 ······230
7.3.2 广度优先遍历法 ······233
7.4 生成树 ······237
7.4.1 DFS 生成树和 BFS 生成树 ······238
7.4.2 最小生成树 ······239
7.4.3 Kruskal 算法 ······239
7.5 图的最短路径 ······244
7.5.1 单点对全部顶点 ······244
7.5.2 两两顶点间的最短路径 ······248
7.6 AOV 网络与拓扑排序 ······251
7.7 AOE 网络 ······253
【课后习题】······255

第 8 章 排序 ······259

8.1 排序简介 ······260
8.1.1 排序的分类 ······261
8.1.2 排序算法的分析 ······261
8.2 内部排序法 ······262
8.2.1 冒泡排序法 ······262
8.2.2 选择排序法 ······266

8.2.3 插入排序法 ······ 268
8.2.4 希尔排序法 ······ 270
8.2.5 合并排序法 ······ 272
8.2.6 快速排序法 ······ 275
8.2.7 堆积排序法 ······ 278
8.2.8 基数排序法 ······ 283
【课后习题】 ······ 286

第 9 章　查找 ······ 289

9.1 常见的查找方法 ······ 290
9.1.1 顺序查找法 ······ 290
9.1.2 二分查找法 ······ 292
9.1.3 插值查找法 ······ 294
9.1.4 斐波拉契查找法 ······ 296
9.2 哈希查找法 ······ 300
9.3 常见的哈希函数 ······ 302
9.3.1 除留余数法 ······ 302
9.3.2 平方取中法 ······ 303
9.3.3 折叠法 ······ 303
9.3.4 数字分析法 ······ 304
9.4 碰撞与溢出问题的处理 ······ 305
9.4.1 线性探测法 ······ 305
9.4.2 平方探测法 ······ 307
9.4.3 再哈希法 ······ 307
9.4.4 链表法 ······ 307
【课后习题】 ······ 313

附录 A　Python 语言快速入门 ······ 315

A.1 轻松学 Python 程序 ······ 316
A.2 基本数据处理 ······ 317
A.2.1 数值数据类型 ······ 317
A.2.2 布尔数据类型 ······ 317
A.2.3 字符串数据类型 ······ 318
A.3 输入 input 和输出 print ······ 318
A.3.1 输出 print ······ 318
A.3.2 输出转义字符 ······ 319
A.3.3 输入 input ······ 319

A.4 运算符与表达式……321
A.4.1 算术运算符……321
A.4.2 复合赋值运算符……321
A.4.3 关系运算符……321
A.4.4 逻辑运算符……322
A.4.5 位运算符……322
A.5 流程控制……323
A.5.1 if 语句……323
A.5.2 for 循环……324
A.5.3 while 循环……325
A.6 其他常用的类型……327
A.6.1 string 字符串……327
A.6.2 list 列表……329
A.6.3 tuple 元组和 dict 字典……331
A.7 函数……332
A.7.1 自定义无参数函数……332
A.7.2 有参数行的函数……333
A.7.3 函数返回值……333
A.7.4 参数传递……333

附录 B 数据结构使用 Python 程序调试实录……336

附录 C 课后习题与答案……352

第 1 章 数据结构导论

1.1 数据结构的定义
1.2 算法
1.3 认识程序设计
1.4 算法性能分析

对于一个有志于从事信息技术（IT）领域的人员来说，数据结构（Data Structure）是一门和计算机硬件与软件都密切相关的学科，它的研究重点是在计算机的程序设计领域中探讨如何在计算机中组织和存储数据并进行高效率的运用，涉及的内容包含算法（Algorithm）、数据存储结构、排序、查找、程序设计概念与哈希函数。

1.1 数据结构的定义

我们可以将数据结构看成是在数据处理过程中的一种分析、存储、组织数据的方法与逻辑，它考虑到了数据之间的特性与相互关系。简单来说，数据结构的定义就是一种程序设计优化的方法论，它不仅讨论到存储的数据，同时也考虑到彼此之间的关系与运算，目的是加快程序的执行速度、减少内存占用的空间。

计算机与数据是息息相关的，计算机具有处理速度快与存储容量大两大特点（见图 1-1），因而在数据处理方面更为举足轻重。数据结构和相关的算法就是数据进入计算机进行处理的一套完整逻辑。在进行程序设计时，对于要存储和处理的一类数据，程序员必须选择一种数据结构来进行这类数据的添加、修改、删除、存储等操作，如果在选择数据结构时做了错误的决定，那么程序执行起来将可能变得非常低效，如果选错了数据类型，那么后果将更加不堪设想。

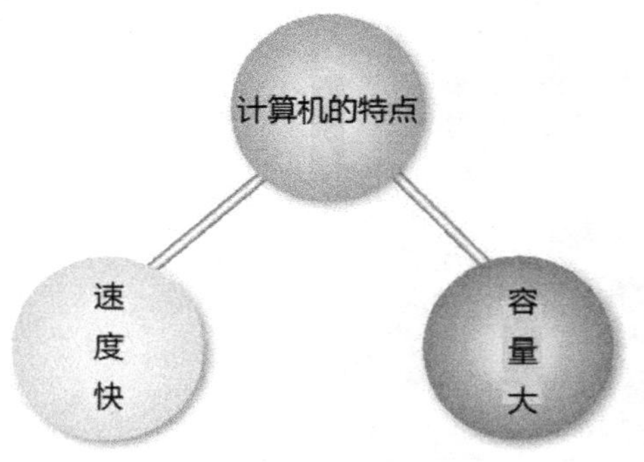

图 1-1　计算机的两大特点

因此，当我们要求计算机解决问题时，必须以计算机所能接受的模式来确认问题，并且要选用适当的算法来处理数据，这就是数据结构讨论的重点。简单地说，数据结构就是对数据与算法的研究。

1.1.1 数据与信息

谈到数据结构，首先就必须了解数据（Data）与信息（Information）。从字义上来看，所谓数据（Data），指的是一种未经处理的原始文字（Word）、数字（Number）、符号（Symbol）或图形（Graph）等，它所表达出来的只是一种没有评估价值的基本元素或表目。例如，姓名或我们常看到的课程表、通讯簿等都可泛称为一种“数据”（Data）。

当数据经过处理（例如以特定的方式系统地整理、归纳甚至进行分析）后，就成为“信息”（Information）了。这样处理的过程称为“数据处理”（Data Processing），如图 1-2 所示。

从严谨的角度来形容“数据处理”，就是用人力或机器设备对数据进行系统的整理，如记录、排序、合并、计算、统计等，以使原始的数据符合需求，成为有用的信息。

大家可能会有疑问：“数据和信息的角色是否绝对一成不变呢？”这倒也不一定，同一份文件可能在某种情况下为数据，而在另一种情况下则为信息。例如，战争中某场战役的死伤人数报告对百姓而言可能只是一份不痛不痒的“数据”，不过对于指挥官而言，这份报告则是非常重要的“信息”。

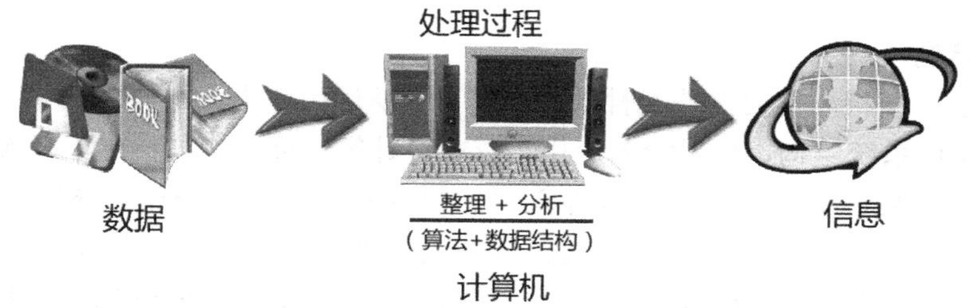

图 1-2　数据处理过程的示意图

1.1.2　数据的特性

通常按照计算机中所存储和使用的对象，我们可将数据分为两大类：一类为数值数据（Numeric Data），例如由 0, 1, 2, 3, …, 9 所组成，可用运算符（Operator）来进行运算的数据；另一类为字符数据（Alphanumeric Data），例如+、*以及 A、B、C 等非数值数据（Non-Numeric Data）。不过，若按照数据在计算机程序设计语言中的存在层次来分，则可以分为以下 3 种类型：

- **基本数据类型（Primitive Data Type）**

不能以其他类型来定义的基本数据类型，或称为标量数据类型（Scalar Data Type），几乎所有的程序设计语言都会为标量数据类型提供一组基本数据类型，例如 Python 语言中的基本数据类型就包括整型、浮点型、布尔（bool）类型和字符类型。

- **结构数据类型（Structured Data Type）**

结构数据类型也称为虚拟数据类型（Virtual Data Type），是一种比基本数据类型更高一级的数据类型，例如字符串（string）、数组（array）、指针（pointer）、列表（list）、文件（file）等。

- **抽象数据类型（Abstract Data Type，ADT）**

我们可以将一种数据类型看成是一种值的集合，以及在这些值上所进行的运算及其所代表的属性组成的集合。“抽象数据类型”比结构数据类型更高级，是指一个数学模型以及定义在此数学模型上的一组数学运算或操作。也就是说，ADT 在计算机中用于表示一种“信息隐藏”（Information Hiding）的程序设计思想以及信息之间的某一种特定的关系模式。例如，堆栈（Stack）就是一种典型的数据抽象类型，它具有后进先出（Last In，First Out）的数据操作方式。

1.1.3　数据结构的应用

计算机的主要工作就是把数据（Data）经过某种运算处理转换为实用的信息（Information）。例如一个学生的语文成绩是 90 分，我们可以说这是一项成绩的数据，不过无法判断它具备什么意义。

如果经过某些处理（如排序）可以知道这个学生语文成绩在班上的名次，也就清楚了这个班中学生语文成绩大致如何，因为有了具体的含义，所以成为一种信息，而排序是数据结构的一种应用。下面我们将介绍一些数据结构的常见应用。

■ 树形结构

树形结构是一种相当重要的非线性数据结构，广泛运用在人类社会的族谱、机关的组织结构、计算机的操作系统结构、平面绘图应用、游戏设计等方面。例如，在年轻人喜爱的大型网络游戏中需要获取某些物体所在的地形信息，如果程序依次从构成地形的模型三角面寻找，往往会耗费许多运行时间，非常低效。因此，程序员一般会使用树形结构中的二叉空间分割树（BSP Tree）、四叉树（Quadtree）、八叉树（Octree）等来代表分割场景的数据，如图 1-3 和图 1-4 所示。

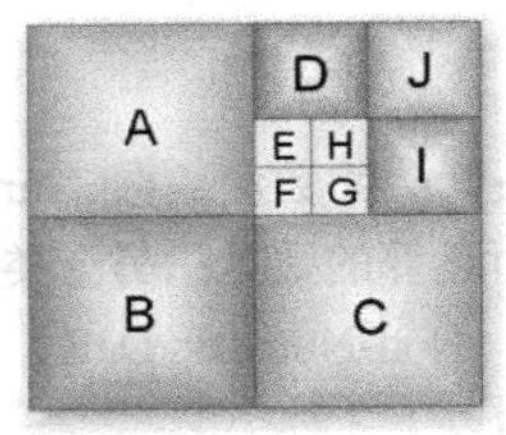

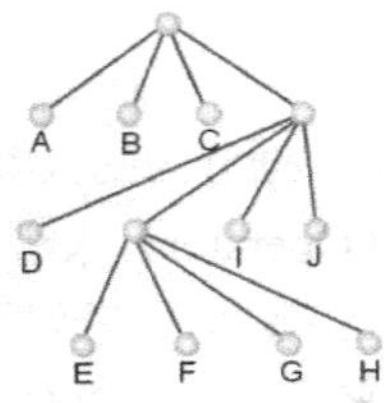

图 1-3　四叉树示意图

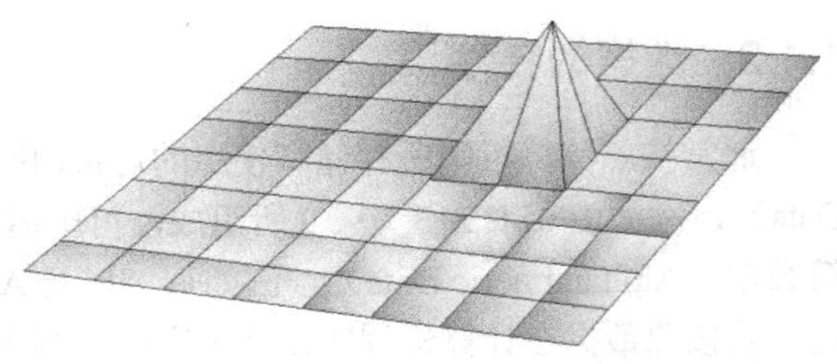

图 1-4　地形与四叉树的对应关系

■ 最短路径

最短路径是指在众多不同的路径中距离最短或者所花费成本最少的路径。寻找最短路径最常见的应用是公共交通运输系统的规划或网络的架设，如都市公交系统、铁路运输系统、通信网络系统等，如图 1-5 所示。

图 1-5　许多公共运输系统的规划都会用到最短路径

例如，全球定位系统（Global Positioning System，GPS）就是通过卫星与地面接收器实现传递地理位置信息、计算路程、语音导航与电子地图等功能。目前有许多汽车与手机都安装了 GPS 用于定位与路况查询。其中路程的计算就是以最短路径的理论作为程序设计的依据，为旅行者提供不同的路径选择方案，增加驾驶者选择行车路线的弹性。

■ 查找理论

所谓“搜索引擎”（Searching Engine），是一种自动从因特网的众多网站中查找信息，再经过一定的整理后提供给用户进行查询的系统，例如百度、谷歌（Google）、搜狗等。

搜索引擎的信息来源主要有两种，一种是用户或网站管理员主动登录，另一种是编写程序主动搜索网络上的信息，例如，百度的 Web Spider 和谷歌的 Spider 程序会主动通过网站上的超链接爬行到另一个网站，并收集该网站上的信息，然后收录到数据库中。

用户在进行查找时，内部的程序设计就必须依赖不同的查找理论来进行，信息会由上而下列出，如果数据笔数过多，就分数页摆放，列出的方式则依照搜索引擎自行判断用户查找时最有可能得到的结果来摆放。

用户使用搜索引擎的搜索功能时，搜索程序就是利用不同的搜索算法进行信息的查找，查到的结果信息会由上而下列出，如果结果信息过多，就会分数页列出，是依照搜索引擎自行判断用户搜索时最有可能得到的结果来按序列出的。

注意，Search 这个英文单词在翻译到不同的中文语境时，因为历史习惯的问题，在网络应用中习惯翻译成“搜索”，如搜索引擎；而在数据结构的算法描述中，一般习惯翻译成“查找”，例如查找理论、查找算法；在计算机科学中，“搜索”和“查找”大部分情况下可以互换使用，只是有时不按照习惯翻译比较别扭而已。

1.2 算法

数据结构与算法是程序设计实践中最基本的内涵。程序能否快速而高效地完成预定的任务，取决于是否选对了数据结构，而程序是否能清楚而正确地把问题解决，则取决于算法。所以大家可以认为“数据结构加上算法等于可执行程序”，如图 1-6 所示。

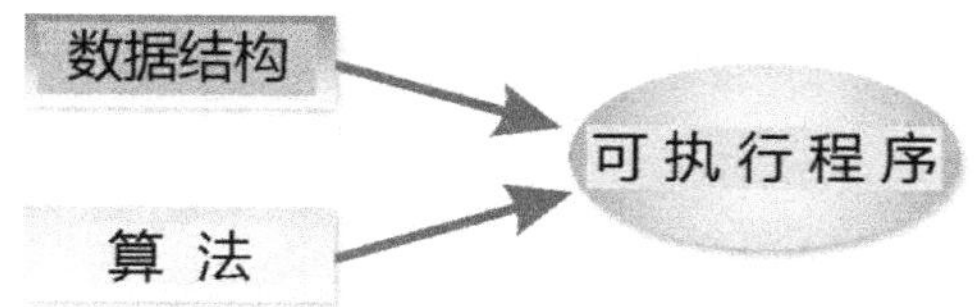

图 1-6 数据结构加上算法等于可执行程序

在韦氏辞典中算法定义为：“在有限步骤内解决数学问题的程序”。如果运用在计算机领域中，我们也可以把算法定义成：“为了解决某项工作或某个问题，所需要的有限数量的机械性或重复性指令与计算步骤”。其实日常生活中有许多工作都可以用算法来描述，例如员工的工作报告、宠物的饲养过程、学生的课程表等。

算法的条件

认识了算法的定义之后，我们再来说明一下算法所必须符合的 5 个条件，如图 1-7 和表 1-1 所示。

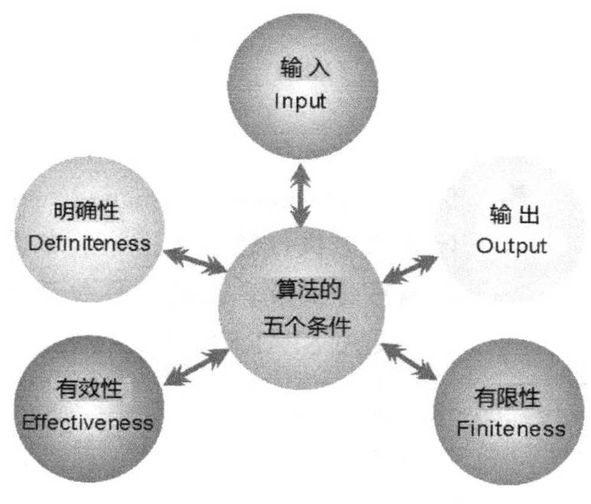

图 1-7 算法必须符合的 5 个条件

表 1-1 算法必须符合的 5 个条件

算法的特性	内容与说明
输入（Input）	0 个或多个输入数据，这些输入必须有清楚的描述或定义
输出（Output）	至少会有一个输出结果，不可以没有输出结果
明确性（Definiteness）	每一个指令或步骤必须是简洁明确的
有限性（Finiteness）	在有限步骤后一定会结束，不会产生无限循环
有效性（Effectiveness）	步骤清楚且可行，能让用户用纸笔计算而求出答案

我们认识了算法的定义与条件后，接着要来思考：该用什么方法来表达算法最为适当呢？其实算法的主要目的在于让人们了解所执行的工作的流程与步骤，只要能清楚地体现算法的5个条件即可。下面介绍常用的算法。

- 一般文字叙述：中文、英文、数字等。文字叙述法的特色在于使用文字或语言叙述来说明算法的演算步骤。例如小华早上去上学并买早餐的简单文字算法，如图 1-8 所示。

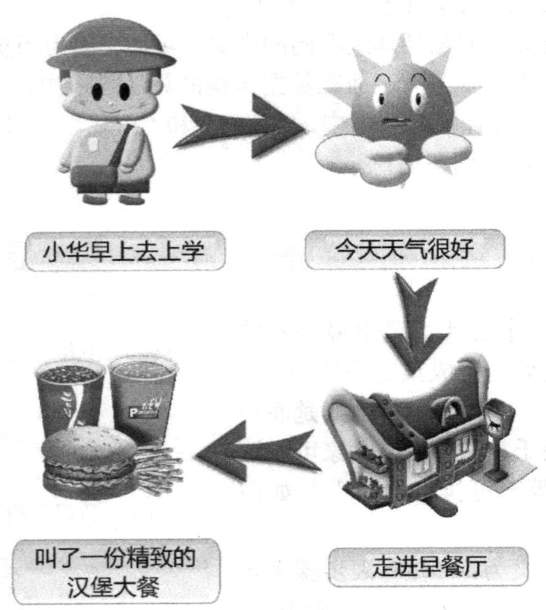

图 1-8　文字叙述的算法例子

- 伪语言（Pseudo-Language）：接近高级程序设计语言的写法，也是一种不能直接放进计算机中执行的语言。一般都需要一种特定的预处理器（preprocessor），或者要用人工编写转换成真正的计算机语言，经常使用的有 SPARKS、PASCAL-LIKE 等语言。以下是用 SPARKS 写成的链表反转的算法：

```
Procedure Invert(x)
   P←x; Q←Nil;
   WHILE P≠NIL do
       r←q; q←p;
       p←LINK(p);
       LINK(q)←r;
   END
x←q;
END
```

- 表格或图形：例如数组、树形图、矩阵图等，如图 1-9 所示。
- 流程图：流程图（Flow Diagram）是一种通用的图形符号表示法，例如让用户输入一个数值，然后判断这个数值是奇数还是偶数，如图 1-10 所示。

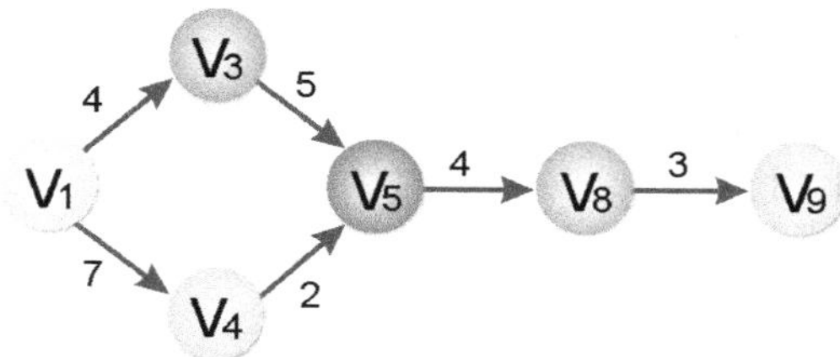

图 1-9 用图形描述算法的例子

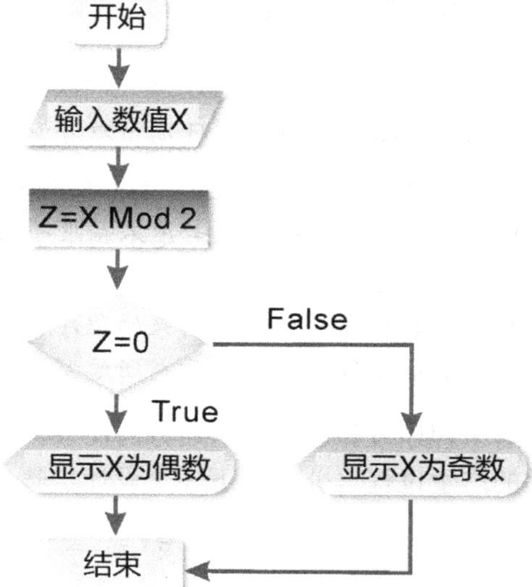

图 1-10 用流程图描述算法的例子

- 程序设计语言：目前算法也能够直接以可读性高的高级程序设计语言来表示，例如 Visual Basic 语言、C 语言、C++语言、Java 语言、Python 语言。以下算法是用 Python 语言编写 Pow()函数，计算所输入的两个数 x、y 的 x^y 值：

```
def Pow(x,y):
    p=1
    for i in range(1, y+1):
        p *=x
```

提 示

算法和过程（procedure）有什么不同？与流程图又有什么关系？

算法和过程是有区别的，因为过程不一定要满足有限性的要求，如操作系统或机器上运行的过程。除非宕机，否则永远在等待循环中（waiting loop），这就违反了算法五大条件中的“有限性”。

另外，只要是算法都能够使用过程流程图来表示，但反过来，过程无法用算法来描述，因为过程流程图可以包含无限循环。

1.3 认识程序设计

在数据结构中，所探讨的目标就是将算法向高效、可读性高的程序设计方向努力。简单地说，数据结构与算法必须通过程序（Program）的转换才能真正由计算机系统来执行。

所谓程序，是由合乎程序设计语言的语法规则的指令所组成的，而程序设计的目的就是通过程序的编写与执行来实现用户的需求。或许读者认为程序设计的主要目的只是“运算”出正确的结果，而忽略了执行的效率或者日后维护的成本，这其实是不清楚程序设计的真正意义。

1.3.1 程序开发流程

至于进行程序设计时选择哪一种程序设计语言，通常可根据主客观环境的需要决定，并无特别规定。一般评断程序设计语言好坏要考虑以下 4 个方面。

- 可读性（Readability）高：阅读与理解都相当容易。
- 平均成本低：成本考虑不局限于编码的成本，还包括执行、编译、维护、学习、调试与日后更新等成本。
- 可靠度高：所编写出来的程序代码稳定性高，不容易产生边界效应（Side Effect）。
- 可编写性高：针对需求所编写的程序相对容易。

对于程序设计领域的学习方向而言，无疑就是以高效、可读性高的程序设计为目标。一个程序的产生过程可分为以下 5 个设计步骤（见图 1-11）。

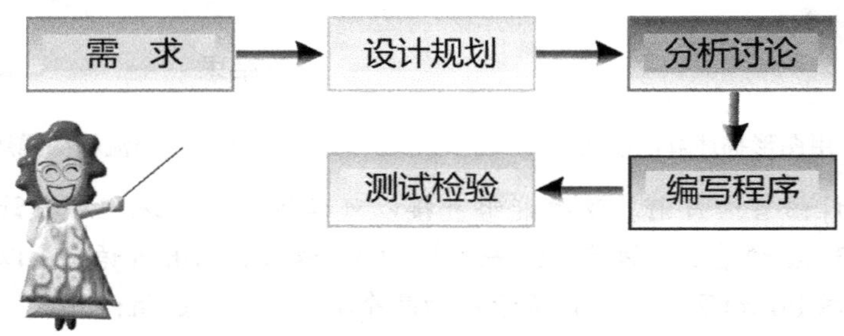

图 1-11 程序设计的五大步骤

步骤 01 需求（requirements）：了解程序所要解决的问题是什么，有哪些输入和输出等。

步骤 02 设计规划（design and plan）：根据需求选择适合的数据结构，并以某种易于理解的表示方式写一个算法以解决问题。

步骤 03 分析讨论（analysis and discussion）：思考其他可能适合的算法和数据结构，最后选出最适当的一种。

步骤 04 编写程序（coding）：把分析的结果写成初步的程序代码。

步骤 05 测试检验（verification）：最后必须确认程序的输出是否符合需求，这个步骤得分步地执行程序并进行许多相关的测试。

1.3.2 结构化程序设计

在传统程序设计的方法中，主要以“由下而上”与“由上而下”方法为主。所谓“由下而上”，是指程序员先编写整个程序需求中最容易的部分，再逐步扩大来完成整个程序。而“由上而下”则是将整个程序需求从上而下、由大到小逐步分解成较小的单元，或称为“模块”（module），这样使得程序员可以针对各模块分别开发，不但可减轻设计者负担，可读性较高，也便于日后维护。而结构化程序设计的核心精神就是“由上而下设计”与“模块化设计”。例如在 Pascal 语言中，这些模块称为“过程”（procedure），Python 语言中称为“函数”（function）。

通常“结构化程序设计”具有 3 种控制流程，对于一个结构化程序，无论其结构如何复杂，都可利用表 1-2 所示的基本控制流程来加以表达。

表 1-2 基本控制流程

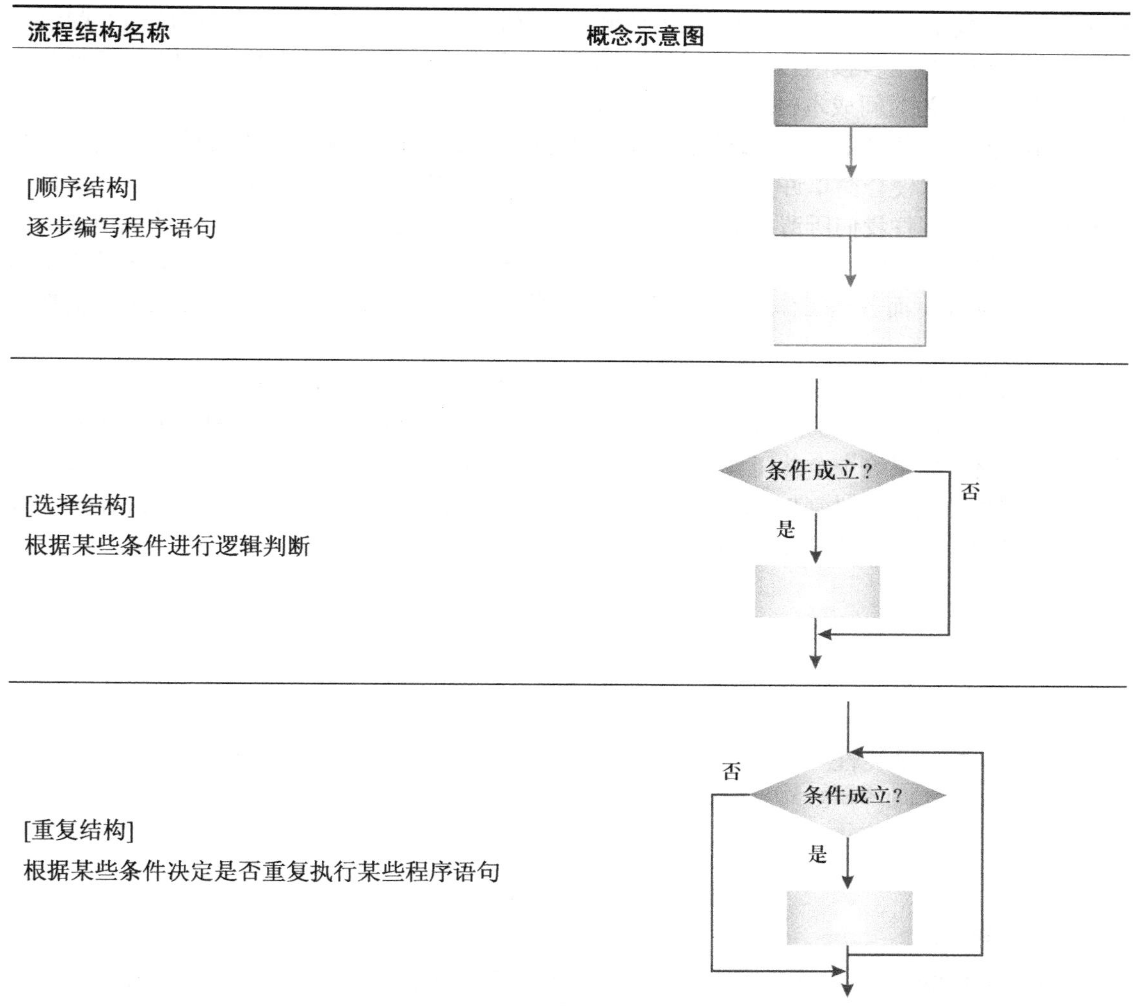

流程结构名称	概念示意图
[顺序结构] 逐步编写程序语句	
[选择结构] 根据某些条件进行逻辑判断	条件成立？ 是 否
[重复结构] 根据某些条件决定是否重复执行某些程序语句	否 条件成立？ 是

1.3.3 面向对象程序设计

“面向对象程序设计”（Object-Oriented Programming，OOP）的主要设计思想就是将存在于日常生活中随处可见的对象（object）概念应用在软件开发模式（Software Development Model）中。OOP 让我们能以一种更生活化、可读性更高的设计思路来进行程序的开发和设计，并且所开发出来的程序也更容易扩充、修改及维护。

在现实生活中充满了形形色色的物体，每个物体都可视为一种对象。我们可以通过对象的外部行为（behavior）运作及内部状态（state）模式来进行详细的描述。行为代表此对象对外所显示出来的运作方法，状态则代表对象内部各种特征的目前状况，如图 1-12 所示。

对象
内部状态
外部行为

图 1-12 对象的内部状态和外部行为

例如想要自己组装一台计算机，而目前人在外地，因为配件不足，找遍当地所有的计算机配件公司，仍找不到所需要的配件，假如必须到北京的中关村来寻找所需要的配件。也就是说，一切工作必须一步一步按照自己的计划分别到不同的公司去寻找所需的配件。试想，即使节省了不少成本，却为时间成本付出了相当大的代价。

但是，换一个角度来说，假如我们不必去理会配件货源如何获得，完全交给计算机公司全权负责，那么事情便会简单许多。我们只需填好一份配置的清单，该计算机公司便会收集好所有的配件，然后寄往我们所留的地址，至于该计算机公司如何找到货源，便不是我们所要关心的事了。我们要强调的概念便在此，只要确立每一个配件公司是一个独立的个体，该独立个体有其特定的功能，而各项工作的完成仅需在这些独立的个体之间进行消息（Message）交换即可。

面向对象设计的概念就是认定每一个对象是一个独立的个体，而每个独立个体有其特定的功能。对于我们而言，无须去理解这些特定功能实现这个目标的具体过程，只需要将需求告诉这个独立个体，如果这个个体能独立完成，便直接将此任务交给它即可。面向对象程序设计的重点是强调程序的可读性（Readability）、重复使用性（Reusability）与扩展性（Extension），本身还具备以下 3 种特性，如图 1-13 所示。

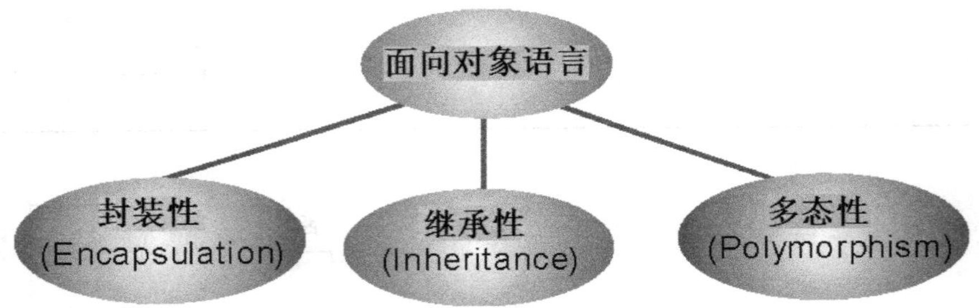

图 1-13　面向对象程序设计的 3 种特性

封装

封装（Encapsulation）就是利用“类”来实现“抽象数据类型”（ADT）。类是一种用来具体描述对象状态与行为的数据类型，也可以看成是一个模型或蓝图，按照这个模型或蓝图所产生的实例（Instance）就被称为对象。类和对象的关系如图 1-14 所示。

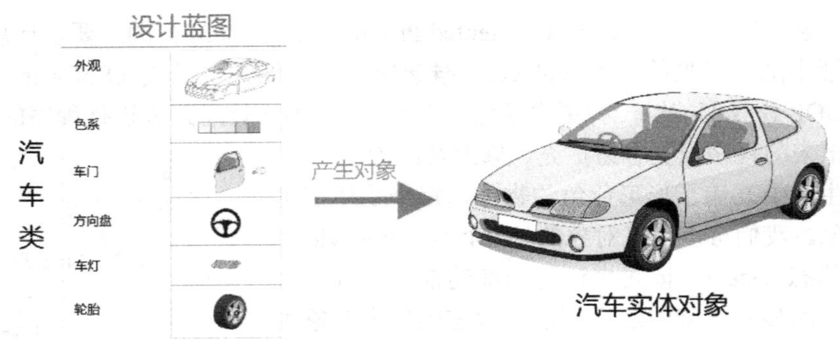

图 1-14　类与对象的关系

所谓“抽象”，就是将代表事物特征的数据隐藏起来，并定义一些方法来作为操作这些数据的接口，让用户只能接触到这些方法，而无法直接使用数据，也符合了信息隐藏的意义，而这种自定义的数据类型就称为“抽象数据类型”。而传统程序设计的概念必须掌握所有来龙去脉，针对时效性而言，传统程序设计便要大打折扣。

继承

继承性是面向对象程序设计语言中强大的功能之一，因为它允许程序代码的重复使用（Code Reusability），同时可以表达树形结构中父代与子代的遗传现象。“继承”类似现实生活中的遗传，允许我们去定义一个新的类来继承现有的类（class），进而使用或修改继承而来的方法（method），并可在子类中加入新的数据成员与函数成员。在继承关系中，可以把它单纯视为一种复制（copy）操作。换句话说，当程序开发人员以继承机制声明新增的类时，它会先将所引用的父类中的所有成员完整地写入新增的类中。类继承关系示意图如图 1-15 所示。

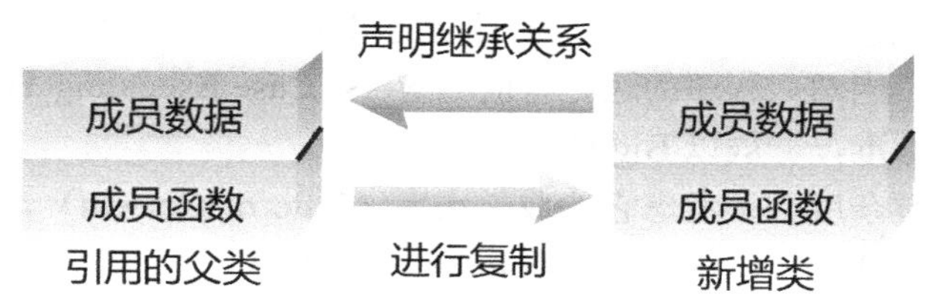

图 1-15　类继承关系示意图

多态

多态（Polymorphism）也是面向对象设计的重要特性，可让软件在发展和维护时达到充分的延伸性。简单地说，多态最直接的定义就是让具有继承关系的不同类别对象可以调用相同名称的成员函数，并产生不同的反应结果。

“多态”也是面向对象设计的重要特性，也称为“同名异式”。“多态”的功能可让软件在开发和维护时达到充分的延伸性或扩展性。多态按照英文单词字面的解释就是一样东西同时具有多种不同的类型。在面向对象程序设计语言中，多态的定义简单来说是利用类的继承结构先建立一个基类对象。用户可通过对象的继承声明将此对象向下继承为派生类对象，进而控制所有派生类的“同名异式”成员方法。

1.4 算法性能分析

对一个程序（或算法）性能的评估，经常是从时间与空间两个维度来进行考虑。时间方面是指程序的运行时间，称为“时间复杂度”（Time Complexity）。空间方面则是此程序在计算机内存所占的空间大小，称为“空间复杂度”（Space Complexity）。

空间复杂度

所谓“空间复杂度”，就是估算一个算法在运行过程中临时占用内存空间的大小，是一种渐近表示法。而这些所需要的内存空间通常可以分为“固定空间内存”（包括基本程序代码、常数、变量等）与“变动空间内存”（随程序运行时而改变大小的使用空间，例如引用类型变

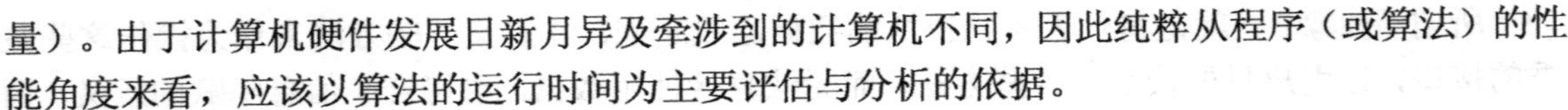

量）。由于计算机硬件发展日新月异及牵涉到的计算机不同，因此纯粹从程序（或算法）的性能角度来看，应该以算法的运行时间为主要评估与分析的依据。

时间复杂度

我们可以就某个算法的执行步骤计数来衡量运行时间的标准，也是一种渐近表示法。下面来看一个例子，同样是两条指令：

```
a = a+1 与 a = a+0.3/0.7*10005
```

由于涉及变量存储类型与表达式的复杂度，因此真正绝对精确的运行时间一定不相同。不过话又说回来，如此大费周章地精确计算程序的运行时间往往寸步难行，而且也毫无意义。因此用一种“估算”的方法来衡量程序或算法的运行时间反而更加恰当，这种估算的时间就是“时间复杂度”。详细定义如下：

在一个完全理想状态下的计算机中，我们定义 T(n)来表示程序执行所要花费的时间，其中 n 代表数据输入量。当然，程序的运行时间（Worse Case Executing Time）或最大运行时间是时间复杂度的衡量标准，一般以 Big-Oh 表示。

分析算法的时间复杂度必须考虑它的成长比率（Rate of Growth），往往是一种函数，而时间复杂度也是一种“渐近表示法”（Asymptotic Notation）。

1.4.1 Big-Oh

O(f(n))可视为某算法在计算机中所需运行时间不会超过某一常数倍数的 f(n)，也就是说某算法的运行时间 T(n)的时间复杂度为 O(f(n))（读成 Big-Oh of f(n)或 Order is f(n)）。

意思是存在两个常数 c 与 n_0，若 $n \geq n_0$，则 $T(n) \leq cf(n)$，f(n)又被称为运行时间的成长率（rate of growth）。请看以下范例，以了解时间复杂度的意义。

范例 1.4.1　假如运行时间 $T(n)=3n^3+2n^2+5n$，时间复杂度是多少？

解答 首先得找出常数 c 与 n_0，若 $n_0=0$、$c=10$，则当 $n \geq n_0$ 时，$3n^3+2n^2+5n \leq 10n^3$，因此得知时间复杂度为 $O(n^3)$。

范例 1.4.2　证明 $\sum_{1\leq i\leq n} i = O(n^2)$。

解答

$$\sum_{1\leq i\leq n} i = 1+2+3+\cdots+n = \frac{n(n+1)}{2} = \frac{n^2+n}{2}$$

又可以找到常数 $n_0=0$、$c=1$，当 $n \geq n_0$ 时，$\frac{n^2+n}{2} \leq n^2$，因此得知时间复杂度为 $O(n^2)$。

范例 1.4.3　考虑下列 x = x+1 的执行次数。

（1）代码如下：

```
:
x=x+1
:
```

（2）代码如下：

```
for i in range(1,n+1):
    x=x+1
```

（3）代码如下：

```
for i in range(1,n+1):
    for j in range(1,m+1):
        x=x+1
```

解答▶（1）1 次；（2）n 次；（3）n×m 次。

范例▶ **1.4.4** 求下列算法中 x = x+1 的执行次数及时间复杂度。

```
for i in range(1,n+1):
    j=i
    for k in range(j+1,n+1):
        x=x+1
```

解答▶ 有关 x = x+1 这行指令的执行次数，因为 j = i 且 k = j+1，可用以下数学式表示，其执行次数为：

$$\sum_{i=1}^{n}\sum_{k=i+1}^{n}1=\sum_{i=1}^{n}(n-i)=\sum_{i=1}^{n}n-\sum_{i=1}^{n}i=n_2-\frac{n(n+1)}{2}=\frac{n(n-1)}{2} \quad （次）$$

而时间复杂度为 $O(n^2)$。

范例▶ **1.4.5** 确定以下程序片段的运行时间：

```
k=100000
while k!=5:
    k=k//10
```

解答▶ 因为 k = k//10，所以一直到 k = 0 时，都不会出现 k = 5 的情况，整个循环为无限循环，运行时间为无限长。

常见 Big-Oh

事实上，时间复杂度只是执行次数的一个概略的估算，并非真实的执行次数。Big-Oh 是一种用来表示最坏运行时间的估算方式，也是最常用于描述时间复杂度的渐近式表示法。常见的 Big-Oh 如表 1-3 和图 1-16 所示。

表 1-3　常见的 Big-Oh

Big-Oh	特色与说明
O(1)	称为常数时间（constant time），表示算法的运行时间是一个常数倍数
O(n)	称为线性时间（linear time），表示执行的时间会随着数据集合的大小而线性增长

（续表）

Big-Oh	特色与说明
$O(\log_2 n)$	称为次线性时间（sub-linear time），成长速度比线性时间慢，而比常数时间快
$O(n^2)$	称为平方时间（quadratic time），算法的运行时间会成二次方的增长
$O(n^3)$	称为立方时间（cubic time），算法的运行时间会成三次方的增长
$O(2^n)$	称为指数时间（exponential time），算法的运行时间会成 2 的 n 次方增长。例如解决非多项式问题（Nonpolynomial Problem）算法的时间复杂度即为 $O(2^n)$
$O(n\log_2 n)$	称为线性乘对数时间，介于线性和二次方增长的中间模式

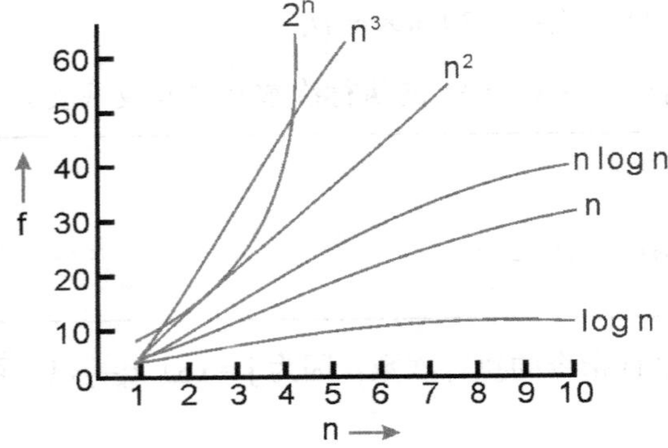

图 1-16　常见的最坏运行时间曲线

n≥16 时，时间复杂度的优劣比较关系如下：

$O(1) < O(\log_2 n) < O(n) < O(n\log_2 n) < O(n^2) < O(n^3) < O(2^n)$

范例 1.4.6　确定下列算法的时间复杂度（f(n)表示执行次数）。

（a）$f(n) = n^2\log n+\log n$
（b）$f(n) = 8\log\log n$
（c）$f(n) = \log n^2$
（d）$f(n) = 4\log\log n$
（e）$f(n) = n/100+1000/n^2$
（f）$f(n) = n!$

解答

（a）$f(n) = (n^2+1)\log n = O(n^2\log n)$
（b）$f(n) = 8\log\log n = O(\log\log n)$
（c）$f(n) = \log n^2 = 2\log n = O(\log n)$
（d）$f(n)= 4\log\log n = O(\log\log n)$
（e）$f(n) = n/100+1000/n^2 \leqslant n/100$（当 $n\geqslant 1000$ 时）$= O(n)$
（f）$f(n) = n! = 1\times2\times3\times4\times5\ldots\times n \leqslant n\times n\times n\times\ldots n\times n \leqslant n^n$（$n\geqslant 1$ 时）$=O(n^n)$

1.4.2 Ω

Ω（omega）也是一种时间复杂度的渐近表示法，如果说 Big-Oh 是运行时间估算的最坏情况，那么 Ω 就是运行时间估算的最好情况。Ω 的定义如下：

$f(n) = \Omega(g(n))$（读作 big−omega of g(n)），意思是存在常数 c 和 n_0，对所有的 n 值而言，$n \geqslant n_0$ 时，$f(n) \geqslant cg(n)$均成立。例如 $f(n) = 5n+6$，存在 c=5，$n_0=1$，对所有 $n \geqslant 1$ 时，$5n+6 \geqslant 5n$，因此对于 $f(n) = \Omega(n)$而言，n 就是成长的最大函数。

范例 **1.4.7** $f(n) = 6n^2+3n+2$，请利用 Ω 来表示 f(n)的时间复杂度。

解答 $f(n) = 6n^2+3n+2$，存在 c=6，$n_0 \geqslant 1$，对所有的 $n \geqslant n_0$，使得 $6n^2+3n+2 \geqslant 6n^2$，所以 $f(n) = \Omega(n^2)$。

1.4.3 θ

θ（theta）是一种比 Big-On 与 Ω 更精确的时间复杂度的渐近表示法。其定义如下：

$f(n) = \theta(g(n))$（读作 big-theta of g(n)），意思是存在常数 c_1、c_2、n_0，对所有的 $n \geqslant n_0$，$c_1g(n) \leqslant f(n) \leqslant c_2g(n)$均成立。换句话说，当 $f(n)=\theta(g(n))$时，就表示 g(n)可代表 f(n)的上限与下限。

以 $f(n) = n^2+2n$ 为例，当 $n \geqslant 0$ 时，$n^2+2n \leqslant 3n^2$，可得 $f(n) = O(n^2)$。同理，$n \geqslant 0$ 时，$n^2+2n \geqslant n^2$，可得 $f(n) = \Omega(n^2)$。所以 $f(n) = n^2+2n = \theta(n^2)$。

【课后习题】

1. 以下 Python 程序片段是否相当严谨地表现出了算法的意义？

```
count=0
while count!=3:
    print(count)
```

2. 下列程序片段循环部分的实际执行次数与时间复杂度是多少？

```
for i in range(1,n+1):
    for j in range(i,n+1):
        for k in range(j,n+1):
```

3. 试证明 $f(n) = a_mn^m+...+a_1n+a_0$，则 $f(n)=O(n^m)$。
4. 确定下列程序片段中，函数 my_fun(i, j, k)的执行次数：

```
for k in range(1,n+1):
    for i in range(0,k):
        if i!=j:
            my_fun(i,j,k)
```

5. 以下程序的 Big-Oh 是多少？

```
total=0
for i in range(1,n+1):
    total=total+i*i
```

6. 试述非多项式问题的意义。
7. 解释下列名词：

（1）O(n)
（2）抽象数据类型

8. 试述结构化程序设计与面向对象程序设计的特性是什么。
9. 编写一个算法来求函数 f(n)。f(n)的定义如下：

$$f(n):\begin{cases} n^n & \text{if } n\geqslant 1 \\ 0 & \text{otherwise} \end{cases}$$

10. 算法必须符合哪 5 个条件？
11. 评估程序设计语言好坏的要素是什么？

第 2 章 数组结构

2.1 线性表简介
2.2 认识数组
2.3 矩阵
2.4 数组与多项式

“线性表”（Linear List）是数学应用在计算机科学中的一种相当简单与基本的数据结构。简单地说，线性表是 n 个元素的有限序列（n≥0），例如 26 个英文字母的字母表（A，B，C，D，E，…，Z）就是一个线性表，线性表中的数据元素为字母符号；或者 10 个阿拉伯数字的列表（0，1，2，3，4，5，6，7，8，9）。线性表的应用在计算机科学领域中是相当广泛的，例如本章中将要介绍的数组结构（Array）就是一种典型的线性表的应用。

2.1 线性表简介

线性表的关系（Relation）可以看成是一种有序对的集合，目的在于表示线性表中的任意两个相邻元素之间的关系。其中 a_{i-1} 称为 a_i 的先行元素，a_i 是 a_{i-1} 的后继元素。简单地表示线性表，我们可以写成$(a_1,a_2,a_3,\cdots,a_{n-1},a_n)$。下面尝试以更清楚和更口语化的说明来重新定义“线性表”。

（1）有序表可以是空集合，或者可写成（$a_1, a_2, a_3, \cdots, a_{n-1}, a_n$）。

（2）存在唯一的第一个元素 a_1 与唯一的最后一个元素 a_n。

（3）除了第一个元素 a_1 外，每一个元素都有唯一的先行者（predecessor），例如 a_i 的先行者为 a_{i-1}。

（4）除了最后一个元素 a_n 外，每一个元素都有唯一的后继者（successor），例如 a_{i+1} 是 a_i 的后继者。

线性表中的每一个元素与相邻元素间还会存在某种关系，例如以下 8 种常见的运算方式：

（1）计算线性表的长度 n。

（2）取出线性表中的第 i 项元素来加以修正，1≤i≤n。

（3）插入一个新元素到第 i 项，1≤i≤n，并使得原来的第 i, i+1, …, n 项后移变成 i+1, i+2, …, n+1 项。

（4）删除第 i 项的元素，1≤i≤n，并使得第 i+1, i+2, …, n 项前移变成第 i, i+1, …, n−1 项。

（5）从右到左或从左到右读取线性表中各个元素的值。

（6）在第 i 项存入新值，并取代旧值，1≤i≤n。

（7）复制线性表。

（8）合并线性表。

线性表存储结构的简介

线性表也可应用在计算机的数据存储结构中，基本上按照内存存储的方式可分为以下两种。

静态数据结构

静态数据结构（Static Data Structure）也称为“密集表”（Dense List），它使用连续分配的内存空间（Contiguous Allocation）来存储有序表中的数据。静态数据结构是在编译时就给相关的变量分配好内存空间。在建立静态数据结构的初期，必须事先声明最大可能要占用的固定内存空间，因此容易造成内存的浪费，例如数组类型就是一种典型的静态数据结构。优点是设计时相当简单，而且读取与修改表中任意一个元素的时间都是固定的。缺点则是删除或加入数据时，需要移动大量的数据。

动态数据结构

动态数据结构（Dynamic Data Structure）又称为“链表”（Linked List），它使用不连续的内存空间存储具有线性表特性的数据。优点是数据的插入或删除都相当方便，不需要移动大量数据。另外，动态数据结构的内存是在程序执行时才进行分配的，所以不需要事先声明，这样能充分节省内存。缺点是在设计数据结构时较为麻烦，另外在查找数据时，也无法像静态数据一般可以随机读取，必须直到按顺序找到该数据为止。

范例 2.1.1

密集表在某些应用上相当方便，请问：

（1）什么情况下不适用？

（2）如果原有 n 项数据，计算插入一项新数据平均需要移动几项数据？

解答

（1）密集表中同时加入或删除多项数据时会造成数据的大量移动，这种情况非常不方便，例如数组结构。

（2）因为任何可能插入位置的概率都为 1/n，所以平均移动数据的项数为：

$$E=1\times\frac{1}{n}+2\times\frac{1}{n}+3\times\frac{1}{n}+\ldots\ldots+n\times\frac{1}{n}$$

$$=\frac{1}{n}\times\frac{n(n+1)}{2}=\frac{n+1}{2}\text{项}$$

2.2 认识数组

“数组”（Array）结构其实就是一排紧密相邻的可数内存，并提供了一个能够直接访问单一数据内容的计算方法。我们其实可以想象一下自家的信箱，每个信箱都有住址，其中路名就是名称，而信箱号码就是索引（注：在数组中也称为“下标”），如图 2-1 所示。邮递员可以按照信件上的住址把信件直接投递到指定的信箱中，这就好比程序设计语言中数组的名称用于表示一块紧密相邻的内存的起始位置，而数组的索引（或下标）功能则用来表示从此内存起始位置的第几个区块。

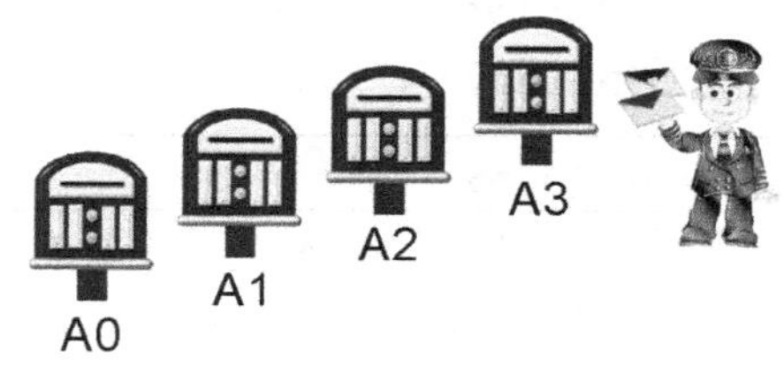

图 2-1　数组结构与邮递信箱系统类似

在不同的程序设计语言中，数组结构类型的声明也有所差异，不过通常必须包含下列 5 种属性。

（1）起始地址：表示数组名（或数组第一个元素）所在内存中的起始地址。

（2）维度（dimension）：代表此数组为几维数组，如一维数组、二维数组、三维数组等。

（3）索引上下限：指元素在此数组中，内存所存储位置的上标与下标。

（4）数组元素个数：是索引上限与索引下限的差加 1。

（5）数组类型：声明此数组的类型，它决定数组元素在内存所占容量的大小。

实际上，任何程序设计语言中的数组表示法（Representation of Arrays），只要具备数组上述 5 种属性以及在计算机内存足够的情况下，就容许 n 维数组的存在。通常数组的使用可以分为一维数组、二维数组与多维数组等，其基本的工作原理都相同。其实，多维数组也必须在一维的物理内存中来表示，因为内存地址是按线性顺序递增的。通常情况下，按照不同的程序设计语言又可区分为以下两种方式。

（1）以行为主（Row–Major）：一行一行按序存储，例如 C/C++、Java、PASCAL 程序设计语言的数组存储方式。

（2）以列为主（Column–Major）：一列一列按序存储，例如 Fortran 语言的数组存储方式。

接下来我们将逐步介绍各种不同维数数组的详细定义，在其他程序设计语言中（例如 C 或 Java 语言）所指的数组（Array），在 Python 语言中是以 List（列表）来实现的，以一维列表为例，其声明语法如下：

列表名称[列表元素的设置值]×列表长度

- 列表名称：命名规则与变量相同。
- 列表长度：表示列表可存放的数据个数，是一个正整数常数，且列表的索引值是从 0 开始的。若只有中括号，即没有指定常数值，则表示定义的是不定长度的列表。

例如，下面的 Python 语句表示声明了一个名称为 Score、列表长度（以数据结构较常见的说法就是指数组的大小）为 5 的列表（List，其功能类似数据结构中所讨论的数组 Array），示意图如图 2-2 所示。

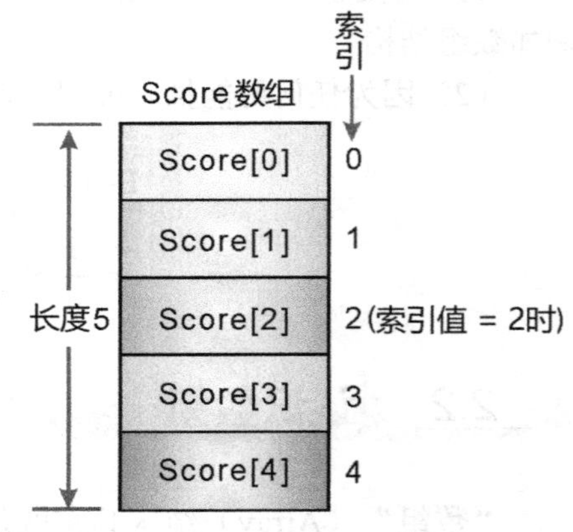

图 2-2　Python 语言中数组的存储示意图

```
Score[0]*5
```

范例 2.2.1　假设 A 为一个具有 1000 个元素的数组，每个元素为 4 个字节的实数，若 A[500]的位置为 1000_{16}，请问 A[1000]的地址是多少？

解答 本题很简单，主要是地址以十六进制数来表示：

$\rightarrow$loc(A[1000]) = loc(A[500]) + (1000 − 500) × 4 = 4096(1000_{16}) + 2000 = 6096

范例 2.2.2　有一个 PASCAL 数组 A:ARRAY[6..99] of REAL（假设 REAL 元素占用的内存空间大小为 4），如果已知数组 A 的起始地址为 500，那么元素 A[30]的地址是多少？

解答 Loc(A[30]) = Loc(A[6]) + (30−6)×4 = 500 + 96 = 596

范例 2.2.3　使用 Python 的一维列表来记录 5 个学生的分数，使用 for 循环打印出每笔学生成绩并计算分数的总和。

范例程序 CH02_01.py

```
Score=[87,66,90,65,70]
Total_Score=0
for count in range(5):
    print('第 %d 位学生的分数:%d' %(count+1,Score[count]))
    Total_Score+=Score[count]
print('-------------------------')
print('5 位学生的总分:%d' %Total_Score)
```

【执行结果】

执行结果如图 2-3 所示。

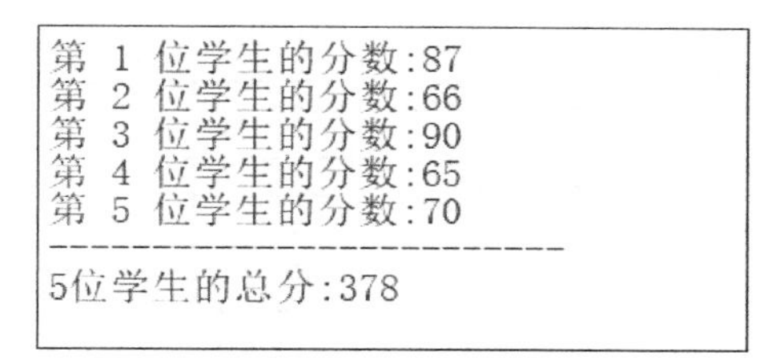

```
第 1 位学生的分数:87
第 2 位学生的分数:66
第 3 位学生的分数:90
第 4 位学生的分数:65
第 5 位学生的分数:70
-------------------------
5位学生的总分:378
```

图 2-3　执行结果

2.2.1　二维数组

二维数组（Two−Dimension Array）可视为一维数组的扩展，都是用于处理数据类型相同的数据，差别只在于维数的声明。例如一个含有 m×n 个元素的二维数组 A(1:m, 1:n)，m 代表行数，n 代表列数，各个元素在直观平面上的排列方式如图 2-6 所示，A[4][4]数组中各个元素在直观平面上的排列方式如图 2-4 所示。

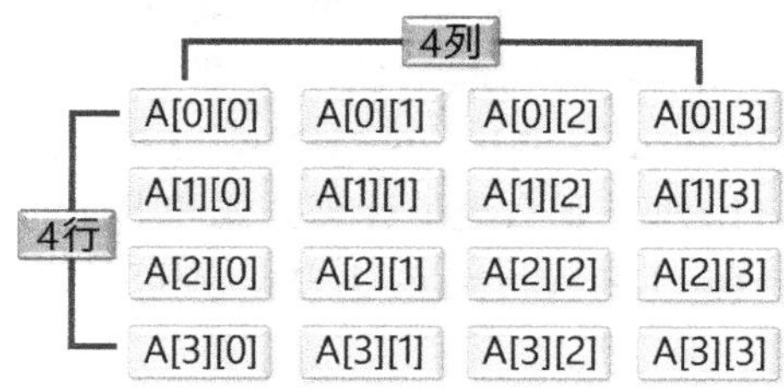

图 2-4　4×4 数组在直观平面上的排列方式

当然，在实际的计算机内存中是无法以矩阵方式存储的，仍然是以线性方式来存储二维数组，就是把它视为一维数组的扩展来处理。通常按照不同的程序设计语言又可分为以下两种方式。

（1）以行为主（Row-Major）　存储顺序为 $a_{11}, a_{12}, \dots, a_{1n}, a_{21}, a_{22}, \dots, a_{mn}$，假设 a 为数组 A 在内存中的起始地址，d 为单位空间，那么数组元素 a_{ij} 与内存地址有下列关系：

$Loc(a_{ij}) = \alpha+n\times(i-1)\times d+(j-1)\times d$

（2）以列为主（Column-Major）　存储顺序为 $a_{11}, a_{21}, ..., a_{m1}, a_{12}, a_{22}, ..., a_{mn}$，假设 a 为数组 A 在内存中的起始地址，d 为单位空间，那么数组元素 a_{ij} 与内存地址有下列关系：

$Loc(a_{ij})= \alpha+(i-1)\times d+m\times(j-1)\times d$

了解以上的公式后，我们在此以图例来说明。假设声明数组 A(1:2, 1:4)，表示法如图 2-5 和图 2-6 所示。

	第1列	第2列	第3列	第4列
第1行	A(1,1)	A(1,2)	A(1,3)	A(1,4)
第2行	A(2,1)	A(2,2)	A(2,3)	A(2,4)

图 2-5　2×4 数组的直观平面排列示意图

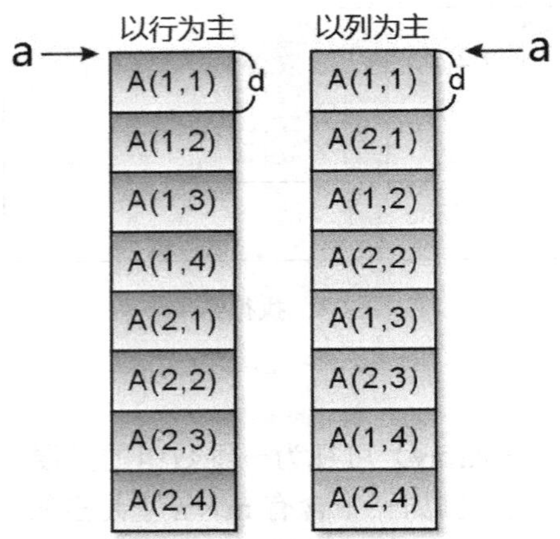

图 2-6　2×4 数组的直观平面排列示意图（以行为主和以列为主对比）

以上两种计算数组元素地址的方法都是以 A(m,n)或 A(1:m,1:n)的方式来表示的，这样的方式称为简单表示法，且 m 与 n 的起始值一定都是 1。如果我们把数组 A 声明成 $A(l_1:u_1,l_2:u_2)$，且对任意 a_{ij}，有 $u_1\geqslant i\geqslant l_1$，$u_2\geqslant j\geqslant l_2$，这种方式称为“注标表示法”。此数组共有$(u_1-l_1+1)$行、$(u_2-l_2+1)$列。那么地址计算公式和上面的简单表示法就有些不同，假设 α 仍为起始地址，而且 $m=(u_1-l_1+1)$、$n=(u_2-l_2+1)$，则可导出下列公式。

（1）以行为主

$$\begin{aligned}Loc(a_{ij}) &= \alpha+((i-l_1+1)-1)\times n\times d+((j-l_2+1)-1)\times d \\ &= \alpha+(i-l_1)\times n\times d+(j-l_2)\times d\end{aligned}$$

（2）以列为主

$$\begin{aligned}Loc(a_{ij}) &= \alpha+((i-l_1+1)-1)\times d+((j-l_2+1)-1)\times m\times d \\ &= \alpha+(i-l_1)\times d+(j-l_2)\times m\times d\end{aligned}$$

在 Python 中，列表中可以有列表，这种情况就称为二维列表，要读取二维列表的数据可以通过 for 循环来完成。简单来讲，二维列表就是列表中的元素是列表。下面举例来说明：

```
number = [[11, 12, 13], [22, 24, 26], [33, 35, 37]]
```

上面的 number 是一个列表。number[0]存放着一个列表，number[1]也存放着一个列表，以此类推。列表的 number[0]内有 3 列，分别存放着 3 个元素，其位置 number[0][0]指向数值“11”，number[0][1]指向数值“12”，以此类推。所以 number 是 3×3 的二维列表，其行和列的索引如表 2-1 所示。

表 2-1 number 表行和列的索引

	列索引[0]	列索引[1]	列索引[2]
行索引[0]	11	12	13
行索引[1]	22	24	26
行索引[2]	33	35	37

二维列表同样以[]运算符来表示其索引并用于存取列表内的元素，语法如下：

列表名称 [行索引] [列索引]

例如：

```
number[0]      # 输出第一行的三个元素
[11, 12, 13]
number[1][2]    # 输出第二行的第三列元素
26
```

如果要声明一个 N×N 的二维列表，其语句范例如下：

```
Arr = [[None] * N for row in range(N)]
```

这里假设 Arr 为一个 3 行 5 列的二维数组，也可以视为 3×5 的矩阵。在存取二维数组中的数据时，使用的索引值仍然是从 0 开始计算的。至于在二维数组设置初始值时，为了方便区分行与列，除了最外层的 [] 外，必须用 [] 括住每一行的元素初始值，并以“,”分隔每个数组元素，语句形式如下：

数组名 = [[第 0 行初值], [第 1 行初值], …, [第 n−1 行初值]]

例如：

```
arr = [[1, 2, 3], [2, 3, 4]]
```

范例 ▶ **2.2.4** 现有一个二维数组 A，有 3×5 个元素，数组的起始地址 A(1, 1)是 100，以行为主存储，每个元素占 2 个字节的内存空间，请问 A(2, 3)的地址是多少？

解答 ▶ 直接代入公式，Loc(A(2, 3)) = 100+(2−1)×5×2 + (3−1)×2 = 114。

范例 2.2.5　二维数组 A[1:5, 1:6]，如果以列为主存储，那么 A(4, 5)排在这个数组的什么位置？（$\alpha=0$，$d=1$）

解答 $Loc(A(4, 5)) = 0 + (4-1)\times5\times1 + (5-1)\times1 = 19$（索引值为 19），因此 A(4, 5) 在第 20 位。

范例 2.2.6　A(−3:5, −4:2) 的起始地址 A(−3, −4) = 1200，以行为主存储，每个元素占 1 个字节的内存空间，请问 Loc(A(1, 1))的值为多少？

解答 假设 A 数组以行为主存储，且 $\alpha = Loc(A(-3, -4)) = 1200$、$m = 5-(-3) + 1 = 9$ (行)、$n = 2-(-4) + 1 = 7$(列)，则 $A(1, 1) = 1200 + 1\times7\times(1-(-3)) + 1\times(1-(-4)) = 1233$。

范例 2.2.7　使用 Python 语言的二维列表来编写一个求二阶行列式的范例。二阶行列式的计算公式为：$a1\times b2-a2\times b1$。

范例程序：CH02_02.py

```
N=2
#声明 2x2 的数组 arr 并将所有元素设置为 None
arr=[[None] * N for row in range(N)]
print('|a1 b1|')
print('|a2 b2|')
arr[0][0]=input('请输入 a1:')
arr[0][1]=input('请输入 b1:')
arr[1][0]=input('请输入 a2:')
arr[1][1]=input('请输入 b2:')
#求二阶行列式的值
result = int(arr[0][0])*int(arr[1][1])-int(arr[0][1])*int(arr[1][0])
print('|%d %d|' %(int(arr[0][0]),int(arr[0][1])))
print('|%d %d|' %(int(arr[1][0]),int(arr[1][1])))
print('行列式值=%d' %result)
```

【执行结果】

执行结果如图 2-7 所示。

```
|a1 b1|
|a2 b2|
请输入a1:5
请输入b1:9
请输入a2:3
请输入b2:4
|5 9|
|3 4|
行列式值=-7
```

图 2-7　执行结果

2.2.2 三维数组

现在让我们来看看三维数组（Three-Dimension Array），基本上三维数组的表示法和二维数组一样，都可视为是一维数组的延伸，如果数组为三维数组，就可以看作是一个立方体，如图 2-8 所示。

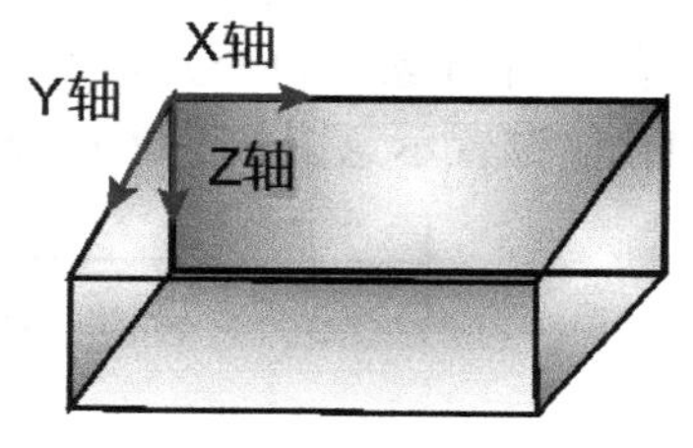

图 2-8 三维数组可以看成一个立方体

三维数组若以线性的方式来处理，一样可分为“以行为主”和“以行列主”两种方式。如果数组 A 声明为 $A(1:u_1, 1:u_2, 1:u_3)$，表示 A 为一个含有 $u_1 \times u_2 \times u_3$ 元素的三维数组。我们可以把 A(i, j, k)元素想象成空间上的立方体图，如图 2-9 所示。

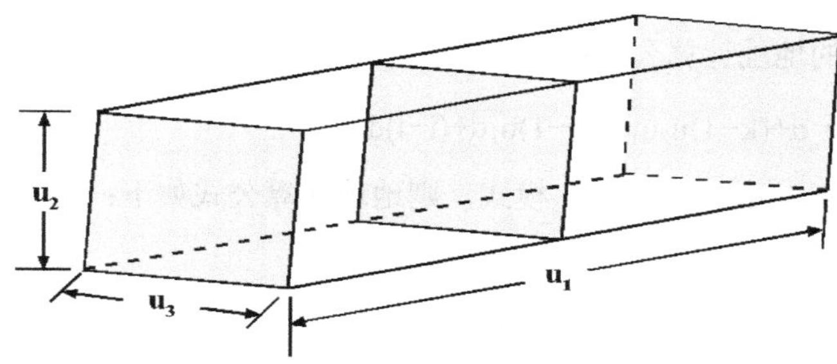

图 2-9 把三维数组中的元素想象成空间上的立方图

以行为主

我们可以将数组 A 视为 u_1 个 $u_2 \times u_3$ 的二维数组，再将每个二维数组视为有 u_2 个一维数组，而每一个一维数组又可包含 u_3 的元素。另外，每个元素占用 d 个单位的内存空间，且 α 为数组的起始地址。以行为主的三维数组的存储位置示意图如图 2-10 所示。

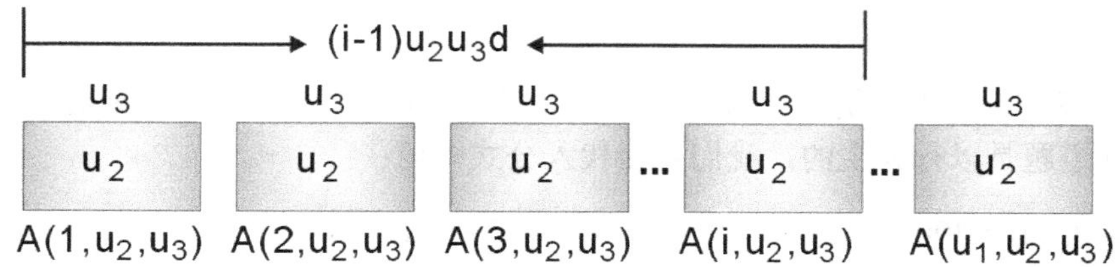

图 2-10 以行为主的三维数组的存储位置示意图

要写出转换公式时，只要知道最终 A(i, j, k)是在直线排列的第几个，所以可以很简单地得到以下地址计算公式：

$$Loc(A(i, j, k)) = \alpha + (i-1)u_2u_3d + (j-1)u_3d + (k-1)d$$

若数组 A 声明为 $A(l_1:u_1, l_2:u_2, l_3:u_3)$ 模式，则地址计算公式如下：

$$a = u_1 - l_1 + 1, b = u_2 - l_2 + 1, c = u_3 - l_3 + 1;$$

$$Loc(A(i,j,k)) = \alpha + (i-l_1)bcd + (j-l_2)cd + (k-l_3)d$$

以列为主

将数组 A 视为 u_3 个 $u_2 \times u_1$ 的二维数组，再将每个二维数组视为有 u_2 个一维数组，每一数组含有 u_1 个元素。每个元素占有 d 个单位的内存空间，且 α 为起始地址。以列为主的三维数组的存储位置示意图如图 2-11 所示。

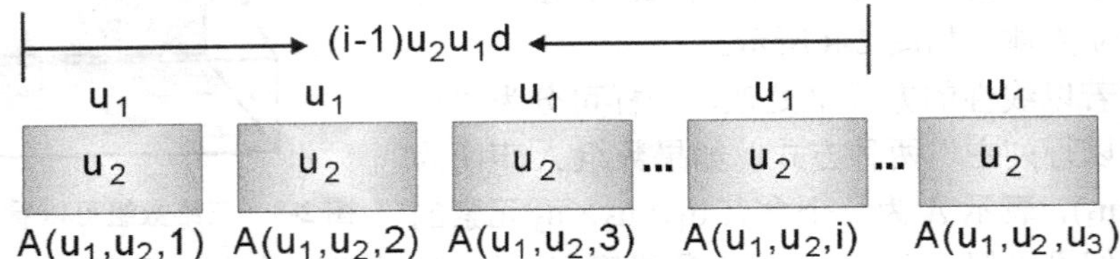

图 2-11　以列为主的三维数组的存储位置示意图

可以得到下列的地址计算公式：

$$Loc(A(i, j, k)) = \alpha+(k-1)u_2u_1d+(j-1)u_1d+(i-1)d$$

若数组声明为 $A(l_1:u_1, l_2:u_2, l_3:u_3)$ 模式，则地址计算公式如下：

$$A = u_1 - l_1+1, b = u_2 - l_2+1, c = u_3 - l_3+1;$$
$$Loc(A(i, j, k)) = \alpha+(k-l_3)abd+(j-l_2)ad+(i-l_1)d$$

例如，在 Python 语言中，三维数组声明的方式如下：

Num = [[[33, 45, 67], [23, 71, 66], [55, 38, 66]], [[21, 9, 15], [38, 69, 18], [90, 101, 89]]]

范例 **2.2.8** 假设有数组是以行为主存储的程序设计语言，声明 A(1:3, 1:4, 1:5)三维数组，且 Loc(A(1, 1, 1)) = 100，求出 Loc(A(1, 2, 3))的值。

解答 直接代入公式：$Loc(A(1, 2, 3)) = 100+(1-1)\times4\times5\times1+(2-1)\times5\times1+(3-1)\times1 = 107$。

范例 **2.2.9** A(6, 4, 2)是以行为主存储的，若 α = 300，且 d = 1，求 A(4, 4, 1)的地址。

解答 这道题是以行为主的，我们直接代入公式即可：

$$Loc(A(4, 4, 1)) = 300+(4-1)\times4\times2\times1+(4-1)\times2\times1+(1-1)\times1$$
$$= 300+24 + 6 = 330$$

范例 **2.2.10** 假设一个三维数组元素内容如下：

num = [[[33, 45, 67], [23, 71, 66], [55, 38, 66]], [[21, 9, 15], [38, 69, 18], [90, 101, 89]]]

设计一个 Python 程序，利用三重嵌套循环来找出此 2×3×3 三维数组中所存储数值中的最小值。

范例程序：CH02_03.py

```
#声明三维数组
num=[[[33,45,67],[23,71,66],[55,38,66]], \
```

```
    [[21,9,15],[38,69,18],[90,101,89]]]
value=num[0][0][0]#设置 value 为 num 数组的第一个元素
for i in range(2):
    for j in range(3):
        for k in range(3):
            if(value>=num[i][j][k]):
                value=num[i][j][k] #利用三重循环找出最小值
print("最小值= %d" %value)
```

【执行结果】

执行结果如图 2-12 所示。

```
最小值= 9
>>>
```

图 2-12 执行结果

2.2.3 n 维数组

有了一维、二维、三维数组，当然也可能有四维、五维或者更多维数的数组。不过受限于计算机内存，通常程序设计语言中的数组声明都会有维数的限制。在此，我们把三维以上的数组归纳为 n 维数组。

假设数组 A 声明为 $A(1:u_1, 1:u_2, 1:u_3\ldots\ldots, 1:u_n)$，则可将数组视为有 u_1 个 n−1 维数组，每个 n−1 维数组中有 u_2 个 n−2 维数组，每个 n−2 维数组中，有 u_3 个 n−3 维数组……有 u_{n-1} 个一维数组，在每个一维数组中有 u_n 个元素。

若 α 为起始地址，$\alpha=Loc(A(1, 1, 1, 1, \ldots, 1))$，d 为单位空间，则数组 A 元素中的内存分配公式有如下两种方式。

（1）以行为主

$$
\begin{aligned}
Loc(A(i_1, i_2, i_3,\cdots, i_n)) = \alpha &+ (i_1-1)u_2u_3u_4\ldots u_nd \\
&+ (i_2-1)u_3u_4\ldots u_nd \\
&+ (i_3-1)u_4u_5\ldots u_nd \\
&+ (i_4-1)u_5u_6\ldots u_nd \\
&+ (i_5-1)u_6u_7\ldots u_nd \\
&\vdots \\
&+ (i_{n-1}-1)u_nd \\
&+ (i_n-1)d
\end{aligned}
$$

（2）以列为主

$$
\begin{aligned}
Loc(A(i_1, i_2, i_3, \ldots, i_n)) = \alpha &+ (i_n-1)u_{n-1}u_{n-2}\ldots u_1d \\
&+ (i_{n-1}-1)u_{n-2}\ldots u_1d \\
&\vdots \\
&+ (i_2-1)u_1d \\
&+ (i_1-1)d
\end{aligned}
$$

范例▶ **2.2.11** 在 4-Darray A[1:4, 1:6, 1:5, 1:3]中，α = 200，d = 1，并已知是以列排列为主的，求 A[3, 1, 3, 1]的地址。

解答▶ 由于本题中原本就是数组的简单表示法，因此不需要经过转换，直接代入计算公式即可。

Loc(A[3, 1, 3, 1])

$= 200 + (1-1)\times5\times6\times4 + (3-1)\times6\times4 + (1-1)\times4 + 3 - 1$

$= 250$

2.3 矩阵

从数学的角度来看，对于 m×n 矩阵（Matrix）的形式，可以用计算机中的二维数组 A(m, n)来描述，例如图 2-13 所示的矩阵 A，大家是否立即想到了一个声明为 A(1:3, 1:3) 的二维数组。

$$A=\begin{bmatrix} a_{11} & a_{12} & a_{13} \\ a_{21} & a_{22} & a_{23} \\ a_{31} & a_{32} & a_{33} \end{bmatrix}_{3\times3}$$

图 2-13 用矩阵的方式来描述二维数组

许多矩阵的运算与应用都可以使用计算机中的二维数组来解决，在本节中我们将会讨论两个矩阵的相加、相乘，以及某些稀疏矩阵（Sparse Matrix）、转置矩阵（A^t）、上三角形矩阵（Upper Triangular Matrix）与下三角形矩阵（Lower Triangular Matrix），等等。

2.3.1 矩阵相加

矩阵的相加运算较为简单，前提是相加的两个矩阵对应的行数与列数都必须相等，而相加后矩阵的行数与列数也是相同的。例如 $A_{m\times n} + B_{m\times n} = C_{m\times n}$。以下我们就来实际看一个矩阵相加的例子，如图 2-14 所示。

$$\begin{bmatrix} 1 & 3 & 5 \\ 7 & 9 & 11 \\ 13 & 15 & 17 \end{bmatrix}_{3\times3} + \begin{bmatrix} 9 & 8 & 7 \\ 6 & 5 & 4 \\ 3 & 2 & 1 \end{bmatrix}_{3\times3} = \begin{bmatrix} 10 & 11 & 12 \\ 13 & 14 & 15 \\ 16 & 17 & 18 \end{bmatrix}_{3\times3}$$

A 矩阵　　**B** 矩阵　　**C** 矩阵

图 2-14 矩阵相加

范例▶ **2.3.1** 设计一个 Python 程序来声明 3 个二维数组来实现图 2-14 所示的两个矩阵相加的过程，并显示这两个矩阵相加后的结果。

范例程序：CH02_04.py

```
A= [[1,3,5],[7,9,11],[13,15,17]] #二维数组的声明
B= [[9,8,7],[6,5,4],[3,2,1]]     #二维数组的声明
N=3
```

```
C=[[None] * N for row in range(N)]

for i in range(3):
    for j in range(3):
        C[i][j]=A[i][j]+B[i][j] #矩阵 C = 矩阵 A+矩阵 B
print('[矩阵 A 和矩阵 B 相加的结果]') #打印出 A+B 的内容
for i in range(3):
    for j in range(3):
        print('%d' %C[i][j], end='\t')
print()
```

【执行结果】

执行结果如图 2-15 所示。

```
[矩阵A和矩阵B相加的结果]
10      11      12
13      14      15
16      17      18
```

图 2-15　执行结果

2.3.2　矩阵相乘

两个矩阵 A 与 B 的相乘受到某些条件的限制。首先，必须符合 A 为一个 m×n 的矩阵，B 为一个 n×p 的矩阵，A×B 之后的结果为一个 m×p 的矩阵 C，如图 2-16 所示。

$$C_{11}=a_{11}\times b_{11}+a_{12}\times b_{21}+\cdots+a_{1n}\times b_{n1}$$

$$\vdots$$

$$C_{1p}=a_{11}\times b_{1p}+a_{12}\times b_{2p}+\cdots+a_{1n}\times b_{np}$$

$$\vdots$$

$$C_{mp}=a_{m1}\times b_{1p}+a_{m2}\times b_{2p}+\cdots+a_{mn}\times b_{np}$$

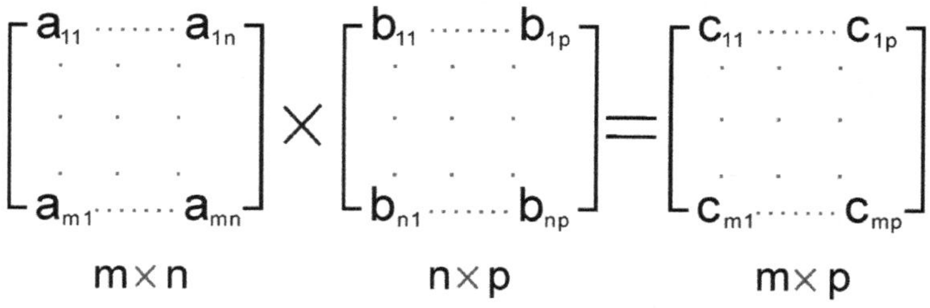

$$\begin{bmatrix} a_{11} & \cdots & a_{1n} \\ \vdots & & \vdots \\ a_{m1} & \cdots & a_{mn} \end{bmatrix}_{m\times n} \times \begin{bmatrix} b_{11} & \cdots & b_{1p} \\ \vdots & & \vdots \\ b_{n1} & \cdots & b_{np} \end{bmatrix}_{n\times p} = \begin{bmatrix} c_{11} & \cdots & c_{1p} \\ \vdots & & \vdots \\ c_{m1} & \cdots & c_{mp} \end{bmatrix}_{m\times p}$$

图 2-16　矩阵相乘

范例 **2.3.2**　设计一个 Python 程序来实现两个可自行输入矩阵维数的矩阵相乘过程，并显示输出相乘后的结果。

范例程序：CH02_05.py

```
#[示范]:运算两个矩阵相乘的结果

def MatrixMultiply(arrA, arrB,arrC,M,N,P):
    global C
    if M<=0 or N<=0 or P<=0:
        print('[错误:维数M,N,P必须大于0]')
        return
    for i in range(M):
        for j in range(P):
            Temp=0
            for k in range(N):
                Temp = Temp+int(arrA[i*N+k])*int(arrB[k*P+j])
            arrC[i*P+j] = Temp

print('请输入矩阵A的维数(M,N): ')
M=int(input('M= '))
N=int(input('N= '))
A=[None]*M*N #声明大小为M×N的列表A

print('[请输入矩阵A的各个元素]')
for i in range(M):
    for j in range(N):
        A[i*N+j]=input('a%d%d='%(i,j))

print('请输入矩阵B的维数(N,P): ')
N=int(input('N= '))
P=int(input('P= '))

B=[None]*N*P #声明大小为N×P的列表B

print('[请输入矩阵B的各个元素]')
for i in range(N):
    for j in range(P):
        B[i*P+j]=input('b%d%d='%(i,j))

C=[None]*M*P #声明大小为M×P的列表C
MatrixMultiply(A,B,C,M,N,P)
print('[AxB的结果是]')
for i in range(M):
    for j in range(P):
```

```
        print('%d' %C[i*P+j], end='\t')
print()
```

【执行结果】

执行结果如图 2-17 所示。

```
请输入矩阵A的维数(M,N):
M= 2
N= 3
[请输入矩阵A的各个元素]
a00=5
a01=6
a02=3
a10=8
a11=4
a12=8
请输入矩阵B的维数(N,P):
N= 3
P= 2
[请输入矩阵B的各个元素]
b00=4
b01=6
b10=5
b11=2
b20=8
b21=6
[AxB的结果是]
74      60
116     104
```

图 2-17 执行结果

2.3.3 转置矩阵

“转置矩阵”就是把原矩阵的行坐标元素与列坐标相互调换，假设 A^t 为 A 的转置矩阵，则有 $A^t[j, i] = A[i, j]$，如图 2-18 所示。

$$A=\begin{bmatrix}1 & 2 & 3\\4 & 5 & 6\\7 & 8 & 9\end{bmatrix}_{3\times3} \qquad A^t=\begin{bmatrix}1 & 4 & 7\\2 & 5 & 8\\3 & 6 & 9\end{bmatrix}_{3\times3}$$

图 2-18 矩阵的转置

范例 2.3.3 设计一个 Python 程序来实现一个 4×4 二维数组的转置。

范例程序：CH02_06.py

```
arrA=[[1,2,3,4],[5,6,7,8],[9,10,11,12],[13,14,15,16]]
N=4
#声明 4×4 数组 arr
arrB=[[None] * N for row in range(N)]

```

```
print('[原设置的矩阵内容]')
for i in range(4):
    for j in range(4):
        print('%d' %arrA[i][j],end='\t')
    print()

#进行矩阵转置的操作
for i in range(4):
    for j in range(4):
        arrB[i][j]=arrA[j][i]

print('[转置矩阵的内容为]')
for i in range(4):
    for j in range(4):
        print('%d' %arrB[i][j],end='\t')
print()
```

【执行结果】

执行结果如图 2-19 所示。

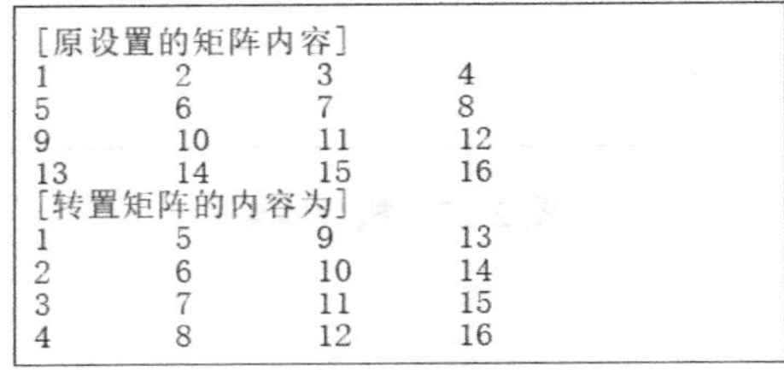

```
[原设置的矩阵内容]
1	2	3	4
5	6	7	8
9	10	11	12
13	14	15	16
[转置矩阵的内容为]
1	5	9	13
2	6	10	14
3	7	11	15
4	8	12	16
```

图 2-19　执行结果

2.3.4　稀疏矩阵

对于抽象数据类型而言，我们希望阐述的是在计算机中具备某种意义的特别概念（Concept），稀疏矩阵（Sparse Matirx）就是一个很好的例子。什么是稀疏矩阵呢？简单地说，如果一个矩阵中的大部分元素为零，就被称为稀疏矩阵。如图 2-20 所示的矩阵就是一种典型的稀疏矩阵。

$$\begin{bmatrix} 25 & 0 & 0 & 32 & 0 & -25 \\ 0 & 33 & 77 & 0 & 0 & 0 \\ 0 & 0 & 0 & 55 & 0 & 0 \\ 0 & 0 & 0 & 0 & 0 & 0 \\ 101 & 0 & 0 & 0 & 0 & 0 \\ 0 & 0 & 38 & 0 & 0 & 0 \end{bmatrix} \quad 6 \times 6$$

图 2-20　稀疏矩阵

对于稀疏矩阵而言，实际存储的数据项很少，如果在计算机中使用传统的二维数组方式来存储稀疏矩阵，就会十分浪费计算机的内存空间。特别是当矩阵很大时，例如存储一个 1000×1000 的稀疏矩阵所需的空间需求，而大部分的元素都是零，这样空间的利用率确实不经济。提高内存空间利用率的方法就是利用三项式（3-tuple）的数据结构，我们把每一个非零项以（i, j, item-value）来表示，就是假如一个稀疏矩阵有 n 个非零项，那么可以利用一个 A(0:n, 1:3) 的二维数组来存储这些非零项，我们把这样存储的矩阵叫压缩矩阵。其中，A(0, 1) 存储这个稀疏矩阵的行数，A(0, 2) 存储这个稀疏矩阵的列数，而 A(0, 3) 则是此稀疏矩阵非零项的总数。另外，每一个非零项以(i, j, item-value) 来表示。其中 i 为此矩阵非零项所在的行数，j 为此矩阵非零项所在的列数，item-value 则为此矩阵非零的值。以图 2-20 所示的 6×6 稀疏矩阵为例，可以用如图 2-21 所示的方式来表示。

A(0, 1)=>表示此矩阵的行数

A(0, 2)=>表示此矩阵的列数

A(0, 3)=>表示此矩阵非零项的总数

	1	2	3
0	6	6	8
1	1	1	25
2	1	4	32
3	1	6	-25
4	2	2	33
5	2	3	77
6	3	4	55
7	5	1	101
8	6	3	38

图 2-21　三项式表示稀疏矩阵的方式

范例 **2.3.4**　设计一个 Python 程序来利用三项式（3-tuple）数据结构，并压缩 6×6 稀疏矩阵，以减少内存不必要的浪费。

范例程序：CH02_07.py

```
NONZERO=0
temp=1
Sparse=[[15,0,0,22,0,-15],[0,11,3,0,0,0],
        [0,0,0,-6,0,0],[0,0,0,0,0,0],
        [91,0,0,0,0,0],[0,0,28,0,0,0]] #声明稀疏矩阵,稀疏矩阵的所有元素设为 0
Compress=[[None] * 3 for row in range(9)] #声明压缩矩阵

print('[稀疏矩阵的各个元素]') #打印出稀疏矩阵的各个元素
for i in range(6):
    for j in range(6):
        print('[%d]' %Sparse[i][j], end='\t')
        if Sparse[i][j] !=0:
            NONZERO=NONZERO+1
    print()

#开始压缩稀疏矩阵
Compress[0][0] = 6
Compress[0][1] = 6
Compress[0][2] = NONZERO
```

```

for i in range(6):
    for j in range(6):
        if Sparse[i][j] !=0:
            Compress[temp][0]=i
            Compress[temp][1]=j
            Compress[temp][2]=Sparse[i][j]
            temp=temp+1

print('[稀疏矩阵压缩后的内容]') #打印出压缩矩阵的各个元素
for i in range(NONZERO+1):
    for j in range(3):
        print('[%d] ' %Compress[i][j], end='')
print()
```

【执行结果】

执行结果如图 2-22 所示。

```
[稀疏矩阵的各个元素]
[15]    [0]     [0]     [22]    [0]     [-15]
[0]     [11]    [3]     [0]     [0]     [0]
[0]     [0]     [0]     [-6]    [0]     [0]
[0]     [0]     [0]     [0]     [0]     [0]
[91]    [0]     [0]     [0]     [0]     [0]
[0]     [0]     [28]    [0]     [0]     [0]
[稀疏矩阵压缩后的内容]
[6] [6] [8]
[0] [0] [15]
[0] [3] [22]
[0] [5] [-15]
[1] [1] [11]
[1] [2] [3]
[2] [3] [-6]
[4] [0] [91]
[5] [2] [28]
```

图 2-22　执行结果

现在清楚了压缩稀疏矩阵的存储方法后，我们还要了解稀疏矩阵的相关运算，例如转置矩阵问题。按照转置矩阵的基本定义，对于任何稀疏矩阵而言，它的转置矩阵仍然是一个稀疏矩阵。

如果直接将此稀疏矩阵进行转置，因为只需要使用两个 for 循环，所以时间复杂度可以视为 O(columns×rows)。如果说我们使用一个用三项式存储的压缩矩阵，它首先会确定在原稀疏阵中每一列的元素个数。根据这个原因，就可以事先确定转置矩阵中每一行的起始位置，接着将原稀疏矩阵中的元素一个个地放到转置矩阵中的正确位置。这样的做法可以将时间复杂度调整到 O(columns+rows)。

2.3.5 上三角形矩阵

上三角形矩阵（Upper Triangular Matrix）就是一种对角线以下元素都为 0 的 n×n 矩阵。其中又可分为右上三角形矩阵（Right Upper Triangular Matrix）与左上三角形矩阵（Left Upper Triangular Matrix）。由于上三角形矩阵仍有许多元素为 0，为了避免浪费内存空间，我们可以把三角形矩阵的二维模式存储在一维数组中。现在分别讨论如下：

右上三角形矩阵

对 n×n 的矩阵 A，假如 i>j，那么 A(i, j) = 0，如图 2-23 所示。

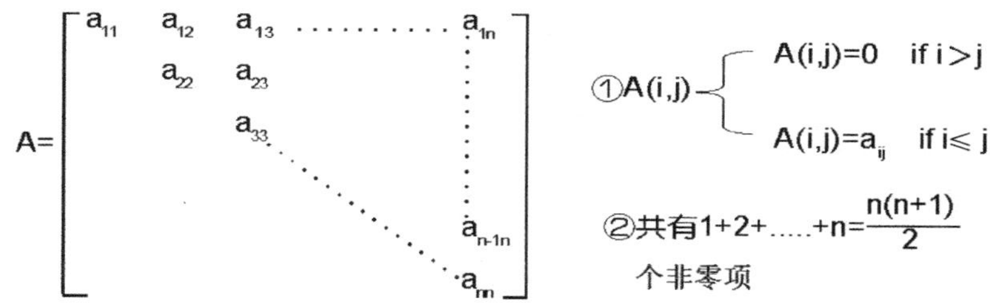

图 2-23 右上三角形矩阵

由于此二维矩阵的非零项可按序映射到一维矩阵，且需要一个一维数组 B(1: $\frac{n(n+1)}{2}$) 来存储。映射方式也可分为以行为主和以列为主两种数组内存分配的方式。

（1）以行为主

从图 2-24 可知 a_{ij} 在 B 数组中所对应的 k 值，也就是 a_{ij} 会存放在 B(k)中，k 的值等于第 1 行到第 i−1 行所有的元素个数减去第 1 行到第 i−1 行中所有值为零的元素个数加上 a_{ij} 所在的列数 j，即：

$$k = n\times(i-1) - \frac{i(i-1)}{2} + j$$

a_{11}	B(1)
a_{12}	B(2)
a_{13}	B(3)
a_{14}	B(4)
⋮	⋮
a_{1n}	B(n)
a_{22}	B(n+1)
a_{23}	⋮
⋮	⋮
a_{ij}	B(k)
⋮	⋮
a_{nn}	B($\frac{n(n+1)}{2}$)

图 2-24 以行为主时右上三角形矩阵映射到一维数组的情形

（2）以列为主

从图 2-25 可知 a_{ij} 在 B 数组中所对应的 k 值，也就是 a_{ij} 会存放在 B(k)中，k 的值等于第 1 列到第 j−1 列的所有非零元素的个数加上 a_{ij} 所在的行数 i，即：

$$k = \frac{j(j-1)}{2} + i$$

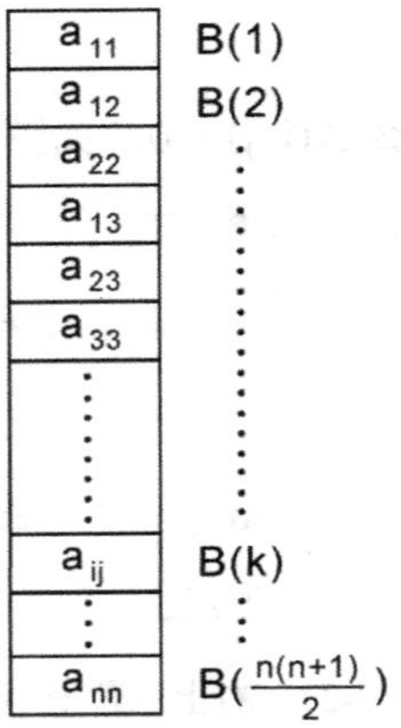

图 2-25　以列为主时右上三角形矩阵映射到一维数组的情形

范例 ▶ **2.3.5**　假如有一个 5×5 的右上三角形矩阵 A，以行为主映射到一维数组 B，请问 a_{23} 所对应 B(k)的 k 值是多少？

解答 ▶ 直接代入右上三角形矩阵公式：

$$k = \frac{j(j-1)}{2} + i = \frac{3\times(3-1)}{2} + 2 = 5 \Rightarrow \text{对应 } B(5)$$

范例 ▶ **2.3.6**　设计一个 Python 程序，将右上三角形矩阵压缩为一维数组。

范例程序：CH02_08.py

```
# [示范]:上三角矩阵
global ARRAY_SIZE #矩阵的维数大小
ARRAY_SIZE=5
#一维数组的数组声明

num=int(ARRAY_SIZE*(1+ARRAY_SIZE)/2)
B=[None]*(num+1)

def getValue(i, j):
    index = int(ARRAY_SIZE*i - i*(i+1)/2+j)
    return B[index]

#上三角矩阵的内容
```

```
A=[[7, 8, 12, 21,  9],
   [0, 5, 14, 17,  6],
   [0, 0,  7, 23, 24],
   [0, 0,  0, 32, 19],
   [0, 0,  0,  0,  8]]

print('============================================')
print('上三角形矩阵：')
for i in range(ARRAY_SIZE):
   for j in range(ARRAY_SIZE):
      print('%d' %A[i][j],end='\t')
   print()

#将右上三角矩阵压缩为一维数组
index=0
for i in range(ARRAY_SIZE):
   for j in range(ARRAY_SIZE):
      if(A[i][j]!=0):
         index=index+1
         B[index]=A[i][j]

print('============================================')
print('以一维数组的方式表示：')
print('[',end='')
for i in range(ARRAY_SIZE):
   for j in range(i+1,ARRAY_SIZE+1):
      print(' %d' %getValue(i,j),end='')
print(' ]')
```

【执行结果】

执行结果如图 2-26 所示。

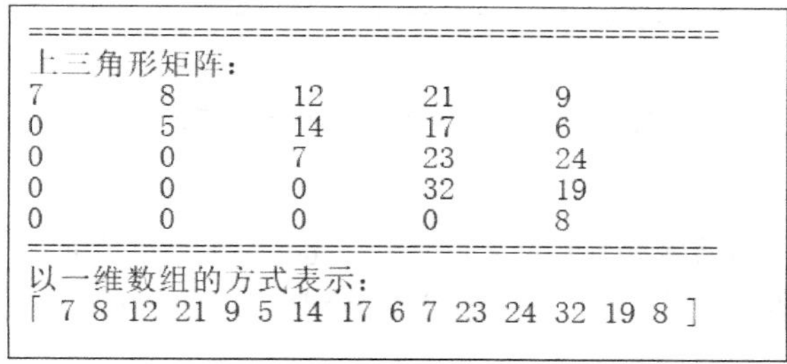

```
============================================
上三角形矩阵:
7	8	12	21	9
0	5	14	17	6
0	0	7	23	24
0	0	0	32	19
0	0	0	0	8
============================================
以一维数组的方式表示:
[ 7 8 12 21 9 5 14 17 6 7 23 24 32 19 8 ]
```

图 2-26　执行结果

左上三角形矩阵

对 n×n 的矩阵 A，假如 i >n−j+1 时，A(i, j)=0，如图 2-27 所示。

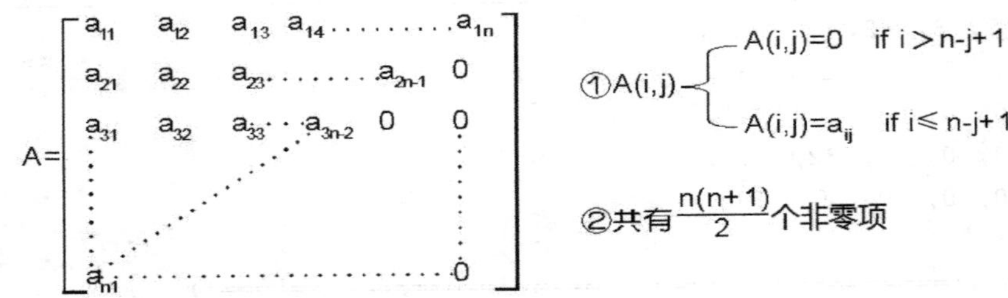

图 2-27 左上三角形矩阵

与右上三角形矩阵相同，对应方式也分为以行为主和以列为主两种数组内存分配方式。

（1）以行为主，如图 2-28 所示。

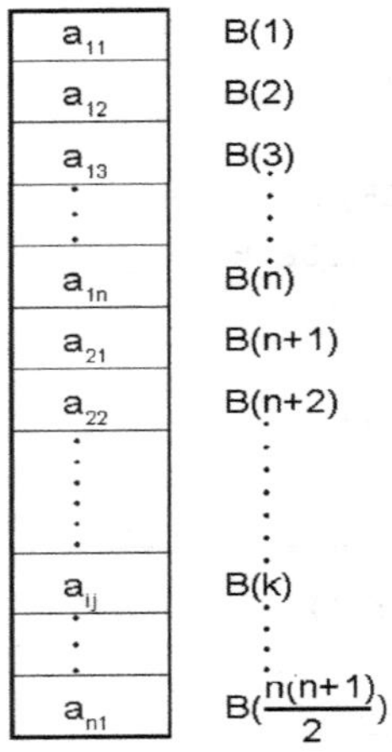

图 2-28 以行为主时左上三角形矩阵映射到一维数组的情形

从图 2-28 可知 a_{ij} 在 B 数组中所对应的 k 值，也就是 a_{ij} 会存放在 B(k)中，则 k 的值会等于第 1 行到第 i−1 行所有元素的个数减去第 1 行到第 i−2 行中所有值为零的元素个数加上 a_{ij} 所在的列数 j，即：

$$k = n\times(i-1) - \frac{(i-1)\times((i-2)+1)}{2} + j$$

$$= n\times(i-1) - \frac{(i-2)\times(i-1)}{2} + j$$

（2）以列为主，如图 2-29 所示。

从图 2-29 可知 a_{ij} 在 B 数组中所对应的 k 值，也就是 a_{ij} 会存放在 B(k)中，则 k 的值会等于第 1 列到第 j−1 列的所有元素的个数减去第 1 列到第 j−2 列中所有值为零的元素个数加上 a_{ij} 所在的行数 i，即：

$$k = n\times(j-1) - \frac{(j-2)\times(j-1)}{2} + i$$

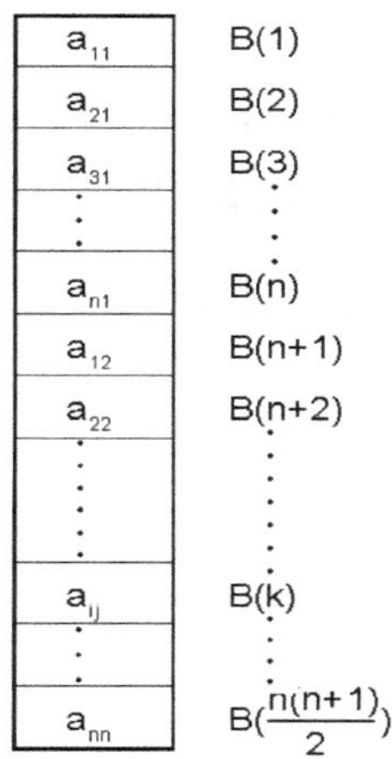

图 2-29　以列为主时左上三角形矩阵映射到一维数组的情形

范例 2.3.7　假如有一个 5×5 的左上三角形矩阵，以列为主映射到一维数组 B，请问 a_{23} 所对应 b(k)的 k 值是多少？

解答 由公式可得 $k = n\times(j-1) + i - \frac{(j-2)\times(j-1)}{2}$

$= 5\times(3-1) + 2 - \frac{(j-2)\times(j-1)}{2}$

$= 10 + 2 - 1 = 11$

2.3.6　下三角形矩阵

与上三角形矩阵相反，下三角矩阵就是一种对角线以上元素都为 0 的 n×n 矩阵。其中也可分为左下三角形矩阵（Left Lower Triangular Matrix）和右下三角形矩阵（Right Lower Triangular Matrix）。

左下三角形矩阵

对 n×n 的矩阵 A，如果 i<j，那么 A(i, j) = 0，如图 2-30 所示。

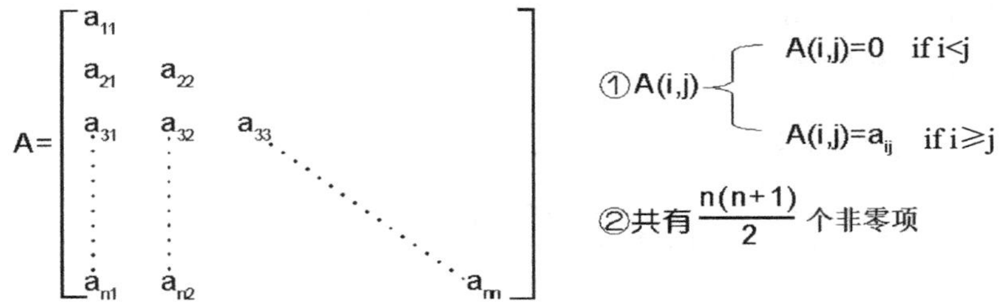

图 2-30　左下三角形矩阵

同样地，映射到一维数组 $B(1:\frac{n(n+1)}{2})$内存分配的方式，也可分为以行为主和以列为主两种。

（1）以行为主，如图 2-31 所示。

从图 2-31 可知 a_{ij} 在 B 数组中所对应的 k 值，也就是 a_{ij} 会存放在 B(k)中，k 的值等于第 1 行到第 i−1 行所有非零元素的个数加上 a_{ij} 所在的列数 j。

$$k=\frac{i(i-1)}{2}+j$$

（2）以列为主，如图 2-32 所示。

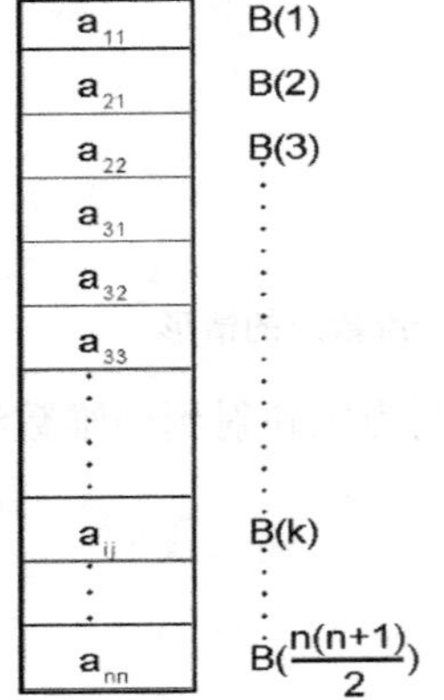

图 2-31　以行为主时左下三角形矩阵映射到一维数组的情形

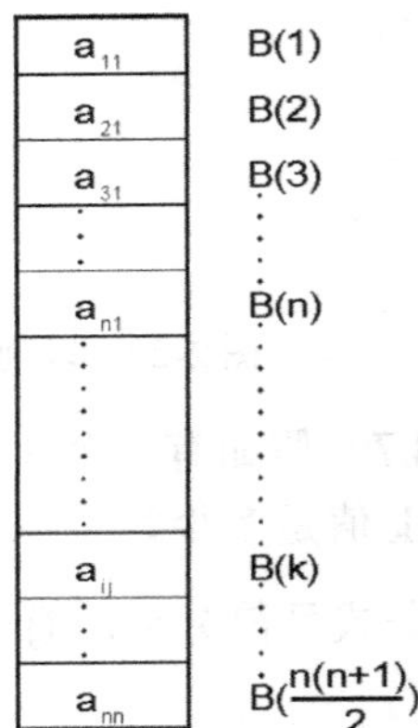

图 2-32　以列为主时左下三角形矩阵映射到一维数组的情形

从图 2-32 可知 a_{ij} 在 B 数组中所对应的 k 值，也就是 a_{ij} 会存放在 B(k)中，k 的值等于第 1 列到第 j−1 列所有非零元素的个数减去第 1 列到第 j−1 列所有值为零的元素个数，再加上 a_{ij} 所在的行数 i。

$$K=n\times(j-1)+i-\frac{(j-1)\times[1+(j-1)]}{2}$$

$$=n\times(j-1)+i-\frac{j(j-1)}{2}$$

范例 2.3.8　有一个 6×6 的左下三角形矩阵，以列为主的方式映射到一维数组 B，求元素 a_{32} 所对应 B(k)的 k 值是多少？

解答 代入公式 $k=n\times(j-1)+i-\frac{j(j-1)}{2}$

$$=6\times(2-1)+3-\frac{2\times(2-1)}{2}$$

$$=6+3-1=8$$

范例 2.3.9 设计一个 Python 程序，将左下三角形矩阵压缩为一维数组。

范例程序：CH02_09.py

```
# 下三角矩阵
global ARRAY_SIZE #矩阵的维数大小
ARRAY_SIZE=5
#一维数组的数组声明

num=int(ARRAY_SIZE*(1+ARRAY_SIZE)/2)
B=[None]*(num+1)

def getValue(i,j):
    index = int(ARRAY_SIZE*i-i*(i+1)/2+j)
    return B[index]

#下三角矩阵的内容
A=[[76, 0, 0, 0, 0],
   [54, 51, 0, 0, 0],
   [23, 8, 26, 0, 0],
   [43, 35, 28, 18, 0],
   [12, 9, 14, 35, 46]]

print("==============================================\n")
print("下三角形矩阵：")
for i in range(ARRAY_SIZE):
    for j in range(ARRAY_SIZE):
        print('%d' %A[i][j],end='\t')
    print()

#将左下三角矩阵压缩为一维数组 */
index=0
for i in range(ARRAY_SIZE):
    for j in range(ARRAY_SIZE):
        if(A[i][j]!=0):
            index=index+1
            B[index]=A[i][j]
print("==============================================\n")
print("以一维的方式表示：\n")
print('[',end='')
for i in range(ARRAY_SIZE):
    for j in range(i+1,ARRAY_SIZE+1):
        print(' %d' %getValue(i,j),end='')
print(' ]')
```

【执行结果】

执行结果如图 2-33 所示。

```
============================================
下三角形矩阵:
76      0       0       0       0
54      51      0       0       0
23      8       26      0       0
43      35      28      18      0
12      9       14      35      46
============================================
以一维的方式表示:
[ 76 54 51 23 8 26 43 35 28 18 12 9 14 35 46 ]
```

图 2-33 执行结果

右下三角形矩阵

对 n×n 的矩阵 A，如果 $i<n-j+1$，那么 $A(i, j)=0$，如图 2-34 所示。

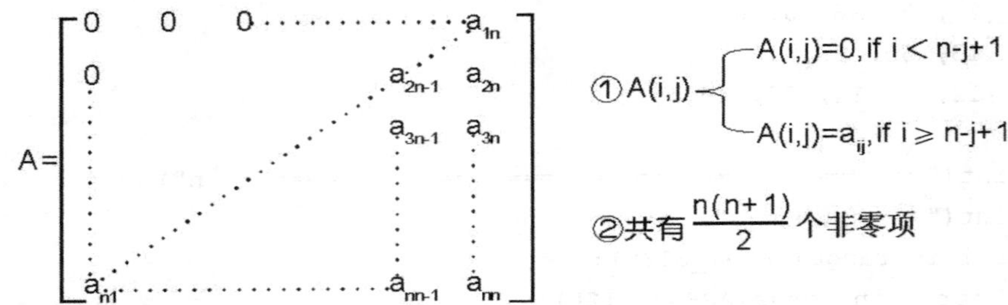

图 2-34 右下三角形矩阵

同样地，映射到一维数组 $B(1: \frac{n(n+1)}{2})$ 内存分配的方式，也可分为以行为主和以列为主两种。

（1）以行为主，如图 2-35 所示。

从图 2-35 可知 a_{ij} 在 B 数组中所对应的 k 值，也就是 a_{ij} 会存放在 B(k)中，k 的值等于第 1 行到第 i−1 行非零元素的个数加上 a_{ij} 所在的列数 j，再减去该列中所有值为零的个数：

$$
\begin{aligned}
k &= \frac{i(i-1)}{2} \times [1+(i-1)] + j-(n-i) \\
&= \frac{[i \times (i-1) + 2 \times i]}{2} + j-n \\
&= \frac{i(i-1)}{2} + j-n
\end{aligned}
$$

（2）以列为主，如图 2-36 所示。

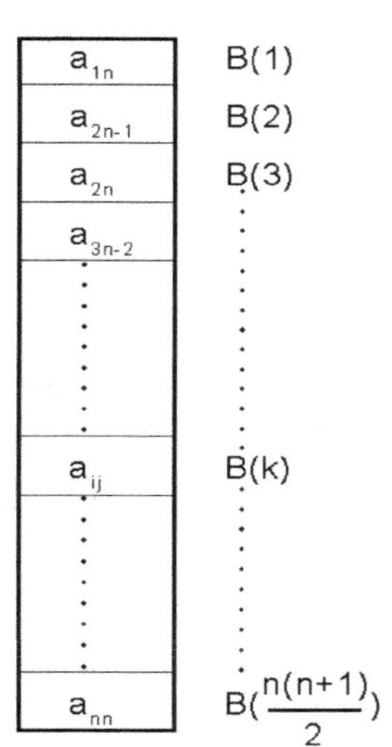

图 2-35　以行为主时右下三角形矩阵映射到一维数组的情形

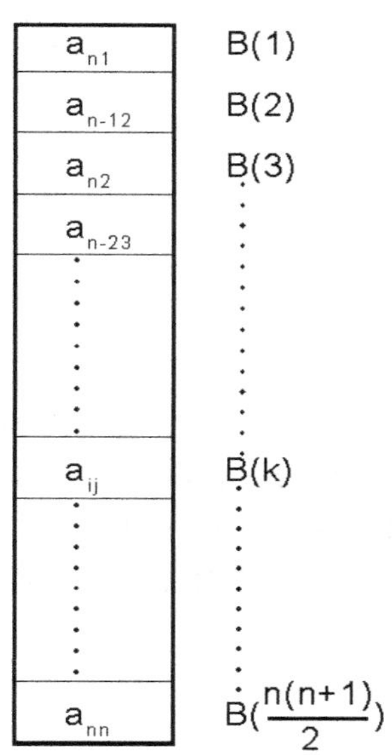

图 2-36　以列为主时右下三角形矩阵映射到一维数组的情形

从图 2-36 可知 a_{ij} 在 B 数组中所对应的 k 值，也就是 a_{ij} 会存放在 B(k)中，k 的值等于第 1 列到第 j−1 列非零元素的个数加上 a_{ij} 所在的第 i 行减去该行中所有值为零的元素个数：

$$k = \frac{(j-1)\times[1+(j-1)]}{2} + i-(n-j)$$
$$= \frac{j(j-1)}{2} + i-n$$

范例 ▶ 2.3.10　假设有一个 4×4 的右下三角形矩阵，以列为主映射到一维数组 B，求元素 a_{32} 所对应 B(k)的 k 值。

解答 ▶ 代入公式

$$k = \frac{j(j+1)}{2} + i-n$$
$$= \frac{2\times(2+1)}{2} + 3-4$$
$$= 2$$

2.3.7　带状矩阵

所谓带状矩阵（Band Matrix），是一种在应用上较为特殊且稀少的矩阵，就是在上三角形矩阵中，右上方的元素都为零，在下三角形矩阵中，左下方的元素也为零，即除了第一行与第 n 行有两个元素外，其余每行都具有 3 个元素，使得中间主轴附近的值形成类似带状的矩阵，如图 2-37 所示。

$$
\begin{bmatrix}
a_{11} & a_{21} & 0 & 0 & 0 \\
a_{12} & a_{22} & a_{32} & 0 & 0 \\
0 & a_{23} & a_{33} & a_{43} & 0 \\
0 & 0 & a_{34} & a_{44} & a_{54} \\
0 & 0 & 0 & a_{45} & a_{55}
\end{bmatrix}_{5\times 5} \qquad a_{ij}=0, \text{if } |i-j|>1
$$

图 2-37　带状矩阵

由于带状矩阵本身是稀疏矩阵，因此在存储上也只将非零项存储到一维数组中，映射关系同样可分为以行为主和以列为主两种。例如，对以行为主的存储方式而言，一个 n×n 带状矩阵，除了第 1 行和第 n 行为 2 个元素外，其余均为 3 个元素，因此非零项的总数最多为 3n−2 个，而 a_{ij} 所映射到的 B(k)，其 k 值的计算为：

$$
\begin{aligned}
k &= 2 + 3 + \cdots + 3 + j-i + 2 \\
&= 2 + 3i-6 + j-i + 2 \\
&= 2i + j-2
\end{aligned}
$$

2.4 数组与多项式

多项式是数学中相当重要的表达方式，如果使用计算机来处理多项式的各种相关运算，通常可以用数组（Array）或链表（Linked List）来存储多项式。本节中，我们先来讨论多项式以数组结构表示的相关应用。

认识多项式

假如一个多项式 $P(x) = a_nx^n+a_{n-1}x^{n-1}+\cdots+a_1x+a_0$，P(x)就为一个 n 次多项式。一个多项式如果使用数组结构存储在计算机中，有以下两种表示法：

（1）使用一个 n+2 长度的一维数组来存放，数组的第一个位置存储最大指数 n 项的系数，其他位置按照指数 n 递减，按序存储对应项的系数：$P = (n, a_n, a_{n-1}, \cdots, a_1, a_0)$，存储在 A(1:n+2)中，例如 $P(x) = 2x^5+3x^4+5x^2+4x+1$ 可转换为 A 数组来表示，例如 A=[5, 2, 3, 0, 5, 4, 1]。

使用这种表示法的优点就是在计算机中运用时，对于多项式各种运算（如加法与乘法）的设计比较方便。不过，如果多项式的系数多半为零，例如 $x^{100}+1$，就太浪费内存空间了。

（2）只存储多项式中的非零项。如果有 m 项非零项，就使用 2m+1 的数组来存储每一个非零项的指数和系数，数组的第一个元素则为此多项式非零项的个数。

例如 $P(x) = 2x^5+3x^4+5x^2+4x+1$，可表示成 A(1:2m+1)数组，例如：

A=[5, 2, 5, 3, 4, 5, 2, 4, 1, 1, 0]

这种方法的优点是可以节省不必要的内存空间，减少浪费；缺点是在设计多项式各种算法时较为复杂。

范例 2.4.1　用本节所介绍的第一种多项式表示法来设计一个 Python 程序，并进行两个多项式 $A(x) = 3x^4+7x^3+6x+2$ 和 $B(x) = x^4+5x^3+2x^2+9$ 的加法运算。

范例程序：CH02_10.py

```
#将两个最高次方相等的多项式相加后输出结果
ITEMS=6
def PrintPoly(Poly,items):
    MaxExp=Poly[0]
    for i in range(1,Poly[0]+2):
        MaxExp=MaxExp-1
        if Poly[i]!=0:
            if (MaxExp+1)!=0:
                print(' %dX^%d ' %(Poly[i],MaxExp+1), end='')
            else:
                print(' %d' %Poly[i], end='')
            if MaxExp>=0:
                print('%c' %'+', end='')
    print()

def PolySum(Poly1, Poly2):
    result=[None]*ITEMS
    result[0] = Poly1[0]
    for i in range(1,Poly1[0]+2):
        result[i]=Poly1[i]+Poly2[i] #等幂次的系数相加
    PrintPoly(result,ITEMS)

PolyA=[4,3,7,0,6,2]      #声明多项式A
PolyB=[4,1,5,2,0,9] #声明多项式B
print('多项式A=> ', end='')
PrintPoly(PolyA,ITEMS)  #打印出多项式A
print('多项式B=> ', end='')
PrintPoly(PolyB,ITEMS)  #打印出多项式B
print('A+B => ', end='')
PolySum(PolyA,PolyB)     #多项式A+多项式B
```

【执行结果】

执行结果如图 2-38 所示。

```
多项式A=>  3X^4 + 7X^3 + 6X^1 + 2
多项式B=>  1X^4 + 5X^3 + 2X^2 + 9
A+B =>  4X^4 + 12X^3 + 2X^2 + 6X^1 + 11
```

图 2-38　执行结果

【课后习题】

1. 密集表（Dense List）在某些应用上相当方便，①在哪些情况下不适用？②如果原有 n 项数据，计算插入一项新数据平均需要移动几项数据？

2. 试举出 8 种线性表常见的运算方式。

3. A(−3:5, −4:2)数组的起始地址 A(−3, −4) = 100，以行存储为主，求 Loc(A(1,1))的值。

4. 若 A(3, 3)在位置 121，A(6, 4)在位置 159，则 A(4, 5)的位置在哪里？（单位空间 d = 1）

5. 若 A(1, 1)在位置 2，A(2, 3)在位置 18，A(3, 2)在位置 28，试求 A(4, 5)的位置。

6. 举例说明稀疏矩阵的定义。

7. 假设数组 A[−1:3, 2:4, 1:4, −2:1] 是以行为主排列的，起始地址 a = 200，每个数组元素内存空间为 5，试求 A [−1, 2, 1, −2]、A [3, 4, 4, 1]、A [3, 2, 1, 0]的位置。

8. 求下列稀疏矩阵的压缩数组表示法。

$$\begin{bmatrix} 0 & 0 & 0 & 0 & 3 \\ 1 & 0 & 0 & 0 & 0 \\ 0 & 0 & 0 & 4 & 0 \\ 6 & 0 & 0 & 0 & 7 \\ 0 & 5 & 0 & 0 & 0 \end{bmatrix}$$

9. 什么是带状矩阵？试举例说明。

10. 解释下列名词：

（1）转置矩阵　　（2）稀疏矩阵

（3）左下三角形矩阵　　（4）有序表

11. 数组结构类型通常包含哪几个属性？

12. 数组（Array）是以 PASCAL 语言来声明的，每个数组元素占用 4 个单位的内存空间。若起始地址是 255，在下列声明中，所列元素存储位置分别是多少？

（1）VarA=array[−55…1, 1…55]，求 A[1,12]的地址。

（2）VarA=array[5…20, −10…40]，求 A[5,−5]的地址。

13. 假设我们以 FORTRAN 语言来声明浮点数的数组 A[8][10]，且每个数组元素占用 4 个单位的内存空间，如果 A[0][0]的起始地址是 200，那么元素 A[5][6]的地址是多少？

14. 假设有一个三维数组声明为 A(1:3, 1:4, 1:5)，A(1,1,1) = 300，且 d=1，试在以列为主的排列方式下，求出 A(2,2,3)所在的地址。

15. 有一个三维数组 A(−3:2, −2:3, 0:4)，以行为主的方式排列，数组的起始地址是 1118，试求 Loc(A(1,3,3)) 的值。（d=1）

16. 假设有一个三维数组声明为 A(−3:2, −2:3, 0:4)，A(1,1,1) = 300，且 d = 2，试在以列为主的排列方式下，求出 A(2,2,3)所在的地址。

17. 下三角数组 B 是一个 n×n 的数组，其中 B[i, j]=0，i<j。

（1）求 B 数组中不为 0 的最大个数。

（2）如何将 B 数组以最经济的方式存储在内存中？

（3）在（2）的存储方式中，如何求得 B[i, j]（i≥j）？

18. 使用多项式的两种数组表示法来存储 $P(x) = 8x^5 + 7x^4 + 5x^2 + 12$。

第3章 链表

3.1 单向链表
3.2 环形链表
3.3 双向链表

链表（Linked List）是由许多相同数据类型的数据项按特定顺序排列而成的线性表。链表的特性是其各个数据项在计算机内存中的位置是不连续且随机（Random）存放的，其优点是数据的插入或删除都相当方便，有新数据加入就向系统申请一块内存空间，而数据被删除后，就可以把这块内存空间还给系统，加入和删除都不需要移动大量的数据。其缺点就是设计数据结构时较为麻烦，另外在查找数据时，也无法像静态数据（如数组）那样可随机读取数据，必须按序查找到该数据为止。

日常生活中有许多链表的抽象运用，例如可以把“单向链表”想象成火车，有多少人就挂多少节车厢，当假日人多时，需要较多车厢就可以多挂些车厢，人少时就把车厢数量减少，十分具有弹性，如图 3-1 所示。例如游乐场中的摩天轮就是一种“环形链表”的应用，可以根据需要增加坐厢的数量。

图 3-1　单向链表类似于火车及其挂接的车厢

3.1　单向链表

在动态分配内存空间时，最常使用的就是“单向链表”（Single Linked List）。一个单向链表节点基本上是由两个元素（数据字段和指针）所组成的，而指针将会指向下一个元素在内存中的地置，如图 3-2 所示。

1	数据字段
2	指针

图 3-2　单向链表的节点示意图

在“单向链表”中，第一个节点是“链表头指针”，指向最后一个节点的指针设为 None，表示它是“链表尾”，不指向任何地方。例如列表 A={a, b, c, d, x}，其单向链表的数据结构如图 3-3 所示。

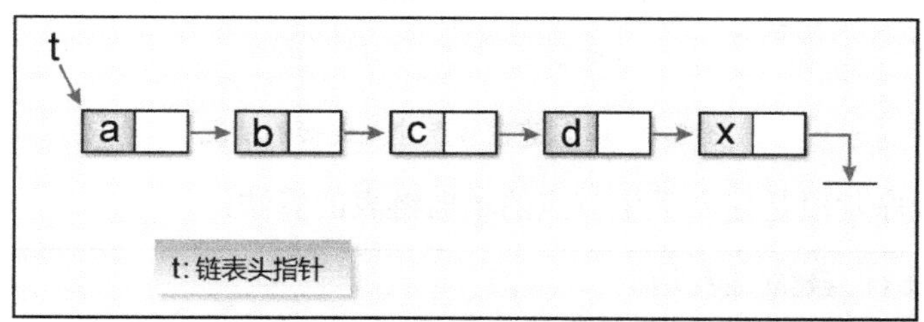

图 3-3　单向链表示意图

由于单向链表中所有节点都知道节点本身的下一个节点在哪里，但是对于前一个节点却没有办法知道，因此在单向链表的各种操作中，“链表头指针”就显得相当重要，只要存在链表头指针，就可以遍历整个链表，进行加入和删除节点等操作。注意，除非必要，否则不可移动链表头指针。

3.1.1 建立单向链表

在 Python 中，如果以动态分配产生链表节点的节点，可以先行定义一个类，接着在该类中定义一个指针字段，作用是指向下一个链表节点，另外该类中至少要有一个数据字段。例如我们声明一个学生成绩链表节点的结构声明，并且包含姓名（name）和成绩（score）两个数据字段与一个指针字段（next）。在 Python 语言中可以声明如下：

```
class student:
    def __init__(self):
        self.name=''
        self.score=0
        self.next=None
```

完成节点类的声明后，就可以动态建立链表中的每个节点了。假设现在要新增一个节点至链表的末尾，且 ptr 指向链表的第一个节点，在程序上必须设计 4 个步骤：

步骤 01 动态分配内存空间给新节点使用。
步骤 02 将原链表尾部的指针（next）指向新元素所在的内存位置。
步骤 03 将 ptr 指针指向新节点的内存位置，表示这是新的链表尾部。
步骤 04 由于新节点当前为链表的最后一个元素，因此将它的指针（next）指向 None。

例如要将 s1 的 next 变量指向 s2，而且将 s2 的 next 变量指向 None：

```
s1.next = s2;
s2.next = None;
```

由于链表的基本特性就是 next 变量将会指向下一个节点的内存地址，因此这时 s1 节点与 s2 节点间的关系如图 3-4 所示。

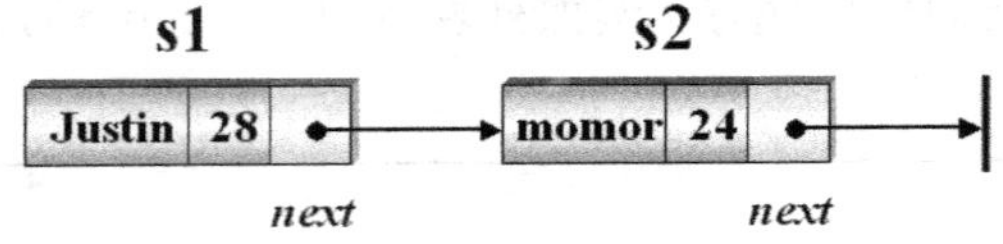

图 3-4 单向链表节点建立连接的情况

以下 Python 程序片段是建立学生节点的单向链表的算法：

```
head=student() #建立链表头部
head.next=None #当前无下一个元素
ptr = head #设置存取指针的位置
select=0

while select !=2:
    print('(1)新增 (2)离开 =>')
    try:
```

```
        select=int(input('请输入一个选项: '))
    except ValueError:
        print('输入错误')
        print('请重新输入\n')
    if select ==1:
        new_data=student() #新增下一个元素
        new_data.name=input('姓名:')
        new_data.no=input('学号:')
        new_data.Math=eval(input('数学成绩:'))
        new_data.Eng=eval(input('英语成绩:'))
        ptr.next=new_data #存取指针设置为新元素所在的位置
        new_data.next=None #下一个元素的 next 先设置为 None
        ptr=ptr.next
```

3.1.2　遍历单向链表

遍历（traverse）单向链表中的过程就是使用指针运算来访问链表中的每个节点。在此我们延续使用 3.1.1 节中的范例，如果要遍历已建立了 3 个节点的单向链表，可使用结构指针 ptr 来作为链表的读取游标，一开始是指向链表的头部。每次读完链表的一个节点，就将 ptr 往下一个节点移动（指向下一个节点），直到 ptr 指向 None 为止，如图 3-5 所示。

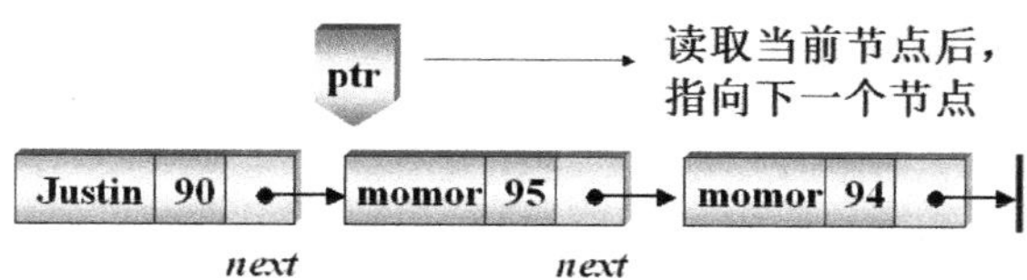

图 3-5　遍历单向链表的示意图

Python 的程序片段如下：

```
ptr=head.next #设置存取指针从链表的头部开始
while ptr !=None:
    print('姓名: %s\t 学号:%s\t 数学成绩:%d\t 英语成绩:%d' \
          %(ptr.name,ptr.no,ptr.Math,ptr.Eng))
    Msum=Msum+ptr.Math
    Esum=Esum+ptr.Eng
    student_no=student_no+1
    ptr=ptr.next #将 ptr 移往下一个元素
```

范例 **3.1.1**　设计一个 Python 程序，可以让用户输入数据来新增学生数据节点，并建立一个单向链表。当用户输入结束后，可遍历此链表并显示其内容，并求出当前链表中所有学生的数学与英语的平均成绩。此学生节点的结构数据类型如下：

```
class student:
    def __init__(self):
```

```
        self.name=''
        self.Math=0
        self.Eng=0
        self.no=''
        self.next=None
```

范例程序：CH03_01.py

```
import sys

class student:
    def __init__(self):
        self.name=''
        self.Math=0
        self.Eng=0
        self.no=''
        self.next=None

head=student() #建立链表的头部
head.next=None
ptr = head
Msum=Esum=num=student_no=0
select=0

while select !=2:
    print('(1)新增 (2)离开 =>')
    try:
        select=int(input('请输入一个选项: '))
    except ValueError:
         print('输入错误')
         print('请重新输入\n')
    if select ==1:
        new_data=student() #新增下一个元素
        new_data.name=input('姓名:')
        new_data.no=input('学号:')
        new_data.Math=eval(input('数学成绩:'))
        new_data.Eng=eval(input('英语成绩:'))
        ptr.next=new_data #存取指针设置为新元素所在的位置
        new_data.next=None #下一个元素的 next 先设置为 None
        ptr=ptr.next
        num=num+1

ptr=head.next #设置存取指针从链表的头部开始
print()
```

```
while ptr !=None:
    print('姓名: %s\t 学号:%s\t 数学成绩:%d\t 英语成绩:%d' \
          %(ptr.name,ptr.no,ptr.Math,ptr.Eng))
    Msum=Msum+ptr.Math
    Esum=Esum+ptr.Eng
    student_no=student_no+1
    ptr=ptr.next #将 ptr 移往下一个元素

if student_no !=0:
    print('---------------------------------------------------------')
    print('本链表中学生的数学平均成绩:%.2f 英语平均成绩:%.2f' \
      %(Msum/student_no,Esum/student_no))
```

【执行结果】

执行结果如图 3-6 所示。

```
(1)新增  (2)离开 =>
请输入一个选项: 1
姓名:andy
学号:1
数学成绩:98
英语成绩:97
(1)新增  (2)离开 =>
请输入一个选项: 1
姓名:may
学号:2
数学成绩:95
英语成绩:96
(1)新增  (2)离开 =>
请输入一个选项: 2

姓名: andy      学号:1   数学成绩:98      英语成绩:97
姓名: may       学号:2   数学成绩:95      英语成绩:96
-----------------------------------------------------------
本链表中学生的数学平均成绩:96.50 英语平均成绩:96.50
```

图 3-6　执行结果

3.1.3　在单向链表中插入新节点

在单向链表中插入新节点如同在一列火车中加入新的车厢，有 3 种情况：加到第 1 个节点之前、加到最后一个节点之后以及加到此链表中间任一位置。接下来，我们利用图解方式说明如下：

- 新节点插入第一个节点之前，即成为此链表的首节点：只需把新节点的指针指向链表原来的第一个节点，再把链表头指针指向新节点即可，如图 3-7 所示。

Python 的算法如下：

```
newnode.next=first
first=newnode
```

- 新节点插入最后一个节点之后：只需把链表最后一个节点的指针指向新节点，新节点的指针再指向 None 即可，如图 3-8 所示。

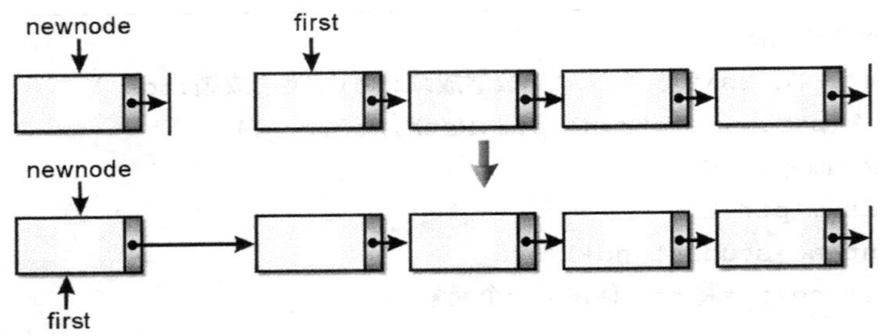

图 3-7　新节点插入第一个节点之前

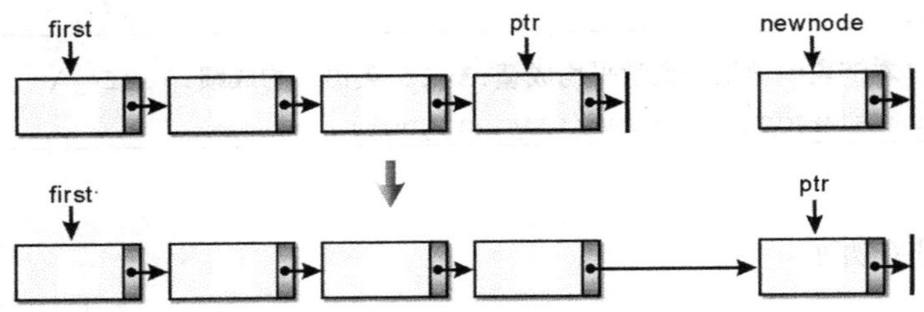

图 3-8　新节点插入最后一个节点之后

Python 的算法如下：

```
ptr.next=newnode
newnode.next=None
```

- 将新节点插入链表中间的位置：例如插入的节点在 X 与 Y 之间，只要将 X 节点的指针指向新节点，新节点的指针指向 Y 节点即可，如图 3-9 和图 3-10 所示。

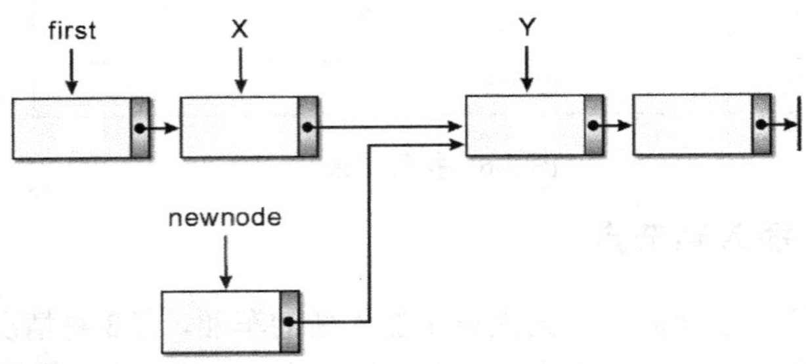

图 3-9　新节点的指针指向 Y 节点

接着把插入点指针指向新节点。

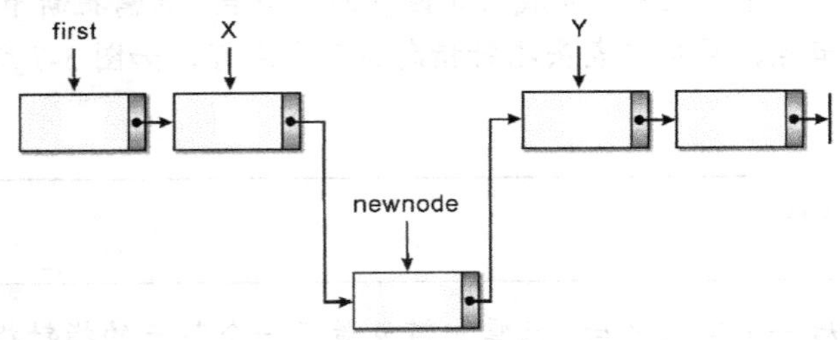

图 3-10　X 节点的指针指向新节点

Python 的算法如下：

```
newnode.next=x.next
x.next=newnode
```

范例 3.1.2　设计一个 Python 程序，建立一个员工数据的单向链表，并且允许在链表头部、链表末尾和链表中间 3 种不同位置插入新节点的情况。最后离开时，列出此链表的最后所有节点的数据字段的内容。结构成员类型如下：

```
class employee:
    def __init__(self):
        self.num=0
        self.salary=0
        self.name=''
        self.next=None
```

范例程序：CH03_02.py

```
import sys

class employee:
    def __init__(self):
        self.num=0
        self.salary=0
        self.name=''
        self.next=None

def findnode(head,num):
    ptr=head

    while ptr!=None:
        if ptr.num==num:
            return ptr
        ptr=ptr.next
    return ptr

def insertnode(head,ptr,num,salary,name):
    InsertNode=employee()
    if not InsertNode:
        return None
    InsertNode.num=num
    InsertNode.salary=salary
    InsertNode.name=name
    InsertNode.next=None
    if ptr==None: #插入第一个节点
```

```
        InsertNode.next=head
        return InsertNode
    else:
        if ptr.next==None: #插入最后一个节点
            ptr.next=InsertNode
        else: #插入中间节点
            InsertNode.next=ptr.next
            ptr.next=InsertNode
    return head

position=0
data=[[1001,32367],[1002,24388],[1003,27556],[1007,31299], \
      [1012,42660],[1014,25676],[1018,44145],[1043,52182], \
      [1031,32769],[1037,21100],[1041,32196],[1046,25776]]
namedata=['Allen','Scott','Marry','John','Mark','Ricky', \
          'Lisa','Jasica','Hanson','Amy','Bob','Jack']
print('员工编号 薪水 员工编号 薪水 员工编号 薪水 员工编号 薪水')
print('-------------------------------------------------------')
for i in range(3):
    for j in range(4):
        print('[%4d] $%5d ' %(data[j*3+i][0],data[j*3+i][1]),end='')
    print()
print('------------------------------------------------------\n')
head=employee() #建立链表的头部
head.next=None

if not head:
    print('Error!! 内存分配失败!!\n')
    sys.exit(1)
head.num=data[0][0]
head.name=namedata[0]
head.salary=data[0][1]
head.next=None
ptr=head
for i in range(1,12): #建立链表
    newnode=employee()
    newnode.next=None
    newnode.num=data[i][0]
    newnode.name=namedata[i]
    newnode.salary=data[i][1]
    newnode.next=None
    ptr.next=newnode
    ptr=ptr.next
```

```
while(True):
    print('请输入要插入其后的员工编号,如输入的编号不在此链表中,')
    position=int(input('新输入的员工节点将视为此链表的链表头部,要结束插入过程,请输入-1：'))
    if position ==-1:
        break
    else:

        ptr=findnode(head,position)
        new_num=int(input('请输入新插入的员工编号：'))
        new_salary=int(input('请输入新插入的员工薪水：'))
        new_name=input('请输入新插入的员工姓名：')
        head=insertnode(head,ptr,new_num,new_salary,new_name)
    print()

ptr=head
print('\t员工编号     姓名\t薪水')
print('\t==============================')
while ptr!=None:
    print('\t[%2d]\t[ %-7s]\t[%3d]' %(ptr.num,ptr.name,ptr.salary))
ptr=ptr.next
```

【执行结果】

执行结果如图 3-11 所示。

```
员工编号 薪水 员工编号 薪水 员工编号 薪水 员工编号 薪水
-------------------------------------------------------
[1001] $32367 [1007] $31299 [1018] $44145 [1037] $21100
[1002] $24388 [1012] $42660 [1043] $52182 [1041] $32196
[1003] $27556 [1014] $25676 [1031] $32769 [1046] $25776
-------------------------------------------------------

请输入要插入其后的员工编号,如输入的编号不在此链表中,
新输入的员工节点将视为此链表的链表头部,要结束插入过程,请输入-1：1041
请输入新插入的员工编号：1088
请输入新插入的员工薪水：68000
请输入新插入的员工姓名：Jane

请输入要插入其后的员工编号,如输入的编号不在此链表中,
新输入的员工节点将视为此链表的链表头部,要结束插入过程,请输入-1：-1
        员工编号     姓名         薪水
        ==============================
        [1001]   [ Allen  ]       [32367]
        [1002]   [ Scott  ]       [24388]
        [1003]   [ Marry  ]       [27556]
        [1007]   [ John   ]       [31299]
        [1012]   [ Mark   ]       [42660]
        [1014]   [ Ricky  ]       [25676]
        [1018]   [ Lisa   ]       [44145]
        [1043]   [ Jasica ]       [52182]
        [1031]   [ Hanson ]       [32769]
        [1037]   [ Amy    ]       [21100]
        [1041]   [ Bob    ]       [32196]
        [1088]   [ Jane   ]       [68000]
        [1046]   [ Jack   ]       [25776]
```

图 3-11　执行结果

3.1.4 在单向链表中删除节点

在单向链表类型的数据结构中，要在链表中删除一个节点，如同在一列火车中拿掉原有的车厢，根据所删除节点的位置会有 3 种不同的情况：

- 删除链表的第一个节点：只要把链表头指针指向第二个节点即可，如图 3-12 所示。

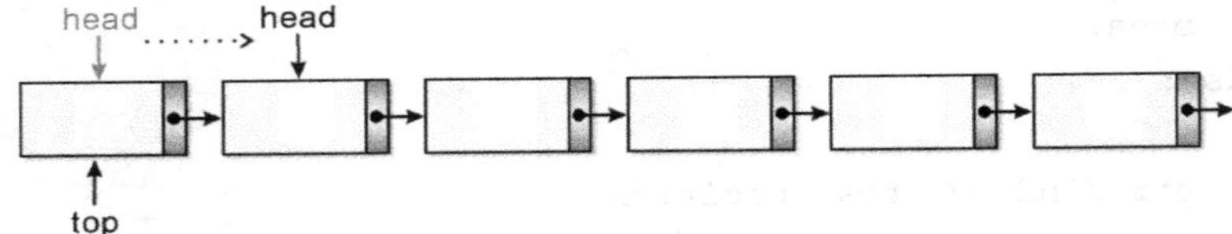

图 3-12 删除链表的第一个节点

Python 的算法如下：

```
top=head
head=head.next
```

- 删除链表的最后一个节点：只要将指向最后一个节点 ptr 的指针直接指向 None 即可，如图 3-13 所示。

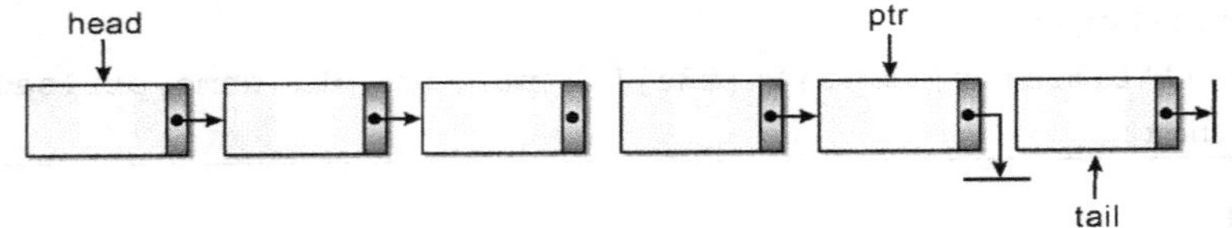

图 3-13 删除链表的最后一个节点

Python 的算法如下：

```
ptr.next=tail
ptr.next=None
```

- 删除链表内的中间节点：只要将删除节点的前一个节点的指针指向将要被删除节点的下一个节点即可，如图 3-14 所示。

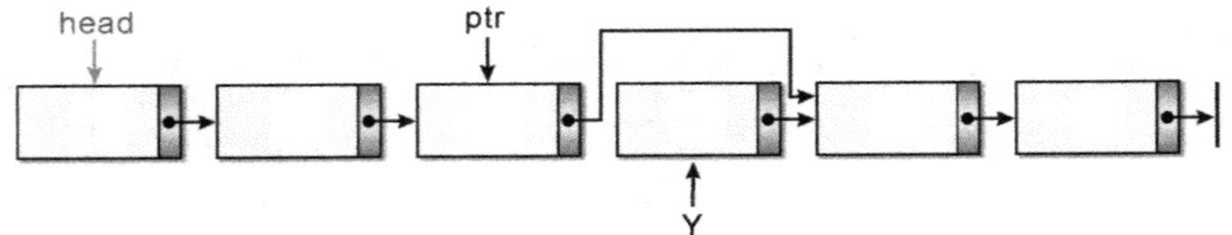

图 3-14 删除链表内的中间节点

Python 的算法如下：

```
Y=ptr.next
ptr.next=Y.next
```

范例 **3.1.3** 设计一个 Python 程序，在员工数据的链表中删除节点，并且允许所删除的节点有在链表头部、链表末尾和链表中间 3 种不同位置的情况。最后离开时，列出此链表的最后所有节点的数据字段的内容。结构成员类型如下：

```
class employee:
    def __init__(self):
        self.num=0
        self.salary=0
        self.name=''
        self.next=None
```

范例程序：CH03_03.py

```
import sys
class employee:
    def __init__(self):
        self.num=0
        self.salary=0
        self.name=''
        self.next=None

def del_ptr(head,ptr):       #删除节点子程序
    top=head
    if ptr.num==head.num:   #[情形 1]:要删除的节点在链表头部
        head=head.num
        print('已删除第 %d 号员工 姓名: %s 薪资:%d' %(ptr.num, ptr.name,
              ptr.salary))
    else:
        while top.next!=ptr:  #找到删除节点的前一个位置
            top=top.next
        if ptr.next==None:    #删除在链表末尾的节点
            top.next=None
            print('已删除第 %d 号员工 姓名: %s 薪资:%d' %(ptr.num, ptr.name,
                  ptr.salary))
        else:
            top.next=ptr.next  #删除在列表中的任一节点
            print('已删除第 %d 号员工 姓名: %s 薪资:%d' %(ptr.num, ptr.name,
                  ptr.salary))
    return head  #返回链表

def main():
    findword=0
    namedata=['Allen','Scott','Marry','John',\
              'Mark','Ricky','Lisa','Jasica',\
```

```
        'Hanson','Amy','Bob','Jack']
    data=[[1001,32367],[1002,24388],[1003,27556],[1007,31299], \
          [1012,42660],[1014,25676],[1018,44145],[1043,52182], \
          [1031,32769],[1037,21100],[1041,32196],[1046,25776]]
    print('员工编号 薪水 员工编号 薪水 员工编号 薪水 员工编号 薪水')
    print('--------------------------------------------------------')
    for i in range(3):
        for j in range(4):
            print('%2d  [%3d]  ' %(data[j*3+i][0],data[j*3+i][1]),end='')
        print()
    head=employee() #建立链表头部
    if not head:
        print('Error!! 内存分配失败!!')
        sys.exit(0)
    head.num=data[0][0]
    head.name=namedata[0]
    head.salary=data[0][1]
    head.next=None

    ptr=head
    for i in range(1,12):  #建立链表
        newnode=employee()
        newnode.num=data[i][0]
        newnode.name=namedata[i]
        newnode.salary=data[i][1]
        newnode.num=data[i][0]
        newnode.next=None
        ptr.next=newnode
        ptr=ptr.next

    while(True):
        findword=int(input('请输入要删除的员工编号,要结束删除过程,请输入-1: '))
        if(findword==-1): #循环中断条件
            break
        else:
            ptr=head
            find=0
            while ptr!=None:
                if ptr.num==findword:
                    ptr=del_ptr(head,ptr)
                    find=find+1
                    head=ptr
                ptr=ptr.next
```

```
            if find==0:
                print('######没有找到######')

    ptr=head
    print('\t 员工编号     姓名\t 薪水')    #打印剩余链表中的数据
    print('\t==============================')
    while(ptr!=None):
        print('\t[%2d]\t[ %-10s]\t[%3d]' %(ptr.num,ptr.name,ptr.salary))
        ptr=ptr.nextmain()
```

【执行结果】

执行结果如图 3-15 所示。

```
员工编号 薪水  员工编号 薪水  员工编号 薪水  员工编号 薪水
--------------------------------------------------------------
1001  [32367]  1007  [31299]  1018  [44145]  1037  [21100]
1002  [24388]  1012  [42660]  1043  [52182]  1041  [32196]
1003  [27556]  1014  [25676]  1031  [32769]  1046  [25776]
请输入要删除的员工编号,要结束删除过程,请输入-1: 1041
已删除第 1041 号员工 姓名: Bob 薪资:32196
请输入要删除的员工编号,要结束删除过程,请输入-1: -1
        员工编号     姓名          薪水
        ==============================
        [1001]   [ Allen       ]   [32367]
        [1002]   [ Scott       ]   [24388]
        [1003]   [ Marry       ]   [27556]
        [1007]   [ John        ]   [31299]
        [1012]   [ Mark        ]   [42660]
        [1014]   [ Ricky       ]   [25676]
        [1018]   [ Lisa        ]   [44145]
        [1043]   [ Jasica      ]   [52182]
        [1031]   [ Hanson      ]   [32769]
        [1037]   [ Amy         ]   [21100]
        [1046]   [ Jack        ]   [25776]
```

图 3-15 执行结果

3.1.5 单向链表的反转

了解了单向链表节点的删除和插入之后，大家会发现在这种具有方向性的链表结构中增删节点是相当容易的一件事。而要从头到尾输出整个单向链表也不难，但是如果要反转过来输出单向链表，就真的需要某些技巧了。我们知道在单向链表中的节点特性是知道下一个节点的位置，可是却无从得知它的上一个节点的位置。如果要将单向链表反转，就必须使用 3 个指针变量，如图 3-16 所示。

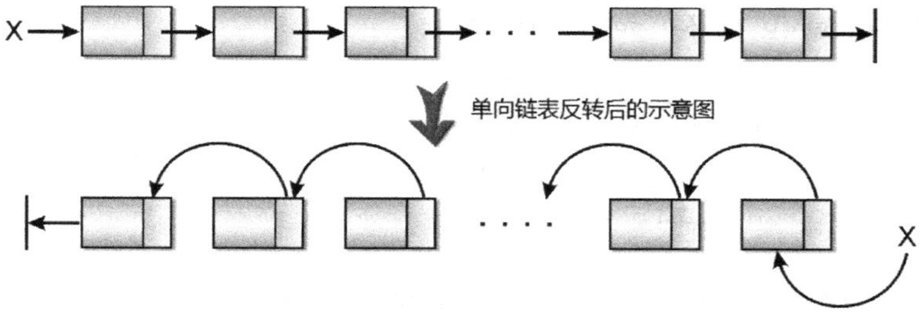

图 3-16 单向链表的反转

Python 的算法如下：

```
class employee:
    def __init__(self):
        self.num=0
        self.salary=0
        self.name=''
        self.next=None

def invert(x): #x 为链表的头指针
    p=x #将 p 指向链表的开头
    q=None #q 是 p 的前一个节点
    while p!=None:
        r=q #将 r 接到 q 之后
        q=p #将 q 接到 p 之后
        p=p.next #p 移到下一个节点
        q.next=r #q 连接到之前的节点
    return q
```

在算法 invert(X) 中，我们使用了 p、q、r 三个指针变量，它的演变过程如下：

- 执行 while 循环前，如图 3-17 所示。

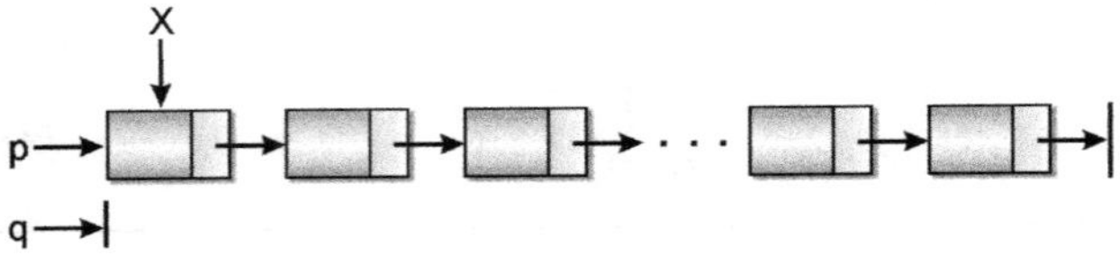

图 3-17　执行 while 循环前，链表和各个指针变量的情况

- 第一次执行 while 循环，如图 3-18 所示。

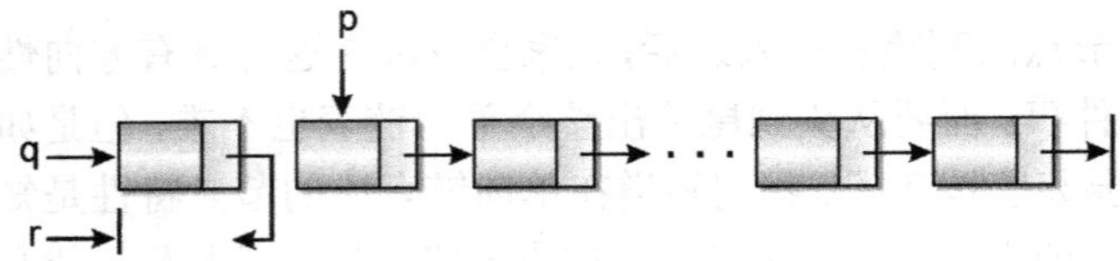

图 3-18　第一次执行 while 循环，链表和各个指针变量的情况

- 第二次执行 while 循环，如图 3-19 所示。

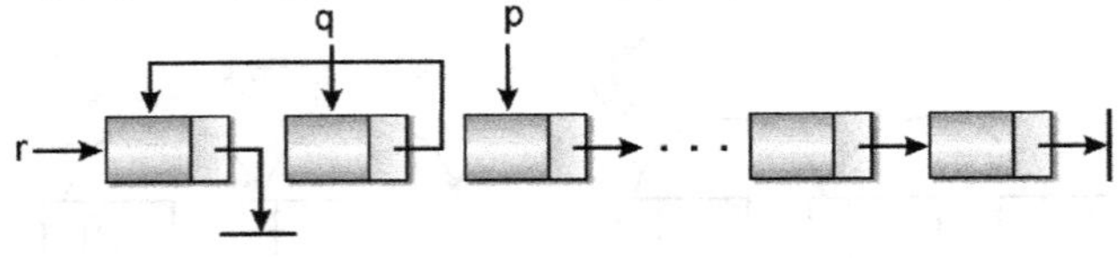

图 3-19　第二次执行 while 循环，链表和各个指针变量的情况

当执行到 p = None 时，整个单向链表就反转过来了。

范例 **3.1.4** 设计一个 Python 程序，延续范例 3.1.3，将员工数据的链表节点按照员工号反转打印出来。

范例程序：CH03_04.py

```
#include <stdio.h>
#include <stdlib.h>
class employee:
    def __init__(self):
        self.num=0
        self.salary=0
        self.name=''
        self.next=None

findword=0

namedata=['Allen','Scott','Marry','Jon', \
          'Mark','Ricky','Lisa','Jasica', \
          'Hanson','Amy','Bob','Jack']

data=[[1001,32367],[1002,24388],[1003,27556],[1007,31299], \
      [1012,42660],[1014,25676],[1018,44145],[1043,52182], \
      [1031,32769],[1037,21100],[1041,32196],[1046,25776]]

head=employee() #建立链表的头部
if not head:
    print('Error!! 内存分配失败!!')
    sys.exit(0)

head.num=data[0][0]
head.name=namedata[0]
head.salary=data[0][1]
head.next=None
ptr=head
for i in range(1,12): #建立链表
    newnode=employee()
    newnode.num=data[i][0]
    newnode.name=namedata[i]
    newnode.salary=data[i][1]
    newnode.next=None
    ptr.next=newnode
    ptr=ptr.next

ptr=head
```

```
i=0
print('反转前的员工链表节点数据：')
while ptr !=None:  #打印链表数据
    print('[%2d %6s %3d] => ' %(ptr.num,ptr.name,ptr.salary), end='')
    i=i+1
    if i>=3: #三个元素为一行
        print()
        i=0
    ptr=ptr.next

ptr=head
before=None
print('\n 反转后的链表节点数据：')
while ptr!=None: #链表反转，利用 3 个指针
    last=before
    before=ptr
    ptr=ptr.next
    before.next=last

ptr=before
while ptr!=None:
    print('[%2d %6s %3d] => ' %(ptr.num,ptr.name,ptr.salary), end='')
    i=i+1
    if i>=3:
        print()
        i=0
    ptr=ptr.next
```

【执行结果】

执行结果如图 3-20 所示。

```
反转前的员工链表节点数据：
[1001   Allen 32367] => [1002   Scott 24388] => [1003   Marry 27556] =>
[1007     Jon 31299] => [1012    Mark 42660] => [1014   Ricky 25676] =>
[1018    Lisa 44145] => [1043 Jasica 52182] => [1031 Hanson 32769] =>
[1037     Amy 21100] => [1041     Bob 32196] => [1046    Jack 25776] =>

反转后的链表节点数据：
[1046    Jack 25776] => [1041     Bob 32196] => [1037     Amy 21100] =>
[1031 Hanson 32769] => [1043 Jasica 52182] => [1018    Lisa 44145] =>
[1014   Ricky 25676] => [1012    Mark 42660] => [1007     Jon 31299] =>
[1003   Marry 27556] => [1002   Scott 24388] => [1001   Allen 32367] =>
```

图 3-20 执行结果

3.1.6 单向链表的连接功能

对于两个或两个以上链表的连接（concatenation，也称为级联），其实现起来很容易，只要将链表的首尾相连即可，如图 3-21 所示。

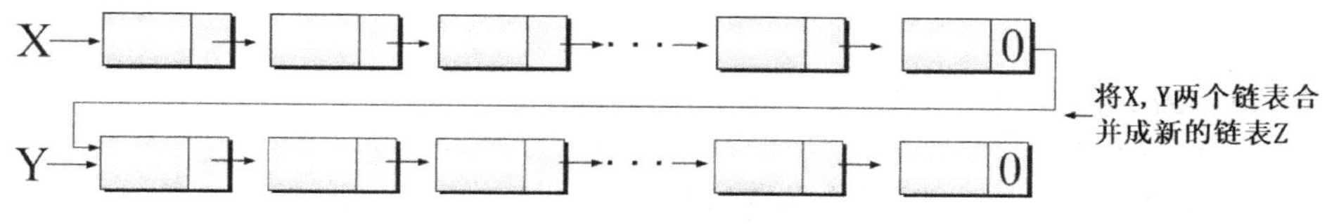

图 3-21　单向链表的连接

范例 **3.1.5**　设计一个 Python 程序，将两组学生成绩的链表连接起来，并输出新的学生成绩链表。

范例程序：CH03_05.py

```
# [示范]:单向链表的连接功能
import sys

import random

def concatlist(ptr1,ptr2):
    ptr=ptr1
    while ptr.next!=None:
        ptr=ptr.next
    ptr.next=ptr2
    return ptr1

class employee:
    def __init__(self):
        self.num=0
        self.salary=0
        self.name=''
        self.next=None

findword=0
data=[[None]*2 for row in range(12)]

namedata1=['Allen','Scott','Marry','Jon', \
          'Mark','Ricky','Lisa','Jasica', \
          'Hanson','Amy','Bob','Jack']

namedata2=['May','John','Michael','Andy', \
          'Tom','Jane','Yoko','Axel', \
          'Alex','Judy','Kelly','Lucy']

for i in range(12):
    data[i][0]=i+1
    data[i][1]=random.randint(51,100)
```

```
head1=employee()    #建立第一组链表的头部
if not head1:
    print('Error!! 内存分配失败!!')
    sys.exit(0)

head1.num=data[0][0]
head1.name=namedata1[0]
head1.salary=data[0][1]
head1.next=None
ptr=head1
for i in range(1,12):  #建立第一组链表
    newnode=employee()
    newnode.num=data[i][0]
    newnode.name=namedata1[i]
    newnode.salary=data[i][1]
    newnode.next=None
    ptr.next=newnode
    ptr=ptr.next

for i in range(12):
    data[i][0]=i+13
    data[i][1]=random.randint(51,100)

head2=employee()    #建立第二组链表的头部
if not head2:
    print('Error!! 内存分配失败!!')
    sys.exit(0)

head2.num=data[0][0]
head2.name=namedata2[0]
head2.salary=data[0][1]
head2.next=None
ptr=head2
for i in range(1,12):  #建立第二组链表
    newnode=employee()
    newnode.num=data[i][0]
    newnode.name=namedata2[i]
    newnode.salary=data[i][1]
    newnode.next=None
    ptr.next=newnode
    ptr=ptr.next

```

```
i=0
ptr=concatlist(head1,head2) #将链表相连
print('两个链表相连的结果为：')
while ptr!=None: #打印链表的数据
    print('[%2d %6s %3d] => ' %(ptr.num,ptr.name,ptr.salary),end='')
    i=i+1
    if i>=3:
        print()
        i=0
    ptr=ptr.next
```

【执行结果】

执行结果如图 3-22 所示。

```
两个链表相连的结果为：
[ 1  Allen  84] => [ 2  Scott  93] => [ 3  Marry  98] =>
[ 4    Jon  71] => [ 5   Mark  55] => [ 6  Ricky  99] =>
[ 7   Lisa  61] => [ 8 Jasica  99] => [ 9 Hanson  80] =>
[10    Amy  70] => [11    Bob  54] => [12   Jack  62] =>
[13    May  92] => [14   John  95] => [15 Michael  95] =>
[16   Andy  99] => [17    Tom  51] => [18   Jane  56] =>
[19   Yoko  88] => [20   Axel  65] => [21   Alex  66] =>
[22   Judy  72] => [23  Kelly  66] => [24   Lucy  51] =>
```

图 3-22 执行结果

范例 **3.1.6** 现有 5 个学生的成绩如表 3-1 所示。

表 3-1 5 个学生的成绩

学号	姓名	成绩
1	John	85
2	Helen	95
3	Dean	68
4	Sam	72
5	Kelly	79

设计一个 Python 程序，建立这 5 个学生成绩的单向链表，然后遍历每一个节点并打印学生的姓名与成绩。

范例程序：CH03_06.py

```
class student:
    def __init__ (self):
        self.num=0
        self.name=''
        self.score=0
        self.next=None

print('请输入 5 项学生数据：')
```

```
node=student()
if not node:
    print('[Error!!内存分配失败!]')
    sys.exit(0)
node.num=eval(input('请输入学号: '))
node.name=input('请输入姓名: ')
node.score=eval(input('请输入成绩: '))
ptr=node #保留链表头部，以ptr为当前节点指针
for i in range(1,5):
    newnode=student() #建立新节点
    if not newnode:
        print('[Error!!内存分配失败!')
        sys.exit(0)
    newnode.num=int(input('请输入学号: '))
    newnode.name=input('请输入姓名: ')
    newnode.score=int(input('请输入成绩: '))
    newnode.next=None
    ptr.next=newnode #把新节点加在链表后面
    ptr=ptr.next  #让ptr保持在链表的最后面

print(' 学 生 成 绩')
print(' 学号\t姓名\t成绩\n=====================')
ptr=node    #让ptr回到链表的头部
while ptr!=None:
    print('%3d\t%-s\t%3d' %(ptr.num,ptr.name,ptr.score))
    node=ptr
ptr=ptr.next #ptr按序往后遍历链表
```

【执行结果】

执行结果如图 3-23 所示。

```
请输入 5 项学生数据:
请输入学号: 1
请输入姓名: John
请输入成绩: 89
请输入学号: 2
请输入姓名: Michael
请输入成绩: 89
请输入学号: 3
请输入姓名: Andy
请输入成绩: 76
请输入学号: 4
请输入姓名: Jane
请输入成绩: 95
请输入学号: 5
请输入姓名: Axel
请输入成绩: 97
   学  生  成  绩
 学号    姓名      成绩
=====================
  1      John      89
  2      Michael   89
  3      Andy      76
  4      Jane      95
  5      Axel      97
```

图 3-23　执行结果

3.1.7　多项式链表表示法

在第 2 章中，我们曾介绍过有关多项式的数组表示法，不过使用数组表示法经常会出现以下困扰：

（1）多项式内容变动时，对数组结构的影响相当大，算法处理不易。

（2）由于数组是静态数据结构，因此事先必须寻找一块连续且够大的内存空间，这样容易造成内存空间的浪费。

如果使用单向链表来表示多项式，就可以克服上面的问题。多项式的链表表示法主要是存储非零项，并且每一项均符合图 3-24 所示的数据结构。

COEF	EXP	LINK

COEF：表示该变量的系数

EXP ：表示该变量的指数

LINK：表示指向下一个节点的指针

图 3-24　用于存储多项式的单向链表节点的数据结构

例如，假设多项式有 n 个非零项，且 $P(x) = a_{n-1}X^{en-1} + a_{n-2}X^{en-2} + \ldots + a_0$，则可表示成：

a_{n-1} | e_{n-1} → a_{n-2} | e_{n-2} → ………… → a_0 | e_0 →|

$A(x) = 3X^2 + 6X-2$ 的表示方法为：

3 | 2 | • → 6 | 1 | • → -2 | 0 | • →|

另外，关于多项式的加法也相当简单，只要逐一比较 A、B 链表中各个节点的指数，将指数相同者的系数相加进行合并，对于指数不相同者则直接照抄加入新链表即可。

范例 3.1.7　设计一个 Python 程序，求出以下两个多项式 A(X) + B(X)的最后结果。

$A = 3X^3+4X+2$

$B = 6X^3+8X^2+6X+9$

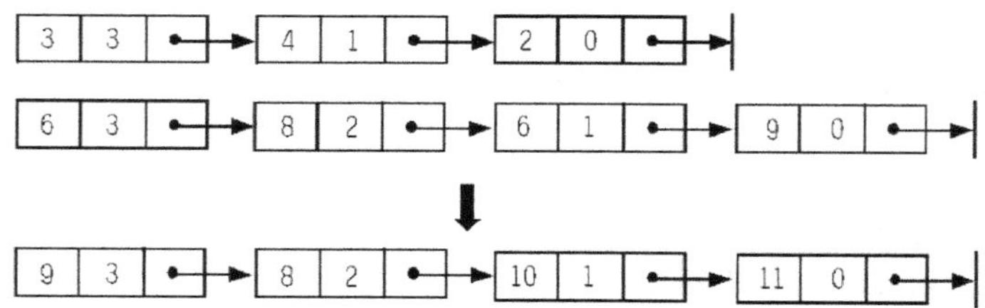

范例程序 CH03_07.py

```
class LinkedList:  #声明链表结构
    def __init__(self):
```

```
        self.coef=0
        self.exp=0
        self.next=None
def create_link(data): #建立多项式子程序
    for i in range(4):
        newnode=LinkedList()
        if not newnode:
            print("Error!! 内存分配失败!!")
            sys.exit(0)
        if i==0:
            newnode.coef=data[i]
            newnode.exp=3-i
            newnode.next=None
            head=newnode
            ptr=head
        elif data[i]!=0:
            newnode.coef=data[i]
            newnode.exp=3-i
            newnode.next=None
            ptr.next=newnode
            ptr=newnode
    return head

def print_link(head):  #打印多项式子程序
    while head !=None:
        if head.exp==1 and head.coef!=0:  #X^1 时不显示指数
            print("%dX+" %(head.coef), end='')
        elif head.exp!=0 and head.coef!=0:
            print("%dX^%d+" %(head.coef,head.exp), end='')
        elif head.coef!=0: #X^0 时不显示变量
            print("%d" %(head.coef))
        head=head.next
    print()

def sum_link(a,b): #多项式相加子程序
    i=0
    ptr=b
    plus=[None]*4
    while a!=None: #判断多项式 1
        if a.exp==b.exp: #指数相等，系数相加
            plus[i]=a.coef+b.coef
            a=a.next
            b=b.next
```

```
            i=i+1
        elif b.exp>a.exp: #B 指数较大，把系数赋值给 C
            plus[i]=b.coef
            b=b.next
            i=i+1
        elif a.exp>b.exp: #A 指数较大，把系数赋值给 C
            plus[i]=a.coef
            a=a.next
            i=i+1
    return create_link(plus)       #建立相加结果的链表 C

def main():
    data1=[3,0,4,2]             #多项式 A 的系数
    data2=[6,8,6,9]             #多项式 B 的系数
    #c=LinkedList()
    print("原始多项式：\nA=",end='')
    a=create_link(data1)        #建立多项式 A
    b=create_link(data2)        #建立多项式 B
    print_link(a)               #打印多项式 A
    print("B=",end='')
    print_link(b)               #打印多项式 B
    print("多项式相加结果：\nC=",end='') #C 为 A、B 多项式相加的结果
    print_link(sum_link(a,b))          #打印多项式 C

main()
```

【执行结果】

执行结果如图 3-25 所示。

```
原始多项式：
A=3X^3 + 4X + 2

B=6X^3 + 8X^2 + 6X + 9

多项式相加的结果：
C=9X^3 + 8X^2 + 10X + 11
```

图 3-25　执行结果

3.2 环形链表

在单向链表中，维持链表头指针是相当重要的事情，因为单向链表有方向性，所以如果链表头指针被破坏或遗失，整个链表就会遗失，并且浪费整个链表的内存空间。

如果我们把链表的最后一个节点指针指向链表头部，而不是指向 None，那么整个链表就成为一个单方向的环形结构。如此一来便不用担心链表头指针遗失的问题了，因为每一个节点

都可以是链表头部，所以可以从任一个节点来遍历其他节点。环形链表通常应用于内存工作区与输入/输出缓冲区，如图 3-26 所示。

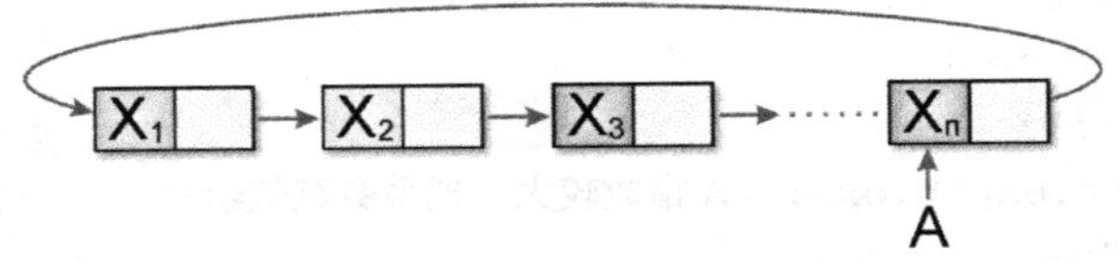

图 3-26 环形链表

3.2.1 环形链表的建立与遍历

简单来说，环形链表（Circular Linked List）的特点是在链表中的任何一个节点都可以达到此链表内的其他各个节点，建立的过程与单向链表相似，唯一的不同点是必须要将最后一个节点指向第一个节点。事实上，环形链表的优点是可以从任何一个节点开始遍历所有节点，而且回收整个链表所需的时间是固定的，与长度无关，缺点是需要多一个链接空间，而且插入一个节点需要改变两个链接。以下程序片段是建立学生节点的环形链表的算法：

```
class student:
    def __init__(self):
        self.name=''
        self.no=''
        self.next=None

head=student()  #新增链表头元素
ptr = head     #设置存取指针位置
ptr.next = None    #目前无下一个元素
select=0
while select!=2:
    select=int(input('(1)新增 (2)离开 =>'))
    if select ==2:
        break
    ptr.name=input('姓名 :')
    ptr.no=input('学号 :')
    new_data=student() #新增下一元素
    ptr.next=new_data   #连接下一元素
    new_data.next = None  #下一元素的 next 先设置为 None
    ptr = new_data  #存取指针设置为新元素所在位置
```

环形链表的遍历与单向链表十分相似，不过检查环形链表结束的条件是 ptr.next == head。以下 Python 程序片段是环形链表节点遍历的算法：

```
ptr=head

while True:
```

```
    print('姓名: %s\t 学号:%s\n' %(ptr.name,ptr.no))
    ptr=ptr.next  #将 head 移往下一元素
    if ptr.next==head:
        break
```

范例 3.2.1　设计一个 Python 程序，可以让用户输入数据来新增学生数据节点，并建立一个环形链表，当用户输入结束后，可遍历此链表并显示其内容。

范例程序：CH03_08.py

```
class student:
    def __init__(self):
        self.name=''
        self.no=''
        self.next=None

head=student()  #新增链表头元素
ptr = head     #设置存取指针位置
ptr.next = None     #目前无下一个元素
select=0
while select!=2:
    select=int(input('(1)新增 (2)离开 =>'))
    if select ==2:
        break
    ptr.name=input('姓名 :')
    ptr.no=input('学号 :')
    new_data=student()  #新增下一个元素
    ptr.next=new_data    #连接下一个元素
    new_data.next = None  #下一个元素的 next 先设置为 None
    ptr = new_data  #存取指针设置为新元素所在位置

ptr.next = head  #设置存取指针从头开始
print()
ptr=head

while True:
     print('姓名: %s\t 学号:%s\n' %(ptr.name,ptr.no))
     ptr=ptr.next  #将 head 移往下一个元素
     if ptr.next==head:
         Break
print('----------------------------------------------------------')
```

【执行结果】

执行结果如图 3-27 所示。

```
(1)新增 (2)离开 =>1
姓名 :Patrick
学号 :1001
(1)新增 (2)离开 =>1
姓名 :Daniel
学号 :1002
(1)新增 (2)离开 =>2

姓名：Patrick    学号:1001

姓名：Daniel     学号:1002
------------------------------------------------------------
```

图 3-27 执行结果

3.2.2 在环形链表中插入新节点

对于环形链表的节点插入，与单向链表的插入方式有点不同，由于每一个节点的指针都是指向下一个节点，因此没有所谓从链表尾部插入的问题。通常会出现以下两种情况。

- 将新节点插在第一个节点前成为链表头部：首先将新节点 X 的指针指向原链表头节点，并遍历整个链表找到链表末尾，将它的指针指向新增节点，最后将链表头指针指向新节点，如图 3-28 所示。

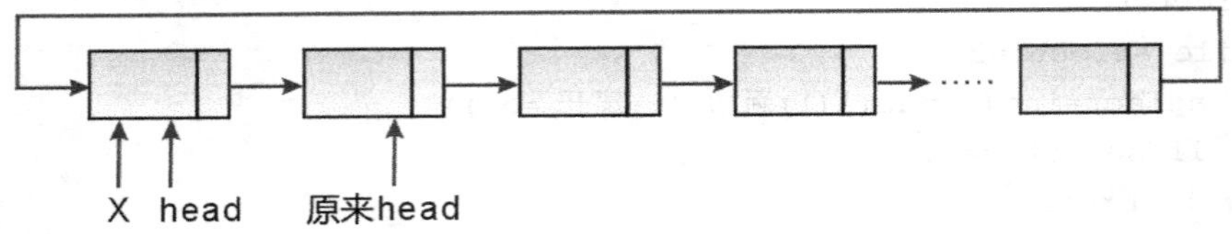

图 3-28 将新节点插在第一个节点前的情况

Python 的算法如下：

```
x.next=head
CurNode=head
while CurNode.next!=head:
      CurNode=CurNode.next   #找到链表末尾后，将它的指针指向新增节点
CurNode.next=x
head=x #将链表头指针指向新增节点
```

- 将新节点 X 插在链表中任意节点 I 之后：首先将新节 X 的指针指向 I 节点的下一个节点，并将 I 节点的指针指向 X 节点，如图 3-29 所示。

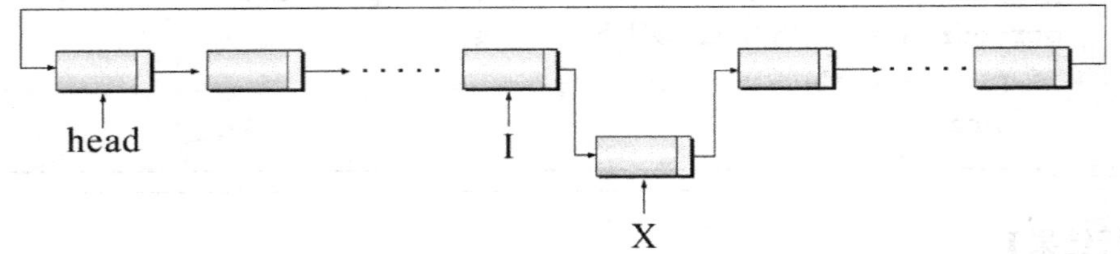

图 3-29 将新节点插在任意节点 I 之后的情况

Python 的算法如下：

```
X.next=I.next
I.next=X
```

范例 3.2.2 设计一个 Python 程序，建立一个员工数据的环形链表，并且允许在链表头和链表中间插入新节点。最后离开时，列出此链表的最后所有节点的数据字段的内容。结构成员类型如下：

```
class employee:
    def __init__(self):
        self.num=0
        self.salary=0
        self.name=''
        self.next=None
```

范例程序 CH03_09.py

```
class employee:
    def __init__(self):
        self.num=0
        self.salary=0
        self.name=''
        self.next=None

def findnode(head, num):
    ptr=head
    while ptr.next !=head:
        if ptr.num==num:
            return ptr
        ptr=ptr.next
    return ptr

def insertnode(head,after,num,salary,name):
    InsertNode=employee()
    CurNode=None
    InsertNode.num=num
    InsertNode.salary=salary
    InsertNode.name=name
    InsertNode.next=None
    if InsertNode==None:
        print('内存分配失败')
        return None
    else:
        if head==None: #链表是空的
```

```
            head=InsertNode
            InsertNode.next=head
            return head
        else:
            if after.next==head: #新增节点在链表头的位置
                #(1)将新增节点的指针指向列表头
                InsertNode.next=head
                CurNode=head
                while CurNode.next!=head:
                    CurNode=CurNode.next
                #(2)找到列表末尾后，将它的指针指向新增节点
                CurNode.next=InsertNode
                #(3)将链表头的指针指向新增节点
                head=InsertNode
                return head
            else: #新增节点在链表头以外的地方
                #(1)将新增节点的指标指向 after 的下一个节点
                InsertNode.next=after.next
                #(2)将节点 after 的指针指向新增节点
                after.next=InsertNode
                return head

position=0
namedata=['Allen','Scott','Marry','John','Mark','Ricky', \
          'Lisa','Jasica','Hanson','Amy','Bob','Jack']
data=[[1001,32367],[1002,24388],[1003,27556],[1007,31299], \
    [1012,42660],[1014,25676],[1018,44145],[1043,52182], \
    [1031,32769],[1037,21100],[1041,32196],[1046,25776]]

print('员工编号 薪水 员工编号 薪水 员工编号 薪水 员工编号 薪水')
print('-------------------------------------------------------')
for i in range(3):
    for j in range(4):
        print('[%2d] [%3d]  ' %(data[j*3+i][0],data[j*3+i][1]),end='')
    print()

head=employee() #建立链表头
if not head:
    print('Error!! 内存分配失败!!')
    sys.exit(0)

head.num=data[0][0]
head.name=namedata[0]
```

```
head.salary=data[0][1]
head.next=None
ptr=head
for i in range(1,12):  #建立列表
    newnode=employee()
    newnode.num=data[i][0]
    newnode.name=namedata[i]
    newnode.salary=data[i][1]
    newnode.next=None
    ptr.next=newnode #将前一个节点指向新建立的节点
    ptr=newnode #新节点成为前一个节点

newnode.next=head #将最后一个节点指向头节点就成了环形链表

while True:
    print('请输入要插入其后的员工编号,如果输入的编号不在此链表中,')
    position=int(input('则新输入的员工节点将视为此链表的第一个节点,
                        要结束插入过程,请输入-1: '))
    if position == -1:  #循环中断条件
        break
    else:
        ptr=findnode(head,position)
        new_num=int(input('请输入新插入的员工编号: '))
        new_salary=int(input('请输入新插入的员工薪水: '))
        new_name=input('请输入新插入的员工姓名: ')
        head=insertnode(head,ptr,new_num,new_salary,new_name)

ptr=head #指向链表的头
print('\t 员工编号    姓名\t 薪水')
print('\t==============================')

while True:
    print('\t[%2d]\t[ %-10s]\t[%3d]' %(ptr.num,ptr.name,ptr.salary))
    ptr=ptr.next#指向下一个节点
    if head ==ptr or head==head.next:
        Break

```

【执行结果】

执行结果如图 3-30 所示。

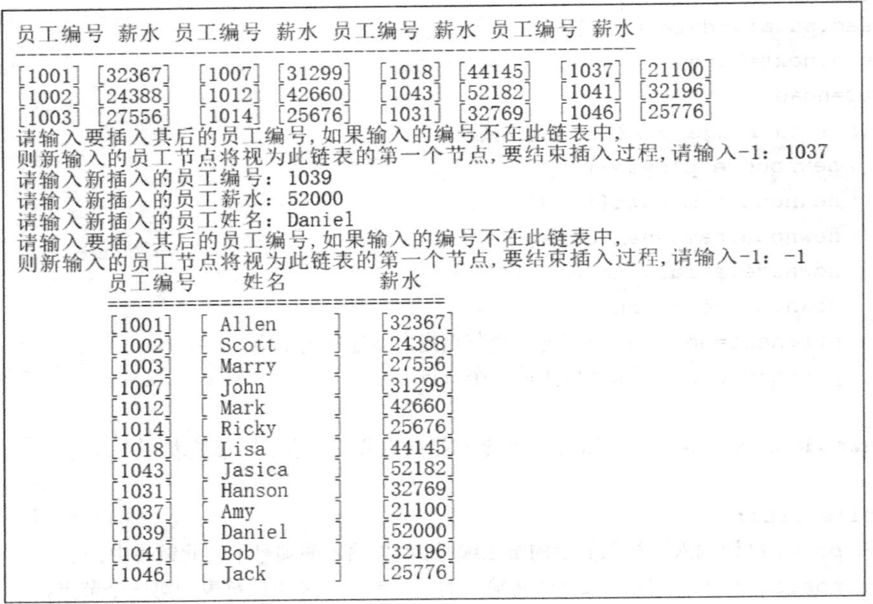

```
员工编号 薪水 员工编号 薪水 员工编号 薪水 员工编号 薪水
------------------------------------------------------------
[1001] [32367]  [1007] [31299]  [1018] [44145]  [1037] [21100]
[1002] [24388]  [1012] [42660]  [1043] [52182]  [1041] [32196]
[1003] [27556]  [1014] [25676]  [1031] [32769]  [1046] [25776]
请输入要插入其后的员工编号,如果输入的编号不在此链表中,
则新输入的员工节点将视为此链表的第一个节点,要结束插入过程,请输入-1: 1037
请输入新插入的员工编号: 1039
请输入新插入的员工薪水: 52000
请输入新插入的员工姓名: Daniel
请输入要插入其后的员工编号,如果输入的编号不在此链表中,
则新输入的员工节点将视为此链表的第一个节点,要结束插入过程,请输入-1: -1
          员工编号    姓名          薪水
          ==============================
          [1001]  [ Allen      ]  [32367]
          [1002]  [ Scott      ]  [24388]
          [1003]  [ Marry      ]  [27556]
          [1007]  [ John       ]  [31299]
          [1012]  [ Mark       ]  [42660]
          [1014]  [ Ricky      ]  [25676]
          [1018]  [ Lisa       ]  [44145]
          [1043]  [ Jasica     ]  [52182]
          [1031]  [ Hanson     ]  [32769]
          [1037]  [ Amy        ]  [21100]
          [1039]  [ Daniel     ]  [52000]
          [1041]  [ Bob        ]  [32196]
          [1046]  [ Jack       ]  [25776]
```

图 3-30　执行结果

3.2.3　在环形链表中删除节点

环形链表节点的删除与插入方法类似，也可分为两种情况，分别讨论如下。

- 删除环形链表的第一个节点：首先将链表头指针移到下一个节点，将最后一个节点的指针指向新的链表头部，新的链表头部是原链表的第二个节点，如图 3-31 所示。

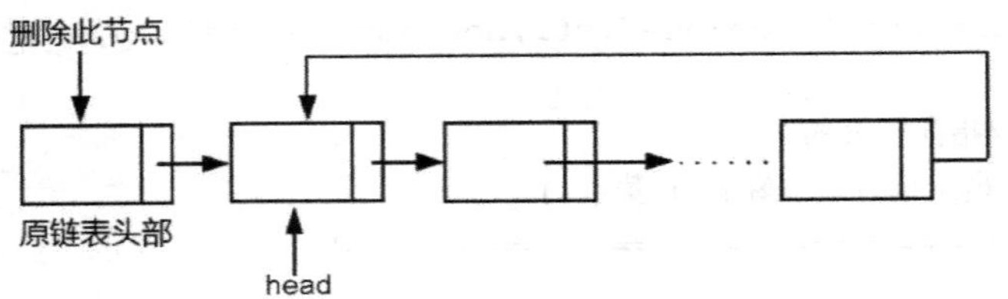

图 3-31　删除环形链表的第一个节点

Python 的算法如下：

```
CurNode=head
while CurNode.next!=head:
    CurNode=CurNode.next#找到最后一个节点并记录下来
TailNode=CurNode #(1)将链表头移到下一个节点
head=head.next#(2)将链表最后一个节点的指针指向新的链表头
TailNode.next=head
```

- 删除环形链表的中间节点。首先找到节点 Y 的前一个节点 previous，将 previous 节点的指针指向节点 Y 的下一个节点，如图 3-32 所示。

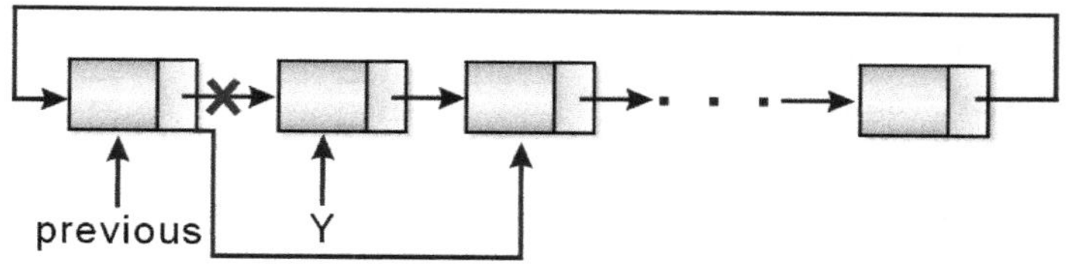

图 3-32 删除环形链表的中间节点

Python 的算法如下：

```
CurNode=head
while CurNode.next!=delnode:
    CurNode=CurNode.next

#(1)找到要删除节点的前一个节点并记录下来
PreNode=CurNode#要删除的节点
CurNode=CurNode.next
#(2)将要删除节点的前一个指针指向要删除节点的下一个节点
PreNode.next=CurNode.next
```

范例 3.2.3 设计一个 Python 程序，建立一个员工数据的环形链表，并且允许在链表头和链表中间删除节点。最后离开时，列出此链表最后所有节点的数据字段的内容。结构成员类型如下：

```
class employee:
    def __init__(self):
        self.num=0
        self.salary=0
        self.name=''
        self.next=None
```

范例程序：CH03_10.py

```
import sys

class employee:
    def __init__(self):
        self.num=0
        self.salary=0
        self.name=''
        self.next=None

def findnode(head,num):
    ptr=head
    while ptr.next!=head:
        if ptr.num==num:
```

```
            return ptr
        ptr=ptr.next
    ptr=None
    return ptr

def deletenode(head,delnode):
    CurNode=employee()
    PreNode=employee()
    TailNode=employee()
    CurNode=None
    PreNode=None
    TailNode=None

    if head==None:
        print('[环形链表已经空了]')
        return None
    else:
        if delnode==head: #要删除的节点是链表头
            CurNode=head
            while CurNode.next!=head:
                CurNode=CurNode.next
                #找到最后一个节点并记录下来
                TailNode=CurNode
                #(1)将链表头移到下一个节点
                head=head.next
                #(2)将链表最后一个节点的指针指向新的链表头
                TailNode.next=head
                return head
        else: #要删除的节点不是链表头
            CurNode=head
            while CurNode.next!=delnode:
                CurNode=CurNode.next
            #(1)找到要删除节点的前一个节点并记录下来
            PreNode=CurNode
            #要删除的节点
            CurNode=CurNode.next
            #(2)将要删除节点的前一个指针指向要删除节点的下一个节点
            PreNode.next=CurNode.next
            return head

position=0
namedata=['Allen','Scott','Marry','John', \
        'Mark','Ricky','Lisa','Jasica', \
```

```
            'Hanson','Amy','Bob','Jack']
data=[[1001,32367],[1002,24388],[1003,27556],[1007,31299], \
            [1012,42660],[1014,25676],[1018,44145],[1043,52182], \
            [1031,32769],[1037,21100],[1041,32196],[1046,25776]]
print('\n员工编号 薪水 员工编号 薪水 员工编号 薪水 员工编号 薪水')
print('-----------------------------------------------------')
for i in range(3):
    for j in range(4):
        print('[%2d] [%3d] ' %(data[j*3+i][0],data[j*3+i][1]),end='')
    print()
head=employee() #建立链表头
if not head:
    print('Error!! 链表头建立失败!!')
    sys.exit(1)

head.num=data[0][0]
head.name=namedata[0]
head.salary=data[0][1]
head.next=None
ptr=head
for i in range(1,12): #建立链表
    newnode=employee()
    newnode.num=data[i][0]
    newnode.name=namedata[i]
    newnode.salary=data[i][1]
    newnode.next=None
    ptr.next=newnode #将前一个节点指向新建立的节点
    ptr=newnode #新节点成为前一个节点

newnode.next=head #将最后一个节点指向头节点就成了环形链表
while True:
    position=int(input('请输入要删除的员工编号,要结束插入过程,请输入-1: '))
    if position==-1:
        break #循环中断条件
    else:
        ptr=findnode(head,position)
        if ptr==None:
            print('-----------------------')
            print('链表中没这个节点....')
            break
        else:
            head=deletenode(head,ptr)
```

```
            print('已删除第 %d 号员工 姓名: %s 薪资:%d' %(ptr.num,
                    ptr.name,ptr.salary))

ptr=head #指向链表的头
print('\t 员工编号    姓名\t 薪水')
print('\t==============================')

while True:
    print('\t[%2d]\t[ %-10s]\t[%3d]' %(ptr.num,ptr.name,ptr.salary))
    ptr=ptr.next #指向下一个节点
    if head==ptr or head==head.next:
        break
```

【执行结果】

执行结果如图 3-33 所示。

```
员工编号 薪水 员工编号 薪水 员工编号 薪水 员工编号 薪水
-------------------------------------------------------
[1001] [32367]  [1007] [31299]  [1018] [44145]  [1037] [21100]
[1002] [24388]  [1012] [42660]  [1043] [52182]  [1041] [32196]
[1003] [27556]  [1014] [25676]  [1031] [32769]  [1046] [25776]
请输入要删除的员工编号,要结束插入过程,请输入-1: 1018
已删除第 1018 号员工 姓名: Lisa 薪资:44145
请输入要删除的员工编号,要结束插入过程,请输入-1: -1
        员工编号     姓名          薪水
        ==============================
        [1001]  [ Allen      ]  [32367]
        [1002]  [ Scott      ]  [24388]
        [1003]  [ Marry      ]  [27556]
        [1007]  [ John       ]  [31299]
        [1012]  [ Mark       ]  [42660]
        [1014]  [ Ricky      ]  [25676]
        [1043]  [ Jasica     ]  [52182]
        [1031]  [ Hanson     ]  [32769]
        [1037]  [ Amy        ]  [21100]
        [1041]  [ Bob        ]  [32196]
        [1046]  [ Jack       ]  [25776]
```

图 3-33 执行结果

3.2.4 环形链表的连接功能

相信大家对于单向链表的连接功能已经很清楚了，单向链表的连接只要改变一个指针即可，如图 3-34 所示。

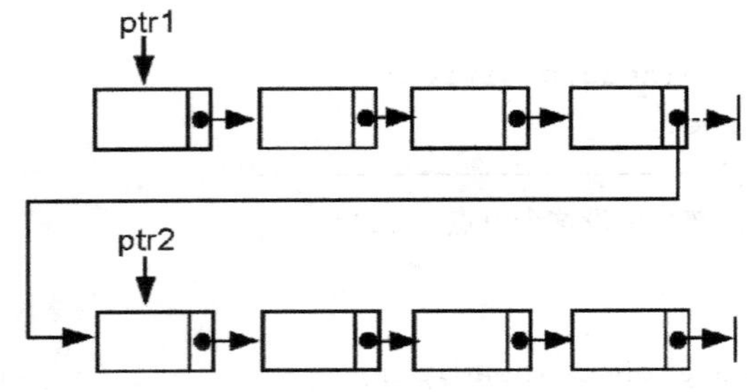

图 3-34 单向链表的连接

如果要将两个环形链表连接在一起，该怎么做呢？其实并没有想象中那么复杂。因为环形链表没有头尾之分，所以无法直接把环形链表 1 的尾部指向环形链表 2 的头部。就因为不分头尾，所以不需要遍历链表去寻找链表尾部，直接改变两个指针就可以把两个环形链表连接在一起，如图 3-35 所示。

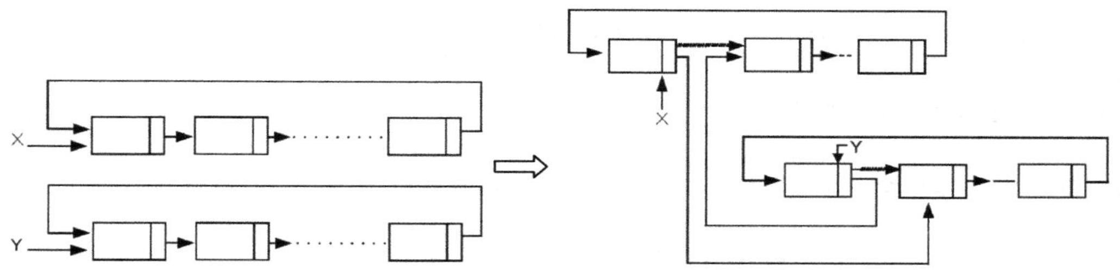

图 3-35　将两个环形链表连接起来

范例 3.2.4　设计一个 Python 程序，以两个学生成绩环形链表为例，把两个环形链表连接起来，显示连接后的新环形链表，同时显示出新环形链表中学生的成绩与座号。

范例程序：CH03_11.py

```
import sys
import random

class student:   #声明链表结构
    def __init__(self):
        self.num=0
        self.score=0
        self.next=None

def create_link(data,num): #建立链表子程序
    for i in range(num):
        newnode=student()
        if not newnode:
            print('Error!! 内存分配失败!!')
            sys.exit(0)
        if i==0:  #建立链表头
            newnode.num=data[i][0]
            newnode.score=data[i][1]
            newnode.next=None
            head=newnode
            ptr=head
        else:  #建立链表其他节点
            newnode.num=data[i][0]
            newnode.score=data[i][1]
            newnode.next=None
```

```
            ptr.next=newnode
            ptr=newnode
        newnode.next=head
    return ptr    #返回链表

def print_link(head): #打印链表子程序
    i=0
    ptr=head.next
    while True:
        print('[%2d-%3d] => ' %(ptr.num,ptr.score),end='\t')
        i=i+1
        if i>=3 : #每行打印三个元素
            print()
            i=0
        ptr=ptr.next
        if ptr==head.next:
            break

def concat(ptr1,ptr2): #连接链表的子程序
    head=ptr1.next  #在ptr1和ptr2中，各找任意一个节点
    ptr1.next=ptr2.next  #把两个节点的next对调即可
    ptr2.next=head
    return ptr2

data1=[[None] * 2 for row in range(6)]
data2=[[None] * 2 for row in range(6)]

for i in range(1,7):
    data1[i-1][0]=i*2-1
    data1[i-1][1]=random.randint(41,100)
    data2[i-1][0]=i*2
    data2[i-1][1]=random.randint(41,100)

ptr1=create_link(data1,6)   #建立链表1
ptr2=create_link(data2,6)   #建立链表2
i=0
print('\n原 始 链 表 数 据：')
print('学号 成绩   \t学号 成绩   \t学号 成绩')
print('===============================================')
print('    链表 1 ：')
print_link(ptr1)
print('    链表 2 ：')
print_link(ptr2)
```

```
print('=========================================')
print('连接后的链表：')
ptr=concat(ptr1,ptr2)       #连接两个链表
print_link(ptr)
```

【执行结果】

执行结果如图 3-36 所示。

```
原 始 链 表 数 据:
学号 成绩            学号 成绩            学号 成绩
==========================================
  链表 1 :
[ 1- 80] =>         [ 3- 70] =>         [ 5- 98] =>
[ 7- 82] =>         [ 9- 43] =>         [11- 67] =>
  链表 2 :
[ 2- 91] =>         [ 4- 95] =>         [ 6- 51] =>
[ 8- 94] =>         [10- 41] =>         [12- 78] =>
==========================================
连接后的链表:
[ 1- 80] =>         [ 3- 70] =>         [ 5- 98] =>
[ 7- 82] =>         [ 9- 43] =>         [11- 67] =>
[ 2- 91] =>         [ 4- 95] =>         [ 6- 51] =>
[ 8- 94] =>         [10- 41] =>         [12- 78] =>
```

图 3-36　执行结果

3.2.5　环形链表与稀疏矩阵表示法

在第 2 章中，我们曾经使用 3-tuple <row, col, value> 的数组结构来表示稀疏矩阵（Sparse Matrix），虽然有节省时间的优点，但是当非零项要增删时会造成数组内大量数据的移动而且不易编写程序代码，例如图 3-37 所示的稀疏矩阵，若用 3-tuple 的数组来表示，则如图 3-38 所示。

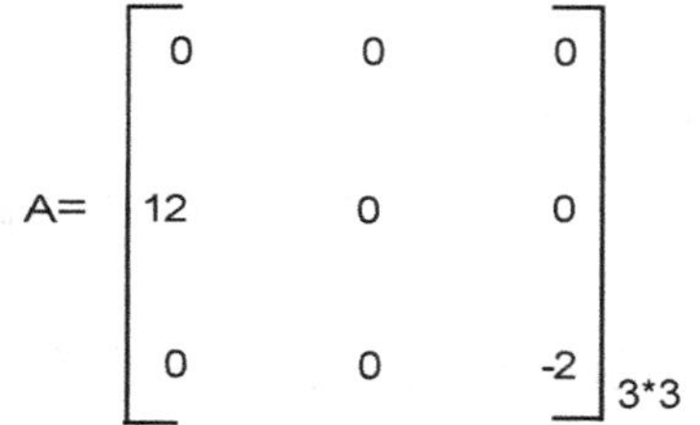

图 3-37　一个稀疏矩阵的例子

	1	2	3
A(0)	3	3	3
A(1)	2	1	12
A(2)	3	3	-2

图 3-38　用 3-tuple 数组来表示图 3-37 所示的稀疏矩阵

使用链表法的最大优点就是：在变更矩阵内的数据时不需要大量移动数据。主要的技巧是用节点来表示非零项，由于矩阵是二维的，因此每个节点除了必须有 row（行）、col（列）和 value（值或数据）3 个数据字段外，还必须有 right、down 两个指针变量，其中 right 指针用来链接同一行的节点，而 down 指针则用来链接同一列的节点，如图 3-39 所示。

- value：表示此非零项的值。
- row：以 i 表示非零项元素所在行数。
- col：以 j 表示非零项元素所在列数。

- down：指向同一列中下一个非零项元素的指针。
- right：指向同一行中下一个非零项元素的指针。

如图 3-40 所示为 3×3 的稀疏矩阵。

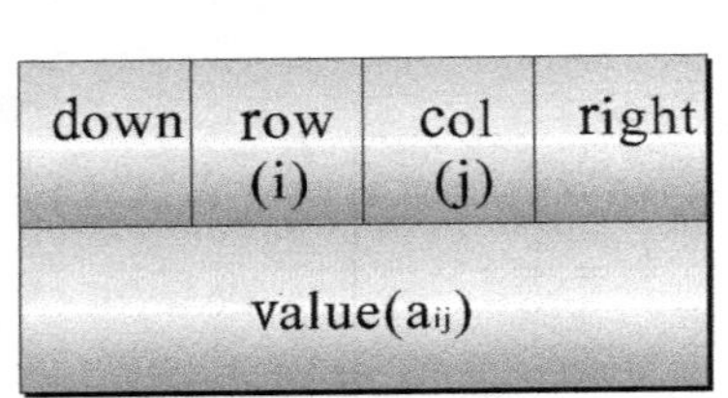

图 3-39　用链表表示稀疏矩阵时链表节点的数据结构

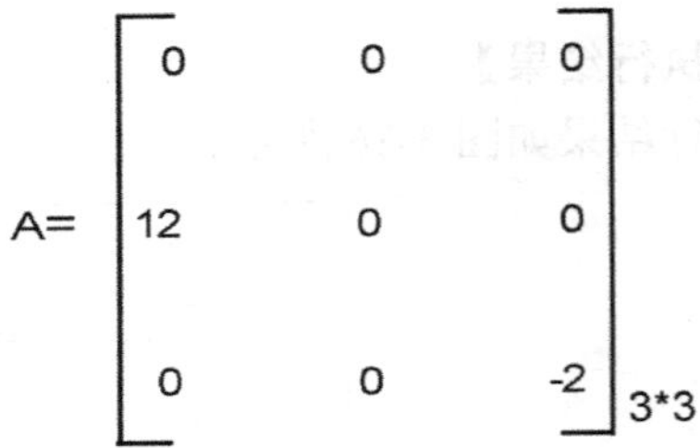

图 3-40　3×3 的稀疏矩阵

如图 3-41 所示是以环形链表来表示图 3-40 的稀疏矩阵。

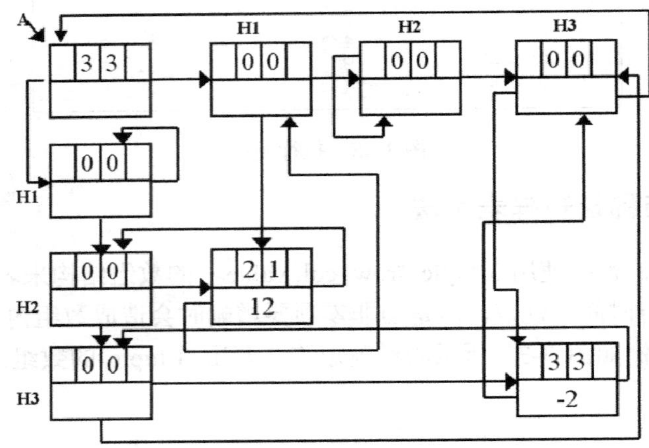

图 3-41　以环形链表表示的稀疏矩阵

大家会发现，在此稀疏矩阵的数据结构中，每一行与每一列必须用一个环形链表附加一个链表头指针 A 来表示，这个链表的第一个节点内用于存放此稀疏矩阵的行与列。上方 H1、H2、H3 为列首节点，最左方 H1、H2、H3 为行首节点，其他的两个节点分别对应到数组中的非零项。此外，为了模拟二维的稀疏矩阵，每一个非零节点会指回行或列的首节点，从而形成环形链表。

3.3 双向链表

单向链表和环形链表都是属于拥有方向性的链表，只能单向遍历，万一不幸其中有一个链接断裂，那么后面的链表数据便会遗失而无法复原。因此，我们可以将两个方向不同的链表结合起来，除了存放数据的字段外，它还有两个指针变量，其中一个指针指向后面的节点，另一个则指向前面的节点，这样的链表被称为双向链表（Double Linked List）。

由于每个节点都有两个指针，可以双向通行，因此能够轻松地找到前后节点，同时从链表中任意的节点都可以找到其他节点，而不需要经过反转或对比节点等处理，执行速度较快。另外，如果任一节点的链接断裂，可经由反方向链表进行遍历，从而快速地重建完整的链表。

双向链表的最大优点是有两个指针分别指向节点前后两个节点，所以能够轻松地找到前后节点，同时从双向链表中任一节点也可以找到其他节点，而不需要经过反转或对比节点等处理，执行速度较快。缺点是由于双向链表有两个链接，因此在加入或删除节点时都得花更多时间来调整指针，另外因为每个节点含有两个指针变量，所以较浪费空间。

3.3.1　双向链表的建立与遍历

首先来介绍双向链表的数据结构。对每个节点而言，具有 3 个字段，中间为数据字段，左右各有一个链接指针，分别为 llink 和 rlink，其中 rlink 指向下一个节点，llink 指向上一个节点，如图 3-42 所示。

llink	data	rlink

图 3-42　双向链表的数据结构

事实上，双向链表可以是环形的，也可以不是环形的，如果最后一个节点的右指针指向首节点（头部节点），而首节点的左指针指向尾节点，这样的链表就是环形双向链表。另外，为了使用方便，通常加上一个链表头指针，它的数据字段不存放任何数据，其左指针指向链表的最后一个节点，而右指针指向第一个节点（首节点或头部节点）。建立双向链表，其实主要就是多了一个指针。Python 的算法如下：

```
class student:
    def __init__(self):
        self.name=''
        self.Math=0
        self.Eng=0
        self.no=''
        self.rlink=None
        self.llink=None

head=student()
head.llink=None
head.rlink=None
ptr=head #设置存取指针开始的位置
select=0
while True:
    select=int(input('(1)新增 (2)离开 =>'))
    if select==2:
        break;
```

```
new_data=student()
new_data.name=input('姓名: ')
new_data.no=input('学号: ')
new_data.Math=eval(input('数学成绩: '))
new_data.Eng=eval(input('英语成绩: '))
#输入节点结构中的数据
ptr.rlink=new_data
new_data.rlink = None #下一个元素的 next 先设置为 None
new_data.llink=ptr #存取指针设置为新元素所在的位置
ptr=new_data
```

双向链表的遍历相当灵活，因为有往右或往左两个方向来进行的两种方式，如果是向右遍历，就和单向链表的遍历相似。Python 语言的遍历节点算法如下：

```
ptr = head.rlink     #设置存取指针从链表头的右指针字段所指节点开始
print()
while ptr!= None:
    print('姓名: %s\t 学号:%s\t 数学成绩:%d\t 英语成绩:%d'  \
          %(ptr.name, ptr.no, ptr.Math, ptr.Eng))
    ptr = ptr.rlink  #将 ptr 移往右边下一个元素
```

范例 **3.3.1** 设计一个 Python 程序，可以让用户输入数据来新增学生数据节点，并建立一个双向链表。当用户输入结束后，可遍历此链表并显示其内容。此学生节点的结构数据类型如下：

```
class student:
    def __init__(self):
        self.name=''
        self.Math=0
        self.Eng=0
        self.no=''
        self.rlink=None
        self.llink=None
```

范例程序：CH03_12.py

```
select=0
class student:
    def __init__(self):
        self.name=''
        self.Math=0
        self.Eng=0
        self.no=''
        self.rlink=None
        self.llink=None
```

```
head=student()
head.llink=None
head.rlink=None
ptr=head #设置存取指针开始的位置
select=0
while True:
    select=int(input('(1)新增 (2)离开 =>'))
    if select==2:
        break;
    new_data=student()
    new_data.name=input('姓名: ')
    new_data.no=input('学号: ')
    new_data.Math=eval(input('数学成绩: '))
    new_data.Eng=eval(input('英语成绩: '))
    #输入节点结构中的数据
    ptr.rlink=new_data
    new_data.rlink = None #下一个元素的 next 先设置为 None
    new_data.llink=ptr #存取指针设置为新元素所在的位置
    ptr=new_data

ptr = head.rlink    #设置存取指针从链表头的右指针字段所指的节点开始
print()
while ptr!= None:
    print('姓名: %s\t 学号:%s\t 数学成绩:%d\t 英语成绩:%d' \
          %(ptr.name,ptr.no,ptr.Math,ptr.Eng))
ptr = ptr.rlink #将 ptr 移往右边下一个元素
```

【执行结果】

执行结果如图 3-43 所示。

```
(1)新增 (2)离开 =>1
姓名: Daniel
学号: 1001
数学成绩: 98
英语成绩: 97
(1)新增 (2)离开 =>1
姓名: Anderson
学号: 1002
数学成绩: 96
英语成绩: 94
(1)新增 (2)离开 =>2

姓名: Daniel    学号:1001     数学成绩:98     英语成绩:97
姓名: Anderson  学号:1002     数学成绩:96     英语成绩:94
```

图 3-43　执行结果

范例 **3.3.2**　延续范例 3.3.1，设计一个 Python 程序，先向右遍历所建立的双向链表并输出所有学生的数据节点，再向左遍历所有的节点并输出。

范例程序 CH03_13.py

```
select=0
class student:
    def __init__(self):
        self.name=''
        self.Math=0
        self.Eng=0
        self.no=''
        self.rlink=None
        self.llink=None

head=student()
head.llink=None
head.rlink=None
ptr=head #设置存取指针开始的位置
select=0
while True:
    select=int(input('(1)新增 (2)离开 =>'))
    if select==2:
        break;
    new_data=student()
    new_data.name=input('姓名: ')
    new_data.no=input('学号: ')
    new_data.Math=eval(input('数学成绩: '))
    new_data.Eng=eval(input('英语成绩: '))
    #输入节点结构中的数据
    ptr.rlink=new_data
    new_data.rlink = None #下一个元素的 next 先设置为 None
    new_data.llink=ptr #存取指针设置为新元素所在的位置
    ptr=new_data

print('-----向右遍历所有节点-----')
ptr = head.rlink     #设置存取指针从链表头的右指针字段所指的节点开始
while ptr!=None:
    print('姓名: %s\t 学号:%s\t 数学成绩:%d\t 英语成绩:%d'  \
           %(ptr.name,ptr.no,ptr.Math,ptr.Eng))
    if ptr.rlink==None:
        break
    ptr = ptr.rlink     #将 ptr 移往右边下一个元素

print('-----向左遍历所有节点-----')
while ptr != None:
```

```
    print('姓名: %s\t 学号:%s\t 数学成绩:%d\t 英语成绩:%d' \
          %(ptr.name,ptr.no,ptr.Math,ptr.Eng))
    if(ptr.llink==head):
       Break
ptr = ptr.llink
```

【执行结果】

执行结果如图 3-44 所示。

```
(1)新增 (2)离开 =>1
姓名: Julia
学号: 1001
数学成绩: 97
英语成绩: 93
(1)新增 (2)离开 =>1
姓名: Peter
学号: 1002
数学成绩: 97
英语成绩: 91
(1)新增 (2)离开 =>2
-----向右遍历所有节点-----
姓名: Julia      学号:1001          数学成绩:97          英语成绩:93
姓名: Peter      学号:1002          数学成绩:97          英语成绩:91
-----向左遍历所有节点-----
姓名: Peter      学号:1002          数学成绩:97          英语成绩:91
姓名: Julia      学号:1001          数学成绩:97          英语成绩:93
```

图 3-44　执行结果

3.3.2　在双向链表中插入新节点

双向链表节点的加入与单向链表相似，对于双向链表节点的加入有以下 3 种可能的情况。

- 将新节点加入双向链表的第一个节点之前：将新节点的右指针（rlink）指向原链表的第一个节点，接着将原链表第一个节点的左指针（llink）指向新节点，将原链表的链表头指针指向新节点，如图 3-45 所示。

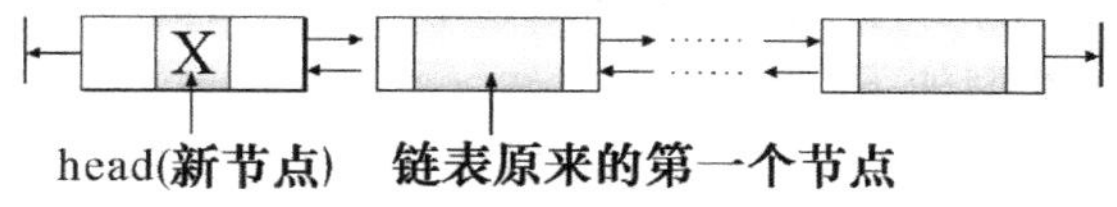

图 3-45　将新节点加入双向链表的第一个节点前

Python 的算法如下：

```
X.rlink=head
head.llink=X
head=X
```

- 将新节点加入双向链表的末尾：将原链表的最后一个节点的右指针指向新节点，将新节点的左指针指向原链表的最后一个节点，并将新节点的右指针指向 None，如图 3-46 所示。

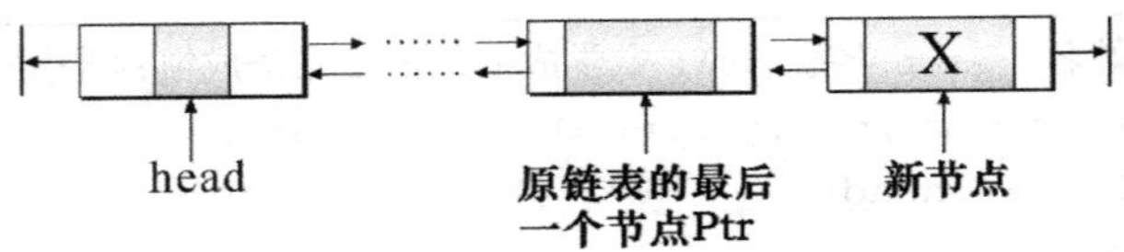

图 3-46　将新节点加入双向链表的末尾

Python 的算法如下：

```
ptr.rlink=X
X.rlink=None
X.llink=ptr
```

- 将新节点加入链表中的 ptr 节点之后：首先将 ptr 节点的右指针指向新节点，再将新节点的左指针指向 ptr 节点，接着将 ptr 节点的下一个节点的左指针指向新节点，最后将新节点的右指针指向 ptr 的下一个节点，如图 3-47 所示。

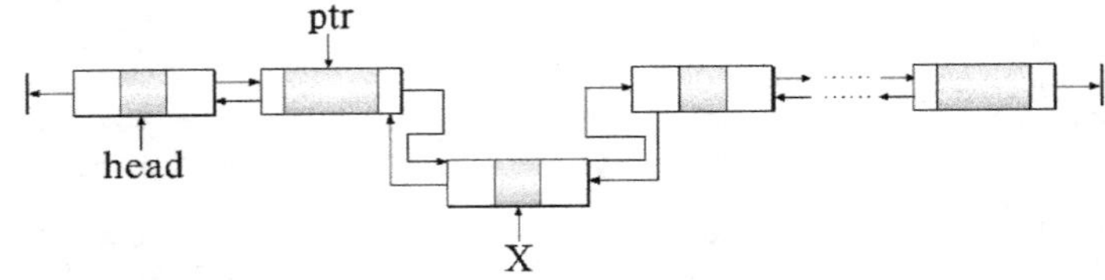

图 3-47　将新节点加入双向链表的中间任一位置

Python 的算法如下：

```
ptr.rlink.llink=X
X.rlink=ptr.rlink
X.llink=ptr
ptr.rlink=X
```

范例 3.3.3　设计一个 Python 程序，建立一个员工数据的双向链表，并且允许可以在链表头部、链表末尾和链表中间 3 种不同位置插入新节点。最后离开时，列出此链表所有节点的数据字段内容。结构成员类型如下：

```
class employee:
    def __init__(self):
        self.num=0
        self.salary=0
        self.name=''
        self.llink=None  #左指针字段
        self.rlink=None  #右指针字段
```

范例程序：CH03_14.py

```
class employee:
    def __init__(self):
        self.num=0
        self.salary=0
        self.name=''
        self.llink=None #左指针字段
        self.rlink=None  #右指针字段

def findnode(head,num):
    ptr=head
    while ptr!=None:
        if ptr.num==num:
            return ptr
        ptr=ptr.rlink
    return ptr

def insertnode(head, ptr, num, salary, name):
    newnode=employee()
    newhead=employee()
    newnode.num=num
    newnode.salary=salary
    newnode.name=name
    if head==None: #双向链表是空的
        newhead.num=num
        newhead.salary=salary
        newhead.name=name
        return newhead
    else:
        if ptr==None:
            head.llink=newnode
            newnode.rlink=head
            head=newnode
        else:
            if ptr.rlink==None: #插入链表末尾的位置
                ptr.rlink=newnode
                newnode.llink=ptr
            else: #插入中间节点的位置
                newnode.rlink=ptr.rlink
                ptr.rlink.llink=newnode
                ptr.rlink=newnode
                newnode.llink=ptr
```

```
    return head

llinknode=None
newnode=None
position=0
data=[[1001,32367],[1002,24388],[1003,27556],[1007,31299], \
      [1012,42660],[1014,25676],[1018,44145],[1043,52182], \
      [1031,32769],[1037,21100],[1041,32196],[1046,25776]]
namedata=['Allen','Scott','Marry','John','Mark','Ricky', \
          'Lisa','Jasica','Hanson','Amy','Bob','Jack']

print('员工编号 薪水 员工编号 薪水 员工编号 薪水 员工编号 薪水')
print('--------------------------------------------------')
for i in range(3):
    for j in range(4):
        print('[%2d] [%3d]  ' %(data[j*3+i][0],data[j*3+i][1]),end='')
    print()

head=employee()  #建立链表头
if head==None:
    print('Error!! 内存分配失败!!')
    sys.exit(0)
else:
    head.num=data[0][0]
    head.name=namedata[0]
    head.salary=data[0][1]
    llinknode=head
    for i in range(1,12):  #建立链表
        newnode=employee()
        newnode.num=data[i][0]
        newnode.name=namedata[i]
        newnode.salary=data[i][1]
        llinknode.rlink=newnode
        newnode.llink=llinknode
        llinknode=newnode

while True:
    print('请输入要插入其后的员工编号,如输入的编号不在此链表中,')
    position=int(input('新输入的员工节点将视为此链表的链表头,要结束插入过程,
                        请输入-1: '))
    if position==-1: #循环中断条件
        break
    else:
```

```
        ptr=findnode(head,position)
        new_num=int(input('请输入新插入的员工编号：'))
        new_salary=int(input('请输入新插入的员工薪水：'))
        new_name=input('请输入新插入的员工姓名：')
        head=insertnode(head,ptr,new_num,new_salary,new_name)

print('\t 员工编号    姓名\t 薪水')
print('\t==============================')
ptr=head
while ptr!=None:
    print('\t[%2d]\t[ %-10s]\t[%3d]' %(ptr.num,ptr.name,ptr.salary))
ptr=ptr.rlink
```

【执行结果】

执行结果如图 3-48 所示。

```
员工编号 薪水 员工编号 薪水 员工编号 薪水 员工编号 薪水
------------------------------------------------------
[1001] [32367]  [1007] [31299]  [1018] [44145]  [1037] [21100]
[1002] [24388]  [1012] [42660]  [1043] [52182]  [1041] [32196]
[1003] [27556]  [1014] [25676]  [1031] [32769]  [1046] [25776]
请输入要插入其后的员工编号,如输入的编号不在此链表中,
新输入的员工节点将视为此链表的链表头,要结束插入过程,请输入-1：1046
请输入新插入的员工编号：1050
请输入新插入的员工薪水：45000
请输入新插入的员工姓名：Patrick
请输入要插入其后的员工编号,如输入的编号不在此链表中,
新输入的员工节点将视为此链表的链表头,要结束插入过程,请输入-1：-1
        员工编号    姓名        薪水
        ==============================
        [1001]  [ Allen     ]   [32367]
        [1002]  [ Scott     ]   [24388]
        [1003]  [ Marry     ]   [27556]
        [1007]  [ John      ]   [31299]
        [1012]  [ Mark      ]   [42660]
        [1014]  [ Ricky     ]   [25676]
        [1018]  [ Lisa      ]   [44145]
        [1043]  [ Jasica    ]   [52182]
        [1031]  [ Hanson    ]   [32769]
        [1037]  [ Amy       ]   [21100]
        [1041]  [ Bob       ]   [32196]
        [1046]  [ Jack      ]   [25776]
        [1050]  [ Patrick   ]   [45000]
```

图 3-48　执行结果

3.3.3　在双向链表中删除节点

双向链表节点的删除和单向链表相似，也可分为 3 种情况，现在分别介绍如下。

- 删除双向链表的第一个节点：将链表头指针 head 指向原链表的第二个节点，再将新链表头的左指针指向 None，如图 3-49 所示。

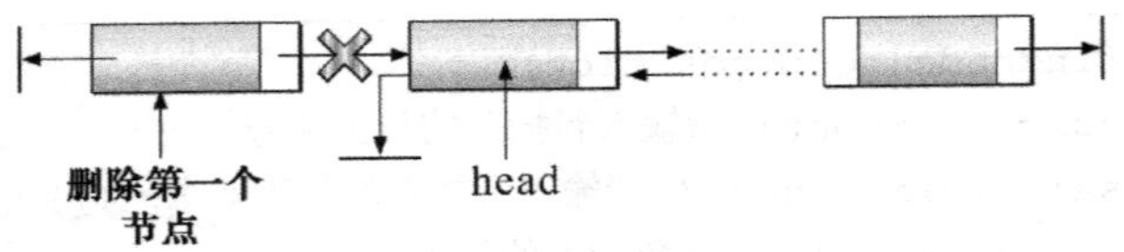

图 3-49　删除双向链表的第一个节点

Python 的算法如下：

```
head=head.rlink
head.llink=None
```

- 删除双向链表的最后一个节点 X: 将原链表最后一个节点之前的一个节点的右指针指向 None 即可，如图 3-50 所示。

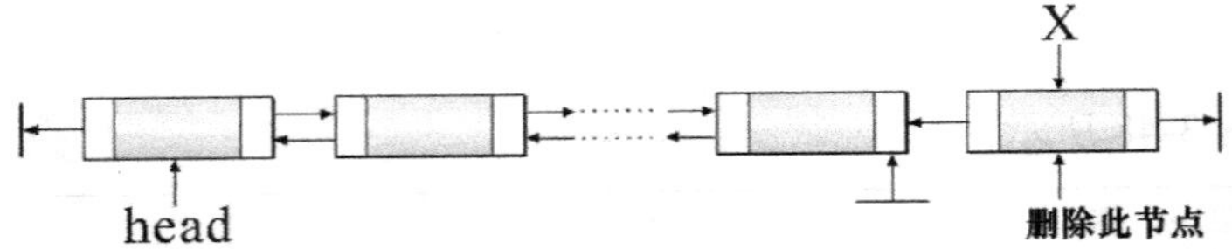

图 3-50　删除双向链表的最后一个节点

Python 的算法如下：

```
X.llink.rlink=None
```

- 删除双向链表的中间节点 X：将 X 节点的前一个节点的右指针指向 X 节点的下一个节点，再将 X 节点的下一个节点的左指针指向 X 节点的上一个节点，如图 3-51 所示。

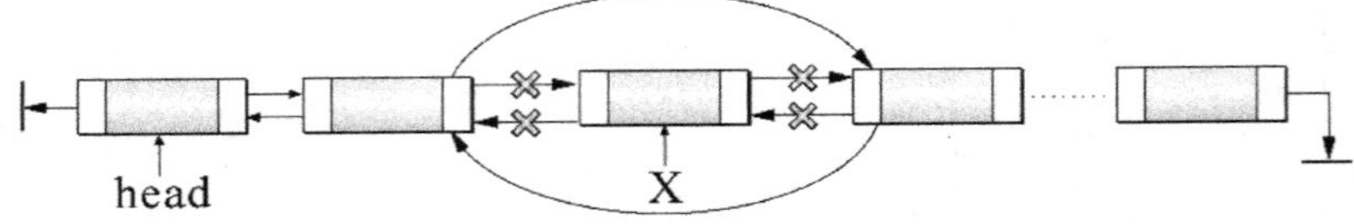

图 3-51　删除双向链表中间的任一节点

Python 的算法如下：

```
X.llink.rlink=X.rlink
X.rlink.llink=X.llink
```

范例 3.3.4　设计一个 Python 程序，建立一个员工数据的双向链表，并且允许在链表头部、链表末尾和链表中间 3 种不同位置删除节点的情况。最后离开时，列出此链表所有节点的数据字段内容。结构成员类型如下：

```
class employee:
    def __init__(self):
        self.num=0
        self.salary=0
        self.name=''
```

```
        self.llink=None  #左指针字段
        self.rlink=None  #右指针字段
```

范例程序：CH03_15.py

```
class employee:
    def __init__(self):
        self.num=0
        self.salary=0
        self.name=''
        self.llink=None  #左指针字段
        self.rlink=None  #右指针字段

def findnode(head,num):
    ptr=head
    while ptr!=None:
        if ptr.num==num:
            return ptr
        ptr=ptr.rlink
    return ptr

def deletenode(head,del_node):
    if head==None: #双向链表是空的
        print('[链表是空的]')
        return None
    if del_node==None:
        print('[错误:不是链表中的节点]')
        return None
    if del_node==head:
        head=head.rlink
        head.llink=None
    else:
        if del_node.rlink==None: #删除链表末尾的节点
            del_node.llink.rlink=None
        else: #删除中间节点
            del_node.llink.rlink=del_node.rlink
            del_node.rlink.llink=del_node.llink
    return head

llinknode=None
newnode=None
position=0
data=[[1001,32367],[1002,24388],[1003,27556],[1007,31299], \
      [1012,42660],[1014,25676],[1018,44145],[1043,52182], \
```

```
        [1031,32769],[1037,21100],[1041,32196],[1046,25776]]
namedata=['Allen','Scott','Mary','John','Mark','Ricky', \
          'Lisa','Jasica','Hanson','Amy','Bob','Jack']

print('员工编号 薪水 员工编号 薪水 员工编号 薪水 员工编号 薪水')
print('------------------------------------------------------')

for i in range(3):
    for j in range(4):
        print('[%2d] [%3d]  ' %(data[j*3+i][0],data[j*3+i][1]),end='')
    print()

head=employee()  #建立链表头
if head==None:
    print('Error!! 内存分配失败!!')
    sys.exit(0)
else:
    head.num=data[0][0]
    head.name=namedata[0]
    head.salary=data[0][1]
    llinknode=head
    for i in range(1,12):  #建立链表
        newnode=employee()
        newnode.num=data[i][0]
        newnode.name=namedata[i]
        newnode.salary=data[i][1]
        llinknode.rlink=newnode
        newnode.llink=llinknode
        llinknode=newnode

while True:
    position=int(input('\n请输入要删除的员工编号,要结束删除过程,请输入-1: '))
    if position==-1: #循环中断条件
        break
    else:
        ptr=findnode(head,position)
        head=deletenode(head,ptr)

print('\t员工编号    姓名\t薪水')
print('\t==============================')
ptr=head
```

```
while ptr!=None:
    print('\t[%2d]\t[ %-10s]\t[%3d]' %(ptr.num,ptr.name,ptr.salary))
ptr=ptr.rlink
```

【执行结果】

执行结果如图 3-52 所示。

```
员工编号 薪水 员工编号 薪水 员工编号 薪水 员工编号 薪水
------------------------------------------------------------
[1001] [32367]  [1007] [31299]  [1018] [44145]  [1037] [21100]
[1002] [24388]  [1012] [42660]  [1043] [52182]  [1041] [32196]
[1003] [27556]  [1014] [25676]  [1031] [32769]  [1046] [25776]
                    结束删除
请输入要删除的员工编号,要删除插入过程,请输入-1: 1031
                    结束删除
请输入要删除的员工编号,要删除插入过程,请输入-1: -1
        员工编号      姓名            薪水
        ==============================
        [1001]    [ Allen      ]    [32367]
        [1002]    [ Scott      ]    [24388]
        [1003]    [ Mary       ]    [27556]
        [1007]    [ John       ]    [31299]
        [1012]    [ Mark       ]    [42660]
        [1014]    [ Ricky      ]    [25676]
        [1018]    [ Lisa       ]    [44145]
        [1043]    [ Jasica     ]    [52182]
        [1037]    [ Amy        ]    [21100]
        [1041]    [ Bob        ]    [32196]
        [1046]    [ Jack       ]    [25776]
```

图 3-52　执行结果

【课后习题】

1. 利用 Python 语言写出下列新增一个节点 I 的算法。

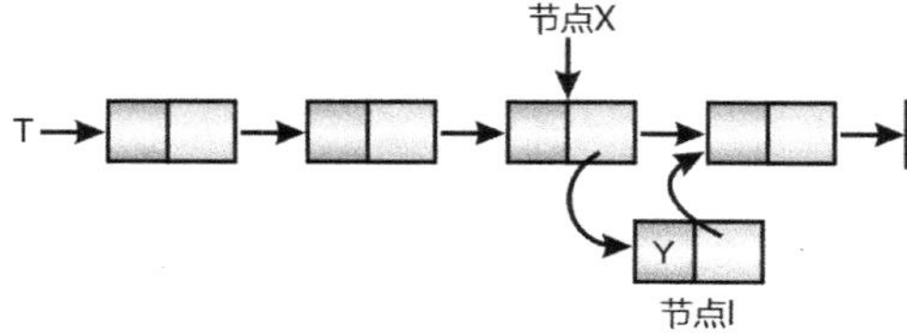

2. 稀疏矩阵可以用环形链表来表示，绘图表示下列稀疏矩阵：

$$\begin{bmatrix} 0 & 0 & 11 & 0 \\ -12 & 0 & 0 & 0 \\ 0 & -4 & 0 & 0 \\ 0 & 0 & 0 & -5 \end{bmatrix}_{4X4}$$

3. 什么是 Storage Pool？试写出 Return_Node(x)的算法。

4. 在有 n 项数据的链表中查找一项数据，以平均花费的时间考虑，其时间复杂度是多少？

5. 试说明环形链表的优缺点。

6. 使用图形来说明环形链表的反转算法。

7. 如何使用数组来表示与存储多项式 $P(x, y) = 9x^5 + 4x^4y^3 + 14x^2y^2 + 13xy^2 + 15$？试进行说明。

8. 设计一个链表数据结构表示如下多项式：

$P(x, y, z) = x^{10}y^3z^{10}+2x^8y^3z^2+3x^8y^2z^2+x^4y^4z+6x^3y^4z+2yz$

9. 使用多项式的两种数组表示法来存储 $P(x) = 8x^5+7x^4+5x^2+12$。

10. 假设一个链表的节点结构：

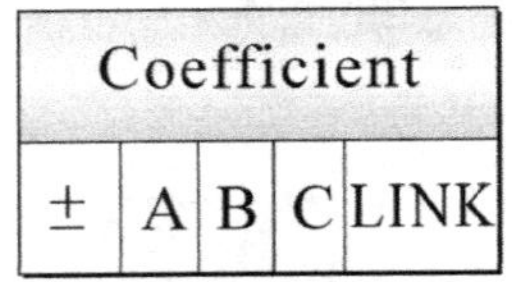

表示多项式 $X^AY^BZ^C$ 的各项。

（1）绘出多项式 $X^6-6XY^5+5Y^6$ 的链表图。

（2）绘出多项式“0”的链表图。

（3）绘出多项式 $X^6-3X^5-4X^4+2X^3+3X+5$ 的链表图。

11. 设计一个学生成绩的双向链表节点，并说明双向链表结构的意义。

第 4 章 堆栈

4.1 堆栈简介
4.2 堆栈的应用
4.3 算术表达式的表示法

堆栈（Stack）是一组相同数据类型的组合，具有"后进先出"（Last In First Out，LIFO）的特性，所有的操作均在顶端进行。堆栈结构在计算机中的应用相当广泛，常用于计算机程序的运行，例如递归调用、子程序的调用。至于在日常生活中的应用也随处可以看到，例如大楼的电梯、货架上的商品等，其原理都类似于堆栈这样的数据结构。

4.1 堆栈简介

所谓后进先出的概念，其实就如同自助餐中餐盘从桌面往上一个一个叠放，取用时从最上面拿，这就是堆栈概念的典型应用。堆栈是一种抽象数据结构（Abstract Data Type，ADT），具有下列特性：

（1）只能从堆栈的顶端存取数据。
（2）数据的存取符合后进先出的原则。

堆栈的基本运算有 5 种，如表 4-1 所示。

表 4-1　堆栈的 5 种基本运算

基本运算	说明
create	创建一个空堆栈
push	把数据存压入堆栈顶端，并返回新堆栈
pop	从堆栈顶端弹出数据，并返回新堆栈
isEmpty	判断堆栈是否为空堆栈，若是则返回 true，否则返回 false
full	判断堆栈是否已满，若是则返回 true，否则返回 false

堆栈压入和弹出的操作过程和示意图如图 4-1 和图 4-2 所示。

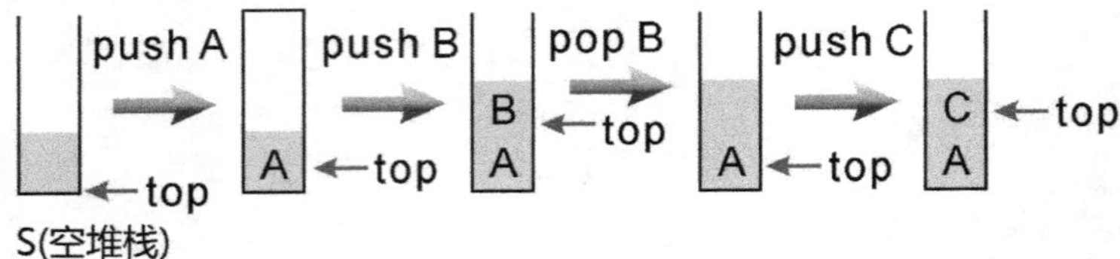

图 4-1　堆栈压入和弹出操作的过程

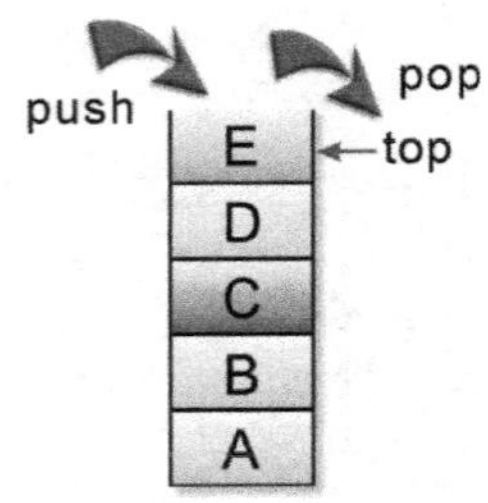

图 4-2　堆栈压入和弹出操作示意图

在 Python 程序设计中，堆栈包含两种方式，分别是数组结构（在 Python 语言中是以列表 List 仿真数组结构的）与链表结构，下面分别进行介绍。

4.1.1　用列表实现堆栈

以列表（List）结构来实现堆栈的好处是设计的算法都相当简单，但是，如果堆栈本身的大小是变动的话，而列表大小只能事先规划和声明好，那么列表规划太大会浪费空间，规划太小则不够用。

Python 的相关算法如下：

```
#判断是否为空堆栈
def isEmpty():
    if top==-1:
        return True
    else:
        return False
```

```
#将指定的数据存入堆栈
def push(data):
    global top
    global MAXSTACK
    global stack
    if top>=MAXSTACK-1:
        print('堆栈已满,无法再加入')
    else:
        top +=1
        stack[top]=data #将数据存入堆栈
```

```
#从堆栈取出数据*/
def pop():
    global top
    global stack
    if isEmpty():
        print('堆栈是空的')
    else:
        print('弹出的元素为: %d' % stack[top])
        top=top-1
```

范例 4.1.1　使用数组结构来设计一个 Python 程序，用循环来控制元素压入堆栈或弹出堆栈，并仿真堆栈的各种操作，此堆栈最多可容纳 100 个元素，其中必须包括压入（push）与弹出（pop）函数，并在最后输出堆栈内的所有元素。

范例程序：CH04_01.py

```
MAXSTACK=100 #定义堆栈的最大容量
global stack
stack=[None]*MAXSTACK  #堆栈的数组声明
top=-1 #堆栈的顶端

#判断是否为空堆栈
def isEmpty():
    if top==-1:
        return True
    else:
        return False

#将指定的数据存入堆栈
def push(data):
    global top
    global MAXSTACK
    global stack
    if top>=MAXSTACK-1:
        print('堆栈已满,无法再加入')
    else:
        top +=1
        stack[top]=data #将数据压入堆栈

#从堆栈弹出数据*/
def pop():
    global top
    global stack
    if isEmpty():
        print('堆栈是空的')
    else:
        print('弹出的元素为: %d' % stack[top])
        top=top-1

#主程序
i=2
count=0
while True:
    i=int(input('要压入堆栈,请输入 1,要弹出则输入 0,停止操作则输入-1: '))
    if i==-1:
        break
    elif i==1:
```

```
        value=int(input('请输入元素值:'))
        push(value)
    elif i==0:
        pop()

print('==============================')
if top <0:
    print('\n 堆栈是空的')
else:
    i=top
    while i>=0:
        print('堆栈弹出的顺序为:%d' %(stack[i]))
        count +=1
        i =i-1
    print

print('==============================')
```

【执行结果】

执行结果如图 4-3 所示。

```
要压入堆栈,请输入1,要弹出则输入0,停止操作则输入-1: 1
请输入元素值:5
要压入堆栈,请输入1,要弹出则输入0,停止操作则输入-1: 1
请输入元素值:6
要压入堆栈,请输入1,要弹出则输入0,停止操作则输入-1: 1
请输入元素值:7
要压入堆栈,请输入1,要弹出则输入0,停止操作则输入-1: 0
弹出的元素为: 7
要压入堆栈,请输入1,要弹出则输入0,停止操作则输入-1: -1
==============================
堆栈弹出的顺序为:6
堆栈弹出的顺序为:5
==============================
```

图 4-3　执行结果

范例 **4.1.2**　设计一个 Python 程序，以数组仿真扑克牌洗牌及发牌的过程。使用随机数来生成扑克牌放入堆栈，放满 52 张牌后开始发牌，使用堆栈功能来给 4 个人发牌。

范例程序：CH04_02.py

```
import random
global top

top=-1
k=0

def push(stack,MAX,val):
    global top
```

```
    if top>=MAX-1:
        print('[堆栈已经满了]')
    else:
        top=top+1
        stack[top]=val

def pop(stack):
    global top
    if top<0:
        print('[堆栈已经空了]')
    else:
        top=top-1
        return stack[top]

def shuffle(old):
    result=[]
    while old:
        p=random.randrange(0,len(old))
        result.append(old[p])
        old.pop(p)
    return result

card=[None]*52
card_new=[None]*52
stack=[0]*52
for i in range(52):
    card[i]=i+1

print('[洗牌中...请稍候!]')

card_new=shuffle(card)

i=0
while i!=52:
    push(stack,52,card_new[i])  #将 52 张牌压入堆栈
    i=i+1

print('[逆时针发牌]')
print('[显示各家的牌] 东家\t  北家\t   西家\t    南家')
print('===============================')

while top>=0:
    #print(stack[top])
```

```
        style = (stack[top]) % 4 #计算牌的花色
        #print('style=', style)
        if style==0:  #梅花
            ascVal='club'
        elif style==1:  #方块
            ascVal='diamond'
        elif style==2:   #红心
            ascVal='heart'
        elif style==3:
            ascVal='spade'   #黑桃

        print('[%s%3d]\t' %(ascVal,stack[top]%13+1),end='')
        if top%4==0:
            print()
    top-=1
```

【执行结果】

执行结果如图 4-4 所示。

```
[洗牌中...请稍候!]
[逆时针发牌]
[显示各家的牌] 东家          北家        西家        南家
===================================
[spade 12]      [spade  9]      [spade  2]      [diamond 13]
[spade  7]      [club  3]       [heart  8]      [club 12]
[diamond  2]    [heart  3]      [spade 13]      [heart  2]
[diamond  9]    [spade 10]      [heart  7]      [heart  4]
[heart 12]      [club 10]       [heart 11]      [spade 11]
[diamond  6]    [spade  3]      [club  1]       [heart  6]
[heart  1]      [club 13]       [heart  5]      [diamond  5]
[heart 13]      [club  7]       [spade  6]      [club  4]
[club  8]       [heart 10]      [heart  9]      [club  6]
[diamond  1]    [diamond 10]    [club  5]       [club  9]
[diamond  4]    [club 11]       [spade  1]      [club  2]
[diamond  8]    [spade  8]      [spade  5]      [diamond  3]
[spade  4]      [diamond 12]    [diamond  7]    [diamond 11]
```

图 4-4 执行结果

4.1.2 用链表实现堆栈

用链表来实现堆栈的优点是随时可以动态改变链表长度，能有效利用内存资源，缺点是设计的算法较为复杂。

Python 的相关算法如下：

```
class Node:  #堆栈链表节点的声明
    def __init__(self):
        self.data=0  #堆栈数据的声明
        self.next=None  #堆栈中用来指向下一个节点

top=None
```

```
def isEmpty():
    global top
    if(top==None):
        return 1
    else:
        return 0
```

```
#将指定的数据压入堆栈
def push(data):
    global top
    new_add_node=Node()
    new_add_node.data=data #将传入的值指定为节点的内容
    new_add_node.next=top  #将新节点指向堆栈的顶端
    top=new_add_node       #新节点成为堆栈的顶端
```

```
#从堆栈弹出数据
def pop():
    global top
    if isEmpty():
        print('===当前为空堆栈===')
        return -1
    else:
        ptr=top        #指向堆栈的顶端
        top=top.next   #将堆栈顶端的指针指向下一个节点
        temp=ptr.data  #弹出堆栈的数据
        return temp    #将从堆栈弹出的数据返回给主程序
```

范例 **4.1.3** 设计一个 Python 程序以链表来实现堆栈操作，并使用循环来控制元素的压入堆栈或弹出堆栈，其中必须包括压入（push）与弹出（pop）函数，并在最后输出堆栈内的所有元素。

范例程序：CH04_03.py

```
class Node:  #堆栈链表节点的声明
    def __init__(self):
        self.data=0  #堆栈数据的声明
        self.next=None  #堆栈中用来指向下一个节点

top=None

def isEmpty():
    global top
```

```
    if(top==None):
        return 1
    else:
        return 0

#将指定的数据压入堆栈
def push(data):
    global top
    new_add_node=Node()
    new_add_node.data=data  #将传入的值指定为节点的内容
    new_add_node.next=top   #将新节点指向堆栈的顶端
    top=new_add_node        #新节点成为堆栈的顶端


#从堆栈弹出数据
def pop():
    global top
    if isEmpty():
        print('===当前为空堆栈===')
        return -1
    else:
        ptr=top             #指向堆栈的顶端
        top=top.next        #将堆栈顶端的指针指向下一个节点
        temp=ptr.data #弹出堆栈的数据
        return temp     #将从堆栈弹出的数据返回给主程序

#主程序
while True:
    i=int(input('要压入堆栈,请输入1,要弹出则输入0,停止操作则输入-1: '))
    if i==-1:
        break
    elif i==1:
        value=int(input('请输入元素值:'))
        push(value)
    elif i==0:
        print('弹出的元素为%d' %pop())

print('==============================')
while(not isEmpty()): #将数据陆续从顶端弹出
    print('堆栈弹出的顺序为:%d' %pop())
print('==============================')
```

【执行结果】

执行结果如图 4-5 所示。

```
要压入堆栈,请输入1,要弹出则输入0,停止操作则输入-1: 1
请输入元素值:5
要压入堆栈,请输入1,要弹出则输入0,停止操作则输入-1: 1
请输入元素值:6
要压入堆栈,请输入1,要弹出则输入0,停止操作则输入-1: 1
请输入元素值:8
要压入堆栈,请输入1,要弹出则输入0,停止操作则输入-1: 0
弹出的元素为8
要压入堆栈,请输入1,要弹出则输入0,停止操作则输入-1: 0
弹出的元素为6
要压入堆栈,请输入1,要弹出则输入0,停止操作则输入-1: -1
============================
堆栈弹出的顺序为:5
============================
```

图 4-5　执行结果

4.2 堆栈的应用

堆栈在计算机领域的应用相当广泛，主要特性是限制了数据插入与删除的位置和方法，属于有序线性表的应用，堆栈的各种应用列举如下：

（1）二叉树和森林的遍历，例如中序遍历（Inorder）、前序遍历（Preorder）等。

（2）计算机中央处理单元（CPU）的中断处理（Interrupt Handling）。

（3）图形的深度优先（DFS）查找法（或称为深度优先搜索法）。

（4）某些所谓的堆栈计算机（Stack Computer），采用空地址（zero-address）指令，其指令没有操作数，大部分都通过弹出（pop）和压入（push）两个指令来处理程序。

（5）当从递归返回（Return）时，按序从堆栈顶端取出相关值，回到原来执行递归前的状态，再往下继续执行。

（6）算术表达式的转换和求值，例如中序法转换成后序法。

（7）调用子程序和返回处理，例如在执行调用的子程序之前必须先将返回地址（下一条指令的地址）压入堆栈中，然后才开始执行调用子程序的操作，等到子程序执行完毕后，再从堆栈中弹出返回地址。

（8）编译错误处理（Compiler Syntax Processing）：例如当编辑程序发生错误或警告信息时，将所在的地址压入堆栈中之后，才会显示出错误相关的信息对照表。

范例 4.2.1　考虑如图 4-6 所示的铁路调度网络。

在图 4-6 右边为编号 1, 2, 3, …, n 的车厢。每一节车厢被拖入堆栈，并可以在任何时候将它拖出。例如 n=3，我们可以依次拖入 1、拖入 2、拖入 3，然后将车厢拖出，此时可产生新的车厢顺序 3，2，1。请问：

（1）当 n = 3 时，分别有哪几种排列的方式？哪几种排列方式不可能发生？

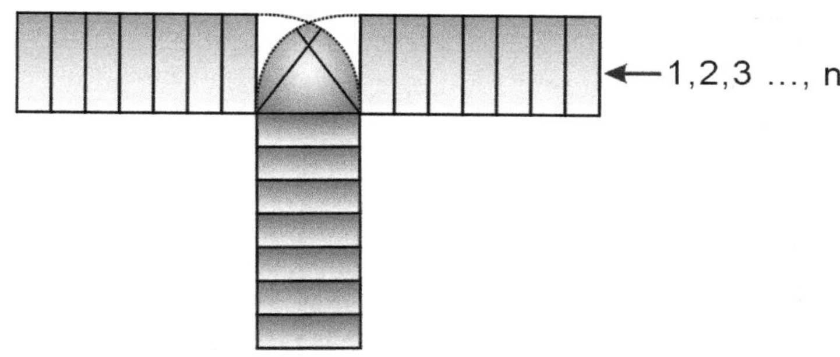

图 4-6　铁路调度网络的堆栈操作

（2）当 n = 6 时，325641 这样的排列是否可能发生？或者 154236、154623？当 n = 5 时，32154 这样的排列是否可能发生？

（3）找出一个公式 S_n，当有 n 节车厢时，共有几种排列方式？

解答▶

（1）当 n = 3 时，可能的排列方式有 5 种，分别是 123、132、213、231 和 321；不可能的排列方式是 312。

（2）根据堆栈后进先出的原则，325641 车厢号码的排列顺序是可以实现的，154263 与 154623 都不可能发生。当 n = 5 时，可以产生 32154 的排列。

（3）$S_n = \frac{1}{n+1}\binom{2n}{n} = \frac{1}{n+1} \times \frac{(2n)!}{n! \times n!}$。

4.2.1　递归算法

递归（Recursion）是一种很特殊的算法，简单来说，对程序设计人员而言，“函数”（或称子程序）不只是能够被其他函数调用（或引用）的程序单元，在某些语言中，函数还提供调用自己的功能，这种功能就是所谓的“递归”。递归在早期人工智能所用的语言（如 Lisp、Prolog）中几乎是整个语言运行的核心，当然在 Python 中也提供了这项功能，它们的绑定时间可以延迟到执行时才会动态确定。

什么时候才是使用递归的最好时机？是不是递归只能解决少数问题？事实上，任何可以用选择结构和重复结构来编写的程序代码，都可以用递归来表示和编写。

递归的定义

递归的定义可以这样描述，假如一个函数或子程序是由自身所定义或调用的，就称为递归。递归至少要定义两个条件：一个可以反复执行的递归过程和一个跳出执行过程的出口。

例如，我们知道阶乘函数是数学上很有名的函数，也可以看成是很典型的递归范例，一般以符号“！”来代表阶乘。例如 4 的阶乘可以写为 4!，n!可以写成：

$n! = n \times (n-1) \times (n-2) \times \cdots \times 1$

大家可以逐步分解它的运算过程，观察出它具有一定的规律性：

```
5! = (5 * 4!)
   = 5 * (4 * 3!)
   = 5 * 4 * (3 * 2!)
   = 5 * 4 * 3 * (2 * 1)
   = 5 * 4 * (3 * 2)
   = 5 * (4 * 6)
   = (5 * 24)
   = 120
```

Python 的递归函数算法可以写成如下形式：

```
def factorial(i):
    if i==0:
        return 1
    else:
        ans=i * factorial(i-1)  #反复执行的递归过程
    return ans
```

范例 4.2.2 使用 for 循环设计一个计算 0!~n!的递归程序。

范例程序：CH04_04.py

```
# 用 for 循环计算 n!
sum = 1
n=int(input('请输入 n='))
for i in range(0,n+1):
    for j in range(i,0,-1):
        sum *= j    # sum=sum*j
    print('%d!=%3d' %(i,sum))
    sum=1
```

【执行结果】

执行结果如图 4-7 所示。

```
请输入n=10
0!=   1
1!=   1
2!=   2
3!=   6
4!=  24
5!=120
6!=720
7!=5040
8!=40320
9!=362880
10!=3628800
```

图 4-7 执行结果

范例 4.2.3　设计一个计算 n!的递归程序。

范例程序：CH04_05.py

```
#用递归函数求 n 阶乘的值

def factorial(i):
    if i==0:
        return 1
    else:
        product = i * factorial(i-1) # sum=n*(n-1)!，所以直接调用自身
        return product

n=int(input('请输入阶乘数:'))
for i in range(n+1):
    print('%d !值为 %3d' %(i,factorial(i)))
```

【执行结果】

执行结果如图 4-8 所示。

```
请输入阶乘数:10
0 !值为   1
1 !值为   1
2 !值为   2
3 !值为   6
4 !值为  24
5 !值为 120
6 !值为 720
7 !值为 5040
8 !值为 40320
9 !值为 362880
10 !值为 3628800
```

图 4-8　执行结果

此外，根据递归调用对象的不同，可以把递归分为以下两种。

- 直接递归（Direct Recursion）：在递归函数中允许直接调用该函数自身。例如：

```
def Fun(...):
  .
  .
if ... :
  Fun(...)
.
.
}
```

- 间接递归（Indirect Recursion）：在递归函数中调用其他递归函数，再从其他递归函数调用回原来的递归函数。例如：

```
def Fun1(...):        def Fun2(...):
  .                     .
  .                     .
if ... :              if ... :
  Fun2(...)             Fun1(...)
  .                     .
  .                     .
```

"尾递归"（Tail Recursion）就是程序的最后一条指令为递归调用，即每次调用后，再回到前一次调用后执行的第一行指令就是 return，不需要再进行任何计算工作。

斐波拉契数列

在前文递归应用的介绍中，我们使用阶乘函数的范例说明了递归的运行方式。相信大家应该不会再对递归有陌生的感觉了。现在，我们再来看一个著名的斐波拉契数列（Fibonacci Polynomial），首先看看斐波拉契数列的基本定义：

$$F_n=\begin{cases} 0 & n=0 \\ 1 & n=1 \\ F_{n-1}+F_{n-2} & n=2,3,4,5,6,\cdots\text{（n 为正整数）} \end{cases}$$

简单来说，就是一个数列的第零项是 0、第一项是 1，这个数列其他后续项的值是其前面两项的数值之和。根据斐波拉契数列的定义，我们也可以尝试把它转成递归的形式：

```
def fib(n):    # 定义函数 fib()
    if n==0 :
        return 0 # 如果 n=0 则返回 0
    elif n==1 or n==2:
        return 1
    else:   # 否则返回 fib(n-1)+fib(n-2)
        return (fib(n-1)+fib(n-2))
```

范例 **4.2.4** 设计一个计算第 n 项斐波拉契数列的递归程序。

范例程序：CH04_06.py

```
def fib(n): # 定义函数 fib()
    if n==0 :
        return 0 # 若 n=0，则返回 0
    elif n==1 or n==2:
        return 1
    else:   # 否则返回 fib(n-1)+fib(n-2)
        return (fib(n-1)+fib(n-2))

n=int(input('请输入要计算到斐波拉契数列的第几项:'))
```

```
for i in range(n+1):# 计算斐波拉契数列的前 n 项
    print('fib(%d)=%d' %(i,fib(i)))
```

【执行结果】

执行结果如图 4-9 所示。

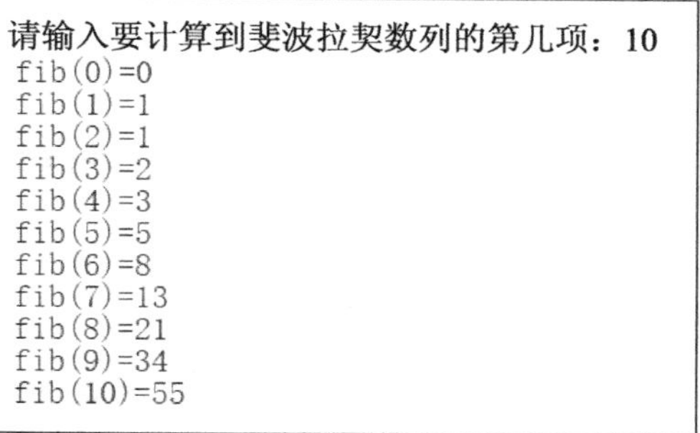

```
请输入要计算到斐波拉契数列的第几项：10
fib(0)=0
fib(1)=1
fib(2)=1
fib(3)=2
fib(4)=3
fib(5)=5
fib(6)=8
fib(7)=13
fib(8)=21
fib(9)=34
fib(10)=55
```

图 4-9 执行结果

4.2.2 汉诺塔问题

法国数学家 Lucas 在 1883 年介绍了一个十分经典的汉诺塔（Tower of Hanoi）智力游戏，就是使用递归法与堆栈概念来解决问题的典型范例，如图 4-10 所示。内容是说在古印度神庙，庙中有三根木桩，天神希望和尚们把某些数量大小不同的盘子从第一个木桩全部移动到第三个木桩。

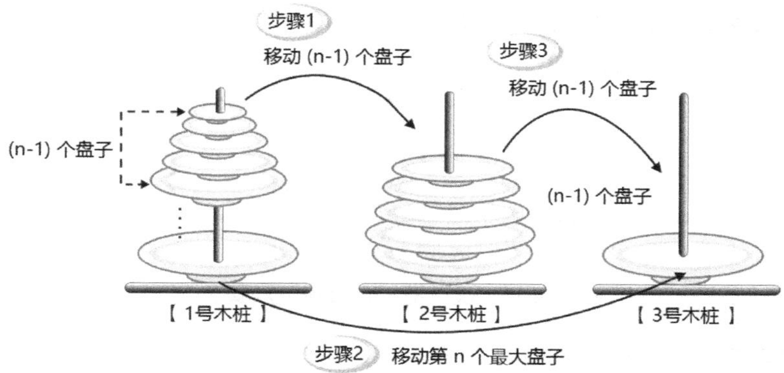

图 4-10 用递归法与堆栈概念来解决汉诺塔问题

从更精确的角度来说，汉诺塔问题可以这样描述：假设有 A、B、C 三个木桩和 n 个大小均不相同的盘子（Disc，或圆盘），从小到大编号为 1, 2, 3, …, n，编号越大直径越大。开始的时候，n 个盘子都套在 A 木桩上，现在希望能找到将 A 木桩上的盘子借着 B 木桩当中间桥梁，全部移到 C 木桩上最少次数的方法。不过在搬动时还必须遵守下列规则：

（1）直径较小的盘子永远只能置于直径较大的盘子上。

（2）盘子可任意地从任何一个木桩移到其他的木桩上。

（3）每一次只能移动一个盘子，而且只能从最上面的盘子开始移动。

现在我们考虑 n=1~3 的情况，以图示方式示范处理汉诺塔问题的步骤。

n = 1 个盘子（见图 4-11）

当然是直接把盘子从 1 号木桩移动到 3 号木桩。

n = 2 个盘子（见图 4-12～图 4-15）

步骤 01 将盘子从 1 号木桩移动到 2 号木桩。

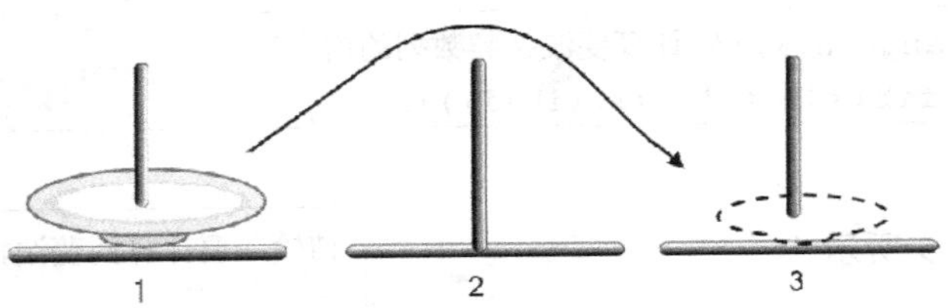

图 4-11　汉诺塔（n＝1 时）

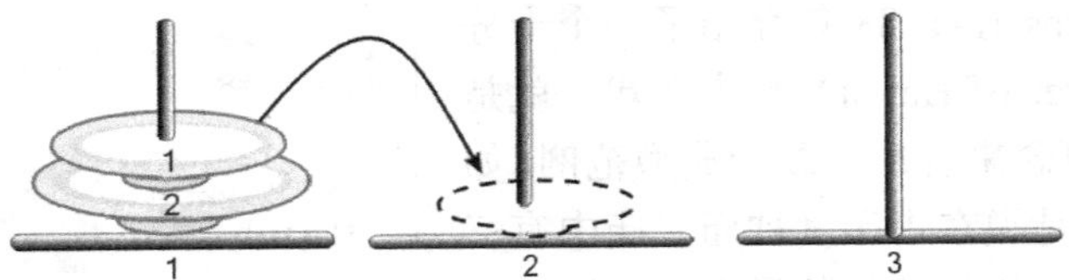

图 4-12　汉诺塔（n＝2 时）步骤 1

步骤 02 将盘子从 1 号木桩移动到 3 号木桩。

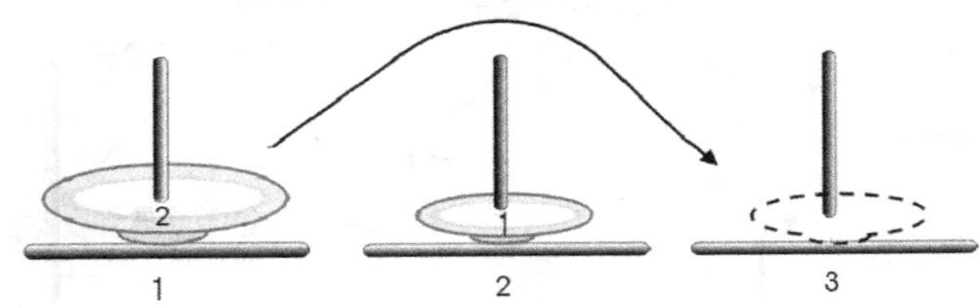

图 4-13　汉诺塔（n＝2 时）步骤 2

步骤 03 将盘子从 2 号木桩移动到 3 号木桩。

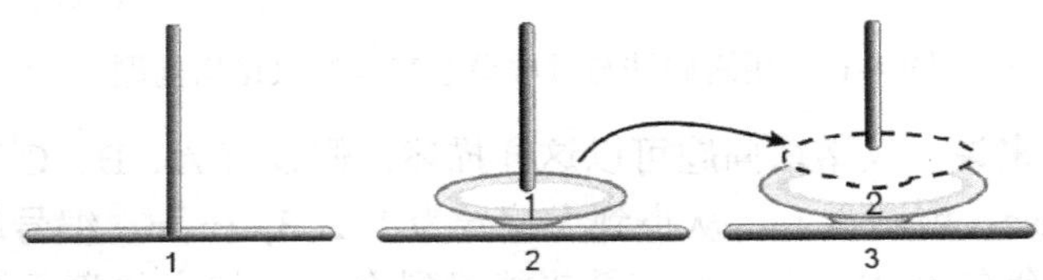

图 4-14　汉诺塔（n＝2 时）步骤 3

步骤 04 完成。

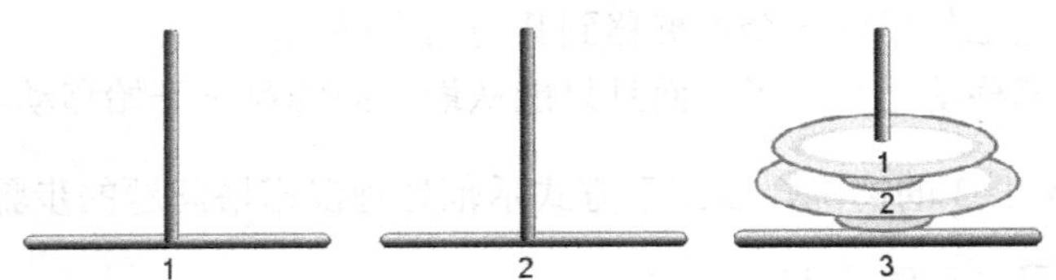

图 4-15　汉诺塔（n＝2 时）移动完成的状态

结论： 移动了 $2^2-1=3$ 次，盘子移动的次序为 1，2，1（此处为盘子次序）。

步骤： 1→2，1→3，2→3（此处为木桩次序）。

n = 3 个盘子（见图 4-16～图 4-23）

步骤 01 将盘子从 1 号木桩移动到 3 号木桩。

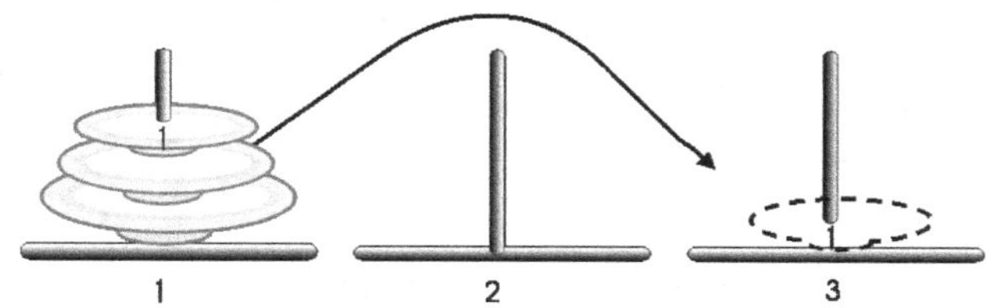

图 4-16　汉诺塔（n = 3 时）步骤 1

步骤 02 将盘子从 1 号木桩移动到 2 号木桩。

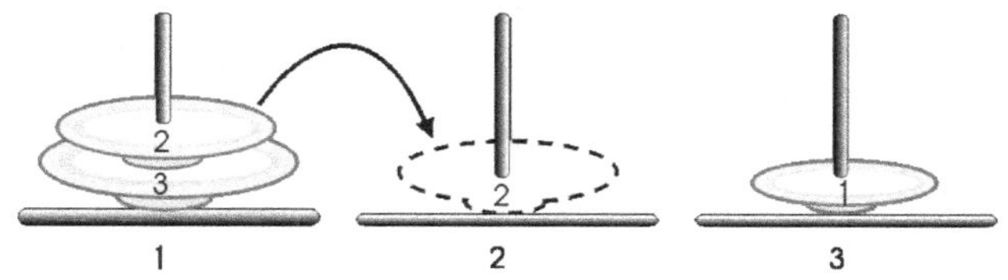

图 4-17　汉诺塔（n = 3 时）步骤 2

步骤 03 将盘子从 3 号木桩移动到 2 号木桩。

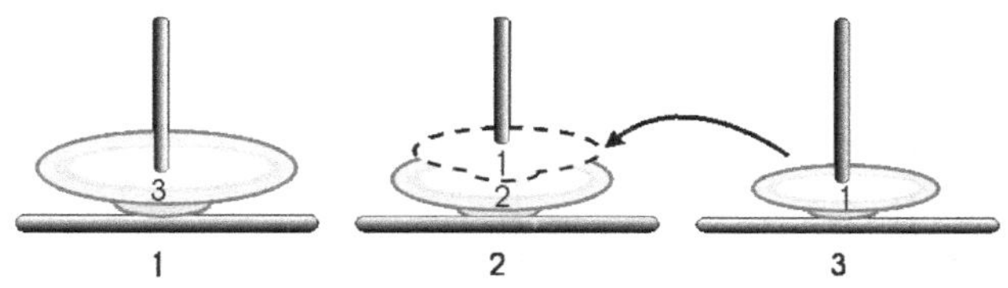

图 4-18　汉诺塔（n = 3 时）步骤 3

步骤 04 将盘子从 1 号木桩移动到 3 号木桩。

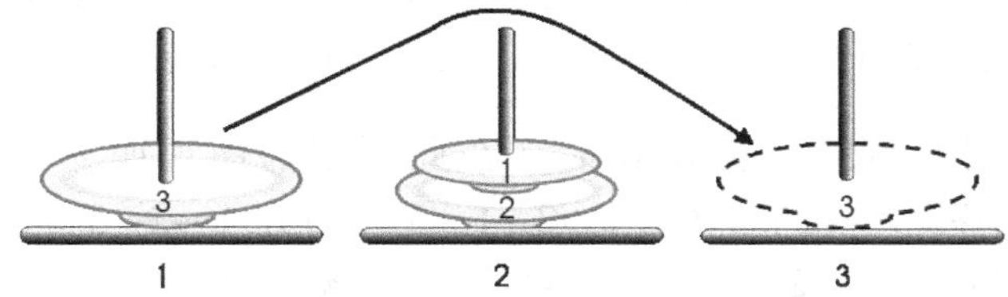

图 4-19　汉诺塔（n = 3 时）步骤 4

步骤 05 将盘子从 2 号木桩移动到 1 号木桩。

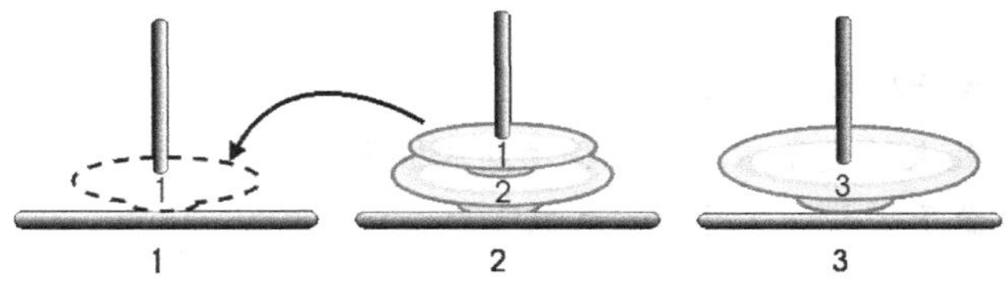

图 4-20　汉诺塔（n = 3 时）步骤 5

步骤06 将盘子从 2 号木桩移动到 3 号木桩。

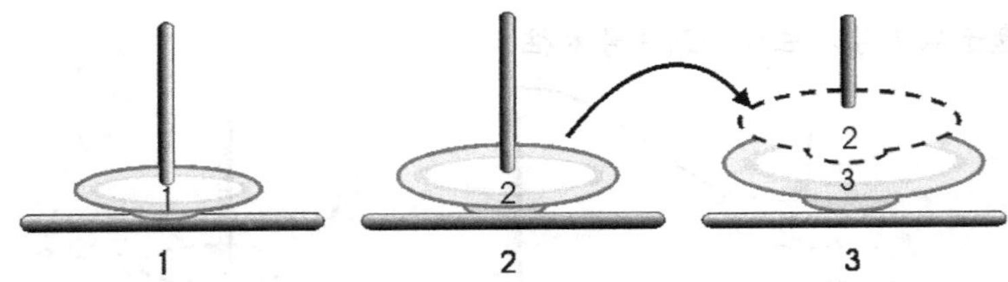

图 4-21 汉诺塔（n = 3 时）步骤 6

步骤07 将盘子从 1 号木桩移动到 3 号木桩。

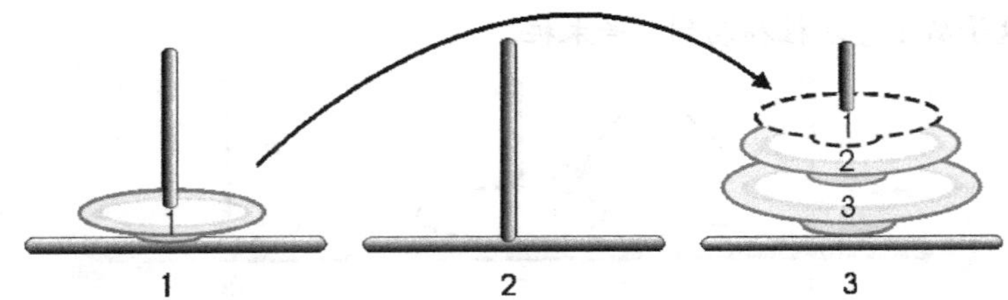

图 4-22 汉诺塔（n = 3 时）步骤 7

步骤08 完成。

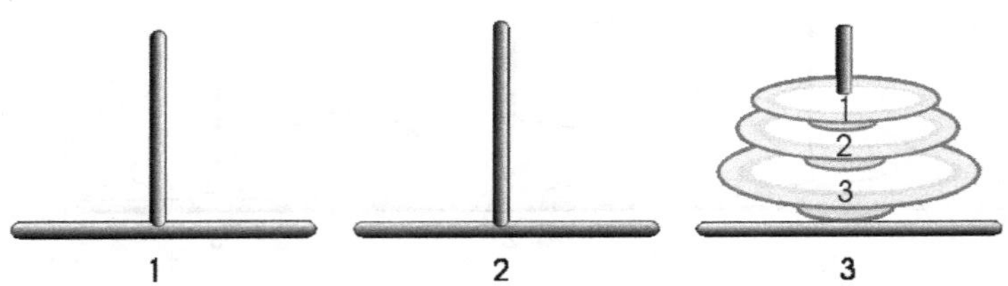

图 4-23 汉诺塔（n = 3 时）移动完成的状态

结论：移动了 $2^3-1=7$ 次，盘子移动的次序为 1，2，1，3，1，2，1（盘子的次序)。

步骤：1→3，1→2，3→2，1→3，2→1，2→3，1→3（木桩次序）。

当有 4 个盘子时，我们实际操作后（在此不用插图说明），盘子移动的次序为 121312141213121，而移动木桩的顺序为 1→2，1→3，2→3，1→2，3→1，3→2，1→2，1→3，2→3，2→1，3→1，2→3，1→2，1→3，2→3，移动次数为 $2^4-1=15$。

当 n 不大时，大家可以逐步用图解办法解决问题，但 n 的值较大时，那可就十分伤脑筋了。事实上，我们可以得出一个结论，当有 n 个盘子时，可将汉诺塔问题归纳成 3 个步骤，如图 4-24 所示。

步骤01 将 n-1 个盘子从木桩 1 移动到木桩 2。

步骤02 将第 n 个最大的盘子从木桩 1 移动到木桩 3。

步骤03 将 n-1 个盘子从木桩 2 移动到木桩 3。

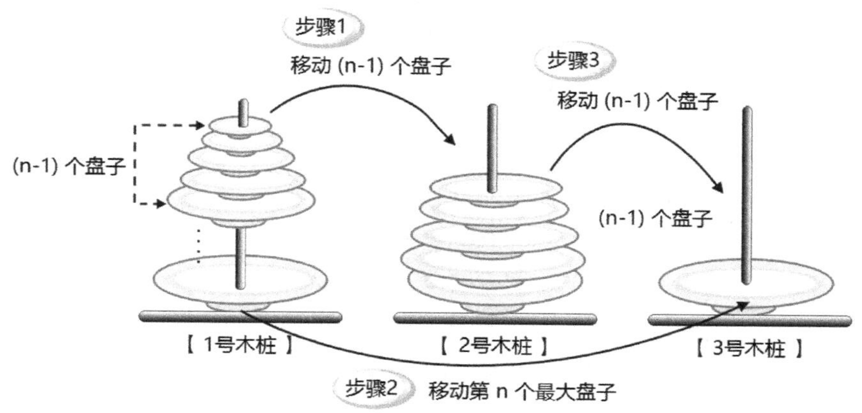

图 4-24　汉诺塔问题可以归纳为 3 个步骤

从图 4-24 中，应该可以发现汉诺塔问题非常适合以递归方式与堆栈来解决。因为它满足了递归的两大特性：① 有反复执行的过程；② 有停止的出口。以下是以递归方式来描述的汉诺塔递归函数（算法）：

```
def hanoi(n, p1, p2, p3):
    if n==1: # 递归出口
        print('盘子从 %d 移到 %d' %(p1, p3))
    else:
        hanoi(n-1, p1, p3, p2)
        print('盘子从 %d 移到 %d' %(p1, p3))
        hanoi(n-1, p2, p1, p3)
```

范例 **4.2.5**　设计一个程序，以递归式来实现汉诺塔算法的求解。

范例程序：CH04_07.py

```
def hanoi(n, p1, p2, p3):
    if n==1: # 递归出口
        print('盘子从 %d 移到 %d' %(p1, p3))
    else:
        hanoi(n-1, p1, p3, p2)
        print('盘子从 %d 移到 %d' %(p1, p3))
        hanoi(n-1, p2, p1, p3)

j=int(input('请输入要移动盘子的数量：'))
hanoi(j,1, 2, 3)
```

【执行结果】

执行结果如图 4-25 所示。

```
请输入要移动盘子的数量：4
盘子从 1 移到 2
盘子从 1 移到 3
盘子从 2 移到 3
盘子从 1 移到 2
盘子从 3 移到 1
盘子从 3 移到 2
盘子从 1 移到 2
盘子从 1 移到 3
盘子从 2 移到 3
盘子从 2 移到 1
盘子从 3 移到 1
盘子从 2 移到 3
盘子从 1 移到 2
盘子从 1 移到 3
盘子从 2 移到 3
```

图 4-25 执行结果

4.2.3 老鼠走迷宫

堆栈的应用有一个相当有趣的问题，就是实验心理学中有名的“老鼠走迷宫”问题。老鼠走迷宫问题的陈述是：假设把一只大老鼠放在一个没有盖子的大迷宫盒的入口处，盒中有许多墙使得大部分的路径都被挡住而无法前进。老鼠可以按照尝试错误的方法找到出口。不过，这只老鼠必须具备走错路时就会退回来并把走过的路记下来的能力，避免下次走重复的路，一直到找到出口为止。简单来说，老鼠行进时必须遵守以下 3 个原则：

（1）一次只能走一格。

（2）遇到墙无法往前走时，退回一步找找看是否有其他的路可以走。

（3）走过的路不会再走第二次。

我们之所以对这个问题感兴趣，就是因为它可以提供一种典型堆栈应用的思考方法，有许多大学曾举办类似“计算机老鼠走迷宫”的比赛，就是要设计这种利用堆栈技巧走迷宫的程序。在编写走迷宫程序之前，我们先来了解如何在计算机中表现一个仿真迷宫的方式。这时可以利用二维数组 MAZE[row][col]，并符合以下规则：

（1）MAZE[i][j] = 1　表示[i][j]处有墙，无法通过。

（2）MAZE[i][j] = 0　表示[i][j]处无墙，可通行。

（3）MAZE[1][1]是入口，MAZE[m][n]是出口。

图 4-26 就是一个使用 10×12 二维数组的仿真迷宫地图。

假设老鼠从左上角的 MAZE[1][1]进入，从右下角的 MAZE[8][10]出来，老鼠当前位置以 MAZE[x][y]表示，那么我们可以用图 4-27 表示老鼠可能移动的方向。

如图 4-27 所示，老鼠可以选择的方向共有 4 个，分别为东、西、南、北。但并非每个位置都有 4 个方向可以选择，必须看情况来决定，例如 T 字形的路口，就只有东、西、南 3 个方向可以选择。

【迷宫原始路径】

```
        1 1 1 1 1 1 1 1 1 1 1 1
入口→   1 0 0 0 1 1 1 1 1 1 1 1
        1 1 1 0 1 1 0 0 0 0 1 1
        1 1 1 0 1 1 0 1 1 0 1 1
        1 1 1 0 0 0 0 1 1 0 1 1
        1 1 1 0 1 1 0 1 1 0 1 1
        1 1 1 0 1 1 0 1 1 0 1 1
        1 1 1 1 1 1 0 1 1 0 1 1
        1 1 0 0 0 0 0 0 1 0 0 1   ←出口
        1 1 1 1 1 1 1 1 1 1 1 1
```

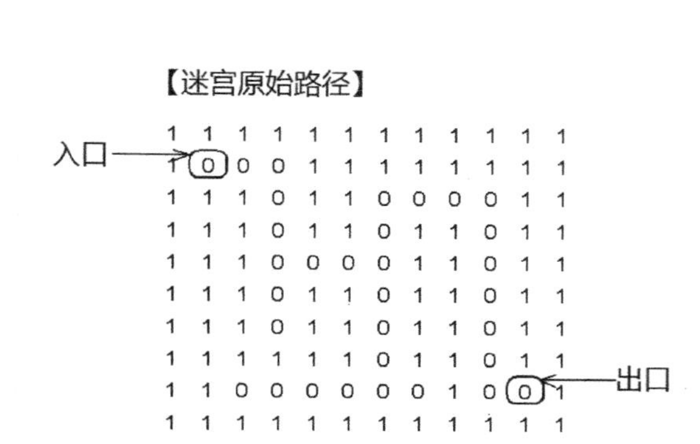

图 4-26　10×12 二维数组的仿真迷宫地图

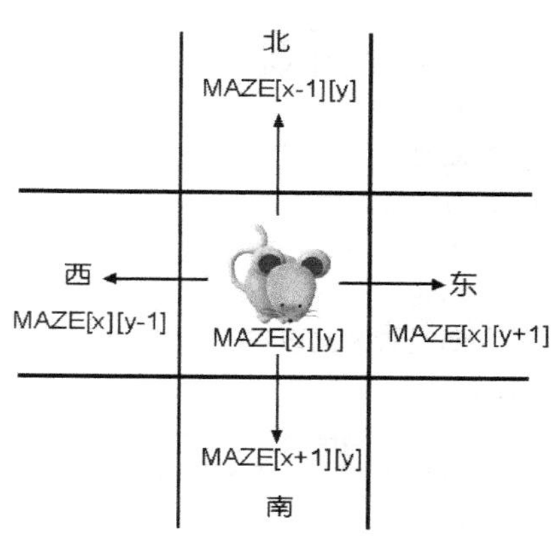

图 4-27　老鼠可能移动的方向

我们可以使用链表来记录走过的位置，并且将走过的位置对应的数组元素内容标记为 2，然后将这个位置放入堆栈再进行下一次的选择。如果走到死胡同并且还没有抵达终点，就退出上一个位置，并退回去直到回到上一个岔路后再选择其他的路。由于每次新加入的位置必定会在堆栈的顶端，因此堆栈顶端指针所指的方格编号便是当前搜索迷宫出口的老鼠所在的位置。如此重复这些动作直到走到出口为止。在图 4-28 和图 4-29 中以小球来代表迷宫中的老鼠。

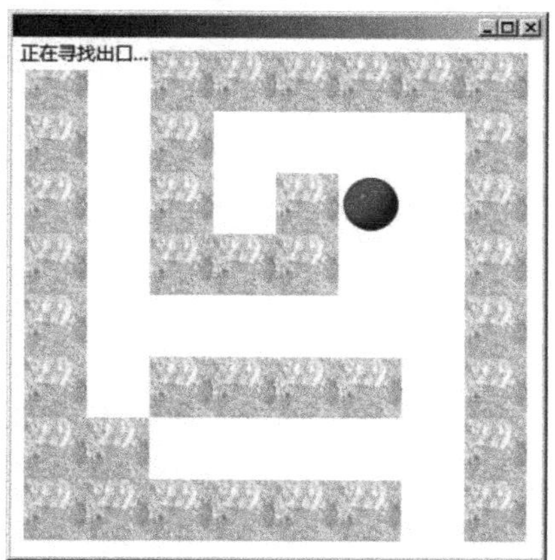

图 4-28　在迷宫中寻找出口

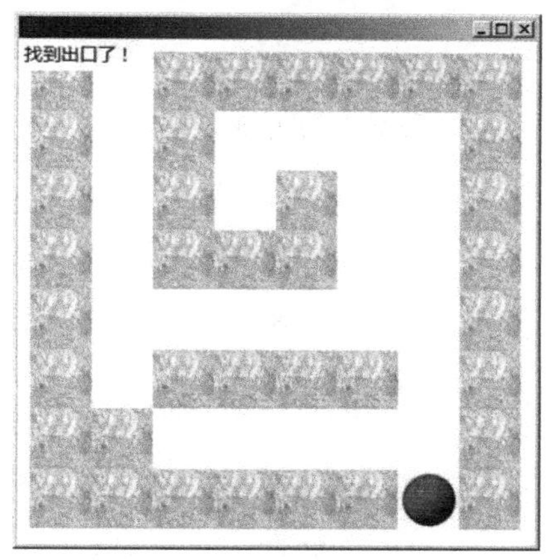

图 4-29　终于找到迷宫出口

上面这样的一个迷宫搜索的过程可以用 Python 语言的算法来加以描述：

```
if 上一格可走:
    把方格编号加入堆栈
    往上走
    判断是否为出口
elif 下一格可走:
    把方格编号加入堆栈
    往下走
    判断是否为出口
elif 左一格可走:
```

```
        把方格编号加入堆栈
        往左走
        判断是否为出口
    elif 右一格可走:
        把方格编号加入堆栈
        往右走
        判断是否为出口
    else:
        从堆栈中删除一个方格编号
        从堆栈中弹出一个方格编号
        往回走
```

上面的算法是每次进行移动时所执行的操作，其主要是判断当前所在位置的上、下、左、右是否有可以前进的方格，若找到可前进的方格，则将该方格的编号加入记录移动路径的堆栈中，并往该方格移动，而当四周没有可走的方格时，也就是当前所在的方格无法走出迷宫，必须退回到前一格重新检查是否有其他可走的路径。

范例 **4.2.6** 设计迷宫问题的 Python 程序。

范例程序：CH04_08.py

```python
#================ Program Description ================
#程序目的： 老鼠走迷宫

class Node:
    def __init__(self,x,y):
        self.x=x
        self.y=y
        self.next=None

class TraceRecord:
    def __init__(self):
        self.first=None
        self.last=None

    def isEmpty(self):
            return self.first==None

    def insert(self,x,y):
        newNode=Node(x,y)
        if self.first==None:
            self.first=newNode
            self.last=newNode
        else:
```

```
            self.last.next=newNode
            self.last=newNode

    def delete(self):
        if self.first==None:
            print('[队列已经空了]')
            return
        newNode=self.first
        while newNode.next!=self.last:
            newNode=newNode.next
        newNode.next=self.last.next
        self.last=newNode

ExitX= 8 #定义出口的 X 坐标在第 8 行
ExitY= 10    #定义出口的 Y 坐标在第 10 列
#声明迷宫数组
MAZE= [[1,1,1,1,1,1,1,1,1,1,1,1], \
       [1,0,0,0,1,1,1,1,1,1,1,1], \
       [1,1,1,0,1,1,0,0,0,0,1,1], \
       [1,1,1,0,1,1,0,1,1,0,1,1], \
       [1,1,1,0,0,0,0,1,1,0,1,1], \
       [1,1,1,0,1,1,0,1,1,0,1,1], \
       [1,1,1,0,1,1,0,1,1,0,1,1], \
       [1,1,1,1,1,1,0,1,1,0,1,1], \
       [1,1,0,0,0,0,0,0,1,0,0,1], \
       [1,1,1,1,1,1,1,1,1,1,1,1]]

def chkExit(x,y,ex,ey):
    if x==ex and y==ey:
        if(MAZE[x-1][y]==1 or MAZE[x+1][y]==1 or MAZE[x][y-1] ==1 or
                                MAZE[x][y+1]==2):
            return 1
        if(MAZE[x-1][y]==1 or MAZE[x+1][y]==1 or MAZE[x][y-1] ==2 or
                                MAZE[x][y+1]==1):
            return 1
        if(MAZE[x-1][y]==1 or MAZE[x+1][y]==2 or MAZE[x][y-1] ==1 or
                                MAZE[x][y+1]==1):
            return 1
        if(MAZE[x-1][y]==2 or MAZE[x+1][y]==1 or MAZE[x][y-1] ==1 or
                                MAZE[x][y+1]==1):
            return 1
    return 0

```

```
#主程序


path=TraceRecord()
x=1
y=1

print('[迷宫的路径(0 标记的部分)]')
for i in range(10):
    for j in range(12):
        print(MAZE[i][j],end='')
    print()
while x≤ExitX and y≤ExitY:
    MAZE[x][y]=2
    if MAZE[x-1][y]==0:
        x -= 1
        path.insert(x,y)
    elif MAZE[x+1][y]==0:
        x+=1
        path.insert(x,y)
    elif MAZE[x][y-1]==0:
        y-=1
        path.insert(x,y)
    elif MAZE[x][y+1]==0:
        y+=1
        path.insert(x,y)
    elif chkExit(x,y,ExitX,ExitY)==1:
        break
    else:
        MAZE[x][y]=2
        path.delete()
        x=path.last.x
        y=path.last.y
print('[老鼠走过的路径(2 标记的部分)]')
for i in range(10):
    for j in range(12):
        print(MAZE[i][j],end='')
    print()
```

【执行结果】

执行结果如图 4-30 所示。（注意：1 表示迷宫中的墙，0 表示迷宫中可走的通路，2 表示老鼠走过的路径。）

```
[迷宫的路径(0标记的部分)]
111111111111
100011111111
111011000011
111011011011
111000011011
111011011011
111011011011
111111011011
110000001001
111111111111
[老鼠走过的路径(2标记的部分)]
111111111111
122211111111
111211222211
111211211211
111222211211
111211011211
111211011211
111111011211
110000001221
111111111111
```

图 4-30　执行结果

4.2.4　八皇后问题

八皇后问题也是一种常见的堆栈应用实例。在国际象棋中的皇后可以在没有限定一步走几格的前提下，对棋盘中的其他棋子直吃、横吃和对角斜吃（左斜吃或右斜吃都可以）。现在要放入多个皇后到棋盘上，相互之间还不能吃到对方。后放入的新皇后，放入前必须考虑所放位置的直线方向、横线方向或对角线方向是否已被放置了旧皇后，否则就会被先放入的旧皇后吃掉。

利用这种概念，将其应用在 4×4 的棋盘就称为 4−皇后问题；应用在 8×8 的棋盘就称为 8−皇后问题，应用在 N×N 的棋盘就称为 N−皇后问题。要解决 N−皇后问题（在此我们以 8−皇后为例），首先在棋盘中放入一个新皇后，且这个位置不会被先前放置的皇后吃掉，将这个新皇后的位置压入堆栈。

但是，如果放置新皇后的该行（或该列）的 8 个位置都没有办法放置新皇后（放入任何一个位置，都会被先前放置的旧皇后给吃掉），此时就必须从堆栈中弹出前一个皇后的位置，并在该行（或该列）中重新寻找另一个新的位置来放，再将该位置压入堆栈中，而这种方式就是一种回溯（Backtracking）算法的应用。

N−皇后问题的解答就是结合堆栈和回溯两种数据结构以逐行（或逐列）寻找新皇后合适的位置（如果找不到，就回溯到前一行寻找前一个皇后的另一个新位置，以此类推）的方式来寻找 N−皇后问题的其中一组解答。

下面分别是 4−皇后和 8−皇后在堆栈存放的内容以及对应棋盘的其中一组解，如图 4-31 和图 4-32 所示。

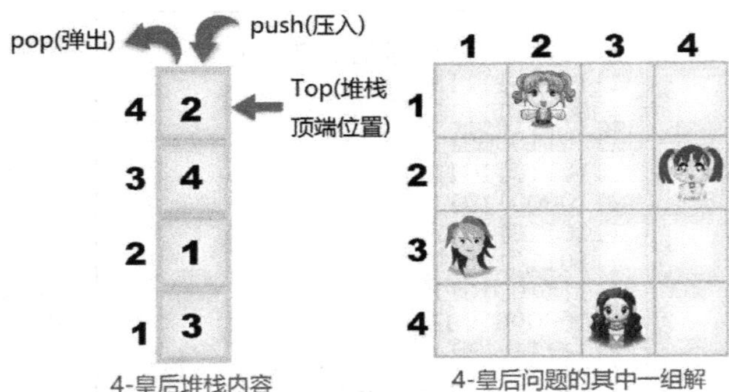

图 4-31　4-皇后问题其中的一组解

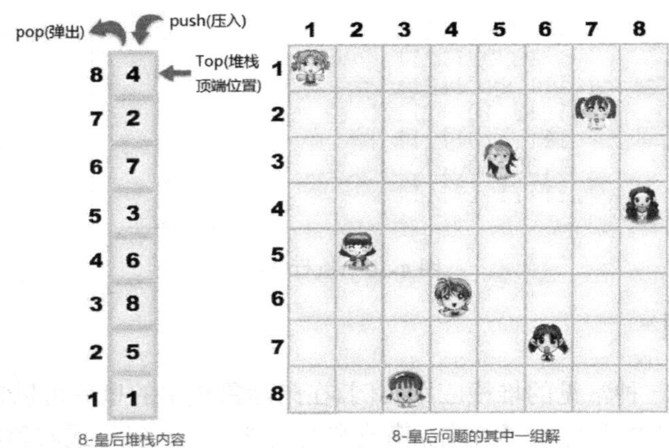

图 4-32　8-皇后问题其中的一组解

范例 4.2.7　设计一个 Python 程序，求取八皇后问题的解决方法。

范例程序：CH04_09.py

```
global queen
global number
EIGHT=8 #定义堆栈的最大容量
queen=[None]*8 #存放 8 个皇后的行位置

number=0     #计算总共有几组解
#决定皇后存放的位置
#输出所需要的结果
def print_table():
    global number
    x=y=0
    number+=1
    print('')
    print('八皇后问题的第%d 组解\t' %number)
```

```
    for x in range(EIGHT):
        for y in range(EIGHT):
            if x==queen[y]:
                print('<q>',end='')
            else:
                print('<->',end='')
        print('\t')
    input('\n..按下任意键继续..\n')

#测试在(row,col)上的皇后是否遭受攻击
#若遭受攻击，则返回值为 1，否则返回 0
def attack(row,col):
    global queen
    i=0
    atk=0
    offset_row=offset_col=0
    while (atk!=1)and i<col:
        offset_col=abs(i-col)
        offset_row=abs(queen[i]-row)
        #判断两皇后是否在同一行或在同一对角线上
        if queen[i]==row or offset_row==offset_col:
            atk=1
        i=i+1
    return atk

def decide_position(value):
    global queen
    i=0
    while i<EIGHT:
        if attack(i,value)!=1:
            queen[value]=i
            if value==7:
                print_table()
            else:
                    decide_position(value+1)
        i=i+1

#主程序
decide_position(0)
```

【执行结果】

执行结果如图 4-33 所示。

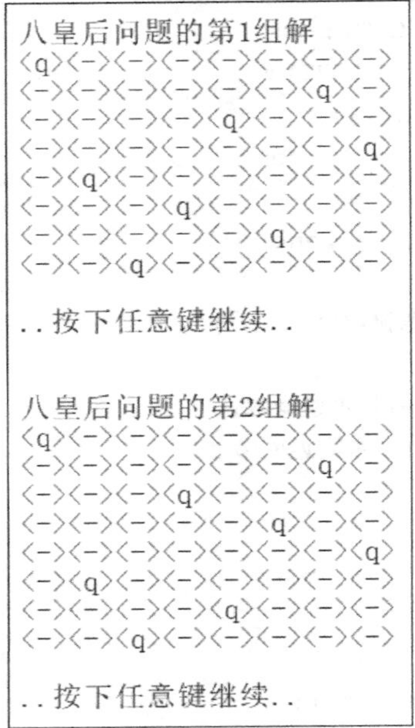

图 4-33　执行结果

4.3 算术表达式的表示法

在程序中，经常需要将变量或常数等“操作数”（Operand）用系统预先定义好的“运算符”（Operator）来进行各种算术运算（如 +、−、×、÷等）、逻辑判断（如 AND、OR、NOT 等）与关系运算（如 >、<、= 等），以求出一个结果。程序中这些操作数和运算符的组合就称为“表达式”。其中，=、+、* 和 / 符号称为运算符，而变量 A、B、C 和常数 10、3 都属于操作数。

根据运算符在表达式中的位置，表达式可分以下 3 种表示法。

（1）中序法（Infix）：运算符在两个操作数中间，例如 A+B、(A+B)*(C+D) 等都是中序表示法。

（2）前序法（Prefix）：运算符在操作数的前面，例如+AB、*+AB+CD 等都是前序表示法。

（3）后序法（Postfix）：运算符在操作数的后面，例如 AB+、AB+CD+*等都是后序表示法。

我们在一般日常生活中都使用中序法，但是中序法存在运算符优先级的问题，再加上复杂括号的困扰，计算机编译程序在处理上就较为复杂。解决的办法是将它转换成后序法（比较常用）或前序法，因为后序法只需要一个堆栈缓存器，而前序法需要两个，所以在计算机内部多半使用后序法。

堆栈可运用于表达式的计算与转换，用来解决中序、后序和前序 3 种表示法之间的转换，或者用于转换后的求值。

4.3.1 中序法转为前序法与后序法

如果要将中序法转换为前序法或后序法，可以使用两种方式，即括号转换法与堆栈法。括号转换法适合人工手动操作，堆栈法则普遍用于计算机的操作系统或系统程序中。相关介绍如下：

1. 括号转换法

括号法就是先用括号把中序法表达式的运算符优先级分出来，再进行运算符的移动，最后把括号拿掉就可以完成中序转后序或中序转前序。假设某程序语言中运算符的优先级如表 4-2 所示。

表 4-2　某程序语言中运算符的优先级

优先级	运算符	优先级	运算符
1	.、[]	9	^
2	++、--、!、~、+（正）、-（负）	10	|
3	*、/、%	11	&&
4	+（加）、-（减）	12	||
5	<<、>>、>>>	13	?:
6	<、≤、>、>=	14	=
7	= =、!=	15	+=、-=、*=、/=、%=、&=、|=、^=
8	&		

现在我们就来练习用括号把下列中序法表达式转换成前序法表达式和后序法表达式：

6+2*9/3+4*2−8

■ 中序→前序（Infix→Prefix）

（1）先把表达式按照运算符优先级以括号括起来。

（2）针对运算符，用括号内的运算符取代所有的左括号，以最近者为优先。

（3）将所有右括号去掉，即可得到前序法表达式的结果。

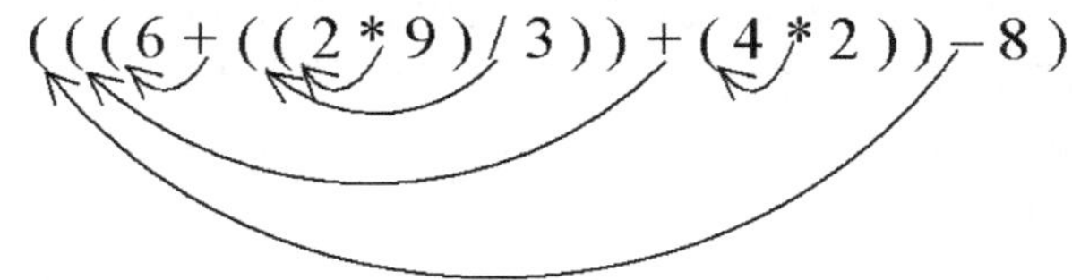

前序式：-++6/*293*428

■ 中序→后序（Infix→Postfix）

（1）先把表达式按照运算符优先级以括号括起来。

（2）针对运算符，用括号内的运算符取代所有的右括号，以最近者为优先。

（3）将所有左括号去掉，即得后序法表达式的结果。

后序式：629*3/+42*+8-

范例 ▶ 4.3.1　将中序法表达式 A/B**C + D*E − A*C 利用括号法转换成前序法表达式与后序法表达式。

解答 ▶ 首先按照前面的括号法说明对中序法表达式加括号，可以得到下列式子，并移动运算符来取代左括号：

(((A/(B**C))+(D*E))-(A*C))

然后去掉所有右括号，可得前序法表达式：

−+/A**BC*DE*AC

接着转换成后序法，对中序法表达式加完括号后，移动运算符来取代右括号：

(((A/(B**C))+(D*E))-(A*C))

最后去掉所有左括号，可得后序法表达式：

ABC**/DE*+AC*−

2. 堆栈法

这个方法必须使用运算符堆栈，也就是使用堆栈来协助进行运算符优先级的转换。

中序→前序（Infix→Prefix）

（1）从右到左读进中序法表达式的每个字符（token）。

（2）如果读进的字符为操作数，就直接输出到前序法表达式中。

（3）如果遇到“(”，就弹出堆栈内的运算符，直到弹出一个“)”，两者互相抵消。

（4）“)”的优先级在堆栈内比任何运算符都小，任何运算符的优先级都高过它，不过在堆栈外却是优先级最高者。

（5）当运算符准备进入堆栈内时，必须和堆栈顶端的运算符比较，如果外面的运算符优先级高于或等于堆栈顶端的运算符，就压入堆栈，如果优先级低于堆栈顶端的运算符，就把堆栈顶端的运算符弹出，直到堆栈顶端的运算符优先级低于外面的运算符或堆栈为空时，再把外面这个运算符压入堆栈。

（6）中序法表达式读完后，如果运算符堆栈不是空的，就将其内的运算符逐一弹出，输出到前序法表达式中即可。

以下我们将练习把中序法表达式 (A+B)*D + E/(F+A*D) + C 以堆栈法转换成前序法表达式。首先从右到左读取字符，并将步骤列出，如表 4-3 所示。

表 4-3　运算步骤

读入字符	运算符堆栈中的内容	输出
None	Empty	None
C	Empty	C
+	+	C
)	)+	C
D	)+	DC
*	*)+	DC
A	*)+	ADC
+	+)+	*ADC
F	+)+	F*ADC
(	+	+ F*ADC
/	/+	+ F*ADC
E	/+	E+ F*ADC
+	++	/E+ F*ADC
D	++	D/E+ F*ADC
*	*++	D/E+ F*ADC
)	)*++	D/E+ F*ADC
B	)*++	B D/E+ F*ADC
+	+)*++	B D/E+ F*ADC
A	+)*++	A B D/E+ F*ADC
(	*++	+A B D/E+ F*ADC
None	empty	++*+A B D/E+ F*ADC

中序→后序（Infix→Postfix）

（1）从左到右读进中序法表达式的每个字符（token）。

（2）如果读进的字符为操作数，就直接输出到后序法表达式中。

（3）如果遇到“)”，就弹出堆栈内的运算符，直到弹出到一个“(”，两者互相抵消。

（4）“(”的优先级在堆栈内比任何运算符都小，任何运算符的优先级都高过它，不过在堆栈外却是优先级最高者。

（5）当运算符准备进入堆栈内时，必须和堆栈顶端的运算符比较，如果外面的运算符优先级高于堆栈顶端的运算符，就压入堆栈，如果优先级低于或等于堆栈顶端的运算符，就把堆栈顶端的运算符弹出，直到堆栈顶端的运算符优先级低于外面的运算符或堆栈为空时，再把外面的这个运算符压入堆栈。

（6）中序法表达式读完后，如果运算符堆栈不是空，就将其内的运算符逐一弹出，输出到后序法表达式中即可。

以下我们将练习把中序法表达式 (A+B)*D + E/(F+A*D) + C 以堆栈法转换成后序法表达式。首先从左到右读取字符，并将步骤列出，如表 4-4 所示。

表 4-4　运算步骤

读入字符	运算符堆栈中的内容	输出
None	Empty	None
(	(	
A	(	A
+	+(	A
B	+(	AB
)	Empty	AB+
*	*	AB+
D	*	AB+D
+	+	AB+D*
E	+	AB+D*E
/	/+	AB+D*E
(	(/+	AB+D*E
F	(/+	AB+D*EF
+	+(/+	AB+D*EF
A	+(/+	AB+D*EFA
*	*+(/+	AB+D*EFA
D	*+(/+	AB+D*EFAD
)	/+	AB+D*EFAD*+/
+	+	AB+D*EFAD*+/+
C	+	AB+D*EFAD*+/+C
None	Empty	AB+D*EFAD*+/+C+

范例 4.2.2　设计一个 Python 程序，使用堆栈法来将所输入的中序法表达式转换为后序法表达式。

范例程序：CH04_10.py

```
MAX=50
infix_q=['']*MAX

#运算符优先权的比较，若输入运算符小于堆栈中的运算符，则返回值为 1，否则返回 0
#在中序法表达式队列和暂存堆栈中，运算符的优先级表，其优先权值为 INDEX/2

```

```
def compare(stack_o, infix_o):
    infix_priority=['']*9
    stack_priority=['']*8
    index_s=index_i=0
    infix_priority[0]='q'; infix_priority[1]=')'
    infix_priority[2]='+'; infix_priority[3]='-'
    infix_priority[4]='*'; infix_priority[5]='/'
    infix_priority[6]='^'; infix_priority[7]=' '
    infix_priority[8]='('

    stack_priority[0]='q'; stack_priority[1]='('
    stack_priority[2]='+'; stack_priority[3]='-'
    stack_priority[4]='*'; stack_priority[5]='/'
    stack_priority[6]='^'; stack_priority[7]=' '

    while stack_priority[index_s] != stack_o:
        index_s+=1

    while infix_priority[index_i] != infix_o:
        index_i+=1

    if int(index_s/2) >= int(index_i/2):
        return 1
    else:
        return 0

def infix_to_postfix():
    global MAX
    global infix_q
    rear=0; top=0; i=0
    #flag=0
    index = -1
    stack_t=['']*MAX  #以堆栈存储还不必输出的运算符

    str_=str(input('请开始输入中序法表达式: '))

    while i <len(str_):
        index+=1
        infix_q[index]=str_[i]
        i+=1

    infix_q[index+1]='q' #以 q 符号作为队列的结束符号

```

```
    print('后序法表达式: ', end='')
    stack_t[top]='q'  #在堆栈最底端加入q为结束符号

    for flag in range(index+2):
        if infix_q[flag]==')': #若输入为)，则输出堆栈内的运算符，直到堆栈内为(
            while stack_t[top]!='(':
                print('%c' %stack_t[top],end='')
                top-=1
            top-=1
            #break
            #若输入为q，则将堆栈内还未输出的运算符输出
        elif infix_q[flag]=='q':
            while stack_t[top]!='q':
                print('%c' %stack_t[top],end='')
                top -=1
            #break
            #输入为运算符，若小于TOP在堆栈中所指向的运算符，
            #则将Top指向的运算符输出，若大于等于TOP在堆栈
            #中所指向的运算符，则将输入的运算符压入堆栈
        elif infix_q[flag]=='(' or infix_q[flag]=='^' or \
             infix_q[flag]=='*' or infix_q[flag]=='/' or \
             infix_q[flag]=='+' or infix_q[flag]=='-' :

            while compare(stack_t[top], infix_q[flag])==1:
                print('%c' %stack_t[top], end='')
                top-=1
            top+=1
            stack_t[top] = infix_q[flag]
            #break
            #若输入为操作数，则直接输出
        else:
            print('%c' %infix_q[flag],end='')
            #break

#主程序
print('-----------------------------------------')
print('中序法表达式转成后序法表达式')
print('可以使用的运算符包括:^,*,+,-,/,(,)等 ')
print('-----------------------------------------')

infix_to_postfix()
```

【执行结果】

执行结果如图 4-34 所示。

```
------------------------------------------
中序法表达式转成后序法表达式
可以使用的运算符包括：^,*,+,-,/,(,)等
------------------------------------------
请开始输入中序法表达式：6*5+9/2
后序法表达式：65*92/+
```

图 4-34　执行结果

4.3.2　前序法与后序法转为中序法

经过了前面的介绍与范例演示，相信大家对于如何将中序法表达式表示成前序法与后序法表达式已经有所认识，我们同样可以使用括号法和堆栈法来将前序法表达式与后序法表达式转化为中序法表达式，不过方法上有细微的差异。

1. 括号转换法

以括号法来将前序法表达式与后序法表达式反转为中序法表达式的做法必须遵守以下规则：

- **前序→中序（Prefix→Infix）**

适当地以“运算符+操作数”方式加括号，然后依次将每个运算符以最近为原则取代后方的右括号，最后去掉所有左括号。例如：将−+/A**BC*DE*AC 转为中序法，结果是 A/B**C+D*E−A*C。

(-(+(/A)(** B)C)(* D)E)(* A) C

- **后序→中序（Postfix→Infix）**

适当地以“操作数+运算符”方式加括号，然后依次将每个运算符以最近为原则取代前方的左括号，最后去掉所有右括号。例如，将 ABC↑/DE*+AC*−转为中序法，结果是 A/B↑C+D*E−A*C。

→A(B(C ↑)/)(D(E*)+)(A(C*)-)

2. 堆栈法

前序、后序转换为中序的反向运算做法和前面所介绍的堆栈法稍有不同，必须遵照下列规则：

（1）若要将前序法表达式转换为中序法表达式，从右到左读进表达式的每个字符（token）；若要将后序法表达式转换成中序法表达式，则读取方向改成从左到右。

（2）辨别读入的字符，若是操作数，则压入此堆栈中。

（3）辨别读入的字符，若为运算符，则从堆栈中弹出两个字符，组合成一个基本的中序法表达式（<操作数><运算符><操作数>）后，再把结果压入堆栈。

（4）在转换过程中，前序和后序的组合方式是不同的，前序法表达式的顺序是<操作数 2><运算符><操作数 1>，而后序法表达式则是<操作数 1><运算符><操作数 2>，如图 4-35 所示。

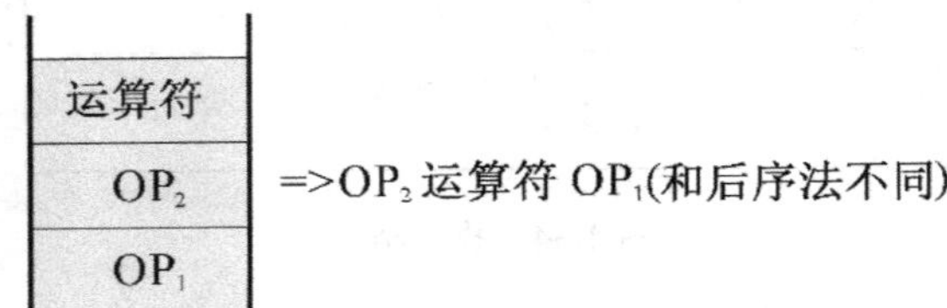

图 4-35　用堆栈法把前序法表达式转换为中序法表达式

前序转中序：<OP_2><运算符><OP_1>

后序转中序：<OP_1><运算符><OP_2>

例如，使用堆栈法把前序法表达式 −+/A**BC*DE*AC 转换为中序法表达式，最后的结果是 A/B**C+D*E−A*C，步骤如图 4-36 所示。

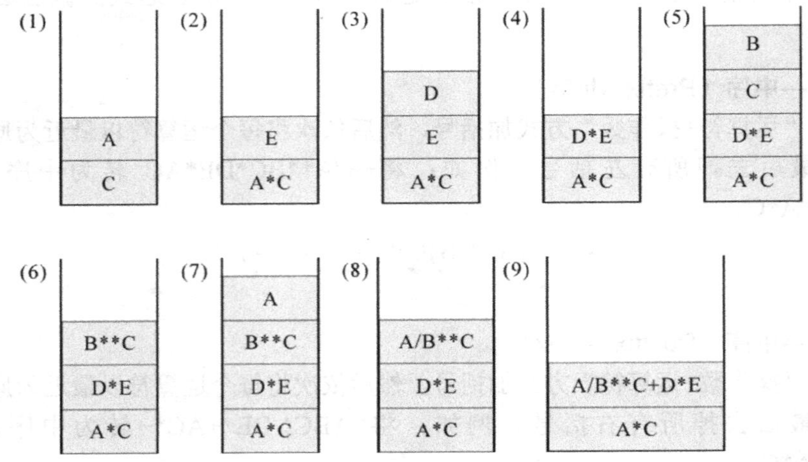

图 4-36　使用堆栈法把前序法表达式转换为中序法表达式的具体实例

下面我们将使用堆栈法把后序法表达式 AB+C*DE−FG+*− 转为中序法表达式，最终结果是(A/B)*C−(D−E)*(F+G)，具体步骤如图 4-37～图 4-39 所示。

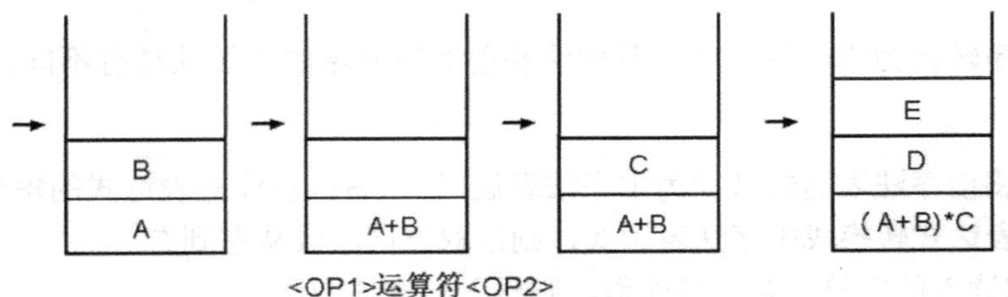

图 4-37　使用堆栈法把后序法表达式转换为中序法表达式的具体实例步骤 1

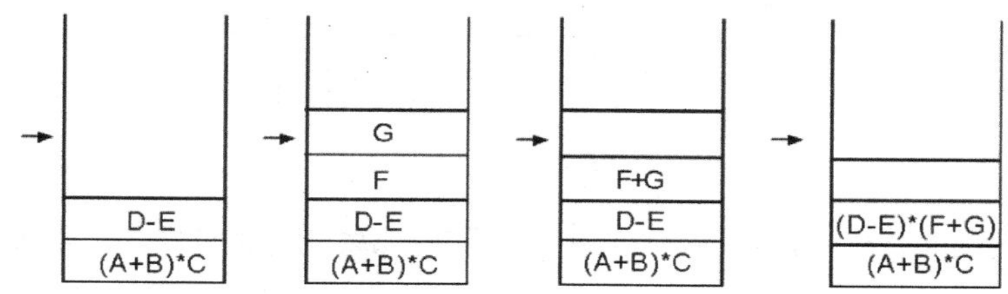

图 4-38　使用堆栈法把后序法表达式转换为中序法表达式的具体实例步骤 2

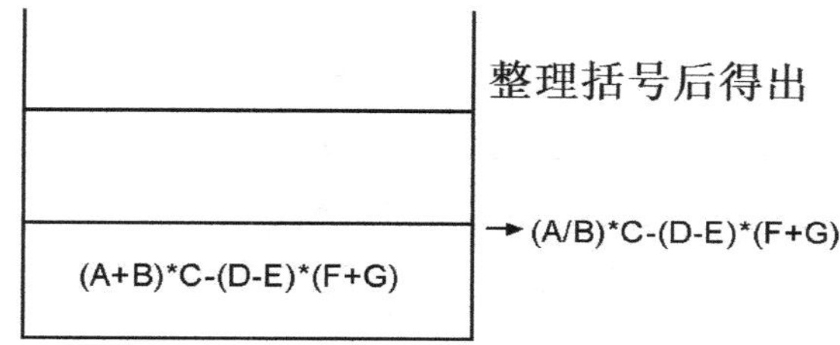

图 4-39　使用堆栈法把后序法表达式转换为中序法表达式的具体实例步骤 3

至此，相信大家可以非常清楚地知道前序法、中序法、后序法表达式的特色以及它们相互之间的转换关系，而转换的方法也各有巧妙和不同之处。一般而言，我们只需牢记一种转换的方式即可，至于要如何选择，就看每个人自己的喜好了。

4.3.3　中序法表达式的求值运算

求解中序法表达式的值要按照以下 5 个步骤进行。

步骤 01 建立两个堆栈，分别存放运算符和操作数。

步骤 02 读取运算符时，必须先比较堆栈内的运算符优先级，若堆栈内运算符的优先级较高，则先计算堆栈内运算符的值。

步骤 03 计算时，弹出一个运算符和两个操作数来进行运算，运算结果直接存回操作数堆栈中，当成一个独立的操作数。

步骤 04 当表达式处理完毕后，一步一步地清除运算符堆栈，直到堆栈清空为止。

步骤 05 弹出操作数堆栈中的值就是计算结果。

现在就以上述 5 个步骤来求中序法表达式 2 + 3*4 + 5 的值，如图 4-40～图 4-45 所示。表达式必须使用两个堆栈，分别存放运算符和操作数，并按优先级进行运算。

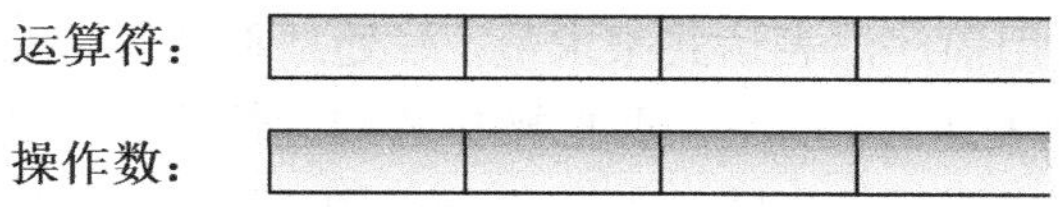

图 4-40　中序法表达式求值使用的两个堆栈

步骤 01 按序将表达式压入堆栈，遇到两个运算符时先比较优先级再决定是否要先行运算。

运算符：	+			
操作数：	2	3		

图 4-41　步骤 1

步骤 02 遇到运算符*，与堆栈中最后一个运算符+比较，优先级较高，故压入堆栈。

运算符：	+	*		
操作数：	2	3	4	

图 4-42　步骤 2

步骤 03 遇到运算符+，与堆栈中最后一个运算符*比较，优先级较低，故先计算运算符*的值。弹出运算符*和两个操作数进行运算，运算完毕后压回操作数堆栈。

运算符：	+			
操作数：	2	(3*4)		

图 4-43　步骤 3

步骤 04 把运算符+和操作数 5 压入堆栈，等表达式完全处理后，开始清除堆栈内运算符的操作，等运算符清理完毕，结果也就完成了。

运算符：	+	+		
操作数：	2	(3*4)	5	

图 4-44　步骤 4

步骤 05 弹出一个运算符和两个操作数进行运算，运算完毕压入操作数堆栈，直到运算符空了为止。

运算符：	+		
操作数：	2	(3*4)+5	

图 4-45　步骤 5

4.3.4　前序法表达式的求值运算

使用中序法表达式来求值，必须考虑到运算符的优先级，所以要建立两个堆栈，分别存放运算符和操作数。如果使用前序法表达式来求值，好处是不需要考虑括号和优先级问题，可以直接使用一个堆栈来处理表达式，而不需要把操作数和运算符分开处理。下面就来看看前序法表达式+*23*45 使用堆栈来运算的步骤，如图 4-46～图 4-51 所示。

前序法表达式堆栈：	+	*	2	3	*	4	5

图 4-46　前序法表达式

步骤 01 从堆栈中弹出元素。

前序法表达式堆栈：	+	*	2	3	*		
操作数堆栈：	5	4					

图 4-47　步骤 1

步骤 02 从堆栈中弹出元素，遇到运算符则进行运算，结果压回操作数堆栈。

前序法表达式堆栈：	+	*	2	3			
操作数堆栈：	5*4						

图 4-48　步骤 2

步骤 03 从堆栈中取出元素。

前序法表达式堆栈：	+	*					
操作数堆栈：	20	3	2				

图 4-49　步骤 3

步骤 04 从堆栈中弹出元素，遇到运算符则从操作数堆栈弹出两个操作数进行运算，运算结果压回操作数堆栈。

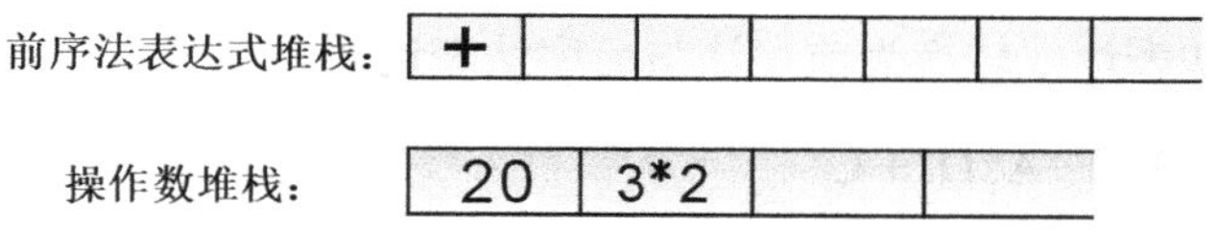

图 4-50　步骤 4

步骤 05 完成。把堆栈中最后一个运算符弹出，从操作数堆栈弹出两个操作数进行运算，运算结果压回操作数堆栈。最后弹出操作数堆栈中的值即为运算结果。

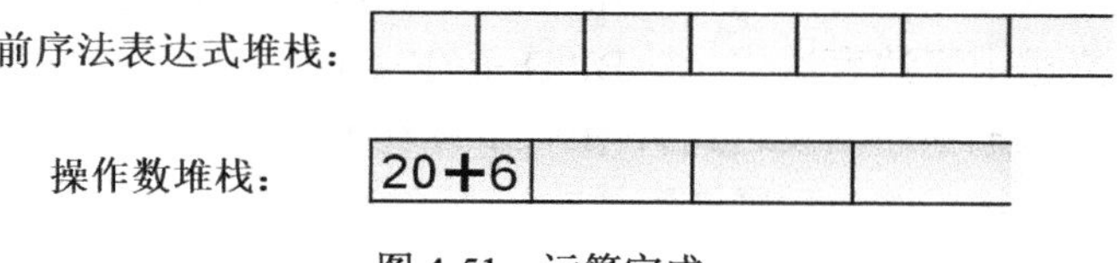

图 4-51　运算完成

4.3.5　后序法表达式的求值运算

后序法表达式具有和前序法表达式类似的好处，没有优先级的问题。后序法表达式可以直接在计算机上进行运算，而不需要先全数压入堆栈后再读回运算。另外，在后序法表达式中，它使用循环直接读取表达式，如果遇到运算符，就从堆栈中弹出操作数进行运算。我们继续来看看后序表示法 23*45*+的求值运算过程，具体步骤如图 4-52～图 4-54 所示。

步骤 01 直接读取表达式，遇到运算符就进行运算。

操作数堆栈：

2	3				

图 4-52　步骤 1：2*3 = 6

压入 2 和 3 到操作数堆栈后弹出*，这时弹出堆栈内两个操作数进行运算，完毕后压回操作数堆栈中。

步骤 02 接着压入 4 和 5 到操作数堆栈，遇到运算符*，弹出两个操作数进行运算，运算完后压回操作数堆栈中。

操作数堆栈：

6	20				

图 4-53　步骤 2：4*5 = 20

步骤 03 完成。最后弹出运算符，重复上述步骤。

操作数堆栈：

26					

图 4-54　完成步骤：6+20 = 26

【课后习题】

1. 将下列中序法表达式转换为前序法与后序法表达式。

（1）(A/B*C−D) + E/F/(G+H)

（2）(A + B)*C−(D−E)*(F+G)

2. 将下列中序法表达式转换为前序法与后序法表达式。

（1）(A+B)*D + E/(F+A*D) + C

（2）A↑B↑C

（3）A↑−B + C

3. 以堆栈法求中序法表达式 A−B*(C+D)/E 的后序法与前序法表达式。
4. 利用括号法求 A−B*(C+D)/E 的前序法表达式和后序法表达式。
5. 利用堆栈法来求中序法表达式 (A+B)*D−E/(F+C) + G 的后序法表达式。
6. 练习利用堆栈法把中序法表达式 A*(B+C)*D 转换成前序法表达式和后序法表达式。
7. 将下列中序法表达式改为后序法表达式。

（1）A** − B + C

（2）┐(A&┐(B<C or C>D)) or C<E

8. 将前序法表达式+*23*45 转换为中序法表达式。
9. 将下列中序法表达式改成前序法表达式和后序法表达式。

（1）A**B**C

（2）A**B−B+C

（3）(A&B)orCor¬(E>F)

10. 将 6 + 2*9/3 + 4*2 − 8 用括号法转换成前序法或后序法表达式。
11. 计算后序法表达式 abc−d+/ea−*c*的值。（a=2，b=3，c=4，d=5，e=6）
12. 利用堆栈法将 AB*CD+−A/ 转为中序法表达式。
13. 下列哪个算术表示法不符合前序法表达式的语法规则？

A. +++ab*cde　　B. −+ab+cd*e　　C. +−**abcde　　D. +a*−+bcde

14. 如果主程序调用子程序 A，A 再调用子程序 B，在 B 完成后，A 再调用子程序 C，试以堆栈的方法说明调用过程。
15. 举出至少 7 种常见的堆栈应用。
16. 什么是多重堆栈（Multi Stack）？试说明定义与目的。
17. 下式为一般的数学式子，其中“*”表示乘法，“/”表示除法。

A*B + (C/D)

回答下列问题：

（1）写出上式的前序法表达式（Prefix Form）。
（2）若改变各运算符的计算优先次序为：

a. 优先次序完全一样，且为左结合律运算。
b. 括号“()”内的符号最先计算。

则上式的前序法表达式是什么？

（3）要编写一个程序完成表达式的转换，下列数据结构哪一个较合适？

① 队列（Queue）　② 堆栈（Stack）
③ 列（List）　④ 环（Ring）

18. 试写出利用两个堆栈（Stack）执行下列算术式的每一个步骤。

a + b*(c−1) + 5

19. 若 A=1、B=2、C=3，求出下列后序法表达式的值。

（1）ABC+*CBA−+*
（2）AB+C−AB+*

20. 回答下列问题：

（1）堆栈（Stack）是什么？
（2）TOP (PUSH(i, s))的结果是什么？
（3）POP (PUSH(i, s))的结果是什么？

21. 在汉诺塔问题中，移动 n 个盘子所需的最小移动次数是多少？试说明。
22. 试述“尾递归”（Tail Recursion）的含义。

23. 以下程序是递归程序的应用，请问输出结果是什么？

```
def dif2(x):
    if x:
        dif1(x)

def dif1(y):
    if y>0:
        dif2(y-3)
    print(y, end=' ')

dif1(21)
print()
```

24. 将下面的中序法表达式转换成前序法表达式与后序法表达式（以下都用堆栈法）：

A/B↑C+D*E−A*C

第 5 章 队列

5.1 认识队列
5.2 队列的应用

队列是一种“先进先出”（First In First Out，FIFO）的数据结构，和堆栈一样都是一种有序线性表的抽象数据类型（ADT）。就好比乘坐高铁时买票的队伍，先到的人当然可以优先买票，买完后就从前端离去准备进入站台，如图 5-1 所示。

图 5-1　高铁买票的队伍就是队列原理的应用

5.1 认识队列

我们同样可以使用数组或链表来建立一个队列。堆栈数据结构只需一个 top 指针指向堆栈顶端，而队列则必须使用 front 和 rear 两个指针（也称为游标）分别指向队列的前端和末尾，如图 5-2 所示。

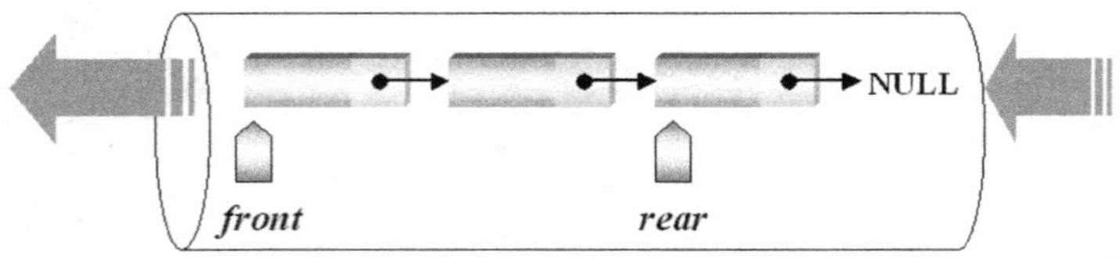

图 5-2　队列结构示意图

队列在计算机领域的应用也相当广泛，例如计算机的模拟（Simulation）、CPU 的作业调度（Job Scheduling）、外围设备联机并发处理系统（Spooling）的应用与图遍历的广度优先搜索法（BFS）。

5.1.1　队列的基本操作

队列是一种抽象数据结构（Abstract Data Type，ADT），具有下列特性：

（1）具有先进先出（FIFO）的特性。

（2）拥有两种基本操作，即加入与删除，而且使用 front 与 rear 两个指针来分别指向队列的前端与末尾。

队列的基本操作有 5 种，如表 5-1 所示。

表 5-1　队列的基本操作

基本操作	说明
create	创建空队列
add	将新数据加入队列的末尾，返回新队列
delete	删除队列前端的数据，返回新队列
front	返回队列前端的值
empty	若队列为空，则返回“真”，否则返回“假”

5.1.2　用数组实现队列

用数组结构（在 Python 语言中是用 List 列表来实现数组数据结构的）来实现队列的好处是算法相当简单，不过与堆栈的不同之处是需要拥有两种基本操作（加入与删除），而且要使用 front 与 rear 两个指针来分别指向队列的前端与末尾，缺点是数组大小无法根据队列的实际需要来动态申请，只能声明固定的大小。现在我们声明一个有限容量的数组，并以下列图解来一一说明：

```
MAXSIZE=4
queue=[0]*MAXSIZE  #队列大小为 4
front=-1
rear=-1
```

（1）开始时，我们将 front 与 rear 都预设为−1，当 front = rear 时，为空队列：

事件说明	front	rear	Q(0)	Q(1)	Q(2)	Q(3)
空队列 Q	-1	-1				

（2）加入 dataA，front = −1，rear = 0，每加入一个元素，将 rear 值加 1：

加入 dataA	-1	0	dataA			

（3）加入 dataB、dataC，front = −1，rear = 2：

加入 dataB、C	-1	2	dataA	dataB	dataC	

（4）取出 dataA，front = 0，rear = 2，每取出一个元素，将 front 值加 1：

取出 dataA	0	2		dataB	dataC	

（5）加入 dataD，front = 0，rear = 3，此时 rear = MAXSIZE−1，表示队列已满：

加入 dataD	0	3		dataB	dataC	dataD

（6）取出 dataB，front = 1，rear = 3：

取出 dataB	1	3			dataC	dataD

对于以上队列操作的过程，可以用 Python 语言将以数组操作队列的相关算法编写如下：

```
MAX_SIZE=100 # 队列的最大容量
queue=[0]*MAX_SIZE
front=-1
rear=-1 # 队列为空时，front=-1，rear=-1
```

```
def enqueue(item): #将新数据加入 Q 的末尾，返回新队列
    global rear
    global MAX_SIZE
    global queue
    if rear==MAX_SIZE-1:
        print('队列已满！')
    else:
        rear+=1
        queue[rear]=item  # 将新数据加到队列的末尾
```

```
def dequeue(item): #删除队列前端的数据，返回新队列
    global rear
    global MAX_SIZE
    global front
    global queue
    if front==rear:
        print('队列已空！')
    else:
        front+=1
        item=queue[front]  # 删除队列前端的数据
```

```
def FRONT_VALUE(Queue):  #返回队列前端的值
    global rear
    global front
    global queue
    if front==rear:
        print('这是空队列')
    else:
        print(queue[front]) # 返回队列前端的值
```

范例 **5.1.1** 设计一个 Python 程序来实现队列的操作，加入数据时输入 a，要取出数据时可输入 d，并直接打印输出队列前端的值，要结束则输入 e。

范例程序：CH05_01.py

```
import sys

MAX=10              #定义队列的大小
queue=[0]*MAX
front=rear=-1
choice=''
while rear<MAX-1 and choice !='e':
    choice=input('[a]表示加入一个数值，[d]表示取出一个数值，[e]表示跳出此程序：')
    if choice=='a':
        val=int(input('[请输入数值]：'))
        rear+=1
        queue[rear]=val
    elif choice=='d':
        if rear>front:
            front+=1
            print('[取出数值为]：[%d]' %(queue[front]))
            queue[front]=0
        else:
            print('[队列已经空了]')
            sys.exit(0)
    else:
        print()

print('------------------------------------------')
print('[输出队列中的所有元素]:')

if rear==MAX-1:
    print('[队列已满]')
elif front>=rear:
    print('没有')
    print('[队列已空]')
else:
    while rear>front:
        front+=1
        print('[%d] ' %queue[front],end='')
    print()
    print('------------------------------------------')
print()
```

【执行结果】

执行结果如图 5-3 所示。

```
[a]表示加入一个数值, [d]表示取出一个数值, [e]表示跳出此程序: a
[请输入数值]: 15
[a]表示加入一个数值, [d]表示取出一个数值, [e]表示跳出此程序: a
[请输入数值]: 68
[a]表示加入一个数值, [d]表示取出一个数值, [e]表示跳出此程序: a
[请输入数值]: 45
[a]表示加入一个数值, [d]表示取出一个数值, [e]表示跳出此程序: d
[取出数值为]: [15]
[a]表示加入一个数值, [d]表示取出一个数值, [e]表示跳出此程序: e

----------------------------------------
[输出队列中的所有元素]:
[68] [45]
----------------------------------------
```

图 5-3　执行结果

5.1.3　用链表实现队列

队列除了能以数组的方式来实现外，也可以用链表来实现。在声明队列的类中，除了和队列类中相关的方法外，还必须有指向队列前端和队列末尾的指针，即 front 和 rear。例如，我们以学生姓名和成绩的结构数据来建立队列的节点，加上 front 与 rear 指针，这个类的声明如下：

```
class student:
    def __init__(self):
        self.name=' '*20
        self.score=0
        self.next=None

front=student()
rear=student()
front=None
rear=None
```

在队列中加入新节点等于加到此队列的末端，而删除节点就是将此队列最前端的节点删除。用 Python 语言编写队列的加入与删除操作如下：

```
def enqueue(name, score):  # 将数据加入队列
    global front
    global rear
    new_data=student()  # 分配内存给新元素
    new_data.name=name  # 给新元素赋值
    new_data.score = score
    if rear==None:       # 如果 rear 为 None，表示这是第一个元素
        front = new_data
    else:
        rear.next = new_data    # 将新元素连接到队列末尾

    rear = new_data           # 将 rear 指向新元素，这是新的队列末尾
    new_data.next = None     # 新元素之后无其他元素
def dequeue(): # 取出队列中的数据
    global front
```

```
    global rear
    if front == None:
        print('队列已空！')
    else:
        print('姓名：%s\t 成绩：%d ....取出' %(front.name, front.score))
        front = front.next      # 将队列前端移到下一个元素
```

范例 5.1.2 使用链表结构来设计一个 Python 程序，链表中的元素节点仍为学生姓名及成绩的结构数据。本程序还包含队列数据的加入、取出与遍历的操作。

```
class student:
    def __init__(self):
        self.name=' '*20
        self.score=0
        self.next=None
```

范例程序：CH05_02.py

```
class student:
    def __init__(self):
        self.name=' '*20
        self.score=0
        self.next=None

front=student()
rear=student()
front=None
rear=None

def enqueue(name, score):  # 把数据加入队列
    global front
    global rear
    new_data=student()  # 分配内存给新元素
    new_data.name=name  # 给新元素赋值
    new_data.score = score
    if rear==None:        # 如果 rear 为 None，表示这是第一个元素
        front = new_data
    else:
        rear.next = new_data    # 将新元素连接到队列末尾

    rear = new_data           # 将 rear 指向新元素，这是新的队列末尾
    new_data.next = None      # 新元素之后无其他元素

def dequeue(): # 取出队列中的数据
```

```
    global front
    global rear
    if front == None:
        print('队列已空! ')
    else:
        print('姓名: %s\t 成绩: %d ....取出' %(front.name, front.score))
        front = front.next    # 将队列前端移到下一个元素

def show():         # 显示队列中的数据
    global front
    global rear
    ptr = front
    if ptr == None:
        print('队列已空! ')
    else:
        while ptr !=None: # 从 front 到 rear 遍历队列
            print('姓名: %s\t 成绩: %d' %(ptr.name, ptr.score))
            ptr = ptr.next

select=0
while True:
    select=int(input('(1)加入 (2)取出 (3)显示 (4)离开 => '))
    if select==4:
        break
    if select==1:
        name=input('姓名: ')
        score=int(input('成绩: '))
        enqueue(name, score)
    elif select==2:
        dequeue()
    else:
        show()
```

【执行结果】

执行结果如图 5-4 所示。

```
(1)加入 (2)取出 (3)显示 (4)离开 => 1
姓名: Andy
成绩: 98
(1)加入 (2)取出 (3)显示 (4)离开 => 1
姓名: Jane
成绩: 84
(1)加入 (2)取出 (3)显示 (4)离开 => 3
姓名: Andy      成绩: 98
姓名: Jane      成绩: 84
(1)加入 (2)取出 (3)显示 (4)离开 => 4
```

图 5-4　执行结果

5.2 队列的应用

队列在计算机领域的应用也相当广泛，例如：

（1）图形遍历的广度优先查找法（BFS）就是使用队列。

（2）可用于计算机的模拟（simulation）。在模拟过程中，由于各种事件（event）的输入时间不一定，因此可以使用队列来反映真实情况。

（3）可作为 CPU 的作业调度（Job Scheduling）。使用队列来处理可实现先到先执行的要求。

（4）“外围设备联机并发处理系统”（Spooling）的应用，也就是让输入/输出的数据先在高速磁盘驱动器中完成，把磁盘当成一个大型的工作缓冲区（buffer），如此可让输入/输出操作快速完成，缩短了系统响应的时间，接下来将磁盘数据输出到打印机，由系统软件来负责，其中就应用了队列的工作原理。

5.2.1 环形队列

在前面的 5.1.2 节中，当执行到步骤 6 之后，此队列的状态如下：

取出 dataB	1	3			dataC	dataD

不过，现在的问题是这个队列事实上还有空间，即 Q(0)与 Q(1)两个空间，不过因为 rear = MAX_SIZE – 1 = 3，使得新数据无法加入队列。怎么办？解决方法有两个，请看以下说明：

（1）当队列已满时，便将所有的元素向前（左）移到 Q(0) 为止，不过，如果队列中的数据过多，移动时将比较耗时。如下所示：

移动 dataB、C	-1	1	dataB	dataC		

（2）利用环形队列（Circular Queue）让 rear 与 front 两个指针能够永远介于 0 与 n−1 之间，也就是当 rear = MAXSIZE−1，无法存入数据时，如果仍要存入数据，就可将 rear 重新指向索引值为 0 处。

所谓环形队列（Circular Queue），其实就是一种环形结构的队列，它仍是 Q(0:n−1)的一维数组，同时 Q(0)为 Q(n−1)的下一个元素，这就可以解决无法判断队列是否溢出的问题。指针 front 永远以逆时针方向指向队列中第一个元素的前一个位置，rear 则指向队列当前的最后位置，如图 5-5 所示。一开始 front 和 rear 均预设为−1，表示为空队列，也就是说，若 front = rear，则为空队列。另外有：

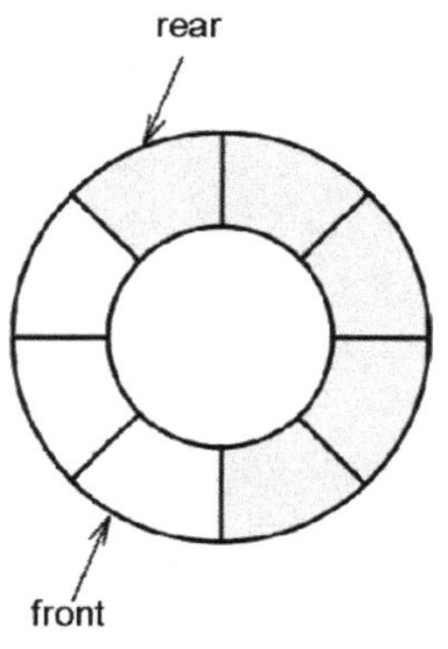

图 5-5　环形队列

```
rear=(rear+1) % n
front=(front+1) % n
```

之所以将 front 指向队列中第一个元素的前一个位置，原因是环形队列为空队列和满队列时，front 和 rear 都会指向同一个地方，如此一来我们便无法利用 front 是否等于 rear 这个判别式来判断到底当前是空队列还是满队列。

为了解决此问题，除了上述方式仅允许队列最多存放 n−1 项数据（牺牲最后一个空间）外，当 rear 指针指向的下一个位置是 front 时，就认定队列已满，无法再将数据加入。图 5-6 所示便是填满的环形队列的示意图。

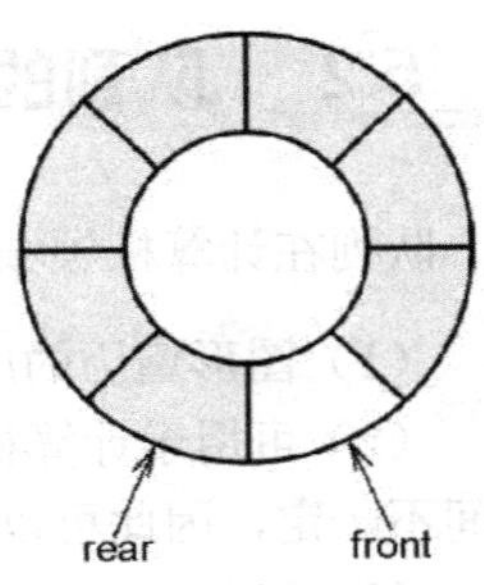

图 5-6　已满的环形队列

下面我们将以图 5-7 来为大家说明队列的整个操作过程。

空队列
rear = -1
front = -1

加入 1
rear = 0
front = -1

加入 2
rear = 1
front = -1

加入 3
rear = 2
front = -1

取出 1
rear = 2
front = 0

加入 4
rear = 3
front = 0

取出 2
rear = 3
front = 1

加入 5
rear = 4
front = 1

取出 3
rear = 4
front = 2

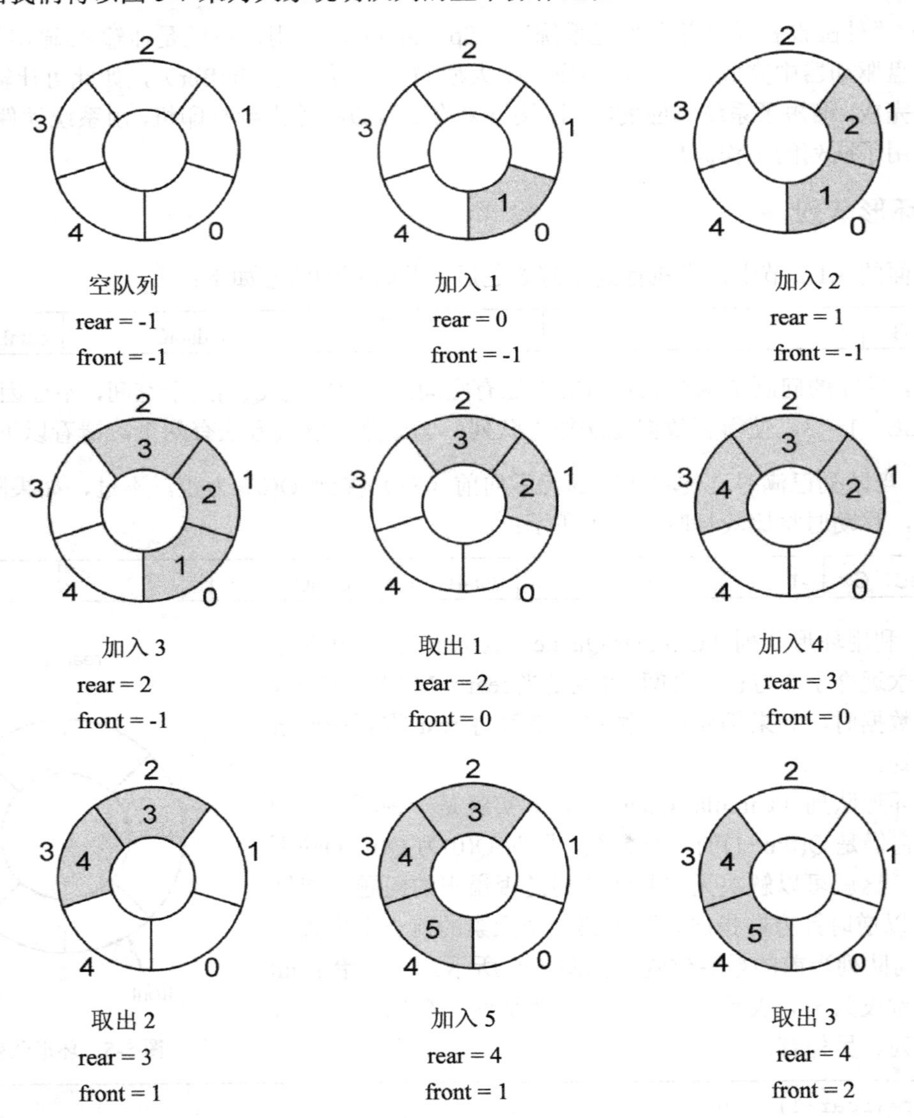

图 5-7　环形队列的操作实例

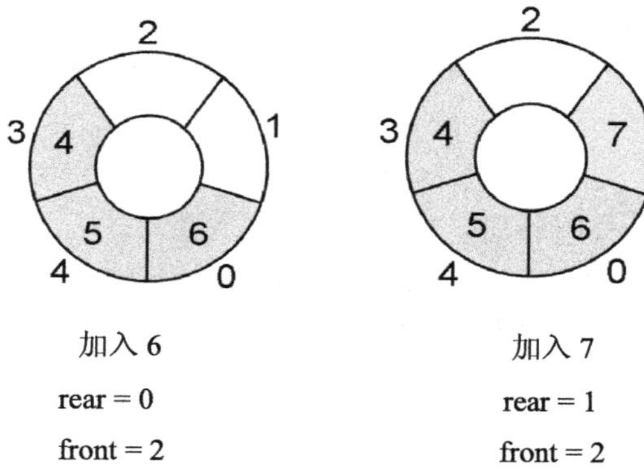

图 5-7　环形队列的操作实例（续）

当 rear 指针指向的下一个位置是 front 时，就认定队列已满，无法再将数据加入队列。在 enqueue 算法（数据加入队列算法）中，我们先将 (rear+1)%n 后，再检查队列是否已满。而在 dequeue 算法（数据离开队列算法）中，则是先检查队列是否已空，再将(front+1)%MAX_SIZE，因此队列最多只能存放 n−1 项数据（牺牲最后一个空间）。图 5-8 所示便是填满的环形队列的示意图。

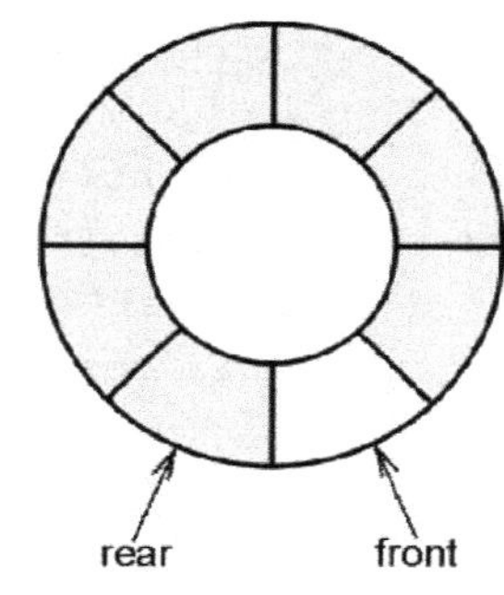

图 5-8　填满的环形队列的示意图

当 rear = front 时，则可代表队列已空。所以在 enqueue 和 dequeue 的两种操作定义与原先队列操作定义的算法就有不同之处了。必须改写如下：

```
#环形队列的加入算法
def enqueue(item):
    if front==rear:
        print('队列已满！ ')
    else:
        queue[rear]=item
```

```
#环形队列的删除算法
def dequeue(item):
    if front==rear:
        print('队列是空的!')
    else:
        front=(front+1)%MAX_SIZE
        item=queue[front]
```

范例 **5.2.1**　设计一个 Python 程序来实现环形队列的操作，当要取出数据时可输入 0，要结束时可输入−1。

范例程序：CH05_03.py

```
queue=[0]*5
front=rear=-1
val=0
while rear<5 and val!=-1:
    val=int(input('请输入一个值加入队列，要从队列中取出值请输入 0。
                  (要结束则输入-1)：'))
    if val==0:
        if front==rear:
            print('[队列已经空了]')
            break
        front+=1
        if front==5:
            front=0
        print('从队列中取出值 [%d]' %queue[front])
        queue[front]=0
    elif val!=-1 and rear<5:
        if rear+1==front or rear==4 and front≤0:
            print('[队列已经满了]')
            break
        rear+=1
        if rear==5:
            rear=0
        queue[rear]=val

print('队列剩余数据：')
if front==rear:
    print('队列已空!!')
else:
    while front!=rear:
        front+=1
        if front==5:
            front=0
        print('[%d]' %queue[front],end='')
        queue[front]=0
print()
```

【执行结果】

执行结果如图 5-9 所示。

```
请输入一个值加入队列，要从队列中取出值请输入0。(要结束则输入-1)：98
请输入一个值加入队列，要从队列中取出值请输入0。(要结束则输入-1)：95
请输入一个值加入队列，要从队列中取出值请输入0。(要结束则输入-1)：86
请输入一个值加入队列，要从队列中取出值请输入0。(要结束则输入-1)：0
从队列中取出值 [98]
请输入一个值加入队列，要从队列中取出值请输入0。(要结束则输入-1)：82
请输入一个值加入队列，要从队列中取出值请输入0。(要结束则输入-1)：76
请输入一个值加入队列，要从队列中取出值请输入0。(要结束则输入-1)：-1
队列剩余数据：
[95][86][82][76]
```

图 5-9　执行结果

5.2.2　双向队列

关于队列的应用，除了上述所介绍的类型之外，还有一些特殊的应用，其中相当知名的有双向队列与优先队列。

双向队列

双向队列（Double Ended Queues，DEQue）是一个有序线性表，加入与删除可在队列的任意一端进行，如图 5-10 所示。

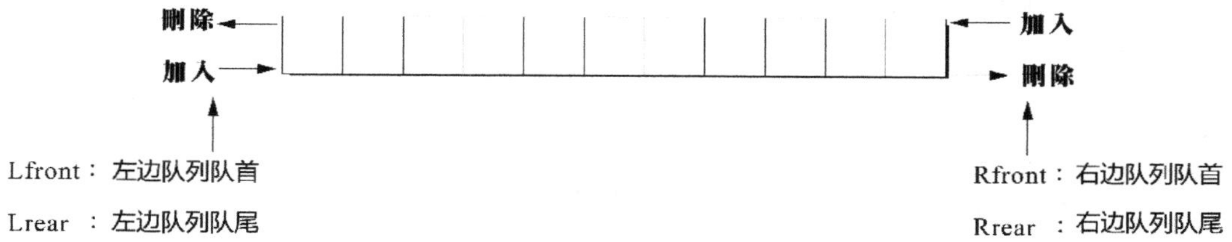

图 5-10　双向队列的示意图

具体来说，双向队列就是允许队列两端中的任意一端都具备删除或加入功能，而且无论是左右两端哪一端的队列，队首与队尾指针都是朝队列中央来移动的。通常在一般的应用上，双向队列的应用可以区分为两种：一种是数据只能从一端加入，但可从两端取出；另一种则是可从两端加入，但只能从一端取出。下面我们将讨论第一种输入限制的双向队列。Python 语言的节点声明、加入与删除算法如下：

```
class Node:
    def __init__(self):
        self.data=0
        self.next=None

front=Node()
rear=Node()
front=None
rear=None
```

```
#方法 enqueue:队列数据的加入
def enqueue(value):
```

```
    global front
    global rear
    node=Node()  #建立节点
    node.data=value
    node.next=None
    #检查是否为空队列
    if rear==None:
        front=node  #新建立的节点成为第 1 个节点
    else:
        rear.next=node  #将节点加入到队列的末尾
    rear=node  #将队列的末尾指针指向新加入的节点
```

```
#方法 dequeue:队列数据的取出
def dequeue(action):
    global front
    global rear
    #从队列前端取出数据
    if not(front==None) and action==1:
        if front==rear:
            rear=None
        value=front.data  #将队列数据从前端取出
        front=front.next  #将队列的前端指针指向下一个
        return value
    #从队列末尾取出数据
    elif not(rear==None) and action==2:
        startNode=front  #先记下前端的指针值
        value=rear.data  #取出队列当前末尾的数据
        #查找队列末尾节点的前一个节点
        tempNode=front
        while front.next!=rear and front.next!=None:
            front=front.next
            tempNode=front
        front=startNode  #记录从队列末尾取出数据后的队列前端指针
        rear=tempNode    #记录从队列末尾取出数据后的队列末尾指针
        #下一行程序是指当队列中仅剩下最后一个节点时,
        #取出数据后便将 front 和 rear 指向 None
        if front.next==None or rear.next==None:
            front=None
            rear=None
        return value
    else:
        return -1
```

范例 5.2.2　使用链表结构来设计一个输入限制的双向队列的 Python 程序，我们只能从一端加入数据，但从队列中取出数据时，可以分别从队列的前端和末尾取出。

范例程序：CH05_04.py

```
class Node:
    def __init__(self):
        self.data=0
        self.next=None

front=Node()
rear=Node()
front=None
rear=None

#方法 enqueue:队列数据的加入
def enqueue(value):
    global front
    global rear
    node=Node()  #建立节点
    node.data=value
    node.next=None
    #检查是否为空队列
    if rear==None:
        front=node  #新建立的节点成为第 1 个节点
    else:
        rear.next=node #将节点加入队列的末尾
    rear=node  #将队列的末尾指针指向新加入的节点

#方法 dequeue:队列数据的取出
def dequeue(action):
    global front
    global rear
    #从队列前端取出数据
    if not(front==None) and action==1:
        if front==rear:
            rear=None
        value=front.data  #将队列数据从前端取出
        front=front.next  #将队列的前端指针指向下一个
        return value
    #从队列末尾取出数据
    elif not(rear==None) and action==2:
        startNode=front  #先记下前端的指针值
        value=rear.data  #取出队列当前末尾的数据
```

```
        #查找队列末尾节点的前一个节点
        tempNode=front
        while front.next!=rear and front.next!=None:
            front=front.next
            tempNode=front
        front=startNode  #记录从队列末尾取出数据后的队列前端指针
        rear=tempNode    #记录从队列末尾取出数据后的队列末尾指针
        #下一行程序是指当队列中仅剩下最后一个节点时,
        #取出数据后便将 front 和 rear 指向 None
        if front.next==None or rear.next==None:
            front=None
            rear=None
        return value
    else:
        return -1

print('用链表来实现双向队列')
print('====================================')

ch='a'
while True:
    ch=input('加入请按 a,取出请按 d,结束请按 e:')
    if ch =='e':
        break
    elif ch=='a':
        item=int(input('加入的元素值:'))
        enqueue(item)
    elif ch=='d':
        temp=dequeue(1)
        print('从双向队列前端按序取出的元素数据值为: %d' %temp)
        temp=dequeue(2)
        print('从双向队列末尾按序取出的元素数据值为: %d' %temp)
    else:
        break
```

【执行结果】

执行结果如图 5-11 所示。

```
用链表来实现双向队列
====================================
加入请按 a,取出请按 d,结束请按 e:a
加入的元素值:85
加入请按 a,取出请按 d,结束请按 e:a
加入的元素值:82
加入请按 a,取出请按 d,结束请按 e:d
从双向队列前端按序取出的元素数据值为: 85
从双向队列末尾按序取出的元素数据值为: 82
加入请按 a,取出请按 d,结束请按 e:e
```

图 5-11　执行结果

5.2.3　优先队列

优先队列（Priority Queue）为一种不必遵守队列特性 FIFO（先进先出）的有序线性表，其中的每一个元素都赋予一个优先级（Priority），加入元素时可任意加入，但有最高优先级者（Highest Priority Out First，HPOF）则最先输出。

例如一般医院中的急诊室，当然以最严重的病患（如得 SARS 的病人）优先诊治，跟进入医院挂号的顺序无关。或者在计算机中 CPU 的作业调度，优先级调度（Priority Scheduling，PS）就是一种按进程优先级"调度算法"（Scheduling Algorithm）进行的调度，这种调度就会使用到优先队列，好比优先级高的用户就比一般用户拥有较高的权利。

假设有 4 个进程 P1、P2、P3 和 P4，其在很短的时间内先后到达等待队列，每个进程所运行的时间如表 5-2 所示。

表 5-2　每个进程所运行的时间

进程名称	各进程所需的运行时间
P1	30
P2	40
P3	20
P4	10

在此设置每个 P1、P2、P3、P4 的优先次序值分别为 2、8、6、4（此处假设数值越小其优先级越低，数值越大其优先级越高）。下面介绍以甘特图（Gantt Chart）绘出的优先级调度（Priority Scheduling，PS）情况。

以 PS 方法调度所绘出的甘特图如图 5-12 所示。

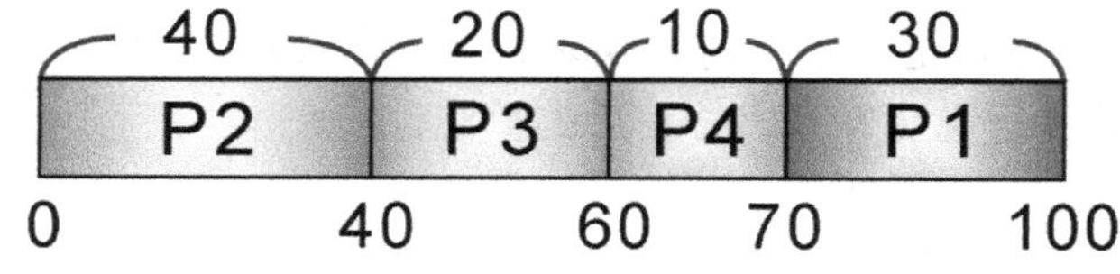

图 5-12　优先级调度进程的示意图

在此特别提醒大家，当各个元素按输入先后次序为优先级时，就是一般的队列，假如以输入先后次序的倒序作为优先级，此优先队列即为一个堆栈。

【课后习题】

1. 什么是优先队列？试进行说明。

2. 设计一个队列存储于全长为 N 的密集表（Dense List）Q 内，HEAD、TAIL 分别为其开始和结尾指针，均以 nil 表示其为空。现欲加入一项新数据（New Entry），其处理为以下步骤，按序回答空格部分。

（1）按序按条件做下列选择：

① 若______，则表示 Q 已存满，无法进行插入操作。

② 若 HEAD 为 nil，则表示 Q 内为空，可取 HEAD = 1，TAIL = ______。

③ 若 TAIL = N，则表示_____需将 Q 内从 HEAD 到 TAIL 位置的数据从 1 移到____的位置，并取 TAIL = _______，HEAD = 1。

（2）TAIL = TAIL+1。

（3）新数据移入 Q 内的 TAIL 处。

（4）结束插入操作。

3. 回答以下问题：

（1）下列哪一个不是队列（Queue）的应用？

A. 操作系统的作业调度　　B. 输入/输出的工作缓冲

C. 汉诺塔的解决方法　　D. 高速公路的收费站收费

（2）下列哪些数据结构是线性表？

A. 堆栈　B. 队列　C. 双向队列　D. 数组　E. 树

4. 假设我们利用双向队列按序输入 1、2、3、4、5、6、7，试问是否能够得到 5174236 的输出排列?

5. 什么是多重队列？说明其定义与目的。

6. 说明环形队列的基本概念。

7. 列出队列常见的基本操作。

8. 说明队列应具备的基本特性。

9. 举出至少 3 种队列常见的应用。

10. 在环形队列算法中，造成了任何时候队列中最多只允许 MAX_SIZE−1 个元素。有没有方法可以改进呢？试进行说明并写出修正后的算法。

第 6 章

树形结构

6.1 树的基本概念
6.2 二叉树简介
6.3 二叉树的存储方式
6.4 二叉树遍历
6.5 线索二叉树
6.6 树的二叉树表示法
6.7 优化二叉查找树
6.8 B 树

树形结构是一种日常生活中应用相当广泛的非线性结构，包括企业内的组织结构、家族的族谱、篮球赛程等。另外，在计算机领域中的操作系统与数据库管理系统都是树形结构，例如 Windows 操作系统、UNIX 操作系统和文件系统均是树形结构的应用。如图 6-1 所示是 Windows 的文件资源管理器，它就是以树形结构来存储各种文件的。

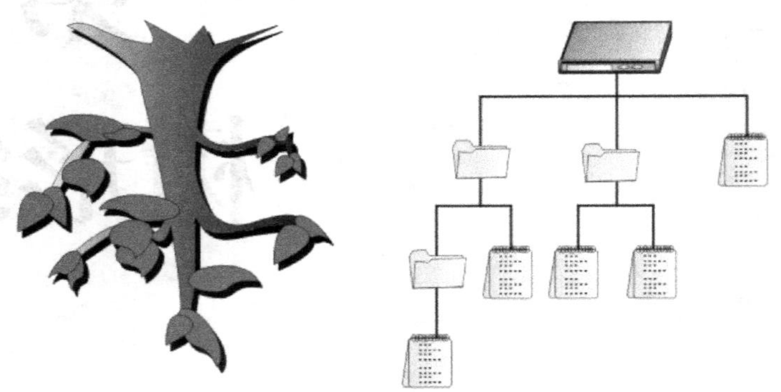

图 6-1 Windows 的文件资源管理器就是以树形结构来存储各种文件的

6.1 树的基本概念

“树”（Tree）是由一个或一个以上的节点（Node）组成的，存在一个特殊的节点，称为树根（Root）。每个节点是一些数据和指针组合而成的记录。除了树根外，其余节点可分为 n≥0 个互斥的集合，即 T1，T2，T3，…，Tn，其中每一个子集合本身也是一种树形结构，即此根节点的子树，如图 6-2 所示。

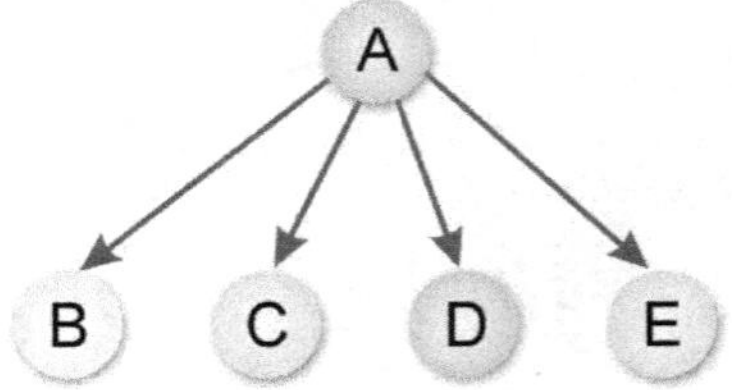

图 6-2 树形结构的示意图

A 为根节点，B、C、D、E 均为 A 的子节点。

一棵合法的树，节点间可以互相连接，但不能形成无出口的回路。例如图 6-3 就是一棵不合法的树。

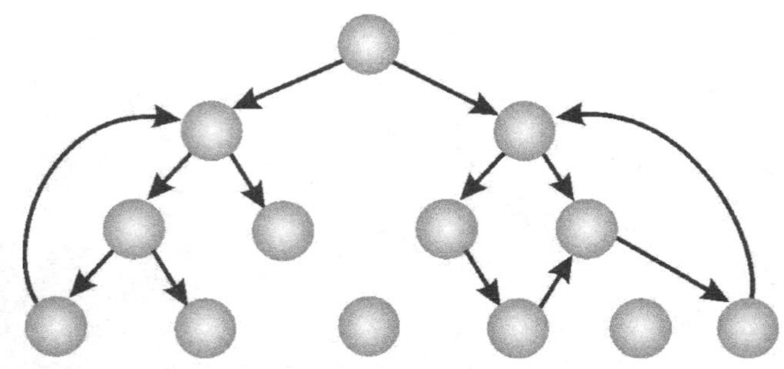

图 6-3 不合法的树，因为节点间形成了无出口的回路

树还可以组成森林（forest），也就是说森林是 n 个互斥树的集合（n≥0），移去树根即为森林。例如图 6-4 就为包含三棵树的森林。

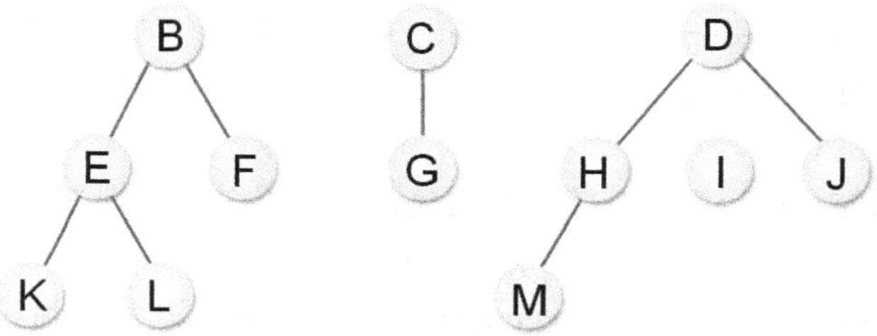

图 6-4 森林（此例中包含三棵树）

树形结构的专有名词简介

在树形结构中，有许多常用的专有名词，在本小节中将以图 6-5 中这棵合法的树来为大家详加介绍。

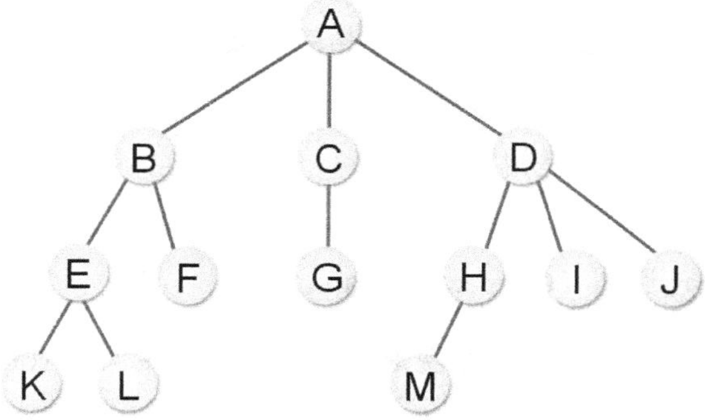

图 6-5 一颗合法的树

- 度数（Degree）：每个节点所有子树的个数。例如图 6-4 中节点 B 的度数为 2，节点 D 的度数为 3，节点 F、K、I、J 等的度数为 0。
- 层数（level）：树的层数，假设树根 A 为第一层，B、C、D 节点的层数为 2，E、F、G、H、I、J 节点的层数为 3。
- 高度（Height）：树的最大层数。图 6-5 所示的树的高度为 4。
- 树叶或称终端节点（Terminal Nodes）：度数为零的节点就是树叶，如图 6-5 中的 K、L、F、G、M、I、J 节点就是树叶，图 6-6 则有 4 个树叶节点，即 E、C、H、J 节点。

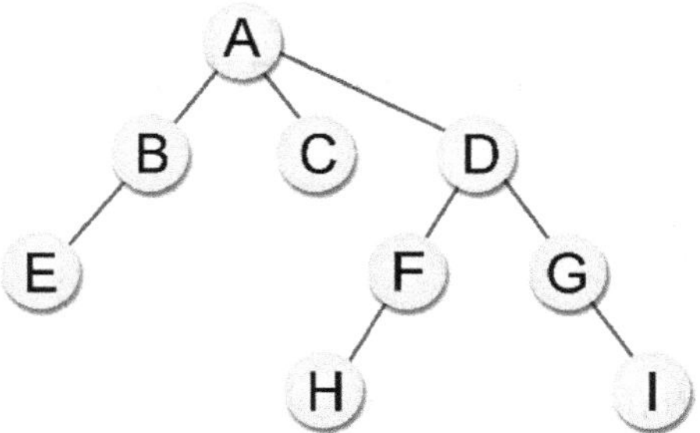

图 6-6 有 4 个树叶节点的树

- 父节点（Parent）：每一个节点有连接的上一层节点（即为父节点），如图 6-5 所示，F 的父节点为 B，而 B 的父节点为 A，通常在绘制树形图时，我们会将父节点画在子节点的上方。
- 子节点（Children）：每一个节点有连接的下一层节点为子节点，还是看图 6-5，A 的子节点为 B、C、D，而 B 的子节点为 E、F。
- 祖先（Ancestor）和子孙（Descendent）：所谓祖先，是指从树根到该节点路径上所包含的节点，而子孙则是在该节点往下追溯子树中的任一节点。在图 6-5 中，K 的祖先为 A、B、E 节点，H的祖先为 A、D 节点，节点 B 的子孙为 E、F、K、L。
- 兄弟节点（Siblings）：有共同父节点的节点为兄弟节点，在图 6-5 中，B、C、D 为兄弟节点，H、I、J 也为兄弟节点。
- 非终端节点（Nonterminal Nodes）：树叶以外的节点，如图 6-5 中的 A、B、C、D、E、H 等。
- 同代（Generation）：在同一棵中具有相同层数的节点，如图 6-5 中的 E、F、G、H、I、J 或者 B、C、D。

范例 6.1.1 下列哪一种不是树（Tree）？

A. 一个节点　　B. 环形链表

C. 一个没有回路的连通图（Connected Graph）　　D. 一个边数比点数少 1 的连通图

解答 B。因为环形链表会造成回路现象，不符合树的定义，故它不是树。

范例 6.1.2 图 6-7 中的树有几个树叶节点？

A. 4　　B. 5　　C. 9　　D. 11

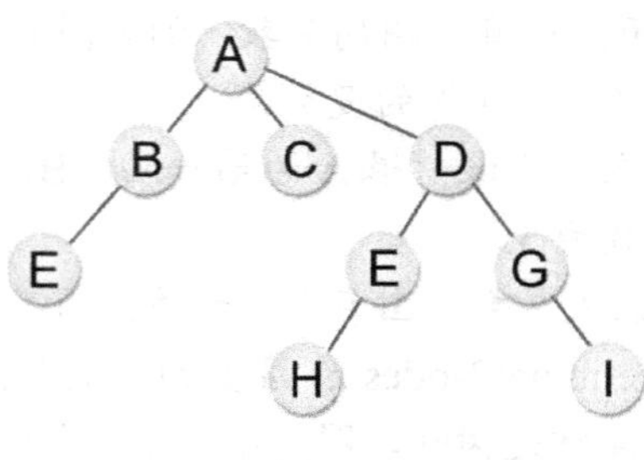

图 6-7

解答 度数为零的节点称为树叶节点，从图 6-7 中可看出答案为 A，即共有 E、C、H、I 四个树叶节点。

6.2 二叉树简介

一般树形结构在计算机内存中的存储方式是以链表（Linked List）为主的。对于 n 叉树（n–way 树）来说，因为每个节点的度数都不相同，所以我们必须为每个节点都预留存放 n 个链接字段的最大存储空间，因而每个节点的数据结构如下：

请大家特别注意，这种 n 叉树十分浪费链接存储空间。假设此 n 叉树有 m 个节点，那么此树共有 n×m 个链接字段。另外，因为除了树根外，每一个非空链接都指向一个节点，所以得知空链接个数为 n×m−(m−1)= m×(n−1)+1，而 n 叉树的链接浪费率为 $\frac{m \times (n-1)+1}{m \times n}$。因此我们可以得到以下结论：

n=2 时，2 叉树的链接浪费率约为 1/2
n=3 时，3 叉树的链接浪费率约为 2/3
n=4 时，4 叉树的链接浪费率约为 3/4
……

当 n = 2 时，它的链接浪费率最低，所以为了改进存储空间浪费的缺点，最常使用二叉树（Binary Tree）结构来取代其他树形结构。

6.2.1 二叉树的定义

二叉树（又称为 Knuth 树）是一个由有限节点所组成的集合，此集合可以为空集合，或由一个树根及其左右两个子树组成。简单地说，二叉树最多只能有两个子节点，就是度数小于或等于 2。其计算机中的数据结构如下：

LLINK	Data	RLINK

二叉树和一般树的不同之处整理如下：

（1）树不可为空集合，但是二叉树可以。
（2）树的度数为 d≥0，但二叉树的节点度数为 0≤d≤2。
（3）树的子树间没有次序关系，二叉树则有。

下面我们来看一棵实际的二叉树，如图 6-8 所示。

图 6-8 是以 A 为根节点的二叉树，且包含以 B、D 为根节点的两棵互斥的左子树和右子树，如图 6-9 所示。

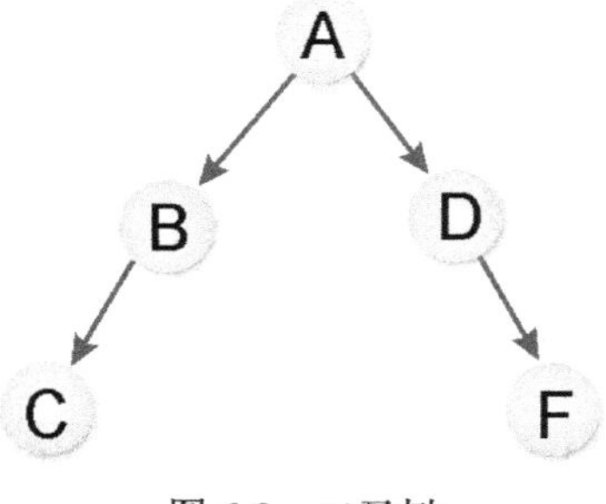

图 6-8　二叉树

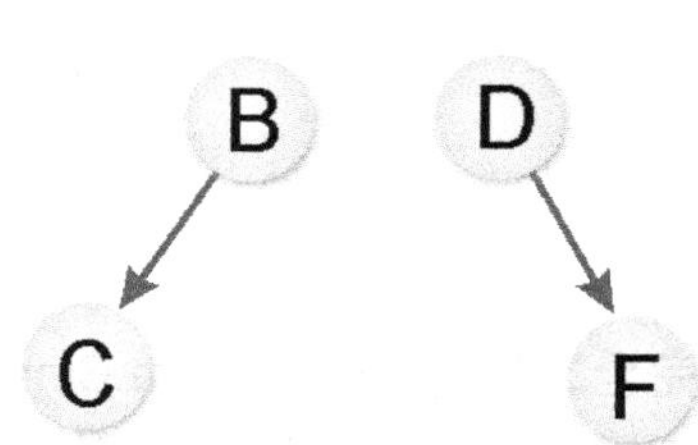

图 6-9　两棵互斥的左子树和右子树

以上这两个左右子树属于同一种树形结构，不过却是两棵不同的二叉树结构，原因是二叉树必须考虑到前后次序关系。这点大家要特别注意。

范例▶ **6.2.1** 试证明高度为 k 的二叉树的总节点数是 2^k-1。

解答▶ 其节点总数为第 1 层到第 k 层中各层中最大节点的总和：

$$\sum_{i=1}^{k} 2^{i-1} = 2^0+2^1+\ldots\ldots+2^{k-1} = \frac{2^k-2}{2-1} = 2^k-1$$

范例▶ **6.2.2** 对于任何非空二叉树 T，如果 n_0 为树叶节点数，且度数为 2 的节点数是 n_2，试证明 $n_0=n_2+1$。

解答▶ 提示，可先行假设 n 是节点总数，n_1 是度数等于 1 的节点数，可得 $n=n_0+n_1+n_2$，再进行证明。

范例▶ **6.2.3** 在二叉树中，层数（Level）为 i 的节点数最多是 2^{i-1}（$i\geqslant 0$），试进行证明。

解答▶ 我们可利用数学归纳法证明：

（1）当 $i=1$ 时，只有树根一个节点，所以 $2^{i-1}=2^0=1$ 成立。

（2）假设对于 j，且 $1 \leqslant j \leqslant i$，层数为 j 的最多节点数为 2^{j-1} 个成立，则在 $j=i$ 层上的节点最多为 2^{i-1} 个。

当 $j=i+1$ 时，因为二叉树中每一个节点的度数都不大于 2，因此在层数 $j=i+1$ 时的最多节点数 $\leqslant 2\times 2^{i-1}=2^i$，由此得证。

6.2.2 特殊二叉树简介

由于二叉树的应用相当广泛，因此衍生了许多特殊的二叉树结构。我们分别介绍如下：

满二叉树（Full Binary Tree）

如果二叉树的高度为 h，树的节点数为 2^h-1，$h\geqslant 0$，我们就称此树为“满二叉树”，如图 6-10 所示。

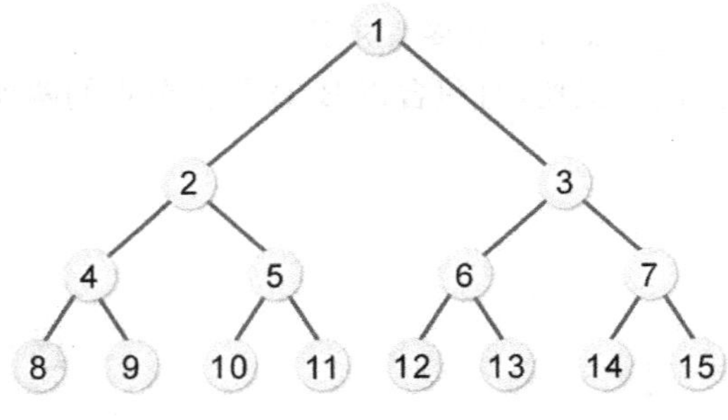

图 6-10 满二叉树

完全二叉树（Complete Binary Tree）

如果二叉树的高度为 h，所含的节点数小于 2^h-1，但其节点的编号方式如同高度为 h 的满二叉树一样，从左到右、从上到下的顺序一一对应，如图 6-11 所示。

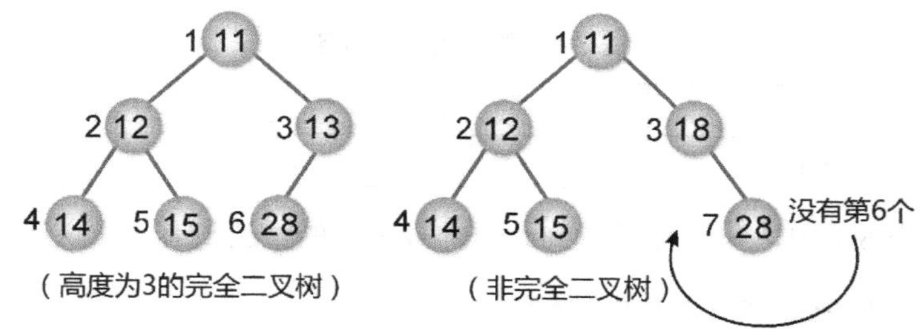

图 6-11　完全二叉树和非完全二叉树

对于完全二叉树而言，假设有 N 个节点，那么此二叉树的层数 h 为$\lfloor \log_2(N+1) \rfloor$。

- **斜二叉树（Skewed Binary Tree）**

当一个二叉树完全没有右节点或左节点时，我们就把它称为左斜二叉树或右斜二叉树，如图 6-12 所示。

- **严格二叉树（Strict Binary Tree）**

二叉树中的每一个非终端节点均有非空的左右子树，如图 6-13 所示。

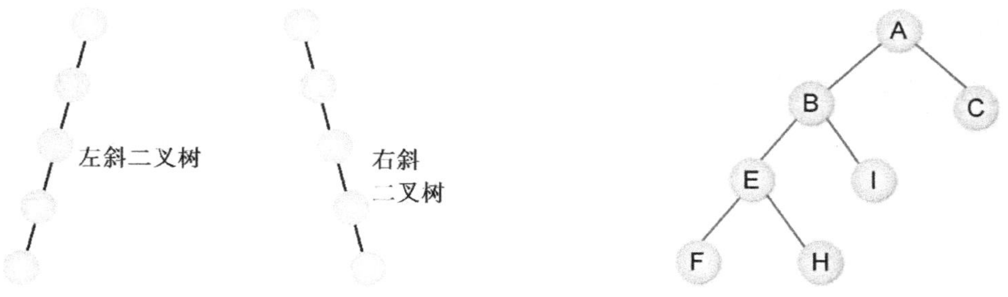

图 6-12　左斜二叉树和右斜二叉树

图 6-13　严格二叉树

6.3 二叉树的存储方式

二叉树的存储方式很多，在数据结构中，我们习惯用链表来表示二叉树，这样在删除或增加节点时会非常方便且具有弹性。当然，也可以使用一维数组这样的连续存储空间来表示二叉树，不过在对树中的中间节点进行插入与删除操作时，可能要大量移动数组中节点的存储位置来反映树节点的变动。以下我们将分别来介绍数组和链表这两种存储方法。

6.3.1 一维数组表示法

使用有序的一维数组来表示二叉树，首先可将此二叉树假想成一棵满二叉树，而且第 k 层具有 2^{k-1} 个节点，它们按序存放在这个一维数组中。首先来看看使用一维数组建立二叉树的表示方法以及数组索引值的设置，如图 6-14 和表 6-1 所示。

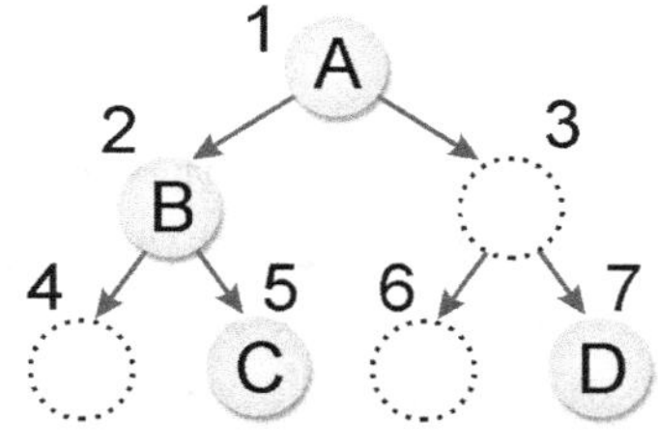

图 6-14　用一维数组来建立二叉树

表 6-1　索引值和内容值

索引值	1	2	3	4	5	6	7
内容值	A	B			C		D

从图 6-14 和表 6-1 中，我们可以看到此一维数组中的索引值有以下关系：

（1）左子树索引值是父节点索引值*2。

（2）右子树索引值是父节点索引值*2+1。

接着就来看以一维数组建立二叉树的实例，事实上就是建立一个二叉查找树，这是一种很好的排序应用模式，因为在建立二叉树的同时，数据就经过初步的比较判断并按照二叉树的建立规则来存放数据了。二叉查找树具有以下特点：

（1）可以是空集合，但若不是空集合，则节点上一定要有一个键值。

（2）每一个树根的值需大于左子树的值。

（3）每一个树根的值需小于右子树的值。

（4）左右子树也是二叉查找树。

（5）树的每个节点的值都不相同。

现在我们示范用一组数据 32、25、16、35、27 来建立一棵二叉查找树，具体过程如图 6-15 所示。

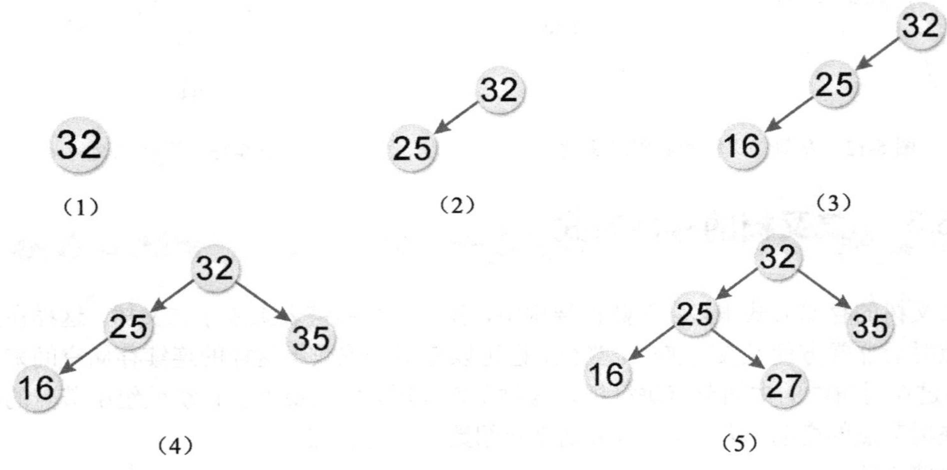

图 6-15　建立一棵二叉查找树实例的各个步骤

范例　6.3.1　设计一个 Python 程序，按序输入一棵二叉树节点的数据，分别是 0、6、3、5、4、7、8、9、2，并建立一棵二叉查找树，最后输出存储此二叉树的一维数组。

范例程序：CH06_01.py

```
def Btree_create(btree,data,length):
    for i in range(1,length):
```

```
        level=1
        while btree[level]!=0:
            if data[i]>btree[level]: #如果数组内的值大于树根，就往右子树比较
                level=level*2+1
            else:              #如果数组内的值小于或等于树根，就往左子树比较
                level=level*2
        btree[level]=data[i] #把数组值放入二叉树

length=9
data=[0,6,3,5,4,7,8,9,2]#原始数组
btree=[0]*16  #存放二叉树数组
print('原始数组内容：')
for i in range(length):
    print('[%2d] ' %data[i],end='')
print('')
Btree_create(btree,data,9)
print('二叉树内容：')
for i in range(1,16):
    print('[%2d] ' %btree[i],end='')
print()
```

【执行结果】

执行结果如图 6-16 所示。

```
原始数组内容:
[ 0] [ 6] [ 3] [ 5] [ 4] [ 7] [ 8] [ 9] [ 2]
二叉树内容:
[ 6] [ 3] [ 7] [ 2] [ 5] [ 0] [ 8] [ 0] [ 0] [ 4] [ 0] [ 0] [ 0] [ 0] [ 9]
```

图 6-16　执行结果

图 6-17 是此数组的值在二叉树中的存放情形。

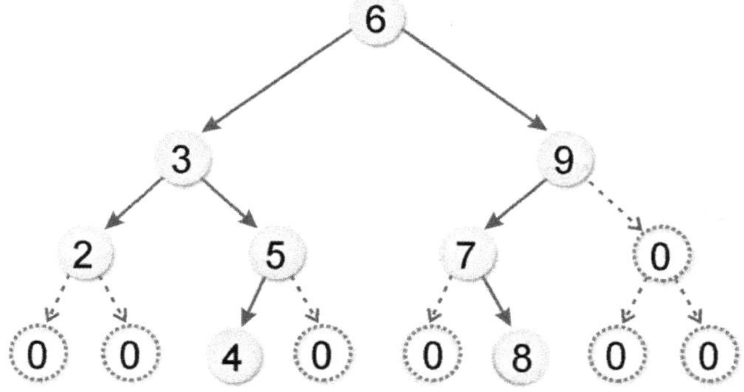

图 6-17　一维数组中存放的值和所建立的二叉树对应的关系

6.3.2 链表表示法

所谓链表表示法，就是使用链表来存储二叉树。使用链表来表示二叉树的好处是对于节点的增加与删除相当容易，缺点是很难找到父节点，除非在每一节点多增加一个父字段。在前面的例子中，节点所存放的数据类型为整数。如果使用 Python 语言，二叉树的类声明可写成如下的方式：

```
class tree:
    def __init__(self):
        self.data=0
        self.left=None
        self.right=None
```

如图 6-18 所示为用链表实现二叉树的示意图。

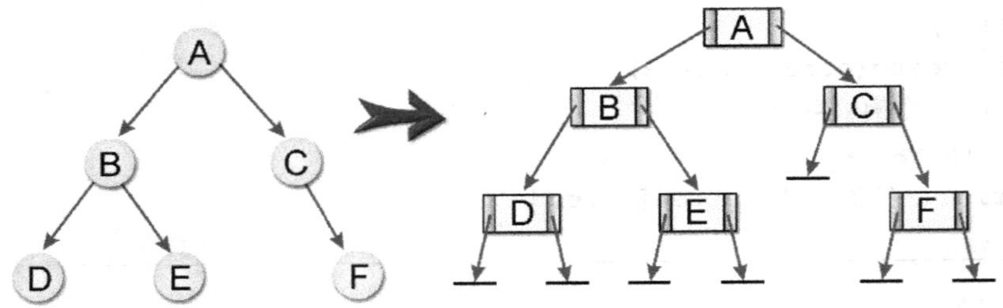

图 6-18 用链表实现二叉树的示意图

以链表方式建立二叉树的 Python 算法如下：

```
def create_tree(root,val):    #建立二叉树的函数
    newnode=tree()
    newnode.data=val
    newnode.left=None
    newnode.right=None
    if root==None:
        root=newnode
        return root
    else:
        current=root
        while current!=None:
            backup=current
            if current.data > val:
                current=current.left
            else:
                current=current.right
        if backup.data >val:
            backup.left=newnode
```

```
    else:
        backup.right=newnode
  return root
```

范例 6.3.2 设计一个 Python 程序，按序输入一棵二叉树 10 个节点的数据，分别是 5、6、24、8、12、3、17、1、9，并使用链表来建立二叉树。最后输出其左子树与右子树。

范例程序：CH06_02.py

```
class tree:
    def __init__(self):
        self.data=0
        self.left=None
        self.right=None

def create_tree(root,val):     #建立二叉树的函数
    newnode=tree()
    newnode.data=val
    newnode.left=None
    newnode.right=None
    if root==None:
        root=newnode
        return root
    else:
        current=root
        while current!=None:
            backup=current
            if current.data > val:
                current=current.left
            else:
                current=current.right
        if backup.data >val:
            backup.left=newnode
        else:
            backup.right=newnode
    return root

data=[5,6,24,8,12,3,17,1,9]
ptr=None
root=None
for i in range(9):
    ptr=create_tree(ptr,data[i]) #建立二叉树
print('左子树:')
root=ptr.left
```

```
while root!=None:
    print('%d' %root.data)
    root=root.left
print('--------------------------------')
print('右子树:')
root=ptr.right
while root!=None:
    print('%d' %root.data)
    root=root.right
print()
```

【执行结果】

执行结果如图 6-19 所示。

```
左子树:
3
1
--------------------------------
右子树:
6
24
```

图 6-19　执行结果

6.4 二叉树遍历

我们知道线性数组或链表都只能单向从头至尾遍历或反向遍历。所谓二叉树的遍历（Binary Tree Traversal），最简单的说法就是“访问树中所有的节点各一次”，并且在遍历后，将树中的数据转化为线性关系。以图 6-20 所示的一个简单的二叉树节点而言，每个节点都可分为左右两个分支。

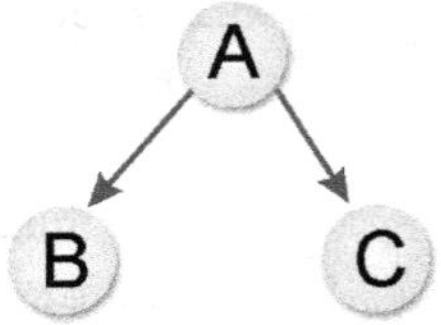

图 6-20　以简单的二叉树作为遍历的例子

所以可以有 ABC、ACB、BAC、BCA、CAB、CBA 一共 6 种遍历方法。如果按照二叉树特性，一律从左向右遍历，那么就只剩下 3 种遍历方法，分别是 BAC、ABC、BCA 三种。这三种方式的命名与规则如下：

中序遍历（BAC，Inorder）：左子树→树根→右子树。
前序遍历（ABC，Preorder）：树根→左子树→右子树。
后序遍历（BCA，Postorder）：左子树→右子树→树根。

对于这三种遍历方法，大家只需要记得树根的位置，就不会把前序、中序和后序给搞混了。例如，中序法是树根在中间，前序法是树根在前面，后序法则是树根在后面。而遍历方式也一定是先左子树，后右子树。下面针对这三种方法做更详尽的介绍。

6.4.1 中序遍历

中序遍历（Inorder Traversal）的遍历顺序是“左中右”，也就是从树的左侧逐步向下方移动，直到无法移动，再访问此节点，并向右移动一节点。如果无法再向右移动，就可以返回上层的父节点，并重复左、中、右的步骤进行。如下所示：

（1）遍历左子树。

（2）遍历（或访问）树根。

（3）遍历右子树。

如图 6-21 所示的中序遍历为 FDHGIBEAC。

中序遍历的递归算法如下：

```
def inorder(ptr):       #中序遍历子程序
    if ptr!=None:
        inorder(ptr.left)
        print('[%2d] ' %ptr.data, end='')
        inorder(ptr.right)
```

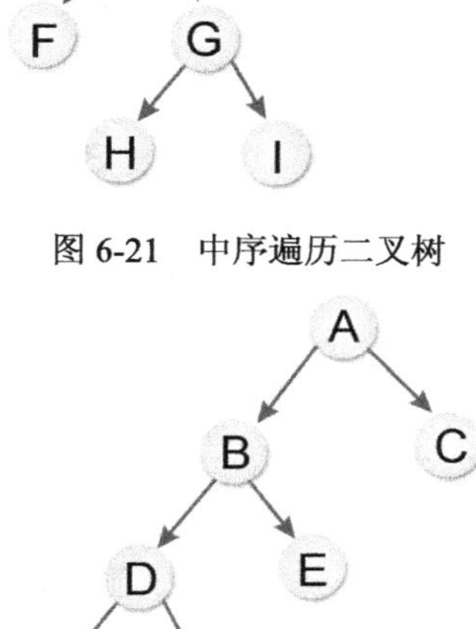

图 6-21 中序遍历二叉树

6.4.2 后序遍历

后序遍历（Postorder Traversal）的遍历顺序是“左右中”，就是先遍历左子树，再遍历右子树，最后遍历（或访问）根节点，反复执行此步骤。如下所示：

（1）遍历左子树。

（2）遍历右子树。

（3）遍历树根。

如图 6-22 所示的后序遍历为 FHIGDEBCA。

后序遍历的递归算法如下：

图 6-22 后序遍历二叉树

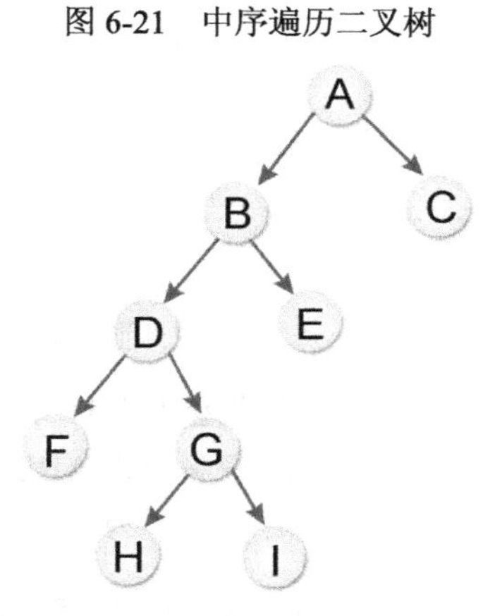

```
def postorder(ptr):  #后序遍历
    if ptr!=None:
        postorder(ptr.left)
        postorder(ptr.right)
        print('[%2d] ' %ptr.data, end='')
```

6.4.3 前序遍历

前序遍历（Preorder Traversal）的遍历顺序是“中左右”，也就是先从根节点遍历，再往左方移动，当无法继续时，继续向右方移动，接着重复执行此步骤。如下所示：

（1）遍历（或访问）树根。

（2）遍历左子树。

（3）遍历右子树。

如图 6-23 所示的前序遍历为 ABDFGHIEC。
前序遍历的递归算法如下：

```
def preorder(ptr):    #前序遍历
    if ptr!=None:
        print('[%2d] ' %ptr.data, end='')
        preorder(ptr.left)
        preorder(ptr.right)
```

范例 **6.4.1** 如图 6-24 所示的二叉树的中序、前序和后序表示法分别是什么？

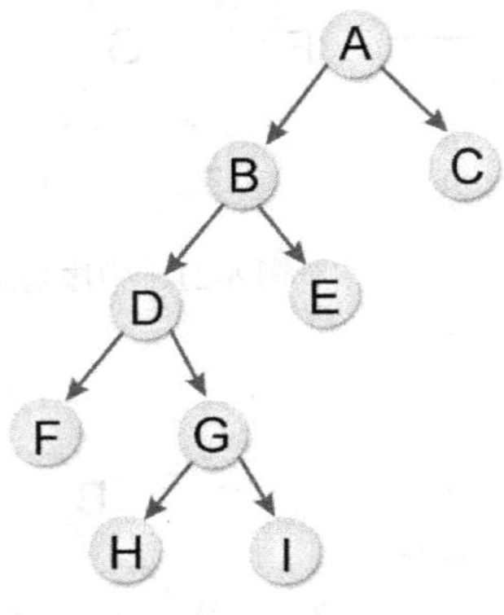

图 6-23 前序遍历二叉树

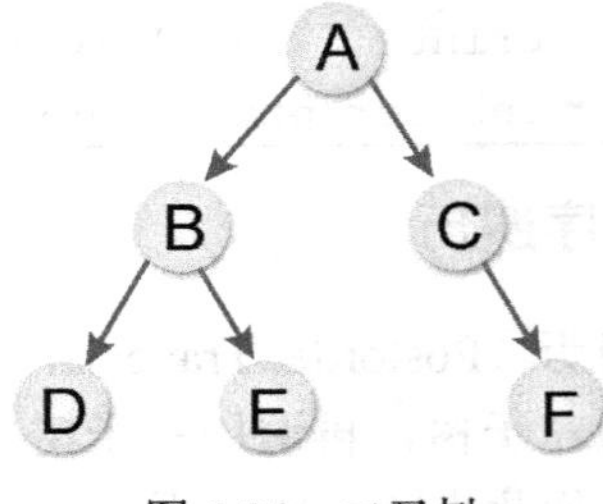

图 6-24 二叉树

解答 中序遍历为 DBEACF；
前序遍历为 ABDECF；
后序遍历为 DEBFCA。

范例 **6.4.2** 图 6-25 所示的二叉树的前序、中序和后序遍历的结果分别是什么？

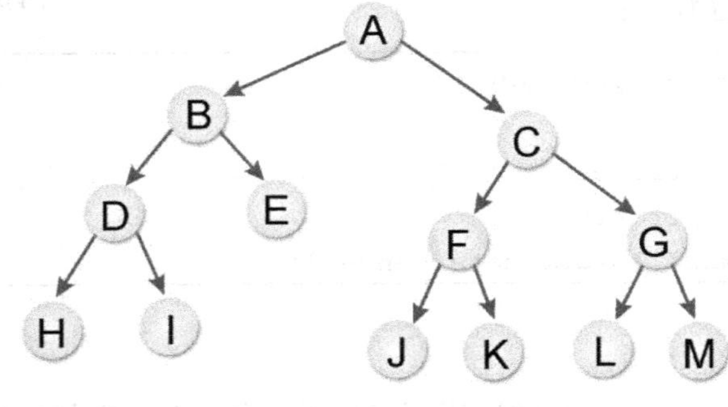

图 6-25 二叉树

解答 ① 前序：ABDHIECFJKGLM；
② 中序：HDIBEAJFKCLGM；
③ 后序：HIDEBJKFLMGCA。

范例 6.4.3 设计一个 Python 程序，按序输入一棵二叉树节点的数据，分别是 5、6、24、8、12、3、17、1、9，利用链表来建立二叉树，最后进行中序遍历，大家会发现可以轻松完成从小到大的排序。

范例程序：CH06_03.py

```
class tree:
    def __init__(self):
        self.data=0
        self.left=None
        self.right=None

def inorder(ptr):       #中序遍历子程序
    if ptr!=None:
        inorder(ptr.left)
        print('[%2d] ' %ptr.data, end='')
        inorder(ptr.right)

def create_tree(root,val):    #建立二叉树的函数
    newnode=tree()
    newnode.data=val
    newnode.left=None
    newnode.right=None
    if root==None:
        root=newnode
        return root
    else:
        current=root
        while current!=None:
            backup=current
            if current.data > val:
                current=current.left
            else:
                current=current.right
        if backup.data >val:
            backup.left=newnode
        else:
            backup.right=newnode
    return root

#主程序
data=[5,6,24,8,12,3,17,1,9]
ptr=None
root=None
```

```
for i in range(9):
    ptr=create_tree(ptr,data[i])            #建立二叉树
print('=====================')
print('排序完成的结果：')
inorder(ptr)    #中序遍历
print('')


```

【执行结果】

执行结果如图 6-26 所示。

```
=====================
排序完成的结果:
[ 1] [ 3] [ 5] [ 6] [ 8] [ 9] [12] [17] [24]
```

图 6-26　执行结果

范例 6.4.4　按序输入一棵二叉树节点的数据，分别是 7、4、1、5、16、8、11、12、15、9、2，首先绘制出此二叉树，然后设计一个 Python 程序，输出此二叉树的前序、中序与后序的遍历结果。

范例程序：CH06_04.py

```
class tree:
    def __init__(self):
        self.data=0
        self.left=None
        self.right=None

def inorder(ptr):       #中序遍历子程序
    if ptr!=None:
        inorder(ptr.left)
        print('[%2d] ' %ptr.data, end='')
        inorder(ptr.right)

def postorder(ptr):  #后序遍历
    if ptr!=None:
        postorder(ptr.left)
        postorder(ptr.right)
        print('[%2d] ' %ptr.data, end='')

def preorder(ptr):   #前序遍历
    if ptr!=None:
        print('[%2d] ' %ptr.data, end='')
        preorder(ptr.left)
```

```
        preorder(ptr.right)

def create_tree(root,val):  #建立二叉树的函数
    newnode=tree()
    newnode.data=val
    newnode.left=None
    newnode.right=None
    if root==None:
        root=newnode
        return root
    else:
        current=root
        while current!=None:
            backup=current
            if current.data > val:
                current=current.left
            else:
                current=current.right
        if backup.data >val:
            backup.left=newnode
        else:
            backup.right=newnode
    return root

#主程序
data=[7,4,1,5,16,8,11,12,15,9,2]
ptr=None
root=None
for i in range(11):
    ptr=create_tree(ptr,data[i])    #建立二叉树
print('===========================================================')
print('中序遍历的结果：')
inorder(ptr)    #中序遍历
print()
print('===========================================================')
print('后序遍历的结果：')
postorder(ptr)  #后序遍历
print()
print('===========================================================')
print('前序遍历的结果：')
preorder(ptr)   #前序遍历
print()
```

【执行结果】

执行结果如图 6-27 所示。

```
==========================================================
中序遍历的结果:
[ 1] [ 2] [ 4] [ 5] [ 7] [ 8] [ 9] [11] [12] [15] [16]
==========================================================
后序遍历的结果:
[ 2] [ 1] [ 5] [ 4] [ 9] [15] [12] [11] [ 8] [16] [ 7]
==========================================================
前序遍历的结果:
[ 7] [ 4] [ 1] [ 2] [ 5] [16] [ 8] [11] [ 9] [12] [15]
```

图 6-27　执行结果

绘制出此二叉树，如图 6-28 所示。

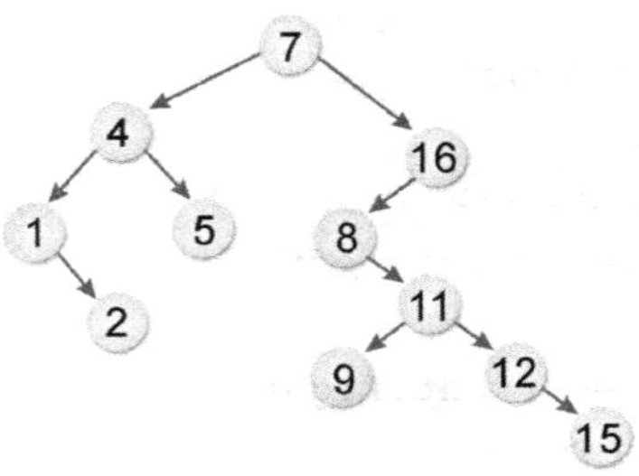

图 6-28　按序建立的二叉树

6.4.4　二叉树节点的插入与删除

在还未讲述二叉树节点的插入与删除操作之前，我们先来讨论如何在所建立的二叉树中查找单个节点的数据。二叉树是根据左子树 < 树根 < 右子树的原则建立的，因此只需从树根出发比较键值即可，如果比树根大就往右，否则往左而下，直到相等就找到了要查找的值，如果比到 None 无法再前进，就代表查找不到此值。

二叉树查找的 Python 语言算法如下：

```
def search(ptr,val):    #查找二叉树中某个值的子程序
    while True:
        if ptr==None:    #没找到就返回 None
            return None
        if ptr.data==val:      #节点值等于查找值
            return ptr
        elif ptr.data > val:  #节点值大于查找值
            ptr=ptr.left
        else:
            ptr=ptr.right
```

范例 6.4.5　实现一个二叉树的查找程序，首先建立一个二叉查找树，并输入要查找的值。如果节点中有相等的值，就会显示出查找的次数。如果找不到这个值，也会显示相关信息，二叉树节点的数据按序为 7、1、4、2、8、13、12、11、15、9、5。

范例程序：CH06_05.py

```
class tree:
    def __init__(self):
        self.data=0
        self.left=None
        self.right=None

def create_tree(root,val):  #建立二叉树的函数
    newnode=tree()
    newnode.data=val
    newnode.left=None
    newnode.right=None
    if root==None:
        root=newnode
        return root
    else:
        current=root
        while current!=None:
            backup=current
            if current.data > val:
                current=current.left
            else:
                current=current.right
        if backup.data >val:
            backup.left=newnode
        else:
            backup.right=newnode
    return root

def search(ptr,val):     #查找二叉树中某个值的子程序
    i=1
    while True:
        if ptr==None:    #没找到就返回None
            return None
        if ptr.data==val:        #节点值等于查找值
            print('共查找 %3d 次' %i)
            return ptr
        elif ptr.data > val:   #节点值大于查找值
            ptr=ptr.left
        else:
            ptr=ptr.right
        i+=1

```

```
#主程序
arr=[7,1,4,2,8,13,12,11,15,9,5]
ptr=None
print('[原始数组内容]')
for i in range(11):
    ptr=create_tree(ptr,arr[i])  #建立二叉树
    print('[%2d] ' %arr[i],end='')
print()
data=int(input('请输入查找值：'))
if search(ptr,data) !=None :  #在二叉树中查找
    print('您要找的值 [%3d] 找到了!!' %data)
else:
    print('您要找的值没找到!!')
```

【执行结果】

执行结果如图 6-29 所示。

```
[原始数组内容]
[ 7] [ 1] [ 4] [ 2] [ 8] [13] [12] [11] [15] [ 9] [ 5]
请输入查找值：11
共查找   5 次
您要找的值 [ 11] 找到了!!
```

图 6-29　执行结果

二叉树节点的插入

二叉树节点插入的情况和查找相似，重点是插入后仍要保持二叉查找树的特性。如果插入的节点已经在二叉树中，就没有插入的必要。而插入的值不在二叉树中，就会出现查找失败的情况，相当于找到了要插入的位置。程序代码如下：

```
if search(ptr,data)!=None:   #在二叉树中查找
    print('二叉树中有此节点了!')
else:
    ptr=create_tree(ptr,data)
    inorder(ptr)
```

范例 6.4.6　实现一个二叉树查找的 Python 程序，首先建立一个二叉查找树，二叉树的节点数据按序为 7、1、4、2、8、13、12、11、15、9、5，然后输入一个键值，如果不在此二叉树中，就将其加入此二叉树。

范例程序：CH06_06.py

```
class tree:
    def __init__(self):
        self.data=0
        self.left=None
        self.right=None
```

```
def create_tree(root,val):  #建立二叉树的函数
    newnode=tree()
    newnode.data=val
    newnode.left=None
    newnode.right=None
    if root==None:
        root=newnode
        return root
    else:
        current=root
        while current!=None:
            backup=current
            if current.data > val:
                current=current.left
            else:
                current=current.right
        if backup.data >val:
            backup.left=newnode
        else:
            backup.right=newnode
    return root

def search(ptr,val):      #在二叉树中查找某个值的子程序
    while True:
        if ptr==None:     #没找到就返回 None
            return None
        if ptr.data==val:      #节点值等于查找值
            return ptr
        elif ptr.data > val:  #节点值大于查找值
            ptr=ptr.left
        else:
            ptr=ptr.right

def inorder(ptr):       #中序遍历子程序
    if ptr!=None:
        inorder(ptr.left)
        print('[%2d] ' %ptr.data, end='')
        inorder(ptr.right)

#主程序
arr=[7,1,4,2,8,13,12,11,15,9,5]
ptr=None
```

```
print('[原始数组内容]')

for i in range(11):
    ptr=create_tree(ptr,arr[i])  #建立二叉树
    print('[%2d] ' %arr[i],end='')
print()
data=int(input('请输入要查找的键值：'))
if search(ptr,data)!=None:   #在二叉树中查找
    print('二叉树中有此节点了!')
else:
    ptr=create_tree(ptr,data)
    inorder(ptr)
```

【执行结果】

执行结果如图 6-30 所示。

```
[原始数组内容]
[ 7] [ 1] [ 4] [ 2] [ 8] [13] [12] [11] [15] [ 9] [ 5]
请输入要查找的键值: 12
二叉树中有此节点了!
```

图 6-30　执行结果

二叉树节点的删除

二叉树节点的删除操作则稍为复杂，可分为以下 3 种情况。

（1）删除的节点为树叶，只要将其相连的父节点指向 None 即可。

（2）删除的节点只有一棵子树，如图 6-31 所示要删除节点 1，就将其右指针字段放到其父节点的左指针字段。

（3）删除的节点有两棵子树，如图 6-32 所示要删除节点 4，方式有两种，虽然结果不同，但都可符合二叉树特性。

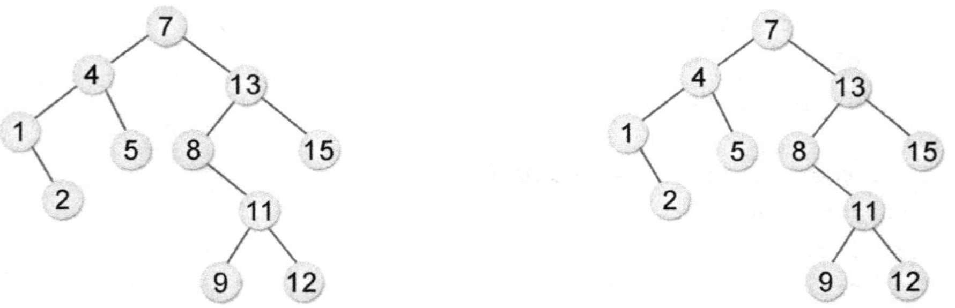

图 6-31　删除只有一棵子树的节点，例如节点 1　　图 6-32　删除有两棵子树的节点，例如节点 4

① 找出中序立即先行者（inorder immediate predecessor），即将欲删除节点的左子树中最大者向上提，在此即为图 6-32 中的节点 2。简单来说，就是在该节点的左子树往右寻找，直到右指针为 None，这个节点就是中序立即先行者。

② 找出中序立即后继者（inorder immediate successor），即把要删除节点的右子树中最小者向上提，在此即为图 6-32 中的节点 5。简单来说，就是在该节点的右子树往左寻找，直到左指针为 None，这个节点就是中序立即后继者。

范例 6.4.7 将 32、24、57、28、10、43、72、62 按中序方式存入可放 10 个节点的数组内，试绘图说明节点在数组中的相关位置。如果插入数据为 30，试绘图并写出其相关操作与节点位置的变化。接着如果再删除数据 32，试绘图并写出其相关操作与节点位置的变化。

解答 建立如图 6-33 所示的二叉树。其节点在数组中的相关位置如表 6-2 所示。

表 6-2 节点在数组中的相关位置

root=1	left	data	right
1	2	32	3
2	4	24	5
3	6	57	7
4	0	10	0
5	0	28	0
6	0	43	0
7	8	72	0
8	0	62	0
9			
10			

插入数据 30 后的二叉树如图 6-34 所示。其相关操作与节点位置的变化如表 6-3 所示。

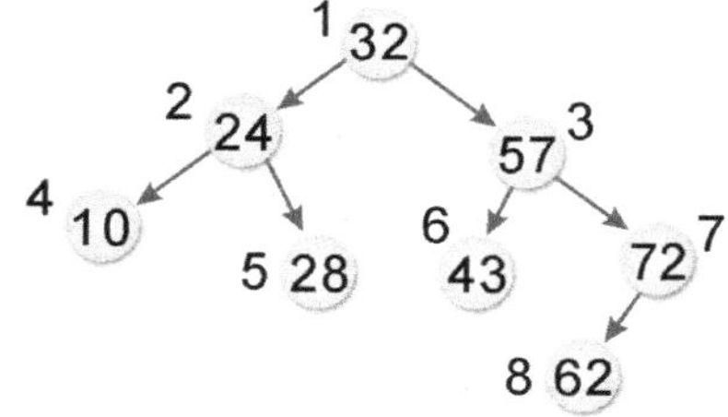

图 6-33 建立 10 个节点的二叉树

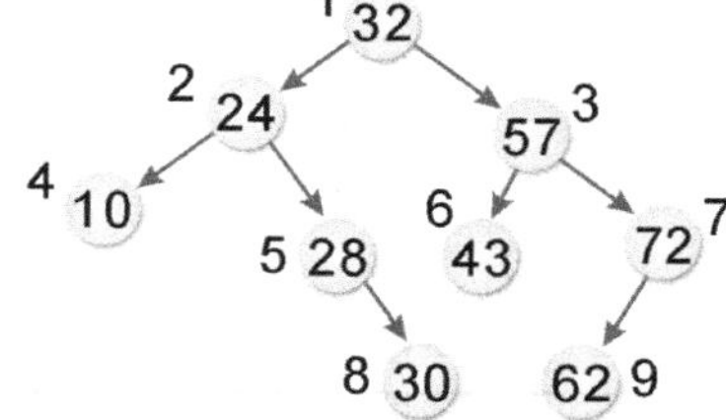

图 6-34 把数据 30 插入二叉树中

表 6-3 相关操作与节点位置的变化

root=1	left	data	right
1	2	32	3
2	4	24	5
3	6	57	7
4	0	10	0
5	0	28	8
6	0	43	0

（续表）

root=1	left	data	right
7	9	72	0
8	0	30	0
9	0	62	0
10			

删除数据 32 后的二叉树如图 6-35 所示。其相关操作与节点位置的变化如表 6-4 所示。

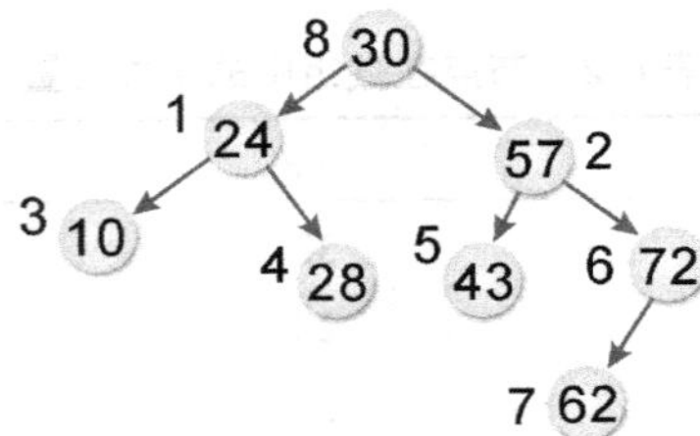

图 6-35　删除数据 33 后的二叉树中

表 6-4　相关操作与节点位置的变化

root=1	left	data	right
1	3	24	4
2	5	57	6
3	0	10	0
4	0	28	0
5	0	43	0
6	7	72	0
7	0	62	0
8	1	30	2
9			
10			

6.4.5　二叉运算树

二叉树的应用实际上相当广泛，例如之前提过的表达式间的转换。我们可以把中序法表达式按运算符优先级的顺序建成一棵二叉运算树(Binary Expression Tree，或称为二叉表达式树)。之后再按二叉树的特性进行前、中、后序的遍历，即可得到前、中、后序法表达式。建立的方法可根据以下两种规则：

（1）考虑表达式中运算符的结合性与优先级，再适当地加上括号，其中树叶一定是操作数，内部节点一定是运算符。

（2）再从最内层的括号逐步向外，利用运算符当树根，左边操作数当左子树，右边操作数当右子树，其中优先级最低的运算符作为此二叉运算树的树根。

现在我们尝试来练习将 A− B*(−C + −3.5) 算术表达式转化为二叉运算树，并求出此表达式的前序与后序表示法。

→ A − B*(−C + −3.5)

→ (A − (B*((−C) + (−3.5))))

建立的二叉运算树如图 6-36 所示。

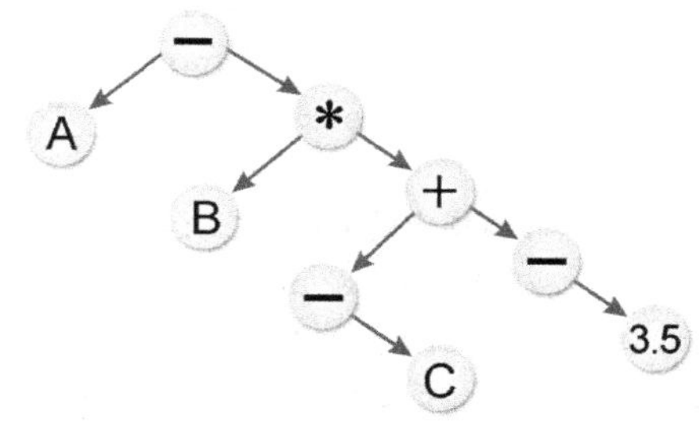

图 6-36　A−B*(−C+−3.5) 算术表达式的二叉运算树

接着对二叉运算树进行前序与后序遍历，即可得此算术表达式的前序法与后序法，如下所示：

前序法表达式：−A*B+−C−3.5

后序法表达式：ABC−3.5−+*−

范例 6.4.8　画出下列算术表达式的二叉运算树：

(a + b)*d + e/(f + a*d) + c

解答 建立的二叉运算树如图 6-37 所示。

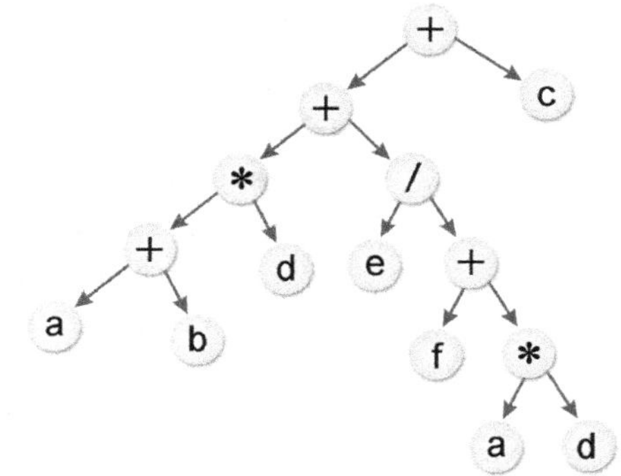

图 6-37　(a+b)*d+e/(f+a*d)+c 表达式的二叉运算树

范例 6.4.9　设计一个 Python 程序，来计算以下两个中序法表达式的值，并求得其前序法与后序法表达式。

1. 6*3+9%5
2. 1*2+3%2+6/3+2*2

范例程序：CH06_07.py

```
# =============== Program Description ===============
# 程序目的： 用链表来实现二叉运算树
# ===================================================
#节点类的声明

class TreeNode:  #二叉树的节点声明
    def __init__(self,value):
        self.value=value #节点数据
        self.left_Node=None #指向左子树
        self.right_Node=None #指向左右子树

#二叉查找树类声明
class Binary_Search_Tree:
    #建立空的二叉查找树
    def __init__(self):
        self.rootNode=None

```

```
    #传入一个数组来建立二叉树
    def __init__(self,data):
        for i in range(len(data)):
            self.Add_Node_To_Tree(data[i])

    #将指定的值加入二叉树中适当的节点
    def Add_Node_To_Tree(self,value):
        currentNode=self.rootNode
        if self.rootNode==None:  #建立树根
            self.rootNode=TreeNode(value)
            return
        #建立二叉树
        while True:
            #符合这个判断表示此节点在左子树
            if value<currentNode.value:
                if currentNode.left_Node==None:
                    currentNode.left_Node=TreeNode(value)
                    return
                else:
                    currentNode=currentNode.left_Node
            #符合这个判断表示此节点在右子树
            else:
                if currentNode.right_Node==None:
                    currentNode.right_Node=TreeNode(value)
                    return
                else:
                    currentNode=currentNode.right_Node

class Expression_Tree (Binary_Search_Tree):
    #初始化
    def __init__(self,information,index):
        #create 方法可以将二叉树的数组表示法转换成链接表示法
        self.rootNode=self.create(information, index)

    # create 方法的程序内容
    def create(self,sequence,index):
        if index >= len(sequence):   # 作为递归调用的出口条件
            return None
        else:
            tempNode = TreeNode((ord)(sequence[index]))
            # 建立左子树
            tempNode.left_Node = self.create(sequence, 2*index)
            # 建立右子树
```

```
                tempNode.right_Node =self.create(sequence, 2*index+1)
                return tempNode

    # preOrder(前序遍历)方法的程序内容
    def preOrder(self,node):
        if node != None:
            print((chr)(node.value),end='')
            self.preOrder(node.left_Node)
            self.preOrder(node.right_Node)

    # inOrder(中序遍历)方法的程序内容
    def inOrder(self,node):
        if node != None:
            self.inOrder(node.left_Node)
            print((chr)(node.value),end='')
            self.inOrder(node.right_Node)

    # postOrder(后序遍历)方法的程序内容
    def postOrder(self,node):
        if node != None:
            self.postOrder(node.left_Node)
            self.postOrder(node.right_Node)
            print((chr)(node.value),end='')

    # 判断表达式如何运算的方法声明内容
    def condition(self,oprator, num1, num2):
        if oprator=='*' :
            return ( num1 * num2 ) #乘法请返回num1 * num2
        elif oprator=='/' :
            return ( num1 / num2 ) #除法请返回num1 / num2
        elif oprator=='+' :
            return ( num1+num2 ) #加法请返回num1+num2
        elif oprator=='-' :
            return ( num1 - num2 ) #减法请返回num1 - num2
        elif oprator=='%' :
            return ( num1 % num2 ) #取余数法请返回num1 % num2
        else:
            return -1

    #传入根节点,用来计算此二叉运算树的值
    def answer(self,node):
        firstnumber = 0
        secondnumber = 0
```

```
        #递归调用的出口条件
        if node.left_Node == None and node.right_Node == None :
            #将节点的值转换成数值后返回
            return node.value-48
        else:
            firstnumber = self.answer(node.left_Node)#计算左子树表达式的值
            secondnumber = self.answer(node.right_Node)
                        #计算右子树表达式的值
            return self.condition((chr)(node.value), firstnumber,
                                  secondnumber)

#主程序

# 第一个表达式
information1 = [' ','+','*','%','6','3','9','5' ]

# 第二个表达式
information2 = [' ','+','+','+','*','%','/','*', \
                '1','2','3','2','6','3','2','2' ]

exp1 = Expression_Tree(information1, 1)
print('====二叉运算树数值运算范例 1: ====')
print('==================================')
print('===转换成中序法表达式===:  ',end='')
exp1.inOrder(exp1.rootNode)
print('\n===转换成前序法表达式===:  ',end='')
exp1.preOrder(exp1.rootNode)
print('\n===转换成后序法表达式===:  ',end='')
exp1.postOrder(exp1.rootNode)

# 计算二叉树表达式的运算结果
print('\n 此二叉运算树,经过计算后所得到的结果值: ',end='')
print(exp1.answer(exp1.rootNode))


# 建立第二棵二叉查找树对象
exp2 = Expression_Tree(information2, 1)
print()
print('====二叉运算树数值运算范例 2: ====')
print('==================================')
print('===转换成中序法表达式===:  ',end='')
exp2.inOrder(exp2.rootNode)
print('\n===转换成前序法表达式===:  ',end='')
```

```
exp2.preOrder(exp2.rootNode)
print('\n===转换成后序法表达式===:  ',end='')
exp2.postOrder(exp2.rootNode)

# 计算二叉树表达式的运算结果
print('\n 此二叉运算树,经过计算后所得到的结果值: ',end='')
print(exp2.answer(exp2.rootNode))
```

【执行结果】

执行结果如图 6-38 所示。

```
====二叉运算树数值运算范例 1: ====
==================================
===转换成中序法表达式===:  6*3+9%5
===转换成前序法表达式===:  +*63%95
===转换成后序法表达式===:  63*95%+
此二叉运算树,经过计算后所得到的结果值: 22

====二叉运算树数值运算范例 2: ====
==================================
===转换成中序法表达式===:  1*2+3%2+6/3+2*2
===转换成前序法表达式===:  ++*12%32+/63*22
===转换成后序法表达式===:  12*32%+63/22*++
此二叉运算树,经过计算后所得到的结果值: 9.0
```

图 6-38 执行结果

6.5 线索二叉树

相对于树而言，一个二叉树的存储方式可将指针字段（LINK）的存储空间浪费率从 2/3 降为 1/2。不过，对于一个有 n 个节点的二叉树，实际上用来指向左右节点的指针只有 n−1 个链接，另外的 n+1 个指标都是空链接。

所谓“线索二叉树”（Threaded Binary Tree），就是把这些空的链接加以利用，再指到树的其他节点，而这些链接就称为“线索”（thread），这棵树就称为线索二叉树。最明显的好处是在进行中序遍历时，不需要使用递归与堆栈，直接使用各个节点的指针即可。

二叉树转为线索二叉树

在线索二叉树中，与二叉树最大的不同之处是：为了分辨左右子树指针是线索还是正常的链接指针，我们必须在节点结构中再加上两个字段 LBIT 与 RBIT 来加以区别，而在所绘的图中，线索使用虚线来表示，以便有别于一般的指针。至于如何将二叉树转变为线索二叉树，步骤如下：

（1）先将二叉树按中序遍历方式按序排出，再将所有空链接改成线索。

（2）如果线索链接是指向该节点的左指针，就将该线索指到中序遍历顺序下的前一个节点。

（3）如果线索链接是指向该节点的右指针，就将该线索指到中序遍历顺序下的后一个节点。

（4）指向一个空节点，并将此空节点的右指针指向自己，而空节点的左子树是此线索二叉树。

线索二叉树的基本结构如下：

LBIT	LCHILD	DATA	RCHILD	RBIT

- LBIT：左控制位。
- LCHILD：左子树链接。
- DATA：节点数据。
- RCHILD：右子树链接。
- RBIT：右控制位。

和链表所建立的二叉树的不同之处在于，为了区别正常指针和线索而加入了两个字段：LBIT 和 RBIT。

- 若 LCHILD 为正常指针，则 LBIT=1。
- 若 LCHILD 为线索，则 LBIT=0。
- 若 RCHILD 为正常指针，则 RBIT=1。
- 若 RCHILD 为线索，则 RBIT=0。

采用 Python 语言时，节点的声明方式如下：

```
class Node:
    def __init__(self):
        self.DATA=0
        self.LBIT=0
        self.RBIT=0
        self.LCHILD=None
        self.RCHILD=None
```

接着我们来练习如何将图 6-39 所示的二叉树转为线索二叉树。

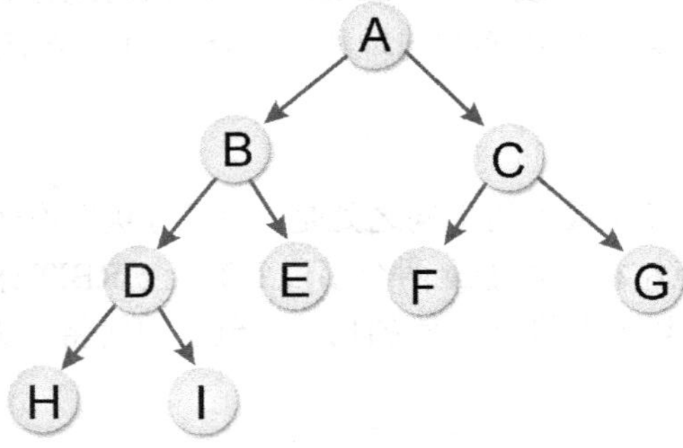

图 6-39　将此二叉树转为线索二叉树

【步骤】

步骤 01 以中序遍历二叉树：HDIBEAFCG。

步骤 02 找出相对应的线索二叉树，并按照 HDIBEAFCG 顺序求得如图 6-40 所示的结果。

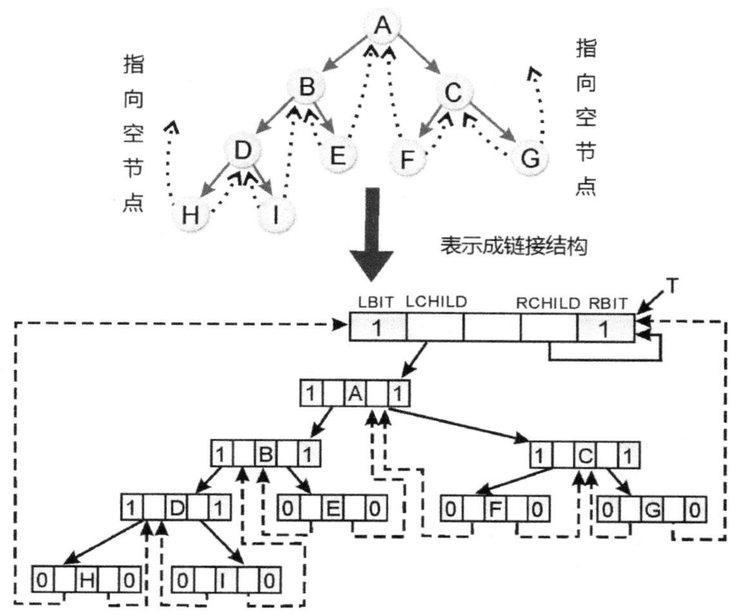

图 6-40 将二叉树转为线索二叉树

以下是使用线索二叉树的优缺点。

优点：

（1）在二叉树进行中序遍历时，不需要使用堆栈处理，但一般二叉树却需要。

（2）由于充分使用空链接，因此避免了链接闲置浪费的情况。另外，中序遍历时的速度也较快，节省了不少时间。

（3）任意一个节点都容易找出它的中序先行者与中序后继者，在中序遍历时可以不需使用堆栈或递归。

缺点：

（1）在加入或删除节点时的速度比一般二叉树慢。

（2）线索子树间不能共用。

范例 6.5.1 试绘出对应于图 6-41 所示的二叉树的线索二叉树。

解答 由于中序遍历结果为 EDFBACHGI，因此相对应的二叉树如图 6-42 所示。

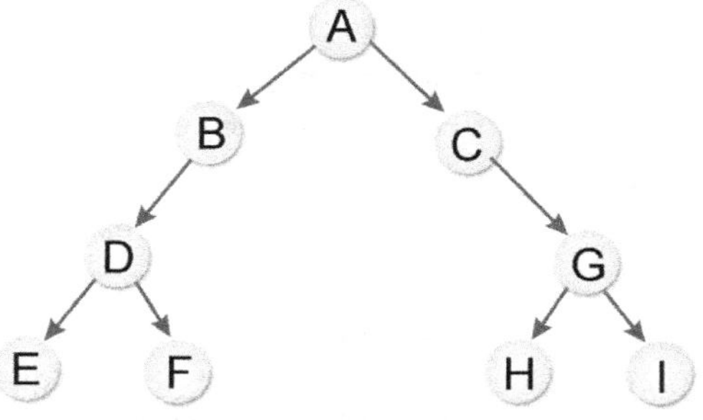

图 6-41 以此二叉树为基础绘出线索二叉树

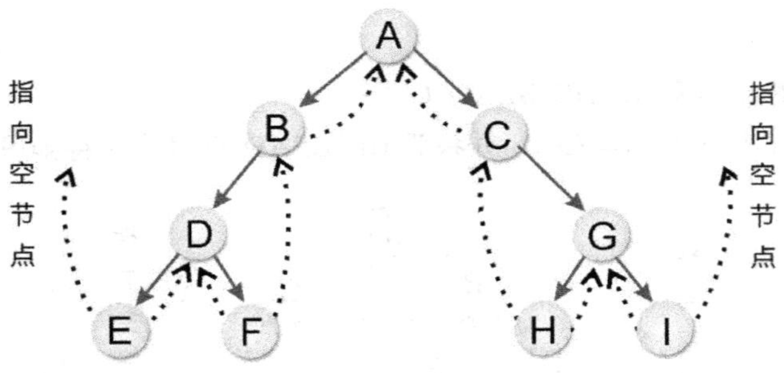

图 6-42　绘出的线索二叉树

范例 **6.5.2**　试设计一个 Python 程序，为某两个数组建立线索二叉树，并以中序遍历输出从小到大的排序结果。

范例程序：CH06_08.py

```
class Node:
    def __init__(self):
        self.value=0
        self.left_Thread=0
        self.right_Thread=0
        self.left_Node=None
        self.right_Node=None

rootNode=Node()
rootNode=None

#将指定的值加入线索二叉树
def Add_Node_To_Tree(value):
    global rootNode
    newnode=Node()
    newnode.value=value
    newnode.left_Thread=0
    newnode.right_Thread=0
    newnode.left_Node=None
    newnode.right_Node=None
    previous=Node()
    previous.value=value
    previous.left_Thread=0
    previous.right_Thread=0
    previous.left_Node=None
    previous.right_Node=None
    #设置线索二叉树的开头节点
    if rootNode==None:
        rootNode=newnode
```

```
        rootNode.left_Node=rootNode
        rootNode.right_Node=None
        rootNode.left_Thread=0
        rootNode.right_Thread=1
        return
    #设置开头节点所指的节点
    current=rootNode.right_Node
    if current==None:
        rootNode.right_Node=newnode
        newnode.left_Node=rootNode
        newnode.right_Node=rootNode
        return
    parent=rootNode #父节点是开头节点
    pos=0 #设置二叉树中的行进方向
    while current!=None:
        if current.value>value:
            if pos!=-1:
                pos=-1
                previous=parent
            parent=current
            if current.left_Thread==1:
                current=current.left_Node
            else:
                current=None
        else:
            if pos!=1:
                pos=1
                previous=parent
            parent=current
            if current.right_Thread==1:
                current=current.right_Node
            else:
                current=None
    if parent.value>value:
        parent.left_Thread=1
        parent.left_Node=newnode
        newnode.left_Node=previous
        newnode.right_Node=parent
    else:
        parent.right_Thread=1
        parent.right_Node=newnode
        newnode.left_Node=parent
        newnode.right_Node=previous
```

```
    return


#线索二叉树中序遍历
def trace():
    global rootNode
    tempNode=rootNode
    while True:
        if tempNode.right_Thread==0:
            tempNode=tempNode.right_Node
        else:
            tempNode=tempNode.right_Node
            while tempNode.left_Thread!=0:
                tempNode=tempNode.left_Node
        if tempNode!=rootNode:
            print('[%d]' %tempNode.value)
        if tempNode==rootNode:
            break
#主程序
i=0
array_size=11
print('线索二叉树经建立后,以中序遍历有排序的效果')
print('第一个数字为线索二叉树的开头节点,不列入排序')
data1=[0,10,20,30,100,399,453,43,237,373,655]
for i in range(array_size):
    Add_Node_To_Tree(data1[i])
print('====================================')
print('范例 1 ')
print('数字从小到大的排序结果为: ')
trace()

data2=[0,101,118,87,12,765,65]
rootNode=None  #将线索二叉树的树根归零
array_size=7   #第 2 个范例的数组长度为 7
for i in range(array_size):
    Add_Node_To_Tree(data2[i])
print('====================================')
print('范例 2 ')
print('数字从小到大的排序结果为: ')
trace()
print()
```

【执行结果】

执行结果如图 6-43 所示。

```
线索二叉树经建立后,以中序遍历有排序的效果
第一个数字为线索二叉树的开头节点,不列入排序
====================================
范例 1
数字从小到大的排序结果为:
[10]
[20]
[30]
[43]
[100]
[237]
[373]
[399]
[453]
[655]
====================================
范例 2
数字从小到大的排序结果为:
[12]
[65]
[87]
[101]
[118]
[765]
```

图 6-43 执行结果

6.6 树的二叉树表示法

在前面介绍了许多关于二叉树的操作，然而二叉树只是树形结构的特例，广义的树形结构其父节点可拥有多个子节点，我们姑且将这样的树称为多叉树。由于二叉树的链接浪费率最低，因此如果把树转换为二叉树来操作，就会增加许多操作上的便利。步骤相当简单，请看以下的说明。

6.6.1 树转化为二叉树

对于将一般树形结构转化为二叉树，使用的方法称为 CHILD−SIBLING（leftmost-child-next-right-sibling）法则。以下是其执行步骤：

（1）将节点的所有兄弟节点用横线连接起来。

（2）删掉所有与子节点间的链接，只保留与最左子节点的链接。

（3）顺时针旋转 45 度。

按照下面的范例实践一次，就可以有更清楚的认识。要转化的多叉树如图 6-44 所示，步骤如图 6-45~图 6-47 所示。

步骤 01 将树的各层兄弟用横线连接起来。

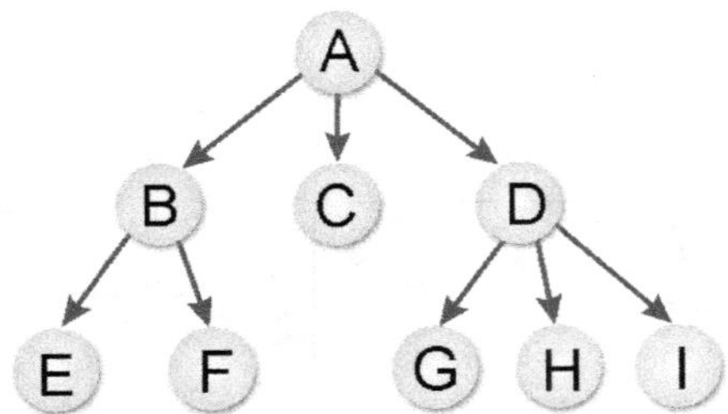

图 6-44　将此多叉树转化为二叉树

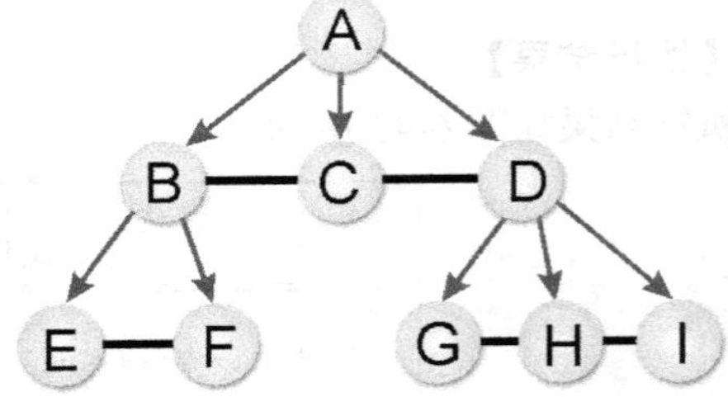

图 6-45　步骤 1：将各层兄弟用横线连接起来

步骤 02　删除所有子节点间的连接，只保留最左边的父子节点的连接。

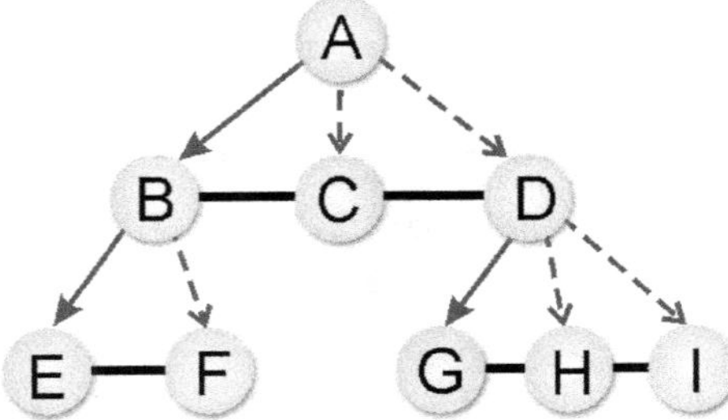

图 6-46　步骤 2：删除所有子节点间的连接，只保留最左边的父子节点的连接

步骤 03　顺时针旋转 45 度。

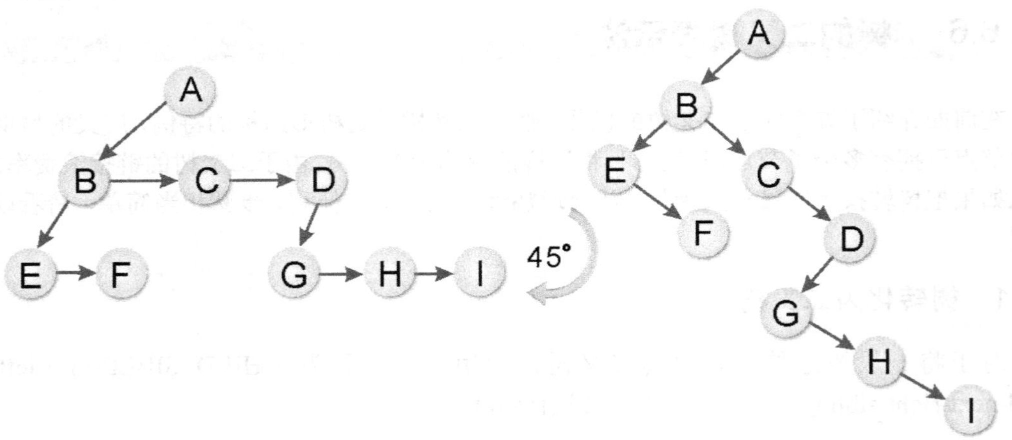

图 6-47　步骤 3：顺时针旋转 45 度

6.6.2　二叉树转换成树

既然树可以转化为二叉树，当然也可以将二叉树转换成树（即多叉树），如图 6-48 所示。

这其实就是树转化为二叉树的逆向步骤，方法也很简单。首先是逆时针旋转 45 度，如图 6-49 所示。

另外，由于(ABE)(DG)左子树代表父子关系，而(BCD)(EF)(GH)右子树代表兄弟关系，因此按这种父子关系增加连接，同时删除兄弟节点间的连接，结果如图 6-50 所示。

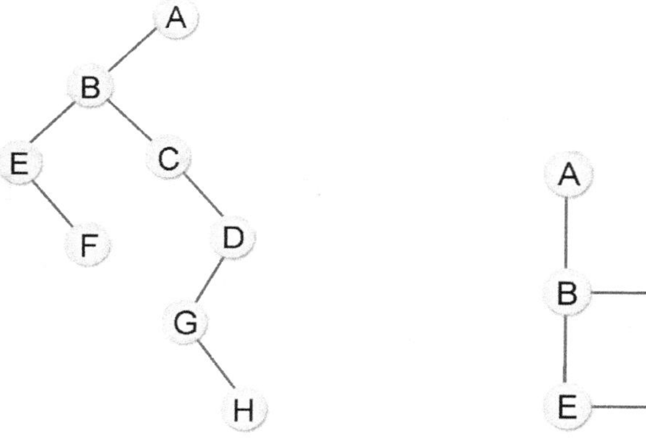

图 6-48　将此二叉树转化为多叉树

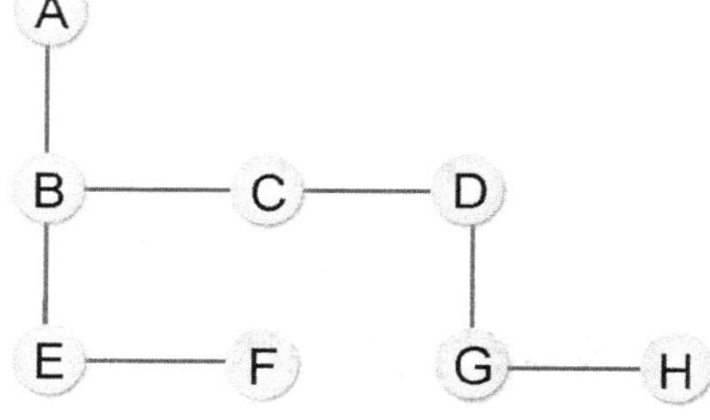

图 6-49　逆时针旋转 45 度

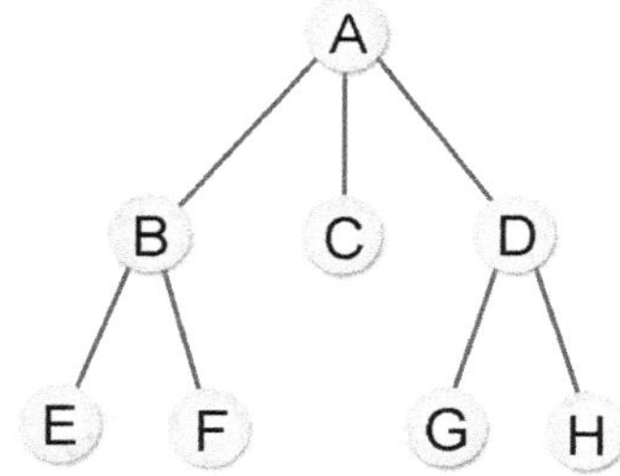

图 6-50　按层增加父子关系的连接，同时删除兄弟节点间的连接

6.6.3　森林转换为二叉树

除了一棵树可以转化为二叉树外，其实好几棵树所形成的森林也可以转化成二叉树，步骤也很类似，如下所示：

（1）从左到右将每棵树的树根（root）连接起来。

（2）仍然利用树转化为二叉树的方法操作。

接着我们以图 6-51 所示的森林为范例进行说明，步骤如图 6-52～图 6-54 所示。

步骤 01 将各树的树根从左到右连接起来。

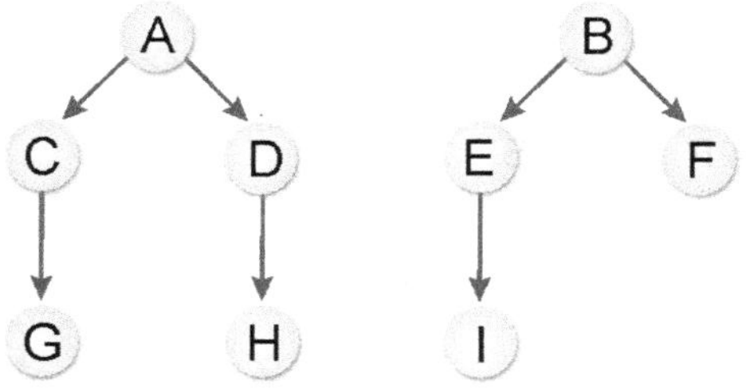

图 6-51　以此森林为例转化为二叉树

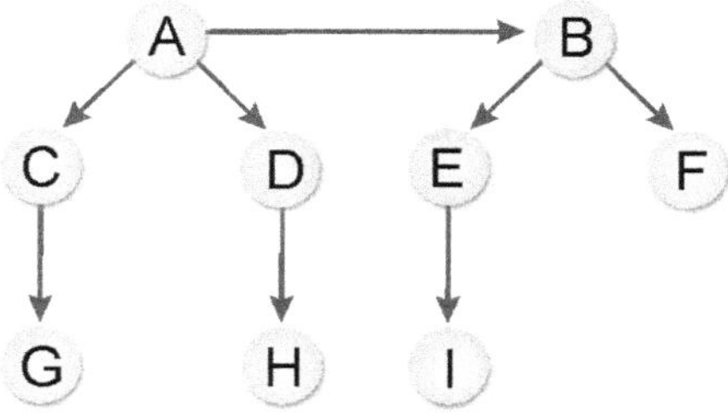

图 6-52　将各树的树根从左到右连接起来

步骤 02 利用树转化为二叉树的原则。

步骤 03 顺时针旋转 45 度。

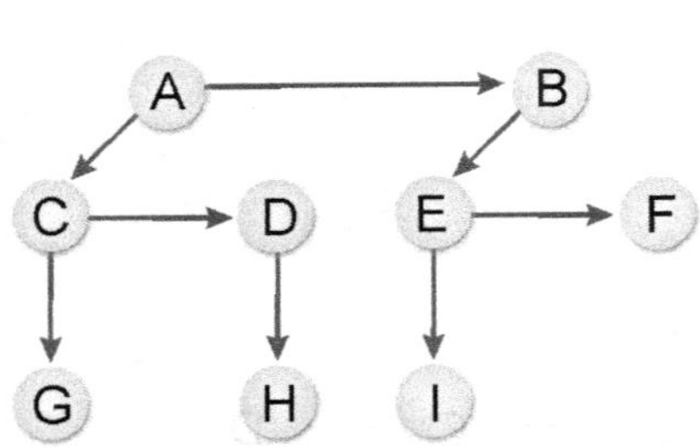

图 6-53 利用树转化为二叉树的原则

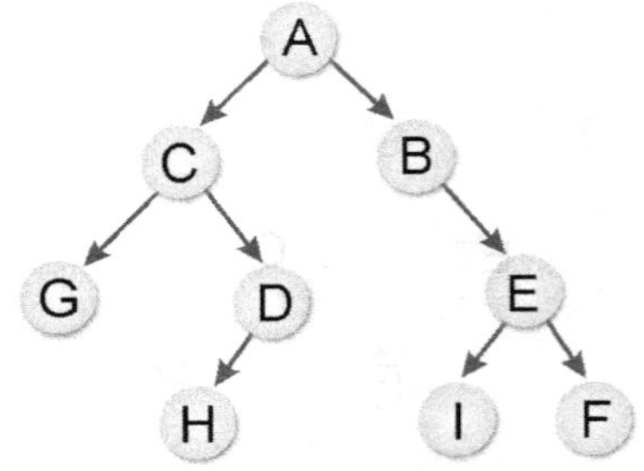

图 6-54 顺时针转 45 度，即成功转化为二叉树了

6.6.4 二叉树转换成森林

二叉树转换成森林的方法则是按照森林转化为二叉树的方法倒推回去，例如图 6-55 所示为二叉树。

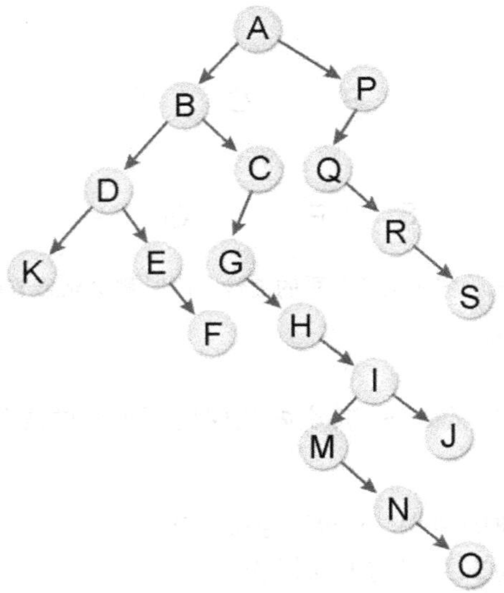

图 6-55 将这棵二叉树转化为森林

首先，把原图逆时旋转 45 度，如图 6-56 所示。

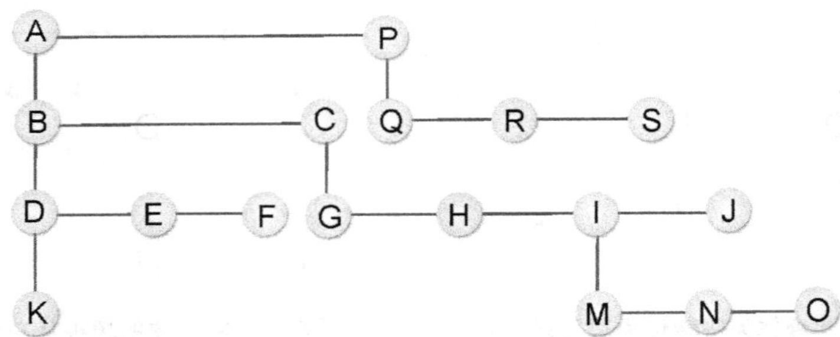

图 6-56 将原二叉树逆时针旋转 45 度

再按照左子树为父子关系，右子树为兄弟关系的原则逐步划分，如图 6-57 所示。

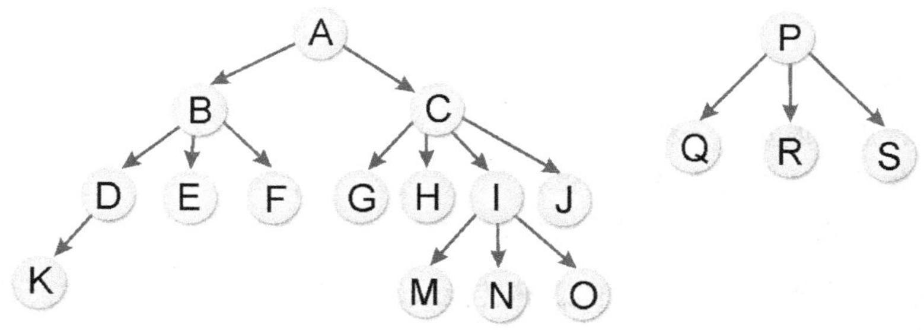

图 6-57 最后转化为森林

6.6.5 树与森林的遍历

除了二叉树的遍历可以有中序遍历、前序遍历与后序遍历 3 种方法外，树与森林的遍历也是这 3 种。但方法略有差异，下面我们将以范例来说明。

假设树根为 R，且此树有 n 个节点，并可分成如图 6-58 所示的 m 个子树：分别是 $T_1, T_2, T_3, \ldots, T_m$。

3 种遍历方法的步骤如下：

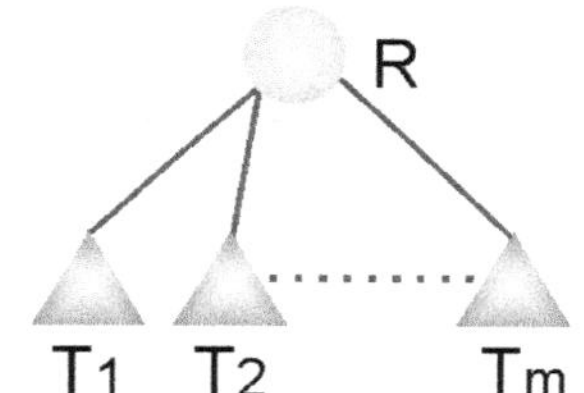

图 6-58 树根为 R 且拥有 m 个子树和 n 个节点的树

- 中序遍历
  （1）以中序法遍历 T1。
  （2）访问树根 R。
  （3）再以中序法遍历 T2, T3, …, Tm。
- 前序遍历
  （1）访问树根 R。
  （2）再以前序法依次遍历 T1, T2, T3, …, Tm。
- 后序遍历
  （1）以后序法依次访问 T1, T2, T3, …, Tm。
  （2）访问树根 R。

至于森林的遍历方式，则是从树的遍历衍生过来的，步骤如下：

- 中序遍历
  （1）若森林为空，则直接返回。
  （2）以中序遍历第一棵树的子树群。
  （3）中序遍历森林中第一棵树的树根。
  （4）按中序法遍历森林中其他树。
- 前序遍历
  （1）若森林为空，则直接返回。
  （2）遍历森林中第一棵树的树根。
  （3）按前序遍历第一棵树的子树群。
  （4）按前序法遍历森林中其他树。

■ 后序遍历

（1）若森林为空，则直接返回。

（2）按后序遍历第一棵树的子树。

（3）按后序法遍历森林中其他树。

（4）遍历森林中第一棵树的树根。

范例▶ **6.6.1** 将如图 6-59 所示的森林转换成二叉树，并分别求出转换前森林与转换后二叉树的中序、前序与后序遍历结果。

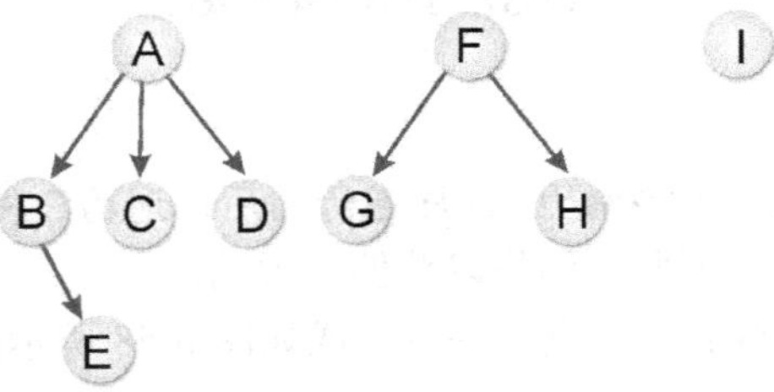

图 6-59　将要转换为二叉树的森林

解答▶ 步骤如图 6-60～图 6-62 所示。

步骤 01

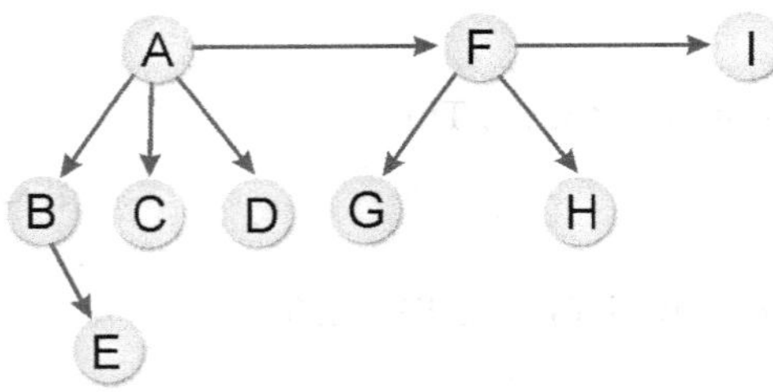

图 6-60　步骤 1

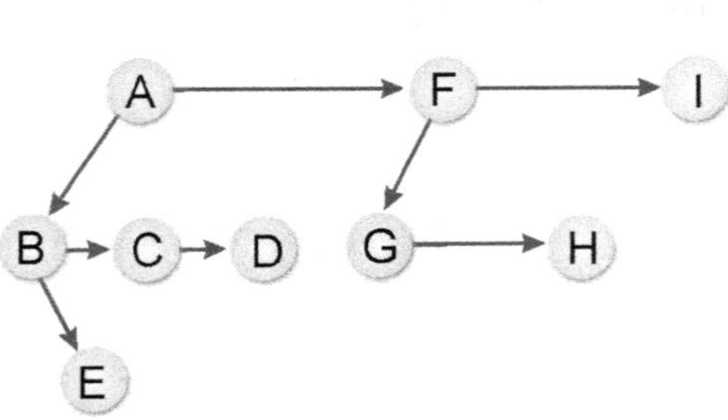

图 6-61　步骤 2

步骤 03

图 6-62　步骤 3

森林遍历：

（1）中序遍历结果为 EBCDAGHFI。

（2）前序遍历结果为 ABECDFGHI。

（3）后序遍历结果为 EBCDGHIFA。

二叉树遍历：

（1）中序遍历结果为 EBCDAGHFI。
（2）前序遍历结果为 ABECDFGHI。
（3）后序遍历结果为 EDCBHGIFA。

注意，转换前后的后序遍历结果不同。

6.6.6 确定唯一二叉树

在二叉树的 3 种遍历方法中，如果有中序与前序的遍历结果或者中序与后序的遍历结果，即可从这些结果求得唯一的二叉树。不过，若只具备前序与后序的遍历结果，则无法确定唯一的二叉树。

现在来看一个范例。例如二叉树的中序遍历为 BAEDGF，前序遍历为 ABDEFG。画出此唯一的二叉树。

解答▶ 中序遍历：左子树 树根 右子树　　前序遍历：树根 左子树 右子树

步骤如图 6-63～图 6-65 所示。

步骤01

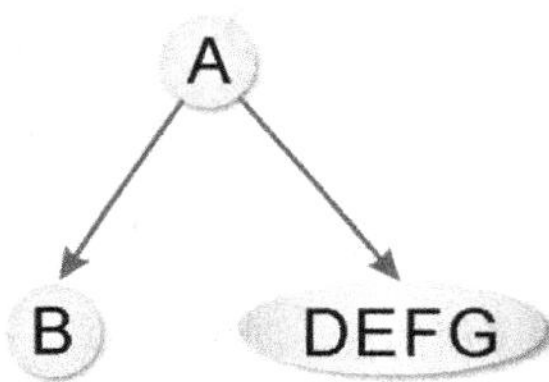

图 6-63　先确定 A 为树根

步骤02

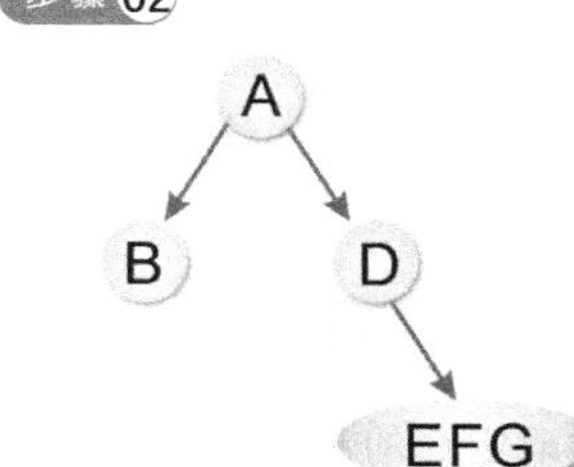

图 6-64　再确定 D 为右子树的节点

步骤03

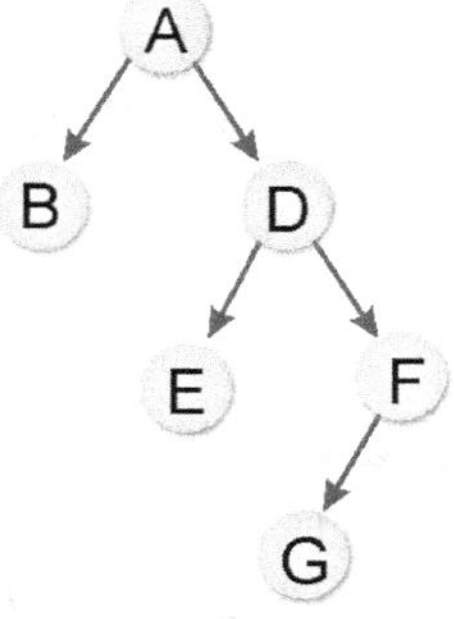

图 6-65　确定的唯一二叉树

范例▶ 6.6.2　某二叉树的中序遍历为 HBJAFDGCE，后序遍历为 HJBFGDECA，绘出此二叉树。

 中序遍历：左子树 树根 右子树　　　后序遍历：左子树 右子树 树根

步骤如图 6-66～图 6-69 所示。

步骤01

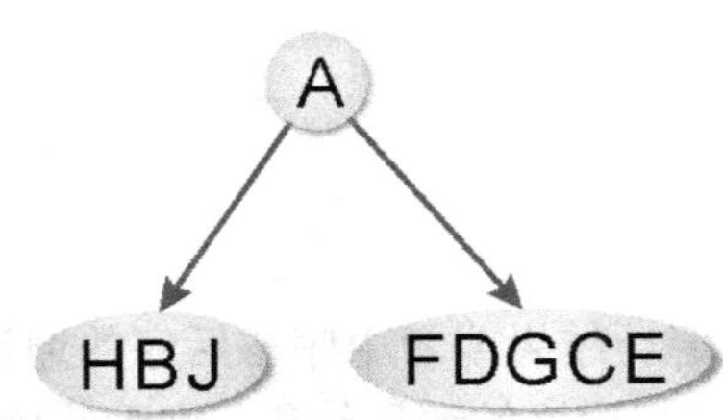

图 6-66　先确定为 A 树根

步骤02

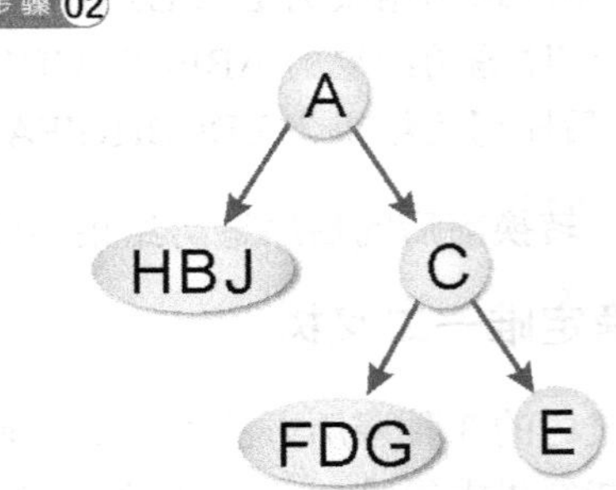

图 6-67　再确定 C 为右子树的根

步骤03

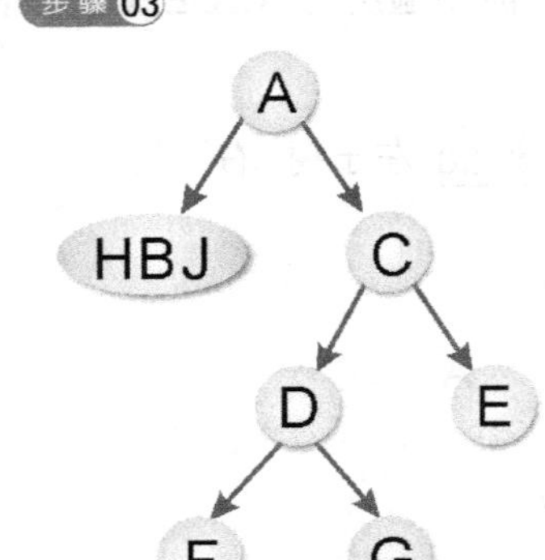

图 6-68　再确定 C 的左子树的根

步骤04

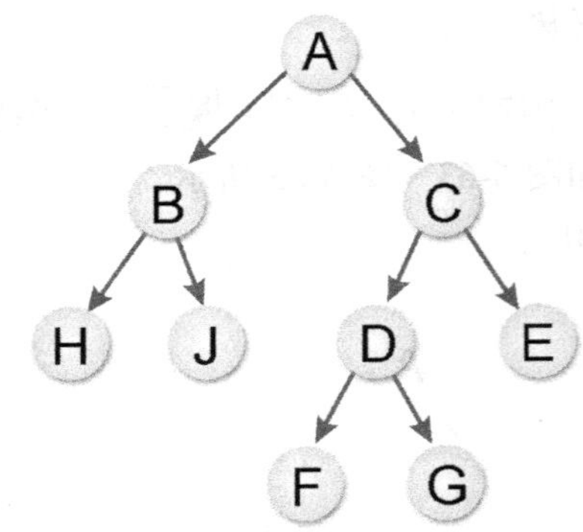

图 6-69　最后确定 A 左子树的根，即可得到唯一确定的二叉树

6.7 优化二叉查找树

之前我们说明过，如果一个二叉树符合“每一个节点的数据大于左子节点且小于右子节点”，这棵树便具有二叉查找树的特性。而所谓的优化二叉查找树，简单地说，就是在所有可能的二叉查找树中有最小查找成本的二叉树。

6.7.1 扩充二叉树

至于什么叫作最小查找成本呢？就让我们先从扩充二叉树（Extension Binary Tree）谈起。任何一个二叉树中，若具有 n 个节点，则有 n−1 个非空链接和 n+1 个空链接。如果在每一个空链接加上一个特定节点，就称为外节点，其余的节点称为内节点，因而定义这种树为“扩充二叉树”。另外定义：外径长＝所有外节点到树根距离的总和，内径长＝所有内节点到树根距离的总和。我们将以图 6-70 的图（a）和图（b）来说明它们的扩充二叉树的绘制过程，如图 6-71 和图 6-72 所示。

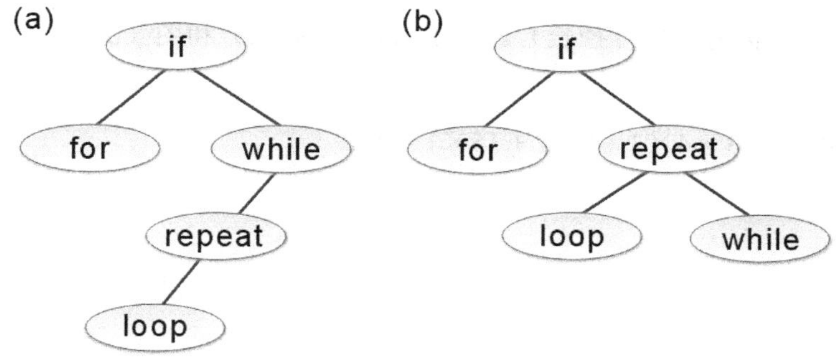

图 6-70　以图（a）和图（b）为例说明扩充二叉树的绘制

▭：代表外部节点

（a）

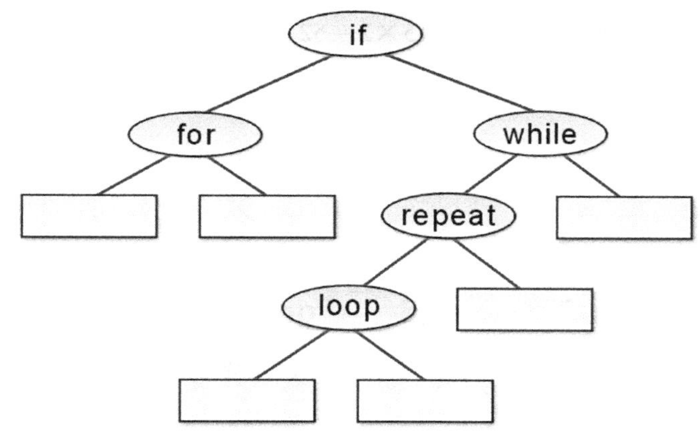

图 6-71　图（a）的扩充二叉树

外径长：(2+2+4+4+3+2)=17　　内径长：(1+1+2+3)=7

（b）

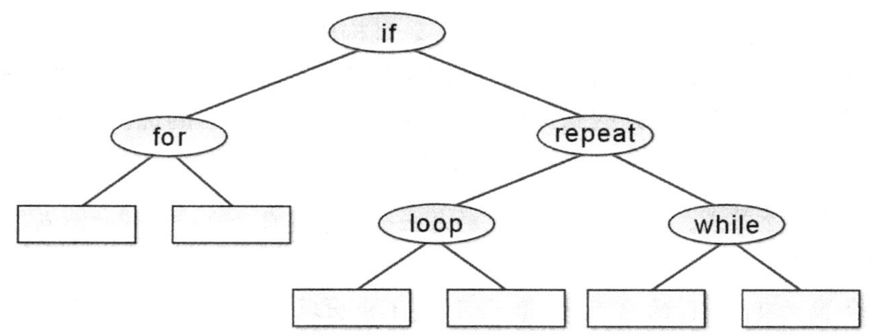

图 6-72　图（b）的扩充二叉树

外径长：(2+2+3+3+3+3)=16　　内径长：(1+1+2+2)=6

以图（a）和图（b）为例，若每个外部节点有加权值（例如查找概率等），则外径长必须考虑相关加权值（或称为加权外径长）。以下将讨论图（a）和图（b）的加权外径长，如图 6-73 和图 6-74 所示。

对（a）来说：2×3 + 4×3 + 5×2 + 15×1 = 43。

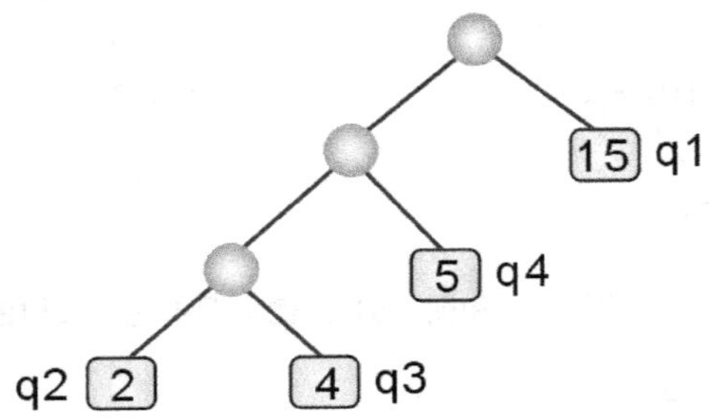

图 6-73　具有加权值的图（a）的扩充二叉树

对（b）来说：2×2 + 4×2 + 5×2 + 15×2 = 52。

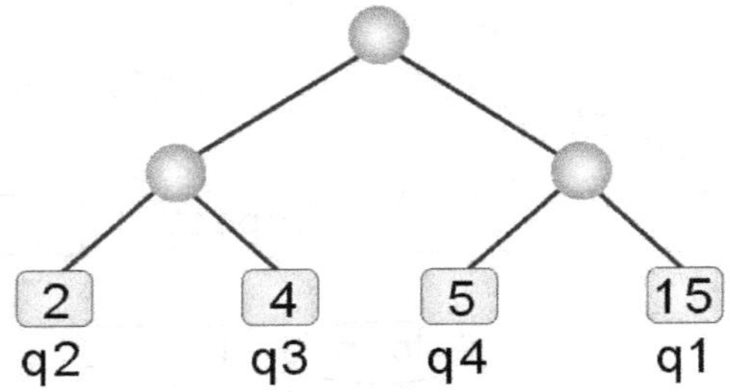

图 6-74　具有加权值的图（b）的扩充二叉树

6.7.2　霍夫曼树

霍夫曼树（Huffman Tree）经常应用于处理数据压缩，是可以根据数据出现的频率来构建的二叉树。例如数据的存储和传输是数据处理的两个重要领域，两者都和数据量的大小息息相关，而霍夫曼树正好可以用于数据压缩的算法。

简单来说，如果有 n 个权值（$q_1, q_2, \ldots, q_n$），且构成一个有 n 个节点的二叉树，每个节点的外部节点的权值为 q_i，则加权外径长度最小的就称为“优化二叉树”或“霍夫曼树”。对 6.7.1 小节中，图（a）和图（b）的二叉树而言，图（a）就是二者的优化二叉树。接下来我们将说明，对一个含权值的链表，该如何求其优化二叉树，步骤如下：

步骤 01　产生两个节点，对数据中出现过的每一个元素各自产生一个树叶节点，并赋予树叶节点该元素的出现频率。

步骤 02　令 N 为 T_1 和 T_2 的父节点，T_1 和 T_2 是 T 中出现频率最低的两个节点，令 N 节点的出现频率等于 T_1 和 T_2 出现频率的总和。

步骤 03　消去步骤的两个节点，插入 N，再重复步骤 1。

我们将利用以上的步骤来实现求取霍夫曼树的过程，假设现在有 5 个字母 BDACE 出现的频率分别为 0.09、0.12、0.19、0.21 和 0.39，说明霍夫曼树的构建过程。

步骤01 取出最小的 0.09 和 0.12，合并成另一棵新的二叉树，其根节点的频率为 0.21，如图 6-75 所示。

步骤02 再取出 0.19 和 0.21 为根的二叉树合并后，得到 0.40 为根的新二叉树，如图 6-76 所示。

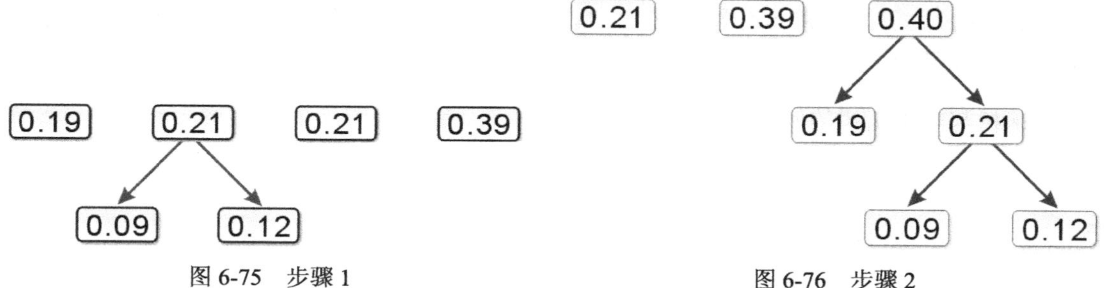

图 6-75 步骤 1

图 6-76 步骤 2

步骤03 再取出 0.21 和 0.39 的节点，产生频率为 0.6 的新节点，得到右边的新二叉树，如图 6-77 所示。

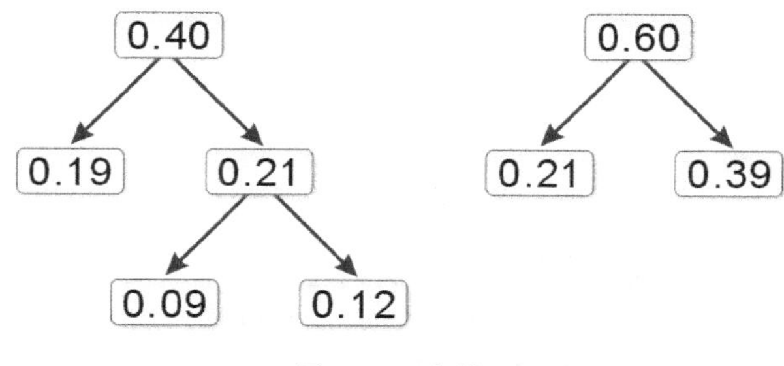

图 6-77 步骤 2

步骤04 最后取出 0.40 和 0.60 两个二叉树的根节点，将它们合并成频率为 1.0 的节点，至此二叉树就完成了。

6.7.3 平衡树

为了能够尽量降低查找所需要的时间，很快就找到所要的键值，或者很快就知道当前的树中没有我们要的键值，必须让树的高度越小越好。

由于二叉查找树的缺点是无法永远保持在最佳状态，在加入的数据部分已排序的情况下，极有可能产生斜二叉树，因而使树的高度增加，导致查找效率降低，因此一般的二叉查找树不适用于数据经常变动（加入或删除）的情况。相对地，比较适合不会变动的数据，例如程序设计语言中的“保留字”等。

平衡树的定义

所谓平衡树（Balanced Binary Tree），又称为 AVL 树（是由 Adelson−Velskii 和 Landis 两人所发明的），它本身也是一棵二叉查找树。在 AVL 树中，每次在插入数据和删除数据后，必要的时候会对二叉树做一些高度的调整，而这些调整就是要让二叉查找树的高度随时维持平衡。通常适用于经常变动的动态数据，如编译程序（Compiler）里的符号表（Symbol Table）等。

以下为平衡树的正式定义：

T 是一个非空的二叉树，T_l 和 T_r 分别是它的左右子树，若符合下列两个条件，则称 T 是一个高度平衡树：

（1）T_l 和 T_r 也是高度平衡树。

（2）$|h_l-h_r|\leqslant 1$，h_l 和 h_r 分别为 T_l 和 T_r 的高度，也就是所有内部节点的左右子树高度相差必定小于或等于 1。

平衡树与非平衡树的例子如图 6-78 所示。

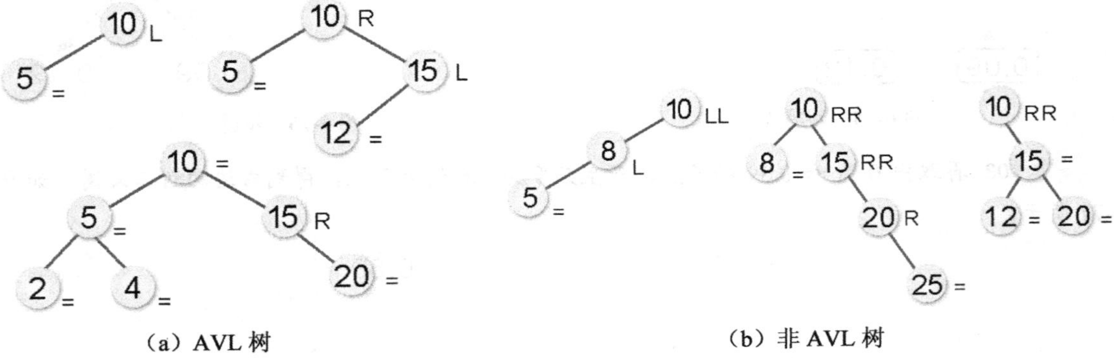

图 6-78　平衡树与非平衡树

至于如何调整一棵二叉查找树成为一棵平衡树，最重要的是找出“不平衡点”，再按照 4 种不同的旋转型重新调整其左右子树的长度。首先，令新插入的节点为 N，且其最近的一个具有±2 的平衡因子节点为 A，下一层为 B，再下一层为 C，先分述如下。

- *左左型（LL 型，如图 6-79 所示）*

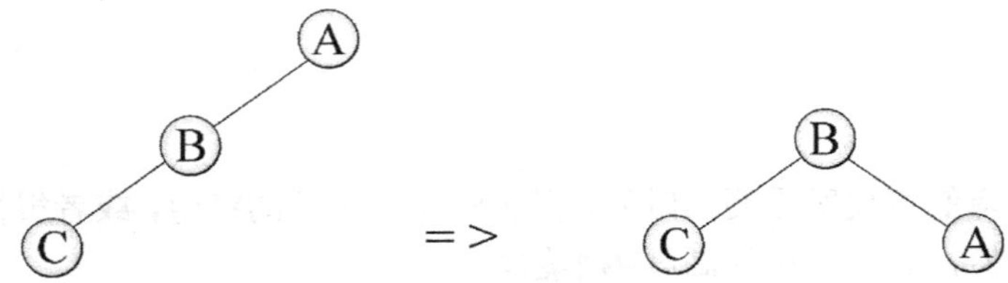

图 6-79　LL 型

- *左右型（LR 型，如图 6-80 所示）*

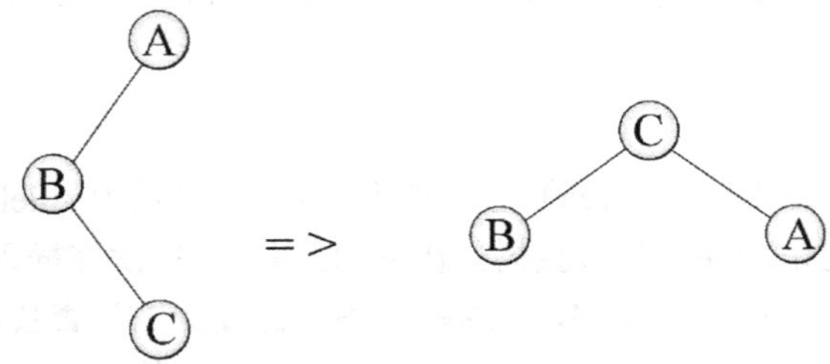

图 6-80　LR 型

■ 右右型（RR 型，如图 6-81 所示）

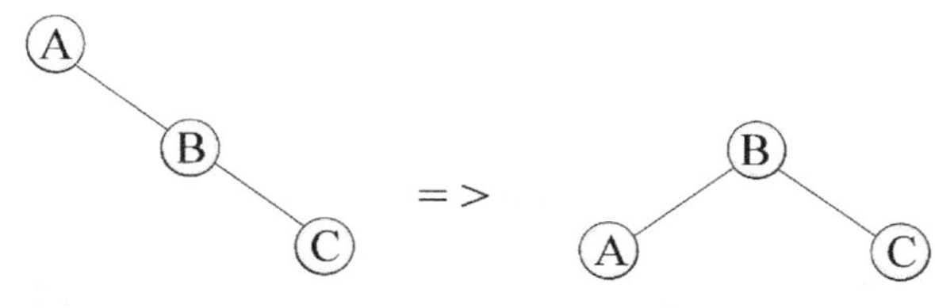

图 6-81　RR 型

■ 右左型（RL 型，如图 6-82 所示）

现在我们来实现一个范例，例如图 6-83 所示的二叉查找树，试绘出当加入（Insert）键值（Key）42 之后的树图。注意，加入后的树图仍需保持高度为 3 的二叉查找树。

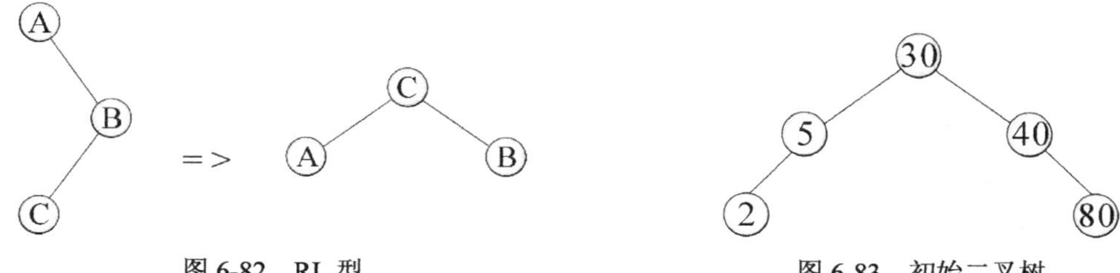

图 6-82　RL 型　　　　图 6-83　初始二叉树

加入节点 42 并调整为平衡树后的情况如图 6-84 所示。

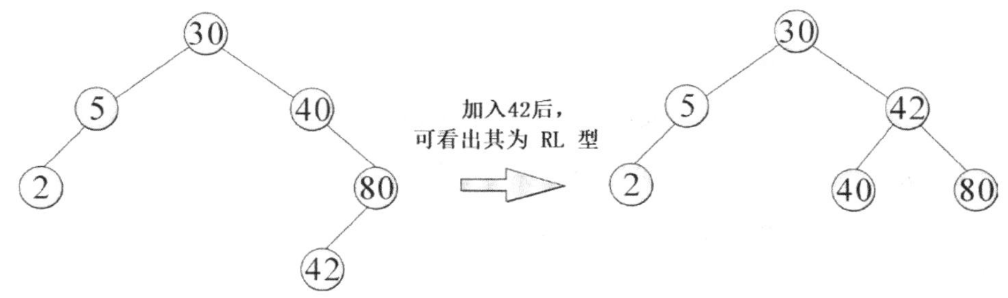

图 6-84　加入节点 42，并调整为平衡树

接着再来研究一个例子。图 6-85 所示的二叉树原来是平衡的，加入节点 12 后变得不平衡了，请重新调整成平衡树，但不可破坏原有的次序结构。

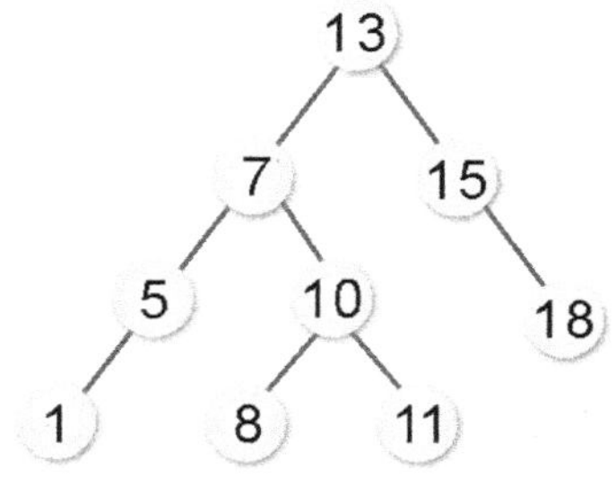

图 6-75　加入节点 12 之前的平衡树

调整结果如图 6-86 所示。

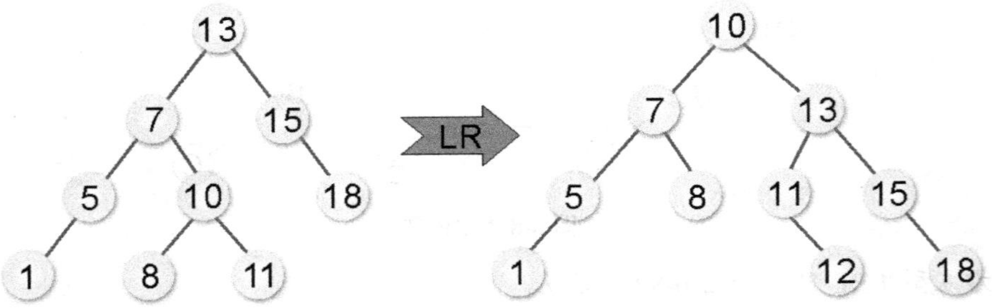

图 6-86　加入节点 12 之后再调整为平衡树

范例▶ **6.7.1**　在图 6-87 所示的平衡二叉树中，加入节点 11 后，重新调整后的平衡树是怎样的？

解答▶ 加入节点 11 之后重新调整得到的平衡树如图 6-88 所示。

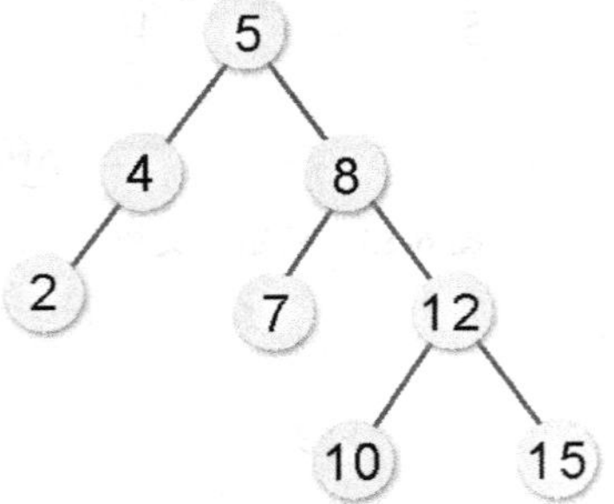

图 6-87　加入节点 11 之前的平衡树

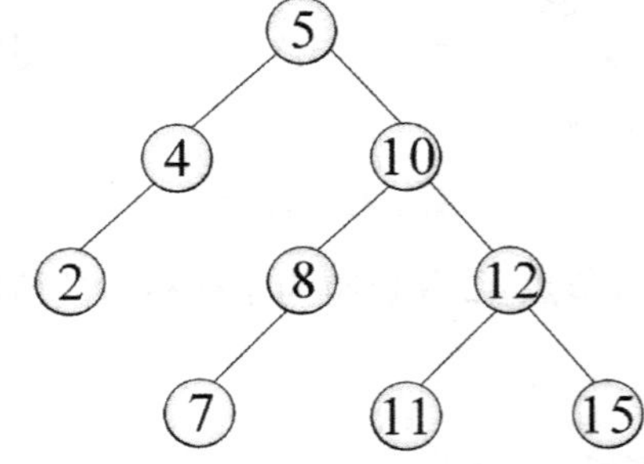

图 6-88　加入节点 11 之后重新调整得到的平衡树

范例▶ **6.7.2**　形成 8 层的平衡树最少需要几个节点？

解答▶ 因为条件是形成最少节点的平衡树，不但要最少，而且要符合平衡树的定义。在此我们逐一讨论：

（1）一层的最少节点的平衡树：

（2）二层的最少节点的平衡树：

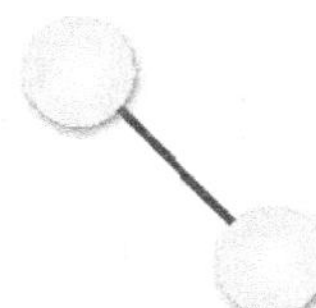

（3）三层的最少节点的平衡树：

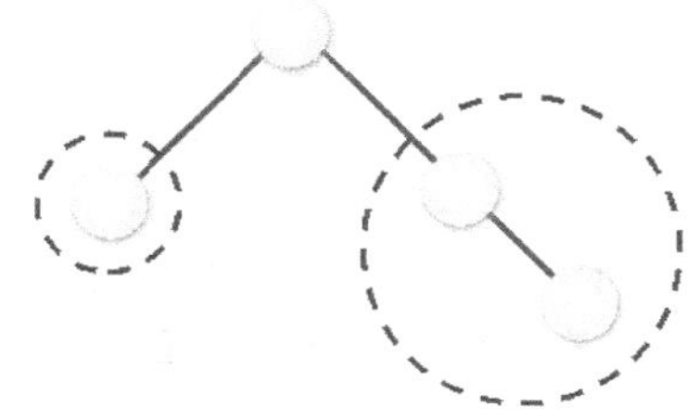

（4）四层的最少节点的平衡树：

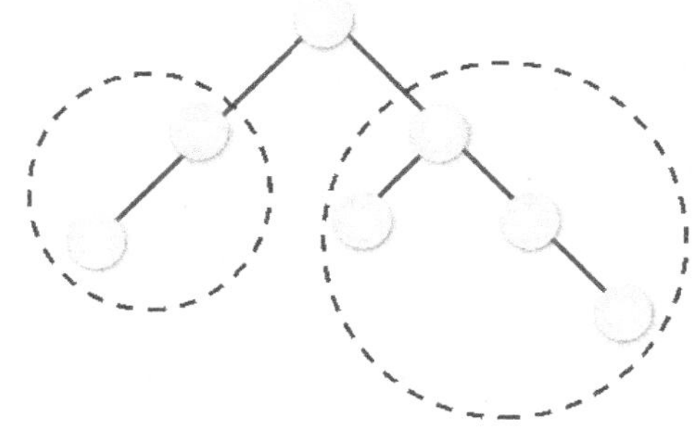

（5）五层的最少节点的平衡树：

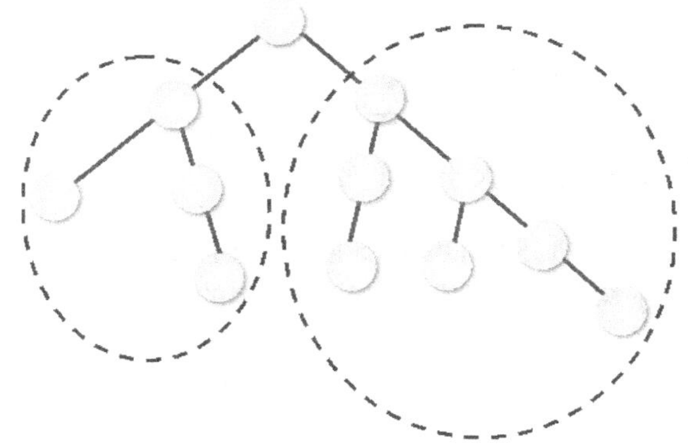

由以上的讨论得知：

$N_n=N_{n-1}+N_{n-2}+1$

且 $N_0=0$，$N_1=1$ ← 树根

→0, 1, 2, 4, 7, 12, 20, 33, 54, 88…

所以第 8 层最少节点的平衡树有 54 个节点。

6.8 B 树

B 树（B Tree）是一种高度大于等于 1 的 m 阶查找树，它也是平衡树概念的延伸，是由 Bayer 和 McCreight 两位专家所提出的。在还没开始谈 B 树的主要特征之前，我们先来复习之前所介绍的二叉查找树的概念。

B 树的定义

一般来说，二叉查找树是一棵二叉树，在这棵二叉树上的节点均包含一个键值数据和分别指向左子树与右子树的链接字段，同时树根的键值恒大于其左子树的所有键值，且小于或等于右子树的所有键值。另外，其左右子树也是一棵二叉查找树。而这种包含键值并指向两棵子树的节点称为 2 阶节点。也就是说，2 阶节点的节点度数都小于等于 2。以这样的概念，我们拓展到 3 阶节点，它包括下列的几个特点：

（1）每一个 3 阶节点存放的键值最多为 2 个，假设其键值分别为 k_1 和 k_2，则 $k_1<k_2$。

（2）每一个 3 阶节点的度数均小于等于 3。

（3）每一个 3 阶节点的链接字段有 3 个，即 $P_{0,1}$、$P_{1,2}$、$P_{2,3}$，这 3 个链接字段分别指向 T_1、T_2、T_3 三棵子树。

（4）T_1 子树的所有节点键值均小于 k_1。

（5）T_2 子树的所有节点键值均大于等于 k_1 且小于 k_2。

（6）T_3 子树的所有节点键值均大于等于 k_2。

图 6-89 就是一棵 3 阶节点所建立形成的 3 阶查找树，当链接指针字段指向 None 时，表示该链接字段没有指向任何子树，3 阶查找树也就是 3 阶的 B 树，或称 2–3 树。

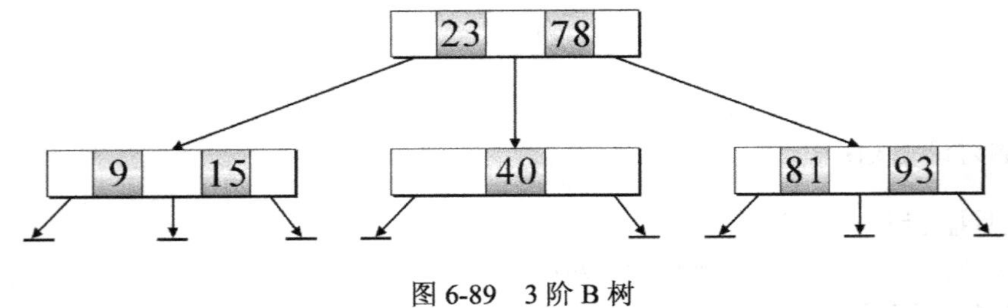

图 6-89 3 阶 B 树

按照上面所列的特点，我们将其扩大到 m 阶查找树，就可以知道 m 阶查找树包含下列的主要特征：

（1）每一个 m 阶节点存放的键值最多为 m−1 个，假设其键值分别为 k_1、k_2、k_3、k_4…k_{m-1}，则 $k_1<k_2<k_3<k_4<\ldots<k_{m-1}$。

（2）每一个 m 阶节点度数均小于等于 m。

（3）每一个 m 阶节点的链接字段有 m 个，即 $P_{0,1}$、$P_{1,2}$、$P_{2,3}$、$P_{3,4}$…$P_{m-1,m}$，这 m 个链接字段分别指向 T_1、T_2、T_3…T_m m 棵子树。

（4）T_1 子树的所有节点键值均小于 k_1。

（5）T_2 子树的所有节点键值均大于等于 k_1 且小于 k_2。

（6）T_3 子树的所有节点键值均大于等于 k_2 且小于 k_3。

（7）以此类推，T_m 子树的所有节点键值均大于等于 k_{m-1}。

m 阶查找树的键值、链接字段及其分别指向的子树如图 6-90 所示。

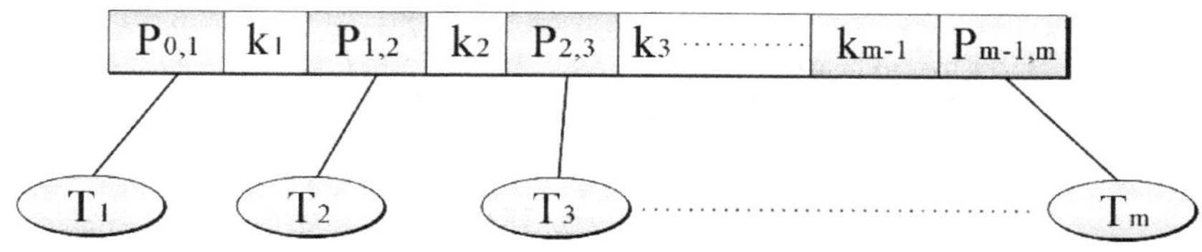

图 6-90　m 阶查找树的键值、链接字段及其分别指向的子树

其中 T_1、T_2、T_3…T_m 都是 m 阶查找树的子树，在这些子树中的每一个节点都是 m 阶节点，且其每一个节点的度数都小于等于 m。

有了以上的了解，接下来就来谈谈 B 树的几个重要的概念。其实 B 树就是一棵 m 阶查找树，且其高度大于等于 1，主要的特点有：

（1）B 树上每一个节点都是 m 阶节点。

（2）每一个 m 阶节点存放的键值最多为 m−1 个。

（3）每一个 m 阶节点度数均小于等于 m。

（4）除非是空树，否则树根节点至少必须有两个以上的子节点。

（5）除了树根和树叶节点外，每一个节点最多不超过 m 个子节点，但至少包含⌈m/2⌉个子节点。

（6）每个树叶节点到树根节点所经过的路径长度都一致，也就是说，所有的树叶节点都必须在同一层（level）。

（7）当要增加树的高度时，处理的方法就是将该树根节点一分为二。

（8）若 B 树的键值分别为 k_1、k_2、k_3、k_4…k_{m-1}，则 $k_1<k_2<k_3<k_4<\ldots<k_{m-1}$。

（9）B 树的节点表示法为 $P_{0,1}$，k_1，$P_{1,2}$，k_2，…，$P_{m-2,m-1}$，k_{m-1}，$P_{m-1,m}$。

其节点结构图如下：

$P_{0,1}$	k_1	$P_{1,2}$	k_2	$P_{2,3}$	k_3 …………	k_{m-1}	$P_{m-1,m}$

其中 $k_1<k_2<k_3<\ldots<k_{m-1}$。

（1）$P_{0,1}$ 指针所指向的子树 T_1 中的所有键值均小于 k_1。

（2）$P_{1,2}$ 指针所指向的子树 T_2 中的所有键值均大于等于 k_1 且小于 k_2。

（3）以此类推，$P_{m-1,m}$ 指针所指向的子树 T_m 中所有键值均大于等于 k_{m-1}。

例如，根据 m 阶查找树的定义，我们知道 4 阶查找树的每一个节点度数小于等于 4，又由于 B 树的特点：除非是空树，否则树根节点至少必须有两个以上的子节点。由此可以得知，4

阶 B 树结构的每一个节点度数可能为 2、3 或 4，因此 4 阶 B 树又称 2-3-4 树，如图 6-91 所示。

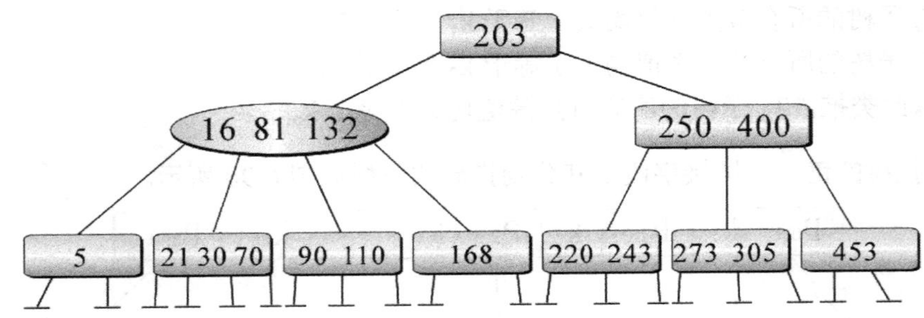

图 6-91　4 阶 B 树的例子

【课后习题】

1. 一般树形结构在计算机内存中的存储方式是以链表为主，对于 n 叉树来说，我们必须取 n 为链接个数的最大固定长度，试说明为了改进存储空间浪费的缺点，我们最常使用二叉树（Binary Tree）结构来取代树形结构。

2. 下列哪一种不是树？

A. 一个节点　　B. 环形链表
C. 一个没有回路的连通图　　D. 一个边数比点数少 1 的连通图

3. 关于二叉查找树的叙述，哪一个是错误的？

A. 二叉查找树是一棵完全二叉树
B. 可以是斜二叉树
C. 一个节点最多只有两个子节点
D. 一个节点的左子节点的键值不会大于右子节点的键值

4. 以下二叉树的中序法、后序法以及前序法表达式分别是什么？

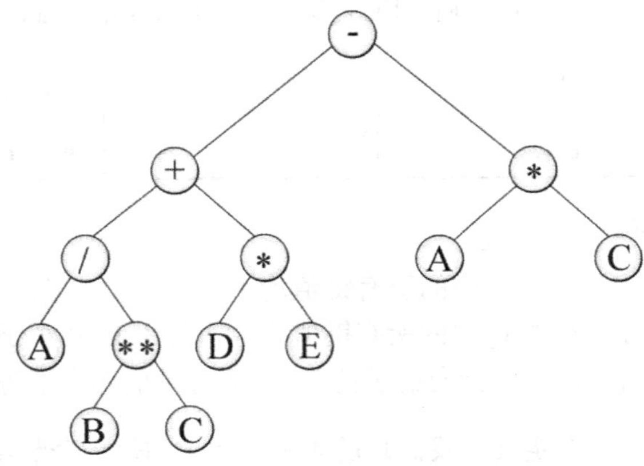

5. 以下二叉树的中序法、前序法以及后序法表达式分别是什么？

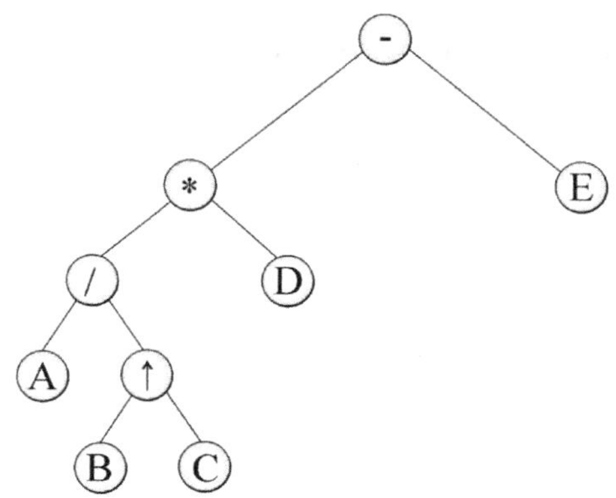

6. 试以链表来描述以下树形结构的数据结构。

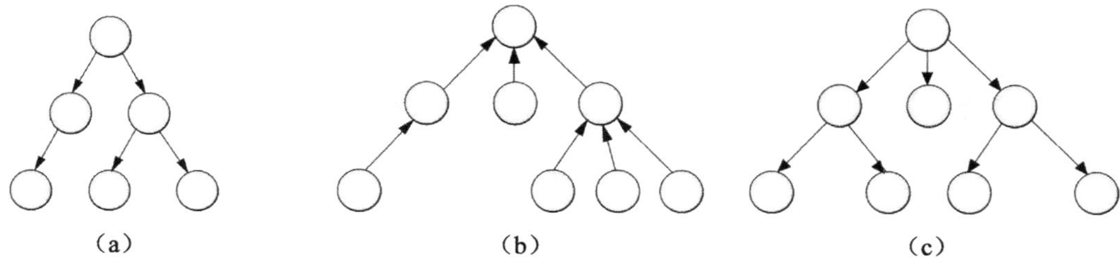

7. 假如有一个非空树，其度数为 5，已知度数为 i 的节点数有 i 个，其中 1≤ i ≤ 5，请问终端节点数总数是多少？

8. 使用后序遍历法将下图二叉树的遍历结果按节点中的文字打印出来。

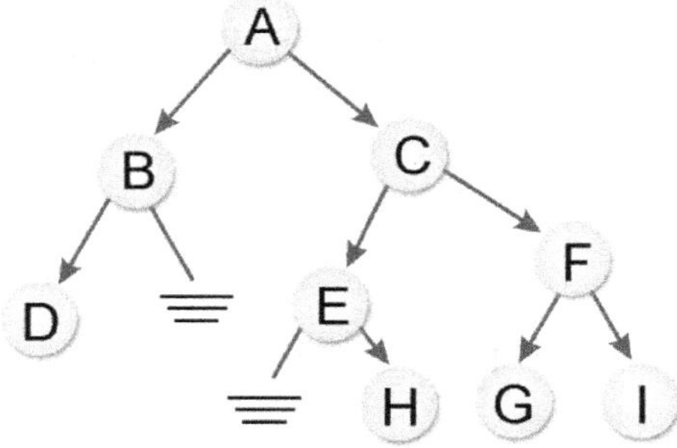

9. 以下二叉树的中序、前序以及后序遍历结果分别是什么？

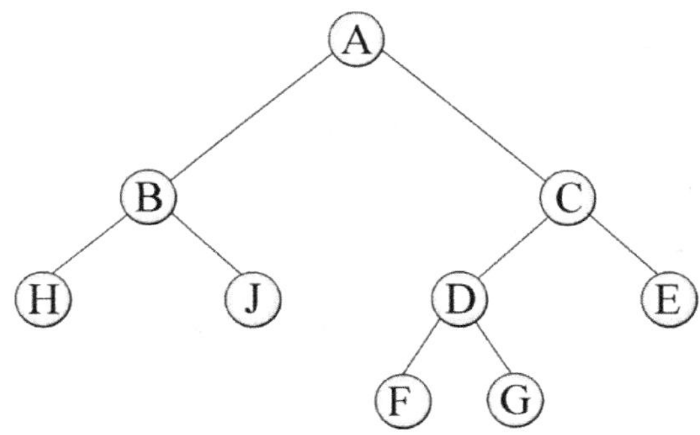

10. 用二叉查找树表示 n 个元素时，最小高度和最大高度的二叉查找树的值分别是什么？

11. 一棵二叉树被表示成 A(B(CD)E(F(G)H(I(JK)L(MNO))))，画出二叉树的结构以及后序与前序遍历的结果。

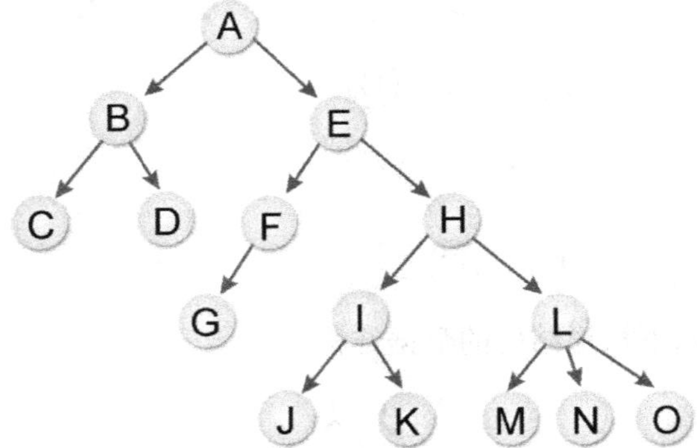

12. 以下运算二叉树的中序法、后序法与前序法表达式分别是什么？

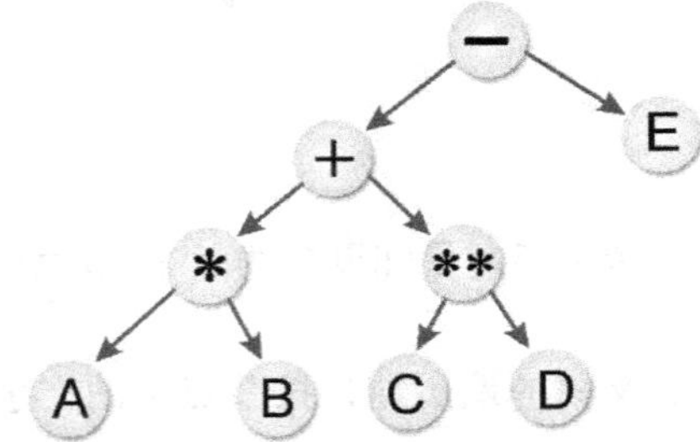

13. 尝试将 A−B*(−C+−3.5) 表达式转为二叉运算树，并求出此算术表达式的前序与后序表示法。

14. 下图为一个二叉树：

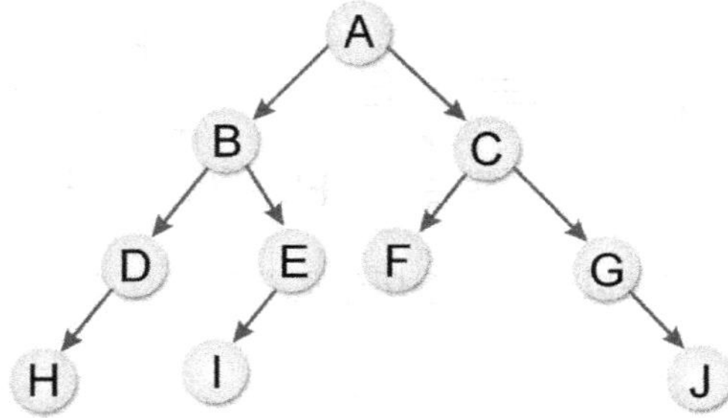

（1）求此二叉树的前序遍历、中序遍历与后序遍历结果。

（2）空的线索二叉树是什么？

（3）以线索二叉树表示其存储情况。

15. 求下图的森林转换成二叉树前后的中序、前序与后序遍历结果。

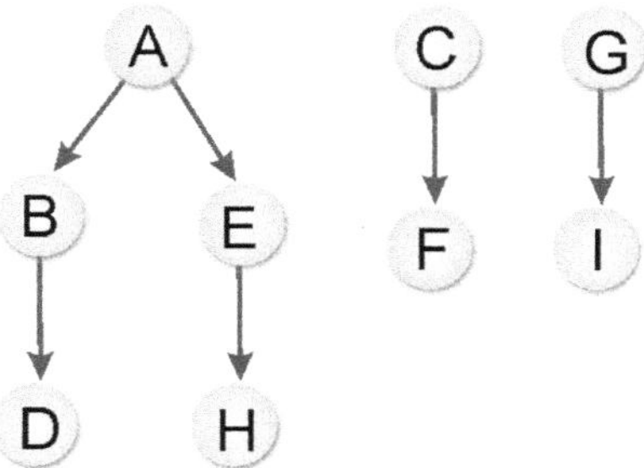

16. 形成 8 层的平衡树最少需要几个节点？
17. 将下图的树转换为二叉树。

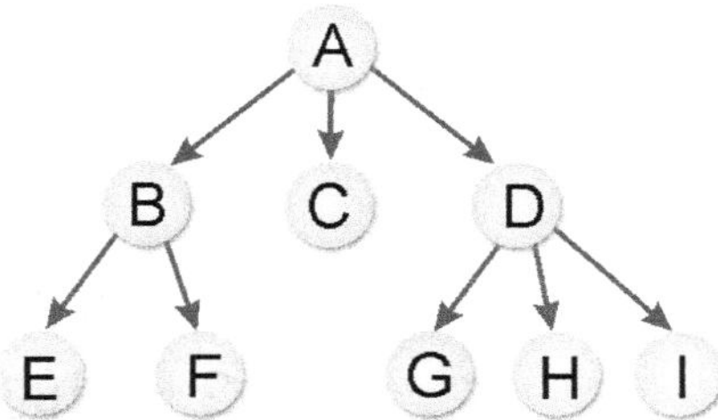

18. 说明二叉查找树的特点。
19. 试写出一个伪码 SWAPTREE(T) 将二叉树 T 的所有节点的左右子节点对换。
20. 将 A/B**C+D*E−A*C 转化为二叉运算树。
21. 试述如何对一个二叉树进行中序遍历不用堆栈或递归。
22. 将下图的树转化为二叉树。

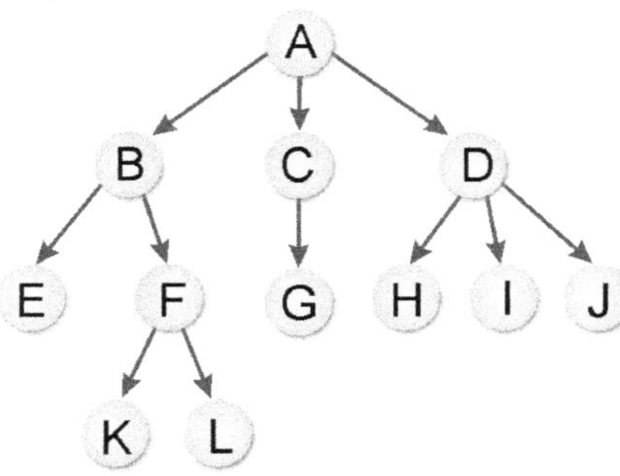

第 7 章 图形结构

7.1 图形简介
7.2 图的数据表示法
7.3 图的遍历
7.4 生成树
7.5 图的最短路径
7.6 AOV 网络与拓扑排序
7.7 AOE 网络

树形结构的最大不同是描述节点与节点之间“层次”的关系，但是图形结构（或简称图结构）却是讨论两个顶点之间“连通与否”的关系，如果为图形中连接两顶点的边填上加权值（也可以称为成本），这类图形就称为“网络”。图形除了被应用在数据结构中用于最短路径搜索、拓扑排序外，还能应用在系统分析中以时间为评审标准的性能评审技术（Performance Evaluation and Review Technique，PERT），以及“IC 电路设计”“交通网络规划”等。注：后文“图”和“图形”在数据结构的描述中指同一个概念，在图论中，图的定义有特定的含义。

7.1 图形简介

图形理论（简称图论）起源于 1736 年，是一位瑞士数学家欧拉（Euler）为了解决“哥尼斯堡”问题所想出来的一种数据结构理论，这就是著名的“七桥问题”。简单来说，就是有 7 座横跨 4 个城市的大桥。欧拉所思考的问题是这样的，“是否有人在只经过每一座桥梁一次的情况下，把所有地方都走过一次而且回到原点”。如图 7-1 所示为“七桥问题”的示意图。

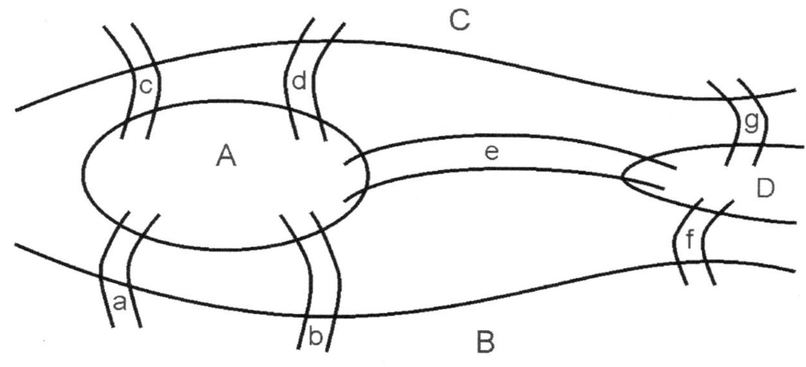

图 7-1 哥尼斯堡七桥问题

7.1.1 欧拉环与欧拉链

欧拉当时使用的方法就是以图形结构来进行分析的。他以顶点表示城市，以边表示桥梁，并定义了连接每个顶点的边数，称为该顶点的度数。我们将以如图 7-2 所示的简图来表示“哥尼斯堡桥梁”问题。

最后欧拉得出一个结论：“当所有顶点的度数都为偶数时，才能从某顶点出发，经过每条边一次，再回到起点”。也就是说，在图 7-2 中，每个顶点的度数都是奇数，所以欧拉所思考的问题是不可能发生的，这个理论就是有名的“欧拉环”（Eulerian Cycle）理论。

但是，如果条件改成从某顶点出发，经过每条边一次，不一定要回到起点，即只允许其中两个顶点的度数是奇数，其余则必须全部为偶数，符合这样的结果就称为欧拉链（Eulerian Chain），如图 7-3 所示。

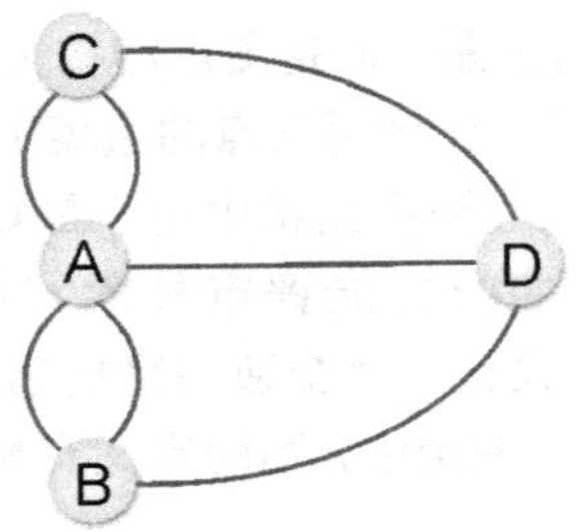

图 7-2 以图的抽象方式表示哥尼斯堡七桥问题

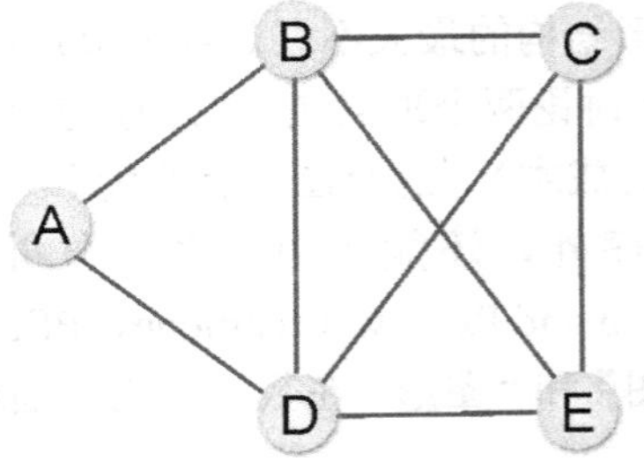

图 7-3 欧拉链

7.1.2 图形的定义

图是由“顶点”和“边”所组成的集合，通常用 G=(V, E) 来表示，其中 V 是所有顶点所组成的集合，而 E 代表所有边所组成的集合。图的种类有两种：一种是无向图，另一种是有向图，无向图以(V_1, V_2)表示其边，而有向图则以<V_1,V_2>表示其边。

7.1.3 无向图

无向图（Graph）是一种边没有方向的图，即同边的两个顶点没有次序关系，例如 (V_1,V_2)与 (V_2,V_1) 代表的是相同的边，如图 7-4 所示。

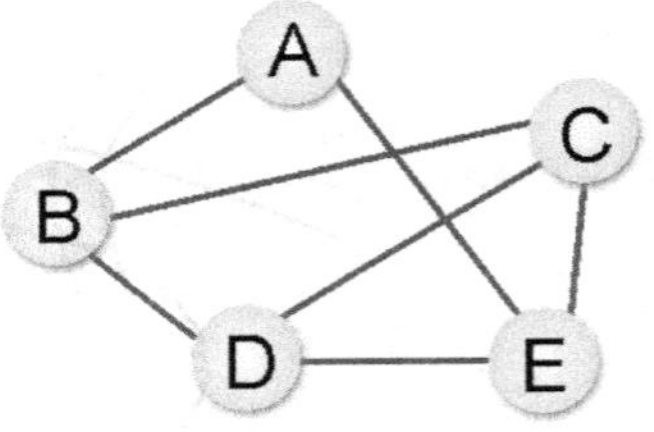

图 7-4 无向图

V={A,B,C,D,E}
E={(A,B),(A,E),(B,C),(B,D),(C,D),(C,E),(D,E)}

接下来介绍无向图的重要术语。

- 完全图：在“无向图”中，N 个顶点正好有 N(N−1)/2 条边，就称为“完全图”，如图 7-5 所示。
- 路径（Path）：对于从顶点 V_i 到顶点 V_j 的一条路径，是指由所经过顶点组成的连续数列，如图 7-5 中，A 到 E 的路径有{(A, B)、(B, E)}及{((A, B)、(B, C)、(C, D)、(D, E))等。
- 简单路径（Simple Path）：除了起点和终点可能相同外，其他经过的顶点都不同，在图 7-5 中，(A, B)、(B, C)、(C, A)、(A, E)不是一条简单路径。
- 路径长度（Path Length）：是指路径上所包含边的数目，在图 7-5 中，(A, B)、(B, C)、(C, D)、(D, E)是一条路径，其长度为 4，且为一条简单路径。
- 回路（Cycle）：起始顶点和终止顶点为同一个点的简单路径称为回路。如图 7-5 所示，{(A, B)，(B, D)，(D, E)，(E, C)，(C, A)}起点和终点都是 A，所以是一个回路。
- 关联（Incident）：如果 V_i 与 V_j 相邻，就称 (V_i, V_j) 这个边关联于顶点 V_i 及顶点 V_j，如图 7-5 所示，关联于顶点 B 的边有(A, B)、(B, D)、(B, E)、(B, C)。
- 子图（Subgraph）：当我们称 G′为 G 的子图时，必定存在 $V(G') \subseteq V(G)$ 与 $E(G') \subseteq E(G)$，如图 7-6 所示的图就是图 7-5 的子图。
- 相邻（Adjacent）：如果 (V_i, V_j) 是 E(G) 中的一条边，就称 V_i 与 V_j 相邻。

- 连通分支（Connected Component）：在无向图中，相连在一起的最大子图（Subgraph），如图 7-7 所示有 2 个连通分支。

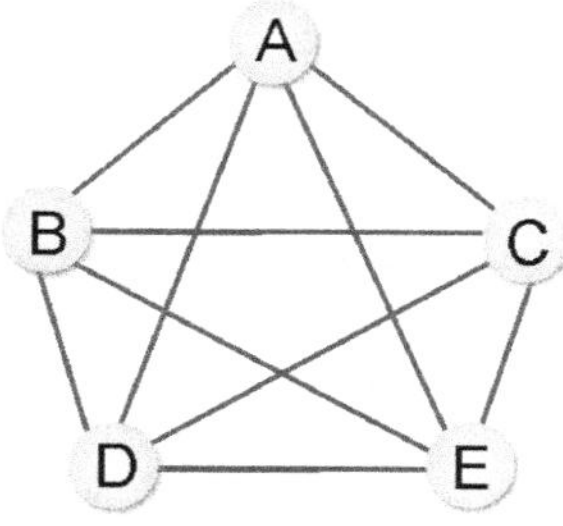

图 7-5 无向完全图

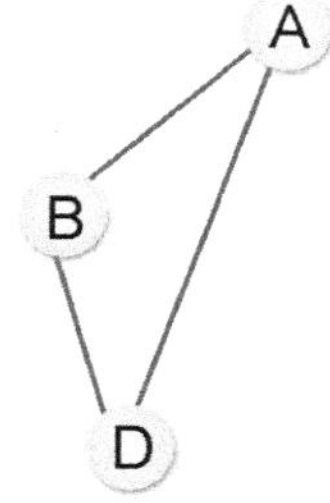

图 7-6 此图是图 7-5 的子图

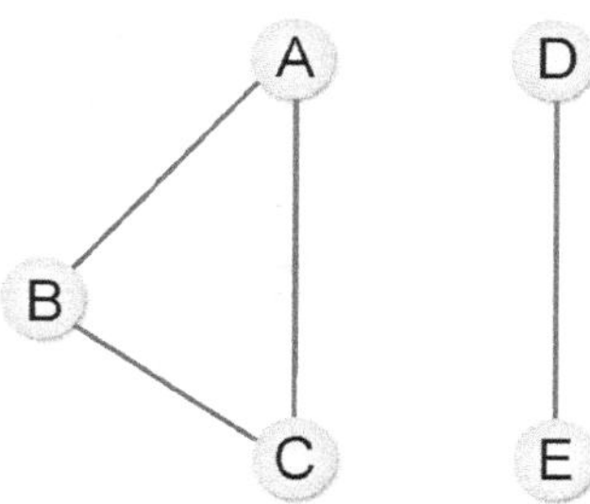

图 7-7 两个连通分支

- 度数：在无向图中，一个顶点所拥有边的总数为度数。如图 7-5 所示，每个顶点的度数都为 4。

7.1.4 有向图

有向图（Digraph）是一种每一条边都可使用有序对<V_1, V_2>来表示的图，并且<V_1, V_2>与<V_2, V_1>用于表示两个方向不同的边，而<V_1, V_2>是指 V_1 为尾端，指向头部的 V_2，如图 7-8 所示。

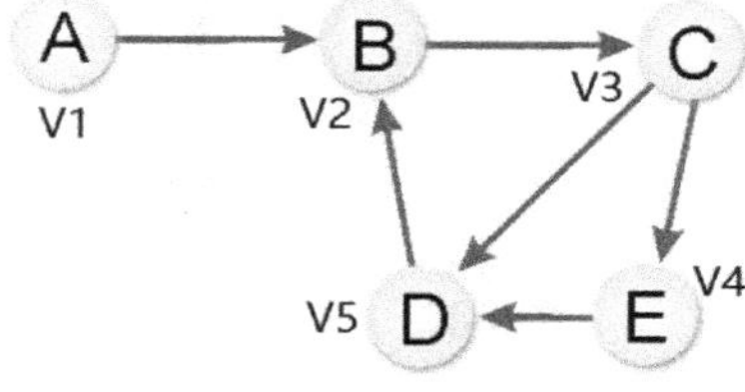

图 7-8 有向图

V={A,B,C,D,E}

E={<A,B>,<B,C>,<C,D>,<C,E>,<E,D>,<D,B>}

接下来介绍有向图的相关定义。

- 完全图（Complete Graph）：具有 n 个顶点且恰好有 n*(n−1)个边的有向图，如图 7-9 所示。
- 路径（Path）：有向图中从顶点 V_p 到顶点 V_q 的路径是指一串由顶点所组成的连续有向序列。
- 强连通（Strongly Connected）：有向图中，如果每个成对顶点 V_i、V_j 有直接路径（V_i 和 V_j 不是同一个点），同时有另一条路径从 V_j 到 V_i，就称此图为强连通，如图 7-10 所示。

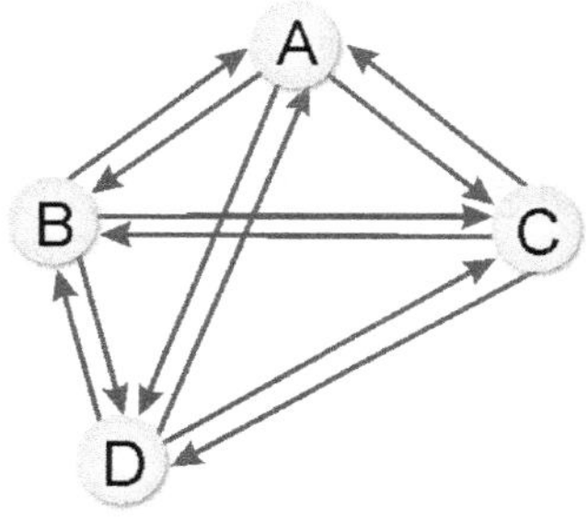

图 7-9 有向完全图

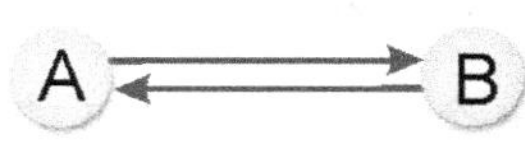

图 7-10 强连通

- 强连通分支（Strongly Connected Component）：有向图中构成强连通的最大子图。在图 7-11 中，图（a）是强连通，但图（b）就不是强连通。

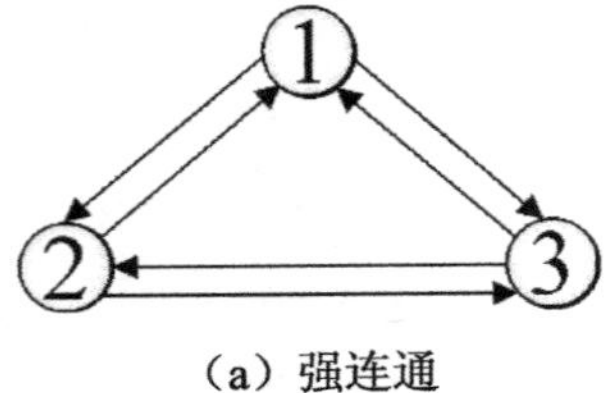

（a）强连通

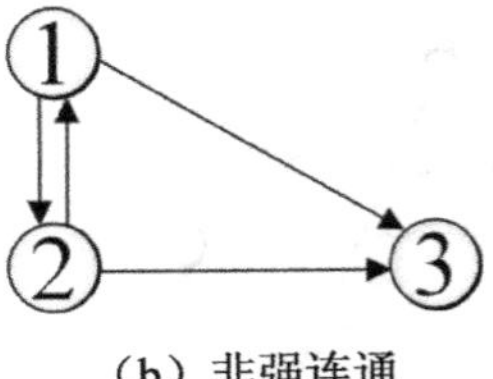

（b）非强连通

图 7-11　强边通（a）和非强连通（b）

而图（b）中的强连通分支如图 7-12 所示。

- 出度数（Out-Degree）：是指有向图中以顶点 V 为箭尾的边数。
- 入度数（In-Degree）：是指有向图中以顶点 V 为箭头的边数。如图 7-13 中 V_4 的入度数为 1，出度数为 0，V_2 的入度数为 4，出度数为 1。

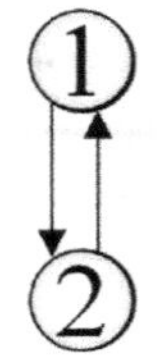

图 7-12　图（b）中的强连通分支

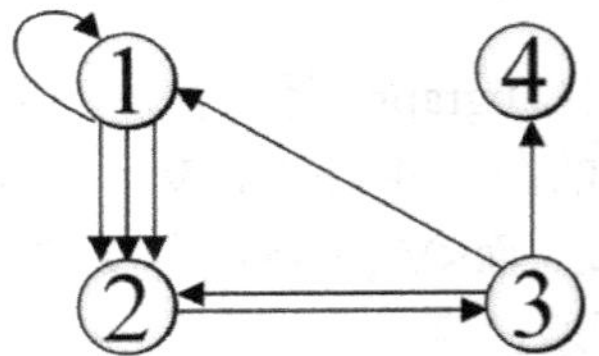

图 7-13　入度和出度示意图

图结构（或称为图形结构）中任意两顶点之间只能有一条边，如果两顶点间相同的边有 2 条以上（含 2 条），就称它为多重图（Multigraph）。以图的严格定义来说，多重图应该不能算作图论中的一种图，如图 7-14 所示。

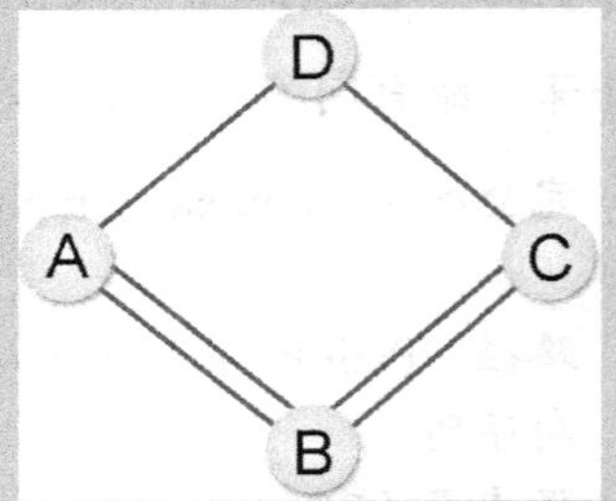

图 7-14　多重图不能算是图论中的一种图

7.2 图的数据表示法

知道图的各种定义与概念后，有关图的数据表示法就更显得重要了。常用来表达图的数据结构的方法很多，本节中将介绍 4 种表示法。

7.2.1 邻接矩阵法

图 A 有 n 个顶点，以 n×n 的二维矩阵列来表示。此矩阵的定义如下：

对于一个图 G = (V, E)，假设有 n 个顶点，n≥1，则可以将 n 个顶点的图使用一个 n×n

的二维矩阵来表示，其中假如 $A(i, j) = 1$，则表示图中有一条边(V_i, V_j)存在。反之，$A(i, j) = 0$，则不存在边(V_i, V_j)。

相关特性说明如下：

（1）对无向图而言，邻接矩阵一定是对称的，而且对角线一定为 0。有向图则不一定如此。

（2）在无向图中，任一节点 i 的度数为 $\sum_{j=1}^{n} A(i,j)$，就是第 i 行所有元素的和。在有向图中，节点 i 的出度数为 $\sum_{j=1}^{n} A(i,j)$，就是第 i 行所有元素的和，而入度数为 $\sum_{i=1}^{n} A(i,j)$，就是第 j 列所有元素的和。

（3）用邻接矩阵法表示图共需要 n^2 个单位空间，由于无向图的邻接矩阵一定是具有对称关系的，扣除对角线全部为零外，仅需存储上三角形或下三角形的数据即可，因此仅需 $n(n-1)/2$ 的单位空间。

接着就实际来看一个范例，以邻接矩阵表示图 7-15 所示的无向图。

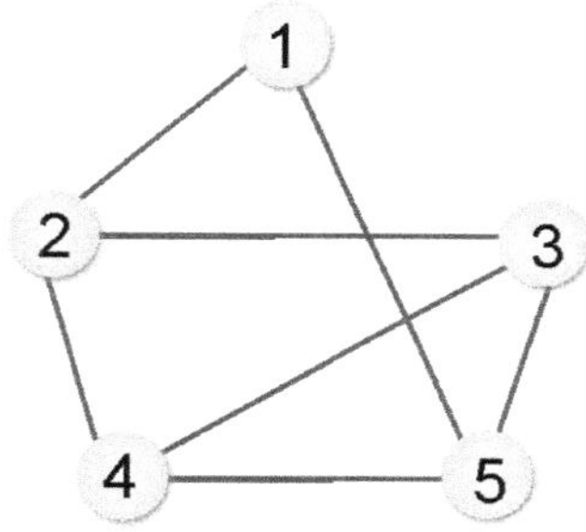

图 7-15　用邻接矩阵表示此无向图

由于图 7-15 共有 5 个顶点，故使用 5×5 的二维数组存放此图。在该图中，先找和顶点 1 相邻的顶点，在和顶点 1 相邻的顶点坐标处填入 1。

跟顶点 1 相邻的有顶点 2 和顶点 5，所以填写完成后如图 7-16 所示。

	1	2	3	4	5
1	0	1	0	0	1
2	1	0			
3	0		0		
4	0			0	
5	1				0

图 7-16　在邻接矩阵中填写和顶点 1 相邻的顶点的情况（相邻就填入 1，不相邻就填 0）

其他顶点以此类推，可以得到邻接矩阵，如图 7-17 所示。

	1	2	3	4	5
1	0	1	0	0	1
2	1	0	1	1	0
3	0	1	0	1	1
4	0	1	1	0	1
5	1	0	1	1	0

图 7-17　填写完毕的邻接矩阵（图 6-15 所示图对应的邻接矩阵）

而对于有向图，邻接矩阵则不一定是对称矩阵。其中节点 i 的出度数为 $\sum_{j=1}^{n} A(i,j)$，就是第 i 行所有元素 1 的和，而入度数为 $\sum_{i=1}^{n} A(i,j)$，就是第 j 列所有元素 1 的和。图 7-18 所示为有向图及其邻接矩阵。

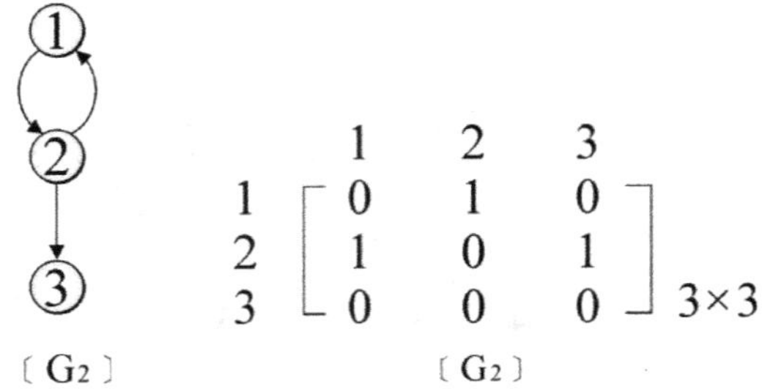

图 7-18　有向图及其邻接矩阵

用 Python 语言描述的无向图/有向图的 6×6 邻接矩阵的算法如下：

```
for i in range(10):  #读取图的数据
    for j in range(2):  #填入arr矩阵
        for k in range(6):
            tmpi=data[i][0]     #tmpi为起始顶点
            tmpj=data[i][1]     #tmpj为终止顶点
            arr[tmpi][tmpj]=1  #有边的点填入1

print('无向图形矩阵：')
for i in range(1,6):
    for j in range(1,6):
        print('[%d] ' %arr[i][j],end='')  #打印矩阵内容
    print()
```

范例 **7.2.1** 假设有一个无向图，各边的起点值和终点值如下：

```
data=[[1,2],[2,1],[1,5],[5,1],[2,3],[3,2],[2,4],[4,2], [3,4],[4,3]]
```

试输出此图的邻接矩阵。

范例程序：CH07_01.py

```
arr=[[0]*6 for row in range(6)]  #声明矩阵arr
#图各边的起点值和终点值
data=[[1,2],[2,1],[1,5],[5,1], \
     [2,3],[3,2],[2,4],[4,2], \
     [3,4],[4,3]]
for i in range(10):      #读取图的数据
    for j in range(2):  #填入arr矩阵
        for k in range(6):
            tmpi=data[i][0]     #tmpi为起始顶点
            tmpj=data[i][1]     #tmpj为终止顶点
            arr[tmpi][tmpj]=1  #有边的点填入1

print('无向图矩阵：')
for i in range(1,6):
    for j in range(1,6):
        print('[%d] ' %arr[i][j],end='')  #打印矩阵内容
    print()
```

【执行结果】

执行结果如图 7-19 所示。

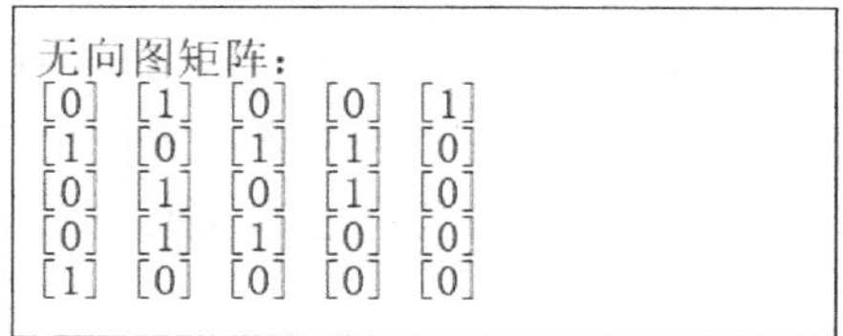

无向图矩阵：
[0] [1] [0] [0] [1]
[1] [0] [1] [1] [0]
[0] [1] [0] [1] [0]
[0] [1] [1] [0] [0]
[1] [0] [0] [0] [0]

图 7-19 执行结果

范例 **7.2.2** 假设有一个有向图，各边的起点值和终点值如下：

```
data=[[1,2],[2,1],[2,3],[2,4],[4,3],[4,1]]
```

试输出此图的邻接矩阵。

范例程序：CH07_02.py

```
arr=[[0]*6 for row in range(6)]  #声明矩阵arr

```

```
data=[[1,2],[2,1],[2,3],[2,4],[4,3],[4,1]]  #图各边的起点值和终点值
for i in range(6):        #读取图的数据
    for j in range(6):  #填入 arr 矩阵
        tmpi=data[i][0]      #tmpi 为起始顶点
        tmpj=data[i][1]      #tmpj 为终止顶点
        arr[tmpi][tmpj]=1   #有边的点填入 1

print('有向图矩阵：')
for i in range(1,6):
    for j in range(1,6):
        print('[%d] ' %arr[i][j],end='')  #打印矩阵内容
    print()
```

【执行结果】

执行结果如图 7-20 所示。

```
有向图矩阵:
[0] [1] [0] [0] [0]
[1] [0] [1] [1] [0]
[0] [0] [0] [0] [0]
[1] [0] [1] [0] [0]
[0] [0] [0] [0] [0]
```

图 7-20　执行结果

7.2.2　邻接表法

前面所介绍的邻接矩阵法，优点是借着矩阵的运算有许多特别的应用。要在图中加入新边时，这个表示法的插入与删除操作相当简易。不过要考虑到稀疏矩阵空间浪费的问题，另外，如果要计算所有顶点的度数，其时间复杂度为 $O(n^2)$。

因此可以考虑更有效的方法，就是邻接表法（Adjacency List）。这种表示法就是将一个 n 行的邻接矩阵表示成 n 个链表，这种做法和邻接矩阵相比较节省空间，如计算所有顶点的度数时，其时间复杂度为 O(n+e)，缺点是：例如有新边加入图中或从图中删除边时，就要修改相关的链接，较为麻烦费时。

首先将图的 n 个顶点作为 n 个链表头，每个链表中的节点表示它们和链表头节点之间有边相连。每个节点数据结构如下：

```
class list_node:
    def __init__(self):
        self.val=0
        self.next=None
```

在无向图中，因为对称的关系，若有 n 个顶点、m 个边，则形成 n 个链表头，2m 个节点。若在有向图中，则有 n 个链表头以及 m 个顶点，因此在邻接表中，求所有顶点度数所需的时间复杂度为 O(n+m)。现在分别来讨论图 7-21 中所示的两个范例，看看如何使用邻接表来表示。

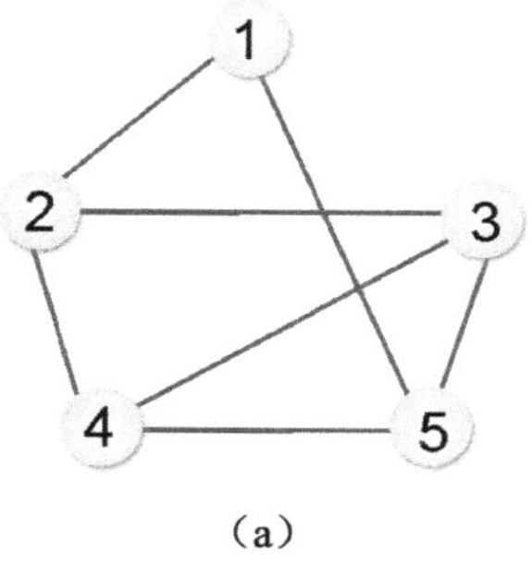

（a）

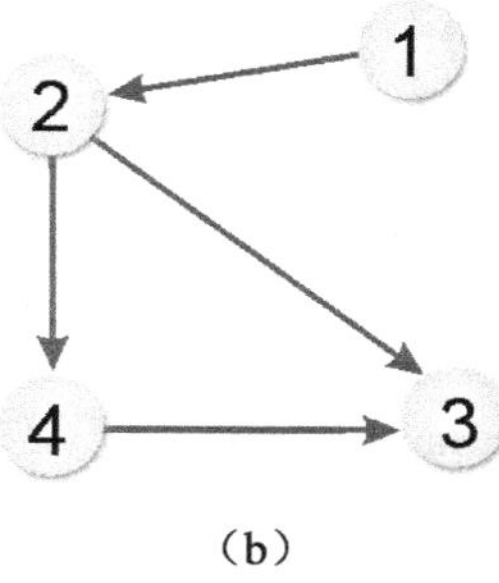

（b）

图 7-21　无向图（a）和有向图（b）

首先来看图（a），因为 5 个顶点使用 5 个链表头，V_1 链表代表顶点 1，与顶点 1 相邻的顶点有 2 和 5，以此类推，如图 7-22 所示。

图（b）有 4 个顶点，因而有 4 个链表头，V_1 链表代表顶点 1，与顶点 1 相邻的顶点有 2，以此类推，如图 7-23 所示。

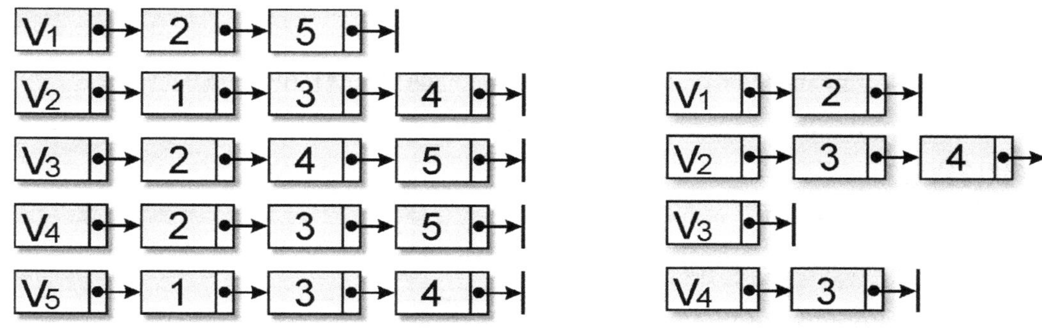

图 7-22　无向图（a）的邻接表

图 7-23　有向图（b）的邻接表

范例 ▶ **7.2.3**　使用数组存储图的边并建立邻接表，然后输出邻接节点的内容。

范例程序：CH07_03.py

```
class list_node:
    def __init__(self):
        self.val=0
        self.next=None

head=[list_node]*6 #声明一个节点类型的链表

newnode=list_node()


#图的数组声明
data=[[1,2],[2,1],[2,5],[5,2], \
      [2,3],[3,2],[2,4],[4,2], \
```

```
          [3,4],[4,3],[3,5],[5,3], \
          [4,5],[5,4]]

print('图的邻接表内容：')
print('----------------------------------')
for i in range(1,6):
    head[i].val=i  #链表头 head
    head[i].next=None
    print('顶点 %d =>' %i, end='')  #把顶点值打印出来
    ptr=head[i]
    for j in range(14):    #遍历图的数组
        if data[j][0]==i:  #如果节点值=i，把节点加入链表头
            newnode.val=data[j][1]  #声明新节点，值为终点值
            newnode.next=None
            while ptr!=None:  #判断是否为链表的末尾
                ptr=ptr.next
            ptr=newnode        #加入新节点
            print('[%d] ' %newnode.val,end='')  #打印相邻顶点
    print()
```

【执行结果】

执行结果如图 7-24 所示。

```
图的邻接表内容:
----------------------------------
顶点 1 =>[2]
顶点 2 =>[1] [5] [3] [4]
顶点 3 =>[2] [4] [5]
顶点 4 =>[2] [3] [5]
顶点 5 =>[2] [3] [4]
```

图 7-24　执行结果

7.2.3　邻接复合链表法

上面介绍的两个图的表示法都是从图的顶点出发，但如果要处理的是“边”，就必须使用邻接复合链表（或称为邻接多叉链表）。邻接复合链表是处理无向图的另一种方法。邻接复合链表的节点用于存储边的数据，其结构如下：

M	V1	V2	LINK1	LINK2
记录单元	边起点	边终点	起点指针	终点指针

其中，相关特性说明如下。

- M：用于记录该边是否是被找过的字段，此字段为一个位（比特）。
- V1 和 V2：是所记录的边的起点与终点。

- LINK1：在尚有其他顶点与 V1 相连的情况下，此字段会指向下一个与 V1 相连的边节点，如果已经没有任何顶点与 V1 相连，就指向 None。
- LINK2：在尚有其他顶点与 V2 相连的情况下，此字段会指向下一个与 V2 相连的边节点，如果已经没有任何顶点与 V2 相连，就指向 None。

例如有三条边(1, 2)(1, 3)(2, 4)，边(1, 2)的表示法如图 7-25 所示。

下面以邻接复合链表来表示图 7-26 所示的无向图。

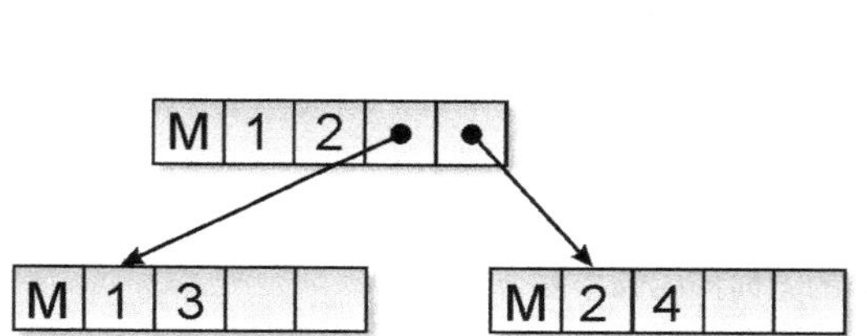

图 7-25　邻接复合链表法表示边的示意图

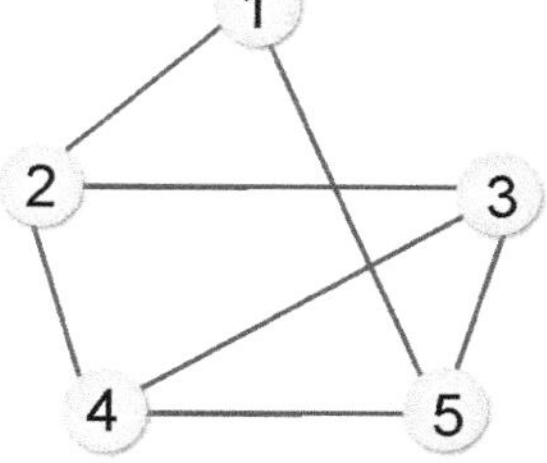

图 7-26　无向图的例图

分别把顶点和边的节点找出，生成的邻接复合链表如图 7-27 所示。

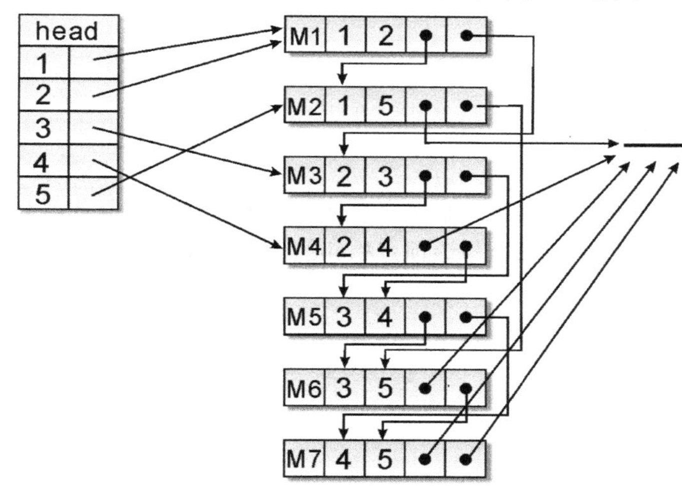

图 7-27　邻接复合链表

范例 **7.2.4**　试求出图 7-28 所示的邻接复合链表的表示法。

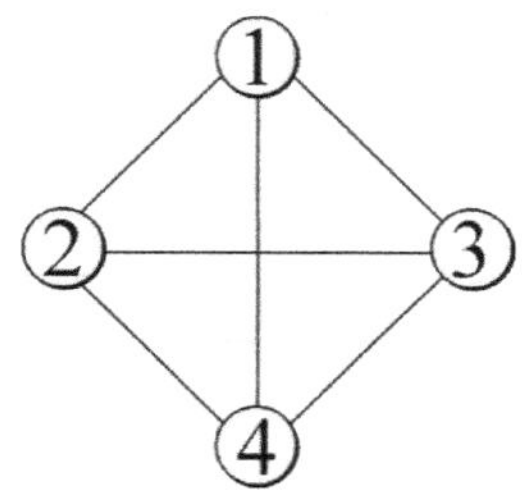

图 7-28　无向图

解答▶ 邻接复合链表的表示法如图 7-29 所示。

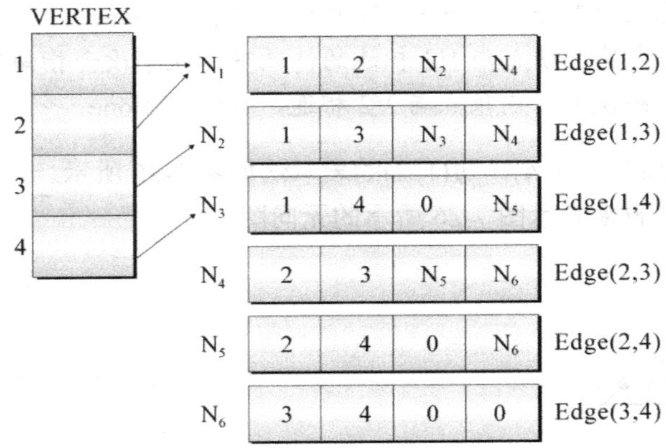

图 7-29　用于表示图 7-25 所示的无向图的邻接复合链表

从图 7-29 可以得知：

顶点 1(V1)：N1→N2→N3
顶点 2(V2)：N1→N4→N5
顶点 3(V3)：N2→N4→N6
顶点 4(V4)：N3→N5→N6

7.2.4　索引表格法

索引表格表示法是一种用一维数组来按序存储与各顶点相邻的所有顶点，并建立索引表格来记录各顶点在此一维数组中第一个与该顶点相邻的位置。我们将以图 7-30 来说明索引表格法的实例。

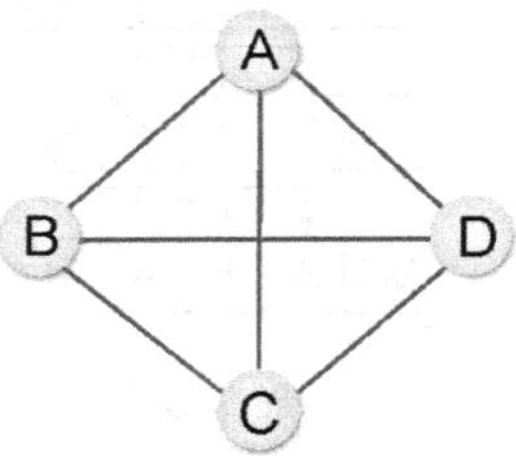

图 7-30　以此图为例来说明索引表格法

索引表格法的表示形式如图 7-31 所示。

A	1
B	4
C	7
D	10

B	C	D	A	C	D	A	B	D	A	B	C

图 7-31　索引表格法的表示形式

范例▶ 7.2.5 图 7-32 所示为欧拉七桥问题的示意图，A、B、C、D 为 4 个岛，1、2、3、4、5、6、7 为 7 座桥，现在以不同的数据结构描述此图，试说明 3 种不同的表示法。

解答▶ 根据多重图的定义，欧拉七桥问题是一种多重图，它并不是图论中定义的图。如果要以不同的表示法来实现图的数据结构，就必须先将上述的多重图分解成如图 7-33 所示的两个图。

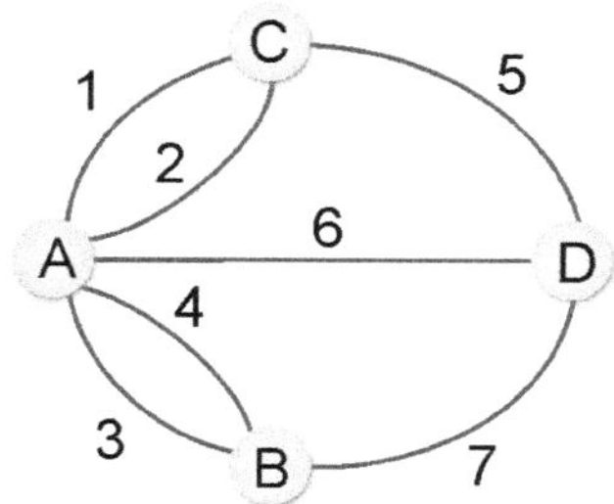

图 7-32 欧拉七桥问题的示意图

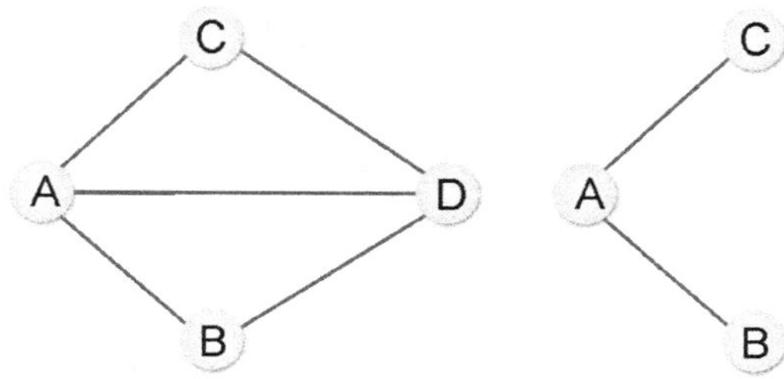

图 7-33 欧拉七桥问题的多重图分解而成的两个图

下面我们以邻接矩阵、邻接表和索引表格法说明如下：

邻接矩阵（Adjacency Matrix）

图形 G = (V, E) 共有 n 个顶点，我们以 n×n 的二维矩阵来表示点与点之间是否相邻，如图 7-34 所示。其中：

$a_{ij} = 0$ 表示顶点 i 和顶点 j 没有相邻的边。

$a_{ij} = 1$ 表示顶点 i 和顶点 j 有相邻的边。

$$
\begin{array}{c} \\ A \\ B \\ C \\ D \end{array}
\begin{array}{c} \begin{array}{cccc} A & B & C & D \end{array} \\ \begin{bmatrix} 0 & 1 & 1 & 1 \\ 1 & 0 & 0 & 1 \\ 1 & 0 & 0 & 1 \\ 1 & 1 & 1 & 0 \end{bmatrix} \end{array}
\qquad
\begin{array}{c} \\ A \\ B \\ C \end{array}
\begin{array}{c} \begin{array}{ccc} A & B & C \end{array} \\ \begin{bmatrix} 0 & 1 & 1 \\ 1 & 0 & 0 \\ 1 & 0 & 0 \end{bmatrix} \end{array}
$$

图 7-34 邻接矩阵的示例

邻接表法（Adjacency Lists）

可参考图 7-35 和图 7-36 所示的示例。

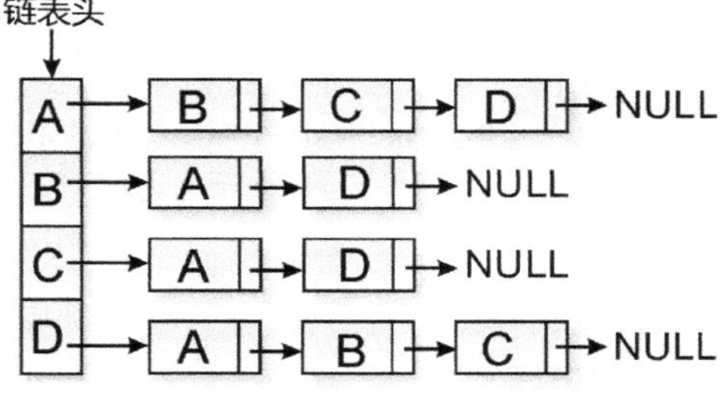

图 7-35 邻接表的示例 1

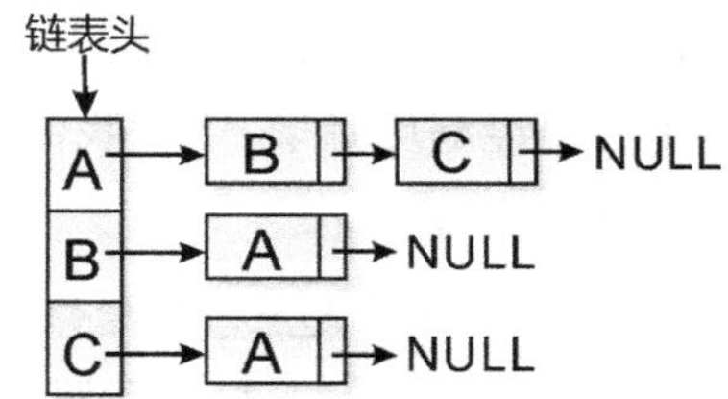

图 7-36 邻接表的示例 2

索引表格法（Indexed Table）

用一个一维数组来按序存储与各顶点相邻的所有顶点，并建立索引表格来记录各顶点在此一维数组中第一个与该顶点相邻的位置，如图 7-37 所示。

A	1
B	4
C	6
D	8

1	2	3	4	5	6	7	8	9	10	11	12	13	14
B	C	D	A	D	A	D	A	B	C	B	C	A	A

A	11
B	13
C	14

图 7-37　索引表格的示例

7.3 图的遍历

树的遍历目的是访问树的每一个节点一次，可用的方法有中序法、前序法和后序法 3 种。至于图的遍历，可以定义如下：

一个图 G = (V, E)，存在某一顶点 $v \in V$，我们希望从 v 开始，通过此节点相邻的节点而去访问图 G 中的其他节点，这就被称为“图的遍历”。

也就是从某一个顶点 V_1 开始，遍历可以经过 V_1 到达的顶点，接着遍历下一个顶点直到全部的顶点遍历完毕为止。在遍历的过程中可能会重复经过某些顶点和边。通过图的遍历可以判断该图是否连通，并找出连通分支和路径。图遍历的方法有两种：“深度优先遍历”和“广度优先遍历”，也称为“深度优先搜索”和“广度优先搜索”。

7.3.1 深度优先遍历法

深度优先遍历的方式有点类似于前序遍历。是从图的某一顶点开始遍历，被访问过的顶点就做上已访问的记号，接着遍历此顶点的所有相邻且未访问过的顶点中的任意一个顶点，并做上已访问的记号，再以该点为新的起点继续进行深度优先的搜索。

这种图的遍历方法结合了递归和堆栈两种数据结构的技巧，由于此方法会造成无限循环，因此必须加入一个变量，判断该点是否已经遍历完毕。下面我们以图 7-38 来看看这个方法的遍历过程。

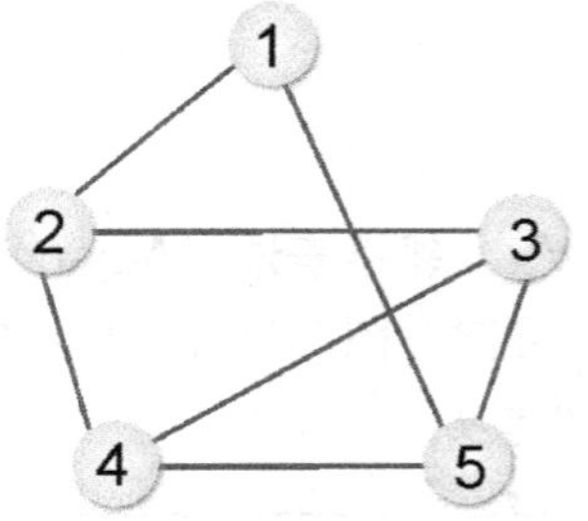

图 7-38　以此无向图为例演示深度优先遍历的步骤

步骤 01 以顶点 1 为起点，将相邻的顶点 2 和顶点 5 压入堆栈。

⑤	②			

步骤02 弹出顶点2，将与顶点2相邻且未访问过的顶点3和顶点4压入堆栈。

⑤	④	③		

步骤03 弹出顶点3，将与顶点3相邻且未访问过的顶点4和顶点5压入堆栈。

⑤	④	⑤	④	

步骤04 弹出顶点4，将与顶点4相邻且未访问过的顶点5压入堆栈。

步骤05 弹出顶点5，将与顶点5相邻且未访问过的顶点压入堆栈，大家可以发现与顶点5相邻的顶点全部被访问过了，所以无须再压入堆栈。

步骤06 将堆栈内的值弹出并判断是否已经遍历过了，直到堆栈内无节点可遍历为止。

故深度优先的遍历顺序为：顶点1、顶点2、顶点3、顶点4、顶点5。

深度优先函数的算法如下：

```
def dfs(current): #深度优先函数
    run[current]=1
    print('[%d] ' %current, end='')
    ptr=head[current].next
    while ptr!=None:
        if run[ptr.val]==0:  #如果顶点尚未遍历，
            dfs(ptr.val)      #就进行 dfs 的递归调用
        ptr=ptr.next
```

范例 7.3.1 将上述的深度优先遍历法用 Python 程序来实现，其中图的数组如下：

```
data=[[1,2],[2,1],[1,3],[3,1], \
    [2,4],[4,2],[2,5],[5,2], \
    [3,6],[6,3],[3,7],[7,3], \
    [4,8],[8,4],[5,8],[8,5], \
    [6,8],[8,6],[8,7],[7,8]]
```

范例程序：CH07_04.py

```
class list_node:
    def __init__(self):
        self.val=0
        self.next=None

head=[list_node()]*9 #声明一个节点类型的链表数组

run=[0]*9

def dfs(current): #深度优先函数
    run[current]=1
    print('[%d] ' %current, end='')
    ptr=head[current].next
    while ptr!=None:
        if run[ptr.val]==0: #如果顶点尚未遍历,
            dfs(ptr.val)      #就进行 dfs 的递归调用
        ptr=ptr.next

#声明图的边线数组
data=[[1,2],[2,1],[1,3],[3,1], \
      [2,4],[4,2],[2,5],[5,2], \
      [3,6],[6,3],[3,7],[7,3], \
      [4,8],[8,4],[5,8],[8,5], \
      [6,8],[8,6],[8,7],[7,8]]
for i in range(1,9):  #共有八个顶点
    run[i]=0              #把所有顶点设置为尚未遍历过
    head[i]=list_node()
    head[i].val=i        #给各个链表头设置初值
    head[i].next=None
    ptr=head[i]          #设置指针指向链表头
    for j in range(20): #二十条边线
        if data[j][0]==i: #如果起点和链表头相等，就把顶点加入链表
            newnode=list_node()
            newnode.val=data[j][1]
            newnode.next=None
            while True:
                ptr.next=newnode     #加入新节点
                ptr=ptr.next
                if ptr.next==None:
                    break

```

```
print('图的邻接表内容：')        #打印图的邻接表内容
for i in range(1,9):
    ptr=head[i]
    print('顶点 %d=> ' %i, end='')
    ptr =ptr.next
    while ptr!=None:
        print('[%d] ' %ptr.val, end='')
        ptr=ptr.next
    print()
print('深度优先遍历的顶点：')        #打印深度优先遍历的顶点
dfs(1)
print()
```

【执行结果】

执行结果如图 7-39 所示。

```
图的邻接表内容：
顶点 1=> [2] [3]
顶点 2=> [1] [4] [5]
顶点 3=> [1] [6] [7]
顶点 4=> [2] [8]
顶点 5=> [2] [8]
顶点 6=> [3] [8]
顶点 7=> [3] [8]
顶点 8=> [4] [5] [6] [7]
深度优先遍历的顶点：
[1] [2] [4] [8] [5] [6] [3] [7]
```

图 7-39　执行结果

7.3.2　广度优先遍历法

之前所谈到的深度优先遍历是利用堆栈和递归的技巧来遍历图，而广度优先（Breadth-First Search，BFS）遍历法则是使用队列和递归技巧来遍历，也是从图的某一顶点开始遍历，被访问过的顶点就做上已访问的记号。

接着遍历此顶点的所有相邻且未访问过的顶点中的任意一个顶点，并做上已访问的记号，再以该点为新的起点继续进行广度优先的遍历。下面我们以图 7-40 来看看广度优先的遍历过程。

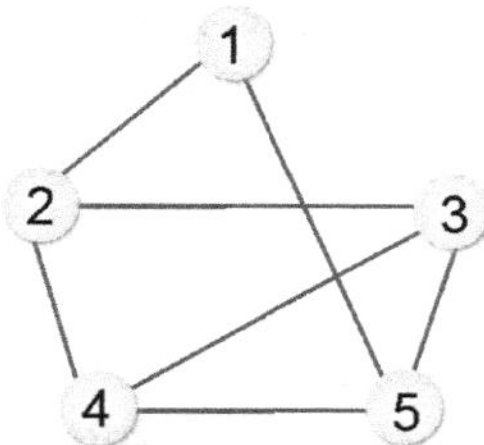

图 7-40　以此无向图为例演示广度优先遍历的步骤

步骤01 以顶点 1 为起点，将与顶点 1 相邻且未访问过的顶点 2 和顶点 5 加入队列。

②	⑤			

步骤02 取出顶点 2，将与顶点 2 相邻且未访问过的顶点 3 和顶点 4 加入队列。

⑤	③	④		

步骤03 取出顶点 5，将与顶点 5 相邻且未访问过的顶点 3 和顶点 4 加入队列。

③	④	③	④	

步骤04 取出顶点 3，将与顶点 3 相邻且未访问过的顶点 4 加入队列。

④	③	③	④	

步骤05 取出顶点 4，将与顶点 4 相邻且未访问过的顶点加入队列中，大家可以发现与顶点 4 相邻的顶点全部被访问过了，所以无须再加入队列中。

③	④	②	④	

步骤06 将队列内的值取出并判断是否已经遍历过了，直到队列内无节点可遍历为止。

所以，广度优先的遍历顺序为：顶点 1、顶点 2、顶点 5、顶点 3、顶点 4。

广度优先函数的 Python 算法如下：

```
#广度优先查找法
def bfs(current):
    global front
    global rear
    global Head
    global run
    enqueue(current) #将第一个顶点存入队列
    run[current]=1    #将遍历过的顶点设置为 1
    print('[%d]' %current, end='') #打印出遍历过的顶点
    while front!=rear:     #判断当前的队列是否为空
        current=dequeue() #将顶点从队列中取出
        tempnode=Head[current].first #先记录当前顶点的位置
        while tempnode!=None:
            if run[tempnode.x]==0:
                enqueue(tempnode.x)
                run[tempnode.x]=1 #记录已遍历过
```

```
        print('[%d]' %tempnode.x,end='')
    tempnode=tempnode.next
```

范例 **7.3.2** 将上述的广度优先遍历法用 Python 程序来实现，其中存放图的数组如下：

```
Data =[[1,2],[2,1],[1,3],[3,1],[2,4], \
      [4,2],[2,5],[5,2],[3,6],[6,3], \
      [3,7],[7,3],[4,5],[5,4],[6,7],[7,6],[5,8],[8,5],[6,8],[8,6]]
```

范例程序：CH07_05.py

```
MAXSIZE=10  #定义队列的最大容量

front=-1    #指向队列的前端
rear=-1     #指向队列的末尾

class Node:
    def __init__(self,x):
        self.x=x           #顶点数据
        self.next=None  #指向下一个顶点的指针

class GraphLink:
    def __init__(self):
        self.first=None
        self.last=None

    def my_print(self):
        current=self.first
        while current!=None:
            print('[%d]' %current.x,end='')
            current=current.next
        print()

    def insert(self,x):
        newNode=Node(x)
        if self.first==None:
            self.first=newNode
            self.last=newNode
        else:
            self.last.next=newNode
            self.last=newNode

#队列数据的存入
def enqueue(value):
```

```
    global MAXSIZE
    global rear
    global queue
    if rear>=MAXSIZE:
        return
    rear+=1
    queue[rear]=value


#队列数据的取出
def dequeue():
    global front
    global queue
    if front==rear:
        return -1
    front+=1
    return queue[front]

#广度优先查找法
def bfs(current):
    global front
    global rear
    global Head
    global run
    enqueue(current) #将第一个顶点存入队列
    run[current]=1    #将遍历过的顶点设置为 1
    print('[%d]' %current, end='') #打印出遍历过的顶点
    while front!=rear: #判断当前的队列是否为空
        current=dequeue() #将顶点从队列中取出
        tempnode=Head[current].first #先记录当前顶点的位置
        while tempnode!=None:
            if run[tempnode.x]==0:
                enqueue(tempnode.x)
                run[tempnode.x]=1 #记录已遍历过
                print('[%d]' %tempnode.x,end='')
            tempnode=tempnode.next

#声明图的边线数组
Data=[[0]*2 for row in range(20)]

Data =[[1,2],[2,1],[1,3],[3,1],[2,4], \
       [4,2],[2,5],[5,2],[3,6],[6,3], \
       [3,7],[7,3],[4,5],[5,4],[6,7],[7,6],[5,8],[8,5],[6,8],[8,6]]
```

```
run=[0]*9 #用来记录各顶点是否遍历过
queue=[0]*MAXSIZE
Head=[GraphLink]*9

print('图的邻接表内容：') #打印图的邻接表内容
for i in range(1,9):  #共有 8 个顶点
    run[i]=0             #把所有顶点设置成尚未遍历过
    print('顶点%d=>' %i, end='')
    Head[i]=GraphLink()
    for j in range(20):
        if Data[j][0]==i:    #如果起点和链表头相等，就把顶点加入链表
            DataNum = Data[j][1]
            Head[i].insert(DataNum)
    Head[i].my_print()       #打印图的邻接表内容

print('广度优先遍历的顶点：')#打印广度优先遍历的顶点
bfs(1)
print()
```

【执行结果】

执行结果如图 7-41 所示。

```
图的邻接表内容:
顶点1=>[2][3]
顶点2=>[1][4][5]
顶点3=>[1][6][7]
顶点4=>[2][5]
顶点5=>[2][4][8]
顶点6=>[3][7][8]
顶点7=>[3][6]
顶点8=>[5][6]
广度优先遍历的顶点:
[1][2][3][4][5][6][7][8]
```

图 7-41　执行结果

7.4 生成树

生成树又称“花费树”“成本树”或“值树”，一个图的生成树（Spanning Tree）就是以最少的边来连通图中所有的顶点，且不造成回路（Cycle）的树形结构。更清楚地说，当一个图连通时，使用深度优先搜索（DFS）或广度优先搜索（BFS）必能访问图中所有的顶点，且 G = (V, E) 的所有边可分成两个集合：T 和 B（T 为搜索时所经过的所有边，而 B 为其余未被经过的边）。if S = (V, T) 为 G 中的生成树（Spanning Tree），具有以下 3 项性质：

（1）E = T + B。

（2）如果加入 B 中的任一边到 S 中，就会产生回路（Cycle）。

（3）V 中的任何 2 个顶点 V_i、V_j 在 S 中存在唯一的一条简单路径。

图 7-42 所示为图 G 与它的三棵生成树。

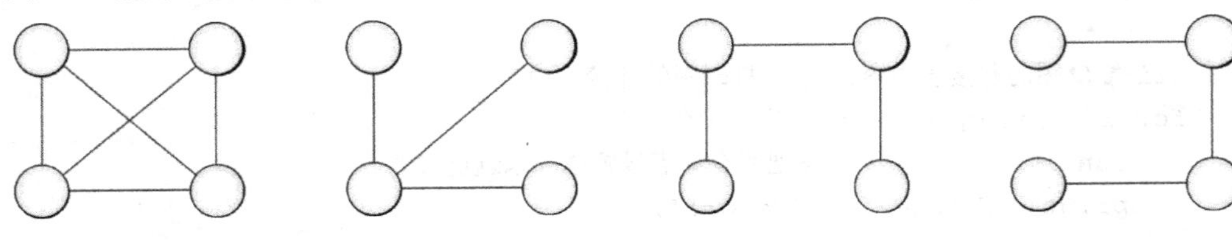

图 G

图 7-42　图 G 和它的三棵生成树

7.4.1　DFS 生成树和 BFS 生成树

一棵生成树也可以利用深度优先搜索法（DFS）与广度优先搜索法（BFS）来产生，所得到的生成树则称为深度优先生成树（DFS 生成树）或广度优先生成树（BFS 生成树）。现在来练习，求出图 7-43 所示的无向图的 DFS 生成树和 BFS 生成树。

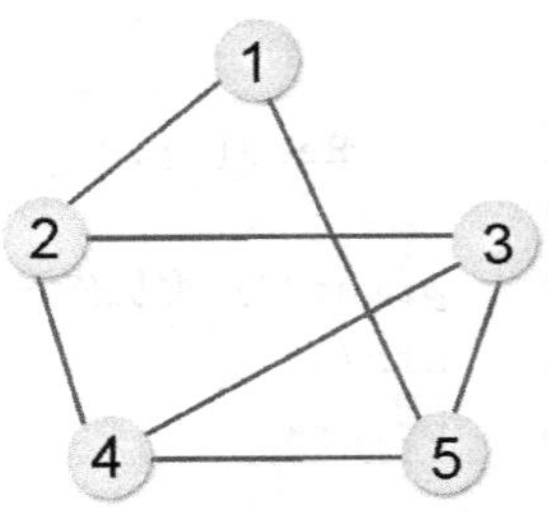

图 7-43　以此无向图为例求出 DFS 生成树和 BFS 生成树

按照生成树的定义，我们可以得到下列几棵生成树，如图 7-44 所示。

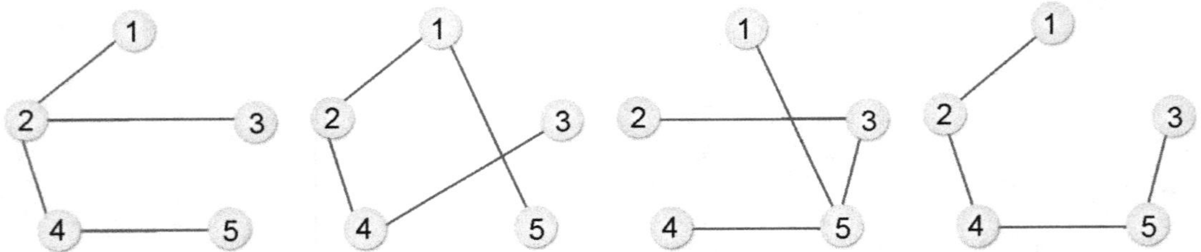

图 7-44　生成树

从上图可以得知，一个图通常具有不止一棵生成树。上图的深度优先生成树为①②③④⑤，如图 7-45 的图（a），广度优先生成树则为①②⑤③④，如图 7-45 的图（b）。

图 7-45　DFS 生成树（a）和 BFS 生成树（b）

7.4.2 最小生成树

假设为树的边加上一个权重（weight）值，这种图就成为“加权图（Weighted Graph）”。如果这个权重值代表两个顶点间的距离（distance）或成本（cost），这类图就被称为网络（Network），如图 7-46 所示。

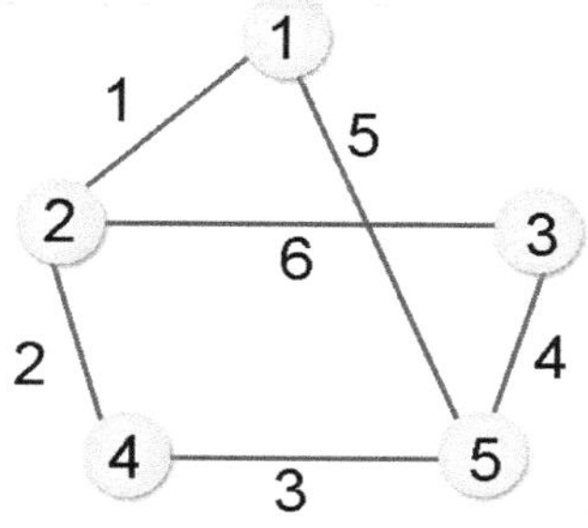

图 7-46 加权图也被称为网络

假如想知道从某个点到另一个点间的路径成本，例如从顶点 1 到顶点 5 有(1+2+3)、(1+6+4)和 5 这三条路径成本，而“最小成本生成树（Minimum Cost Spanning Tree）”则是路径成本为 5 的生成树，如图 7-47 中最右边的图。

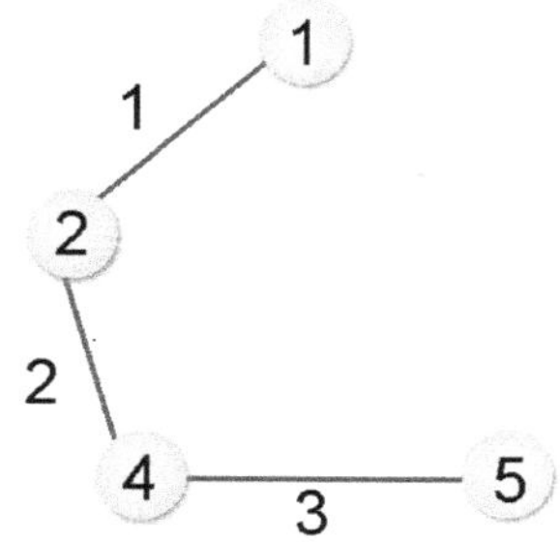

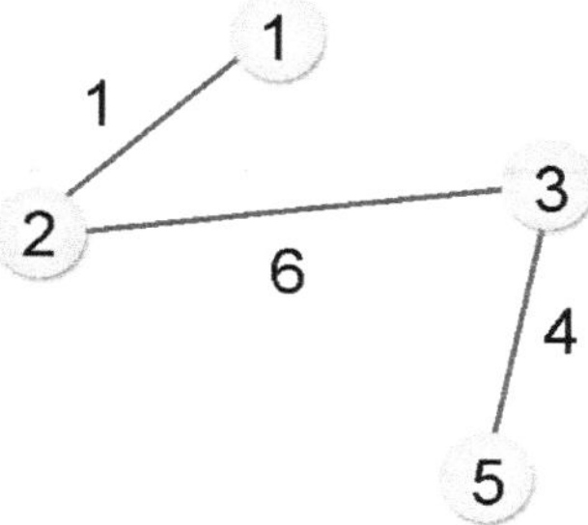

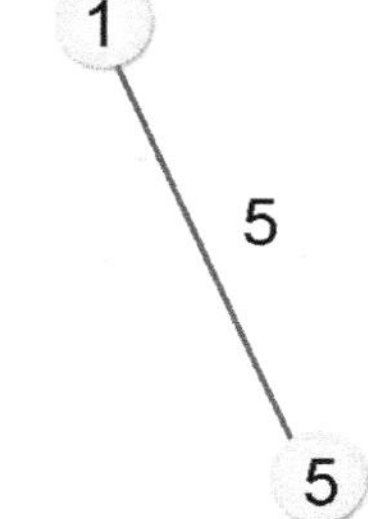

图 7-47 最小成本生成树为最右边的图

在一个加权图形中找到最小成本生成树是相当重要的，因为许多工作都可以用图来表示，例如从北京到上海的距离或花费等。接着将介绍以“贪婪法则”（Greedy Rule）为基础，来求得一个无向连通图的最小生成树的常见方法，分别是 Prim 算法和 Kruskal 算法。

7.4.3 Kruskal 算法

Kruskal 算法是将各边按权值大小从小到大排列，接着从权值最低的边开始建立最小成本生成树，如果加入的边会造成回路，就舍弃不用，直到加入 n−1 个边为止。

这个方法看起来似乎不难，我们直接来看看如何以 K 氏法得到图 7-48 所示例图的最小成本生成树。

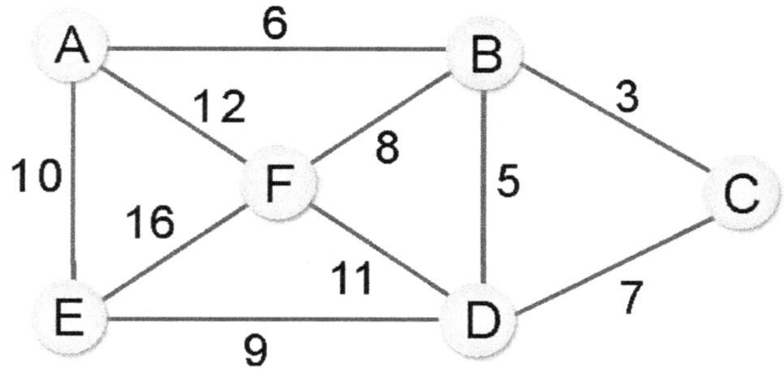

图 7-48 以此加权图为例使用 Kruskal 算法来生成最小成本生成树

步骤 01 把所有边的成本列出并从小到大排序，如表 7-1 所示。

表 7-1　所有边的成本（从小到大排序）

起始顶点	终止顶点	成本
B	C	3
B	D	5
A	B	6
C	D	7
B	F	8
D	E	9
A	E	10
D	F	11
A	F	12
E	F	16

步骤 02 选择成本最低的一条边作为建立最小成本生成树的起点，如图 7-49 所示。

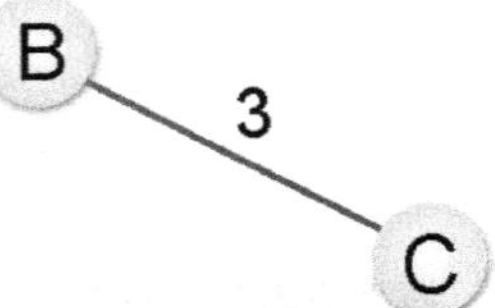

图 7-49　步骤 2

步骤 03 按步骤 1 所建立的表格，按序加入边，如图 7-50 所示。

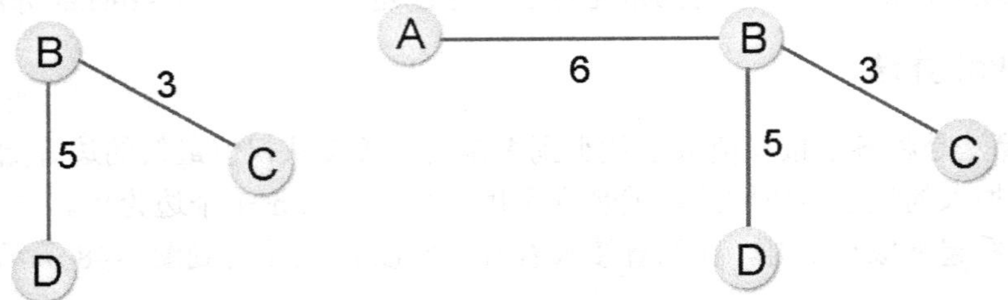

图 7-50　步骤 3

步骤 04 C—D 加入会形成回路，所以直接跳过，如图 7-51 所示。

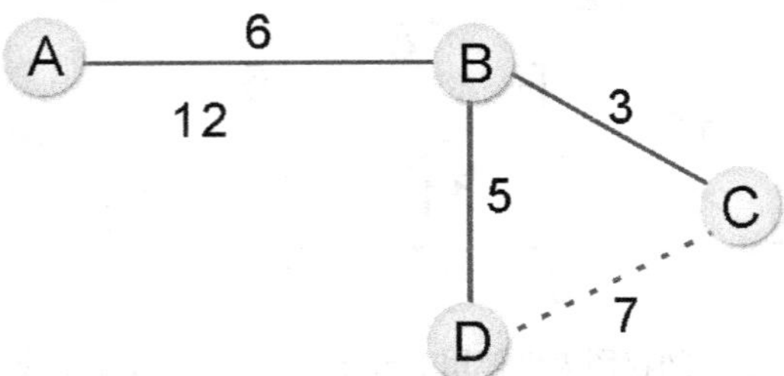

图 7-51　步骤 4

步骤05 完成后的图如图 7-52 所示。

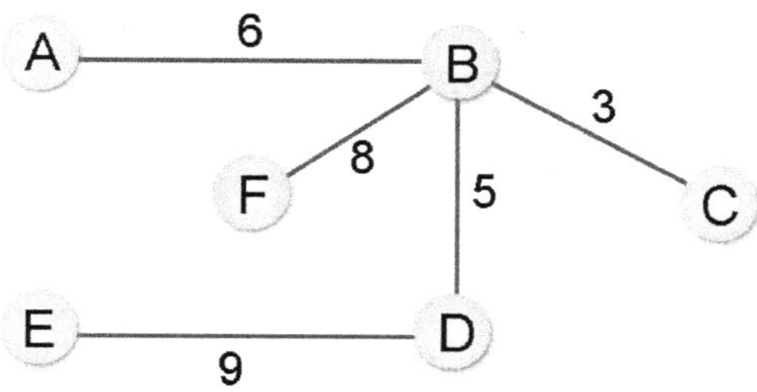

图 7-52 得到了最小成本生成树

用 Python 语言编写的 Kruskal 算法：

```
VERTS=6                  #图的顶点数

class edge:              #声明边的类
    def __init__(self):
        self.start=0
        self.to=0
        self.find=0
        self.val=0
        self.next=None

v=[0]*(VERTS+1)

def findmincost(head):   #搜索成本最小的边
    minval=100
    ptr=head
    while ptr!=None:
        if ptr.val<minval and ptr.find==0: #假如 ptr.val 的值小于 minval
            minval=ptr.val                 #就把 ptr.val 设为最小值
            retptr=ptr                     #并且把 ptr 记录下来
        ptr=ptr.next
    retptr.find=1  #将 retptr 设为已找到的边
    return retptr  #返回 retptr


def mintree(head):                        #最小成本生成树函数
    global VERTS
    result=0
    ptr=head
    for i in range(VERTS):
        v[i]=0
    while ptr!=None:
        mceptr=findmincost(head)
        v[mceptr.start]=v[mceptr.start]+1
```

```
        v[mceptr.to]=v[mceptr.to]+1
        if v[mceptr.start]>1 and v[mceptr.to]>1:
            v[mceptr.start]=v[mceptr.start]-1
            v[mceptr.to]=v[mceptr.to]-1
            result=1
        else:
            result=0
        if result==0:
            print('起始顶点 [%d] -> 终止顶点 [%d] -> 路径长度 [%d]' \
                  %(mceptr.start, mceptr.to, mceptr.val))
        ptr=ptr.next
```

范例 7.4.1　以下将使用一个二维数组存储树并对 K 氏法的成本表进行排序，试设计一个 Python 程序来求取最小成本生成树，二维数组如下：

```
data=[[1,2,6],[1,6,12],[1,5,10],[2,3,3], \
      [2,4,5],[2,6,8],[3,4,7],[4,6,11], \
      [4,5,9],[5,6,16]]
```

范例程序：CH07_06.py

```
VERTS=6                     #图的顶点数

class edge:                 #声明边的类
    def __init__(self):
        self.start=0
        self.to=0
        self.find=0
        self.val=0
        self.next=None

v=[0]*(VERTS+1)


def findmincost(head):  #搜索成本最小的边
    minval=100
    ptr=head
    while ptr!=None:
        if ptr.val<minval and ptr.find==0: #假如 ptr.val 的值小于 minval
            minval=ptr.val                 #就把 ptr.val 设为最小值
            retptr=ptr                     #并且把 ptr 记录下来
        ptr=ptr.next
    retptr.find=1   #将 retptr 设为已找到的边
    return retptr   #返回 retptr
```

```python


def mintree(head):                          #最小成本生成树函数
    global VERTS
    result=0
    ptr=head
    for i in range(VERTS):
        v[i]=0
    while ptr!=None:
        mceptr=findmincost(head)
        v[mceptr.start]=v[mceptr.start]+1
        v[mceptr.to]=v[mceptr.to]+1
        if v[mceptr.start]>1 and v[mceptr.to]>1:
            v[mceptr.start]=v[mceptr.start]-1
            v[mceptr.to]=v[mceptr.to]-1
            result=1
        else:
            result=0
        if result==0:
            print('起始顶点 [%d] -> 终止顶点 [%d] -> 路径长度 [%d]' \
                  %(mceptr.start, mceptr.to, mceptr.val))
        ptr=ptr.next

#成本表数组
data=[[1,2,6],[1,6,12],[1,5,10],[2,3,3], \
      [2,4,5],[2,6,8],[3,4,7],[4,6,11], \
      [4,5,9],[5,6,16]]
head=None
#建立图的链表
for i in range(10):
    for j in range(1,VERTS+1):
        if data[i][0]==j:
            newnode=edge()
            newnode.start=data[i][0]
            newnode.to=data[i][1]
            newnode.val=data[i][2]
            newnode.find=0
            newnode.next=None
            if head==None:
                head=newnode
                head.next=None
                ptr=head
            else:
```

```
                ptr.next=newnode
                ptr=ptr.next

    print('--------------------------------------------------------')
    print('建立最小成本生成树：')
    print('--------------------------------------------------------')
    mintree(head)                          #建立最小成本生成树
```

【执行结果】

执行结果如图 7-53 所示。

```
--------------------------------------------------------
建立最小成本生成树:
--------------------------------------------------------
起始顶点 [2] -> 终止顶点 [3] -> 路径长度 [3]
起始顶点 [2] -> 终止顶点 [4] -> 路径长度 [5]
起始顶点 [1] -> 终止顶点 [2] -> 路径长度 [6]
起始顶点 [2] -> 终止顶点 [6] -> 路径长度 [8]
起始顶点 [4] -> 终止顶点 [5] -> 路径长度 [9]
```

图 7-53　执行结果

7.5 图的最短路径

在一个有向图 G = (V, E)中，G 中每一条边都有一个比例常数 W（Weight）与之对应，如果想求 G 图中某一个顶点 V_0 到其他顶点的最少 W 总和的值，这类问题就称为最短路径问题（The Shortest Path Problem）。由于交通运输工具和通信工具的便利与普及，因此两地之间发生货物运送或者进行信息传递时，最短路径（Shortest Path）的问题随时都可能因应需求而产生，简单来说，就是找出两个端点间可通行的快捷方式。

7.4 节中所介绍的最小成本生成树（MST，最小花费生成树）就是计算连通网络中每一个顶点所需的最少花费，但是连通树中任意两顶点的路径倒不一定是一条花费最少的路径，这也是本节将研究最短路径问题的主要理由。一般讨论的方向有两种：

（1）单点对全部顶点（Single Source All Destination）。

（2）所有顶点对两两之间的最短距离（All Pairs Shortest Paths）。

7.5.1 单点对全部顶点

一个顶点到多个顶点的最短路径通常使用 Dijkstra 算法求得，Dijkstra 的算法如下：

假设 $S = \{V_i \mid V_i \in V\}$，且 V_i 在已发现的最短路径中，其中 $V_0 \in S$ 是起点。

假设 $w \notin S$，定义 Dist(w)是从 V_0 到 w 的最短路径，这条路径除了 w 外必属于 S。且有下列几点特性：

（1）如果 u 是当前所找到最短路径的下一个节点，那么 u 必属于 V−S 集合中最小成本的边。

（2）若 u 被选中，将 u 加入 S 集合中，则会产生当前的从 V_0 到 u 的最短路径，对于 w $\notin$S，DIST(w) 被改变成 DIST(w) ← Min{DIST(w), DIST(u) + COST(u, w)}。

从上述的算法中，我们可以推演出如下的步骤：

步骤 01

G = (V, E)

D[k] = A[F, k]，其中 k 从 1 到 N。

S = {F}

V = {1, 2, …, N}

D 为一个 N 维数组，用来存放某一顶点到其他顶点的最短距离。

F 表示起始顶点。

A[F, I] 为顶点 F 到 I 的距离。

V 是网络中所有顶点的集合。

E 是网络中所有边的组合。

S 也是顶点的集合，其初始值是 S = {F}。

步骤 02 从 V-S 集合中找到一个顶点 x，使 D(x)的值为最小值，并把 x 放入 S 集合中。

步骤 03 按公式计算：D[I] = min(D[I], D[x]+A[x, I])，其中(x, I) ∈ E 用来调整 D 数组的值，其中 I 是指 x 的相邻各顶点。

步骤 04 重复执行步骤 2 ，一直到 V-S 是空集合为止。

现在来直接看一个例子，在图 7-54 中找出顶点 5 到各顶点间的最短路径。

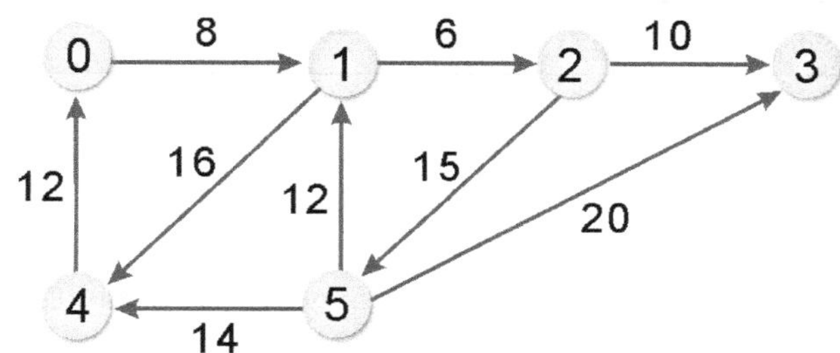

图 7-54 以此图为例找出顶点 5 到各顶点的最短路径

做法相当简单，首先从顶点 5 开始，找出顶点 5 到各顶点间最小的距离，到达不了的以∞表示。步骤如下：

步骤 01 D[0] = ∞，D[1]=12，D[2] = ∞，D[3] = 20，D[4] = 14。在其中找出值最小的顶点并加入 S 集合中：D[1]。

步骤 02 D[0] = ∞，D[1] = 12，D[2] = 18，D[3] = 20，D[4] = 14。D[4]最小，加入 S 集合中。

步骤 03 D[0] = 26，D[1] = 12，D[2] = 18，D[3] = 20，D[4] = 14。D[2]最小，加入 S 集合中。

步骤 04 D[0] = 26，D[1]=12，D[2] = 18，D[3] = 20，D[4] = 14。D[3]最小，加入 S 集合中。

步骤 05 加入最后一个顶点即可得到表 7-2。

表 7-2　步骤 1～5 的运算结果

步骤	S	0	1	2	3	4	5	选择
1	5	∞	12	∞	20	14	0	1
2	5, 1	∞	12	18	20	14	0	4
3	5, 1, 4	26	12	18	20	14	0	2
4	5, 1, 4, 2	26	12	18	20	14	0	3
5	5, 1, 4, 2, 3	26	12	18	20	14	0	0

从顶点 5 到其他各顶点的最短距离如下。

顶点 5 到顶点 0：26
顶点 5 到顶点 1：12
顶点 5 到顶点 2：18
顶点 5 到顶点 3：20
顶点 5 到顶点 4：14

范例 7.5.1　设计一个 Python 程序，以 Dijkstra 算法来求取下面的图中（图的成本数组如下）顶点 1 对全部图的顶点间的最短路径。

```
Path_Cost = [ [1, 2, 29], [2, 3, 30],[2, 4, 35], \
              [3, 5, 28],[3, 6, 87],[4, 5, 42], \
              [4, 6, 75],[5, 6, 97]]
```

范例程序：CH07_07.py

```
SIZE=7
NUMBER=6
INFINITE=99999 # 无穷大

Graph_Matrix=[[0]*SIZE for row in range(SIZE)] # 图的数组
distance=[0]*SIZE  # 路径长度数组

def BuildGraph_Matrix(Path_Cost):
    for i in range(1,SIZE):
        for j in range(1,SIZE):
            if i == j :
                Graph_Matrix[i][j] = 0 # 对角线设为 0
            else:
                Graph_Matrix[i][j] = INFINITE
    # 存入图的边
    i=0
    while i<SIZE:
        Start_Point = Path_Cost[i][0]
```

```
        End_Point = Path_Cost[i][1]
        Graph_Matrix[Start_Point][End_Point]=Path_Cost[i][2]
        i+=1


# 单点对全部顶点的最短距离
def shortestPath(vertex1, vertex_total):
    shortest_vertex = 1 #记录最短距离的顶点
    goal=[0]*SIZE        #用来记录该顶点是否被选取
    for i in range(1,vertex_total+1):
        goal[i] = 0
        distance[i] = Graph_Matrix[vertex1][i]
    goal[vertex1] = 1
    distance[vertex1] = 0
    print()

    for i in range(1,vertex_total):
        shortest_distance = INFINITE
        for j in range(1,vertex_total+1):
            if goal[j]==0 and shortest_distance>distance[j]:
                shortest_distance=distance[j]
                shortest_vertex=j

        goal[shortest_vertex] = 1
        # 计算开始顶点到各顶点的最短距离
        for j in range(vertex_total+1):
            if goal[j] == 0 and \
               distance[shortest_vertex]+Graph_Matrix
                         [shortest_vertex][j] \
               <distance[j]:
                distance[j]=distance[shortest_vertex] \
                +Graph_Matrix[shortest_vertex][j]

# 主程序
global Path_Cost
Path_Cost = [ [1, 2, 29], [2, 3, 30],[2, 4, 35], \
              [3, 5, 28],[3, 6, 87],[4, 5, 42], \
              [4, 6, 75],[5, 6, 97]]

BuildGraph_Matrix(Path_Cost)
shortestPath(1,NUMBER) # 搜索最短路径
print('-----------------------------------')
print('顶点 1 到各顶点最短距离的最终结果')
```

```
print('-----------------------------------')
for j in range(1,SIZE):
    print('顶点 1 到顶点%2d 的最短距离=%3d' %(j,distance[j]))
print('-----------------------------------')
print()
```

【执行结果】

执行结果如图 7-55 所示。

```
-----------------------------------
顶点1到各顶点最短距离的最终结果
-----------------------------------
顶点 1到顶点 1的最短距离=  0
顶点 1到顶点 2的最短距离= 29
顶点 1到顶点 3的最短距离= 59
顶点 1到顶点 4的最短距离= 64
顶点 1到顶点 5的最短距离= 87
顶点 1到顶点 6的最短距离=139
-----------------------------------
```

图 7-55　执行结果

7.5.2　两两顶点间的最短路径

Dijkstra 的方法只能求出某一点到其他顶点的最短距离，如果要求出图中任意两点甚至所有顶点间最短的距离，就必须使用 Floyd 算法。

Floyd 算法定义：

（1）$A^k[i][j] = \min\{A^{k-1}[i][j], A^{k-1}[i][k]+A^{k-1}[k][j]\}$，$k \geq 1$。

k 表示经过的顶点，$A^k[i][j]$为从顶点 i 到 j 的经由 k 顶点的最短路径。

（2）$A^0[i][j] = COST[i][j]$（即 A^0 等于 COST）。

（3）A^0 为顶点 i 到 j 间的直通距离。

（4）$A^n[i, j]$代表 i 到 j 的最短距离，即 A^n 便是我们所要求出的最短路径成本矩阵。

这样看起来，似乎觉得 Floyd 算法相当复杂难懂，下面直接以实例来说明它的算法。例如以 Floyd 算法求得图 7-56 各顶点间的最短路径。

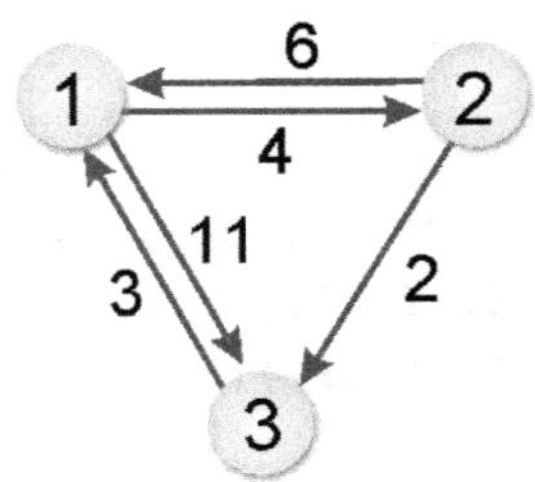

图 7-56　以此图为例使用 Floyd 算法求取各顶点间的最短路径

步骤 01　找到 $A^0[i][j] = COST[i][j]$，A^0 为不经任何顶点的成本矩阵。若没有路径，则以∞（无穷大）来表示，如图 7-57 所示。

步骤02 找出$A^1[i][j]$从 i 到 j 经由顶点 1 的最短距离，并填入矩阵。

$A^1[1][2] = \min\{A^0[1][2], A^0[1][1] + A^0[1][2]\} = \min\{4, 0+4\} = 4$
$A^1[1][3]= \min\{A^0[1][3], A^0[1][1] + A^0[1][3]\} = \min\{11, 0+11\} = 11$
$A^1[2][1] = \min\{A^0[2][1], A^0[2][1] + A^0[1][1]\} = \min\{6, 6+0\} = 6$
$A^1[2][3] = \min\{A^0[2][3], A^0[2][1] + A^0[1][3]\} = \min\{2, 6+11\} = 2$
$A^1[3][1] = \min\{A^0[3][1], A^0[3][1] + A^0[1][1]\} = \min\{3, 3+0\} = 3$
$A^1[3][2] = \min\{A^0[3][2], A^0[3][1] + A^0[1][2]\} = \min\{\infty, 3+4\} = 7$

按序求出各顶点的值后可以得到 A^1 矩阵，如图 7-58 所示。

步骤03 求出$A^2[i][j]$经由顶点 2 的最短距离。

$A^2[1][2] = \min\{A^1[1][2], A^1[1][2] + A^1[2][2]\} = \min\{4, 4+0\} = 4$
$A^2[1][3] = \min\{A^1[1][3], A^1[1][2] + A^1[2][3]\} = \min\{11, 4+2\} = 6$

按序求其他各顶点的值可得到 A^2 矩阵，如图 7-59 所示。

A^0	1	2	3
1	0	4	11
2	6	0	2
3	3	∞	0

图 7-57 步骤 1：求得 A^0 矩阵

A^1	1	2	3
1	0	4	11
2	6	0	2
3	3	7	0

图 7-58 步骤 2：取得 A^1 矩阵

A^2	1	2	3
1	0	4	6
2	6	0	2
3	3	7	0

图 7-59 步骤 3：取得 A^2 矩阵

步骤04 求出$A^3[i][j]$经由顶点 3 的最短距离。

$A^3[1][2] = \min\{A^2[1][2], A^2[1][3] + A^2[3][2]\} = \min\{4, 6+7\} = 4$
$A^3[1][3] = \min\{A^2[1][3], A^2[1][3]+A^2[3][3]\} = \min\{6, 6+0\} = 6$

按序求其他各顶点的值可得到 A^3 矩阵，如图 7-60 所示。

完成，所有顶点间的最短路径为矩阵 A^3 所示。

A^3	1	2	3
1	0	4	6
2	5	0	2
3	3	7	0

图 7-60 步骤 4：取得 A^3 矩阵

从上例可知，一个加权图若有 n 个顶点，则此方法必须执行 n 次循环，逐一产生 $A^1, A^2, A^3, \ldots, A^k$ 个矩阵。但因 Floyd 算法较为复杂，读者也可以用 7.5.1 小节所讨论的 Dijkstra 算法，按序以各顶点为起始顶点，如此一来可以得到同样的结果。

范例 7.5.2 设计一个 Python 程序，以 Floyd 算法来求取下面图中所有顶点两两之间的最短路径，图的邻接矩阵数组如下：

```
Path_Cost = [[1, 2,20],[2, 3, 30],[2, 4, 25], \
             [3, 5, 28],[4, 5, 32],[4, 6, 95],[5, 6, 67]]
```

范例程序：CH07_08.py

```
SIZE=7
NUMBER=6
INFINITE=99999 # 无穷大

Graph_Matrix=[[0]*SIZE for row in range(SIZE)] # 图的数组
distance=[[0]*SIZE for row in range(SIZE)] # 路径长度数组

# 建立图
def BuildGraph_Matrix(Path_Cost):
    for i in range(1,SIZE):
        for j in range(1,SIZE):
            if i == j :
                Graph_Matrix[i][j] = 0 # 对角线设为 0
            else:
                Graph_Matrix[i][j] = INFINITE
    # 存入图的边
    i=0
    while i<SIZE:
        Start_Point = Path_Cost[i][0]
        End_Point = Path_Cost[i][1]
        Graph_Matrix[Start_Point][End_Point]=Path_Cost[i][2]
        i+=1

# 打印出图

def shortestPath(vertex_total):
    # 初始化图的长度数组
    for i in range(1,vertex_total+1):
        for j in range(i,vertex_total+1):
            distance[i][j]=Graph_Matrix[i][j]
            distance[j][i]=Graph_Matrix[i][j]

    # 使用 Floyd 算法找出所有顶点两两之间的最短距离
    for k in range(1,vertex_total+1):
        for i in range(1,vertex_total+1):
            for j in range(1,vertex_total+1):
                if distance[i][k]+distance[k][j]<distance[i][j]:
                    distance[i][j] = distance[i][k]+distance[k][j]


Path_Cost = [[1, 2,20],[2, 3, 30],[2, 4, 25], \
             [3, 5, 28],[4, 5, 32],[4, 6, 95],[5, 6, 67]]
```

```
BuildGraph_Matrix(Path_Cost)
print('==================================================')
print('     所有顶点两两之间的最短距离：')
print('==================================================')
shortestPath(NUMBER) # 计算所有顶点间的最短路径
#求得两两顶点间的最短路径长度数组后，将其打印出来
print('      顶点 1  顶点 2  顶点 3  顶点 4  顶点 5  顶点 6')
for i in range(1,NUMBER+1):
    print('顶点%d' %i, end='')
    for j in range(1,NUMBER+1):
        print('%6d ' %distance[i][j],end='')
    print()
print('==================================================')
print()
```

【执行结果】

执行结果如图 7-61 所示。

```
==================================================
      所有顶点两两之间的最短距离:
==================================================
      顶点1  顶点2  顶点3  顶点4  顶点5  顶点6
顶点1     0     20     50     45     77    140
顶点2    20      0     30     25     57    120
顶点3    50     30      0     55     28     95
顶点4    45     25     55      0     32     95
顶点5    77     57     28     32      0     67
顶点6   140    120     95     95     67      0
==================================================
```

图 7-61 执行结果

7.6 AOV 网络与拓扑排序

网络图主要用来协助规划大型项目，首先将复杂的大型项目细分成很多工作项，而每一个工作项代表网络的一个顶点，由于每一项工作可能有完成的先后顺序，有些可以同时进行，有些则不行，因此可用网络图来表示其先后完成的顺序。这种以顶点来代表工作项的网络称为顶点活动网络（Activity On Vertex Network，AOV 网络），如图 7-62 所示。

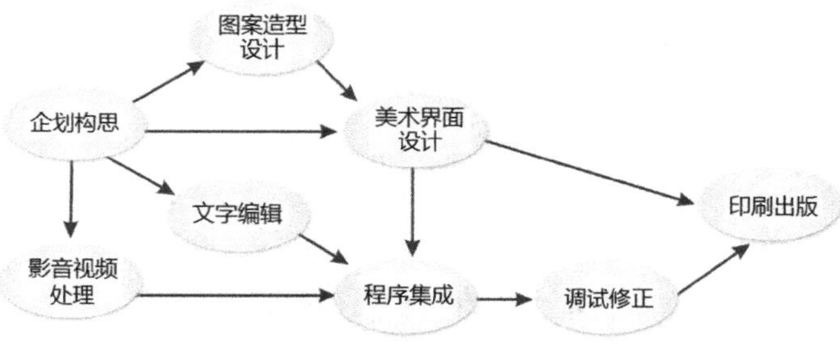

图 7-62 AOV 网络

更清楚地说，AOV 网络就是在一个有向图 G 中，每一顶点（或节点）代表一项工作或行为，边则代表工作之间存在的优先关系。即<Vi, Vj>表示 $V_i \rightarrow V_j$ 的工作，其中顶点 V_i 的工作必须先完成后，才能进行 V_j 顶点的工作，称 V_i 为 V_j 的“先行者”，而 V_j 为 V_i 的“后继者”。

拓扑排列简介

如果在 AOV 网络中具有部分次序的关系（即有某几个顶点为先行者），拓扑排序的功能就是将这些部分次序（Partial Order）的关系转换成线性次序（Linear Order）的关系。例如 i 是 j 的先行者，在线性次序中，i 仍排在 j 的前面，具有这种特性的线性次序就称为拓扑排序（Topological Order）。排序的步骤如下：

（1）寻找图中任何一个没有先行者的顶点。

（2）输出此顶点，并将此顶点的所有边全部删除。

（3）重复以上两个步骤处理所有的顶点。

现在，我们来试着求出图 7-63 所示图的拓扑排序，拓扑排序所输出的结果不一定是唯一的，如果同时有两个以上的顶点没有先行者，那么结果就不是唯一的。

步骤 01 首先输出 V_1，因为 V_1 没有先行者，于是删除<V_1,V_2>，<V_1,V_3>，<V_1,V_4>，结果如图 7-64 所示。

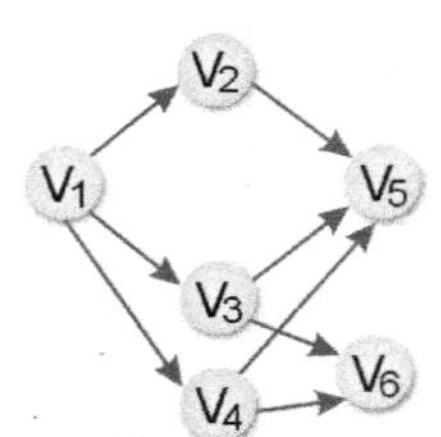

图 7-63　以此图为例来示范拓扑排序

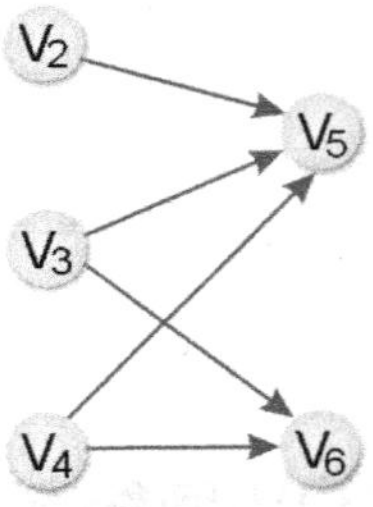

图 7-64　步骤 1

步骤 02 可输出 V_2、V_3 或 V_4，这里我们选择输出 V_4，如图 7-65 所示。

步骤 03 输出 V_3，如图 7-66 所示。

步骤 04 输出 V_6，如图 7-67 所示。

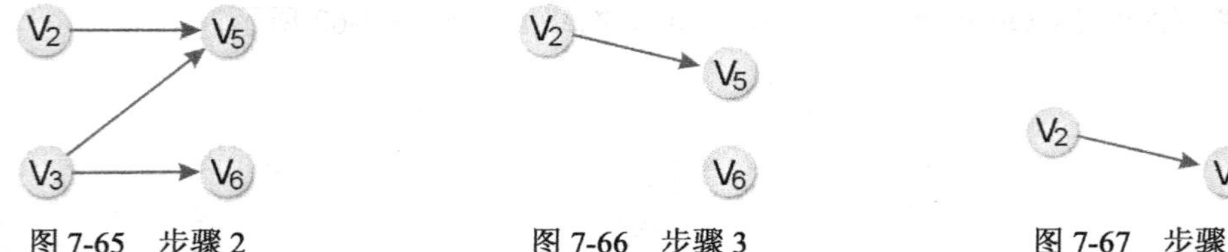

图 7-65　步骤 2　　图 7-66　步骤 3　　图 7-67　步骤 4

步骤 05 输出 V_2、V_5，求得拓扑排序，如图 7-68 所示。

$V_1 \rightarrow V_4 \rightarrow V_3 \rightarrow V_6 \rightarrow V_2 \rightarrow V_5$

图 7-68　步骤 5：求得拓扑排序

范例 7.6.1 写出图 7-69 的拓扑排序。

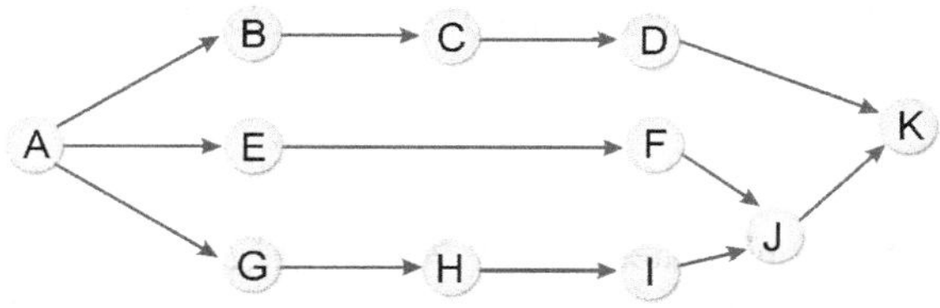

图 7-69 求此图的拓扑排序

解答 拓扑排序结果为：A, B, E, G, C, F, H, D, I, J, K。

7.7 AOE 网络

之前所谈的 AOV 网络是指在有向图中的顶点表示一项工作，而边表示顶点之间的先后关系。下面还要介绍一个新名词 AOE（Activity On Edge，用边表示的活动网络）。所谓 AOE，是指事件（event）的行动（action）在边上的有向图。

其中的顶点作为各“进入边事件”（incident in edge）的汇集点，当所有“进入边事件”的行动全部完成后，才可以开始“外出边事件”（incident out edge）的行动。在 AOE 网络会有一个源头顶点和目的顶点。从源头顶点开始计时执行各边上事件的行动，到目的顶点完成为止所需的时间为所有事件完成的时间总花费。

关键路径

AOE 完成所需的时间是由一条或数条的关键路径（critical path）所控制的。所谓关键路径，就是 AOE 有向图从源头顶点到目的顶点之间，所需花费时间最长的一条有方向性的路径。当有一条以上的路径花费时间相等，而且都是最长时，这些路径都称为此 AOE 有向图的关键路径。也就是说，想缩短整个 AOE 完成的花费时间，必须设法缩短关键路径各边行动所需花费的时间。

关键路径用来决定一个项目至少需要多少时间才可以完成，即在 AOE 有向图中从源头顶点到目的顶点间最长的路径长度。以图 7-70 为例进行介绍。

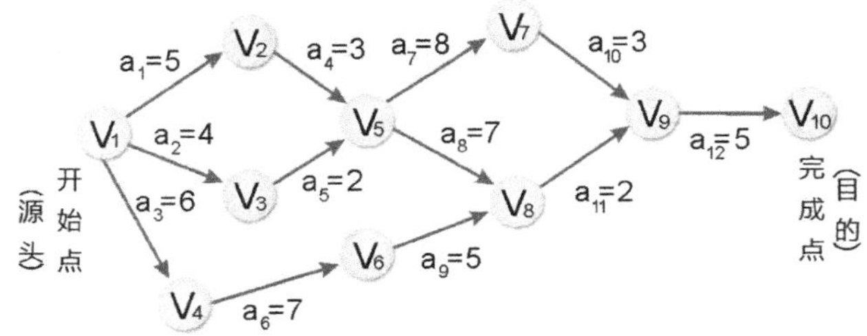

图 7-70 AOE 网络

上图代表 12 个 action(a_1, a_2, a_3, a_4, …, a_{12}) 和 10 个 event(V_1, V_2, V_3, …, V_{10})，我们先来看一些重要的相关定义。

1. 最早时间

AOE 网络中顶点的最早时间（earliest time）为该顶点最早可以开始其外出边事件（incident out edge）的时间，它必须由最慢完成的进入边事件所控制，我们用 TE 来表示。

2. 最晚时间

AOE 网络中顶点的最晚时间（latest time）为该顶点最慢可以开始其外出边事件而不会影响整个 AOE 网络完成的时间。它是由外出边事件中最早要求开始者所控制的。我们用 TL 来表示。

TE 和 TL 的计算原则如下。

- TE：从前往后（即从源头到目的正方向），若第 i 项工作前面几项工作有好几个完成时段，则取其中最大值。
- TL：从后往前（即从目的到源头的反方向），若第 i 项工作后面几项工作有好几个完成时段，则取其中最小值。

3. 关键顶点

如果 AOE 网络中顶点的 TE = TL，我们就称它为关键顶点（critical vertex）。从源头顶点到目的顶点的各个关键顶点可以构成一条或数条的有向关键路径。只要控制好关键路径所花费的时间，就不会拖延工作进度。如果集中火力缩短关键路径所需花费的时间，就可以加速整个计划完成的速度。我们以图 7-71 为例来简单说明如何确定关键路径。

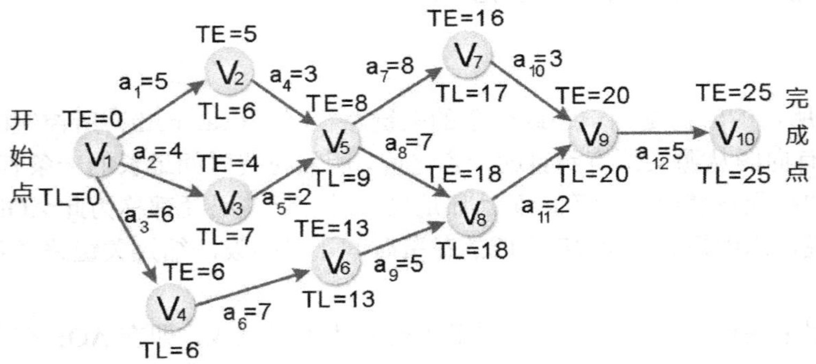

图 7-71　以此图为例来说明如何确定关键路径

从上图得知 V_1、V_4、V_6、V_8、V_9、V_{10} 为关键顶点（Critical Vertex），可以求得如下的关键路径（Critical Path），如图 7-72 所示。

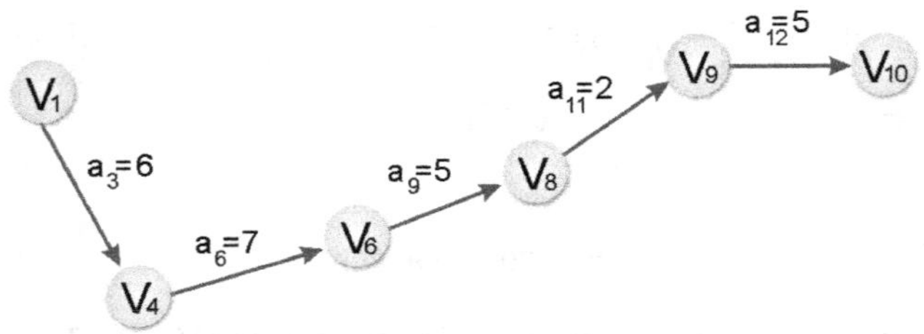

图 7-72　根据关键顶点求得的关键路径

【课后习题】

1. 以下哪些是图的应用？

（1）作业调度　（2）递归程序　（3）电路分析　（4）排序
（5）最短路径搜索　（6）仿真　（7）子程序调用　（8）都市计划

2. 什么是欧拉链理论？试绘图说明。
3. 求出下图的 DFS 与 BFS 结果。

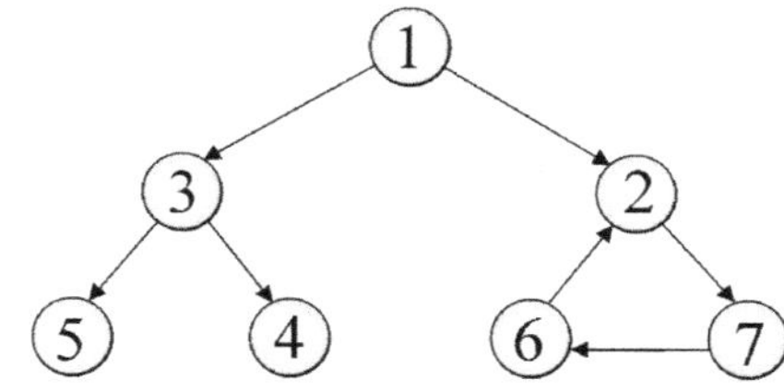

4. 什么是多重图？试绘图说明。
5. 以 K 氏法求取下图中的最小成本生成树。

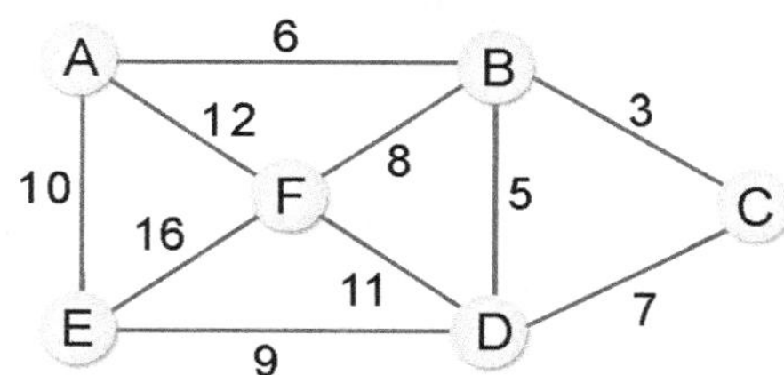

6. 写出下图的邻接矩阵表示法和各个顶点之间最短距离的表示矩阵。

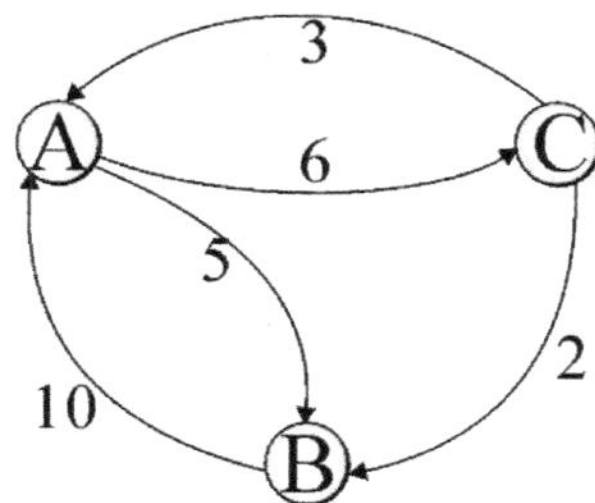

7. 求下图的拓扑排序。

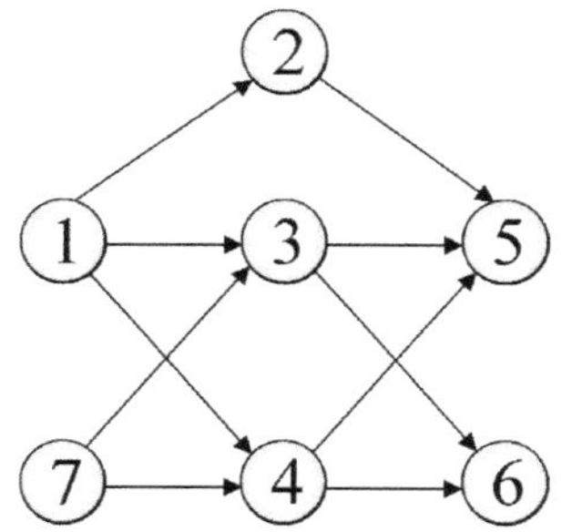

8. 求下图的拓扑排序。

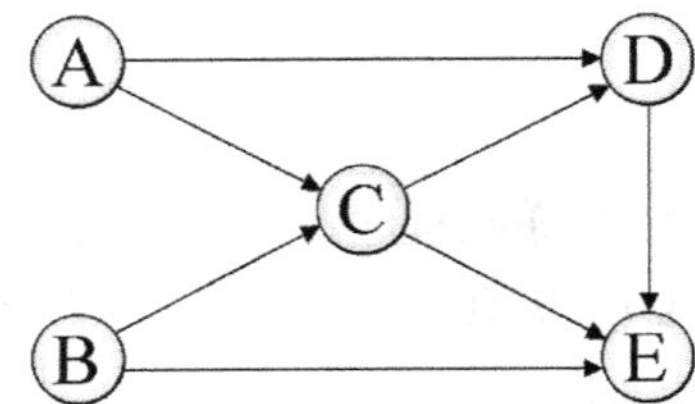

9. 下图是否为双连通图（Biconnected Graph）？有哪些连通分支（Connected Components）？试进行说明。

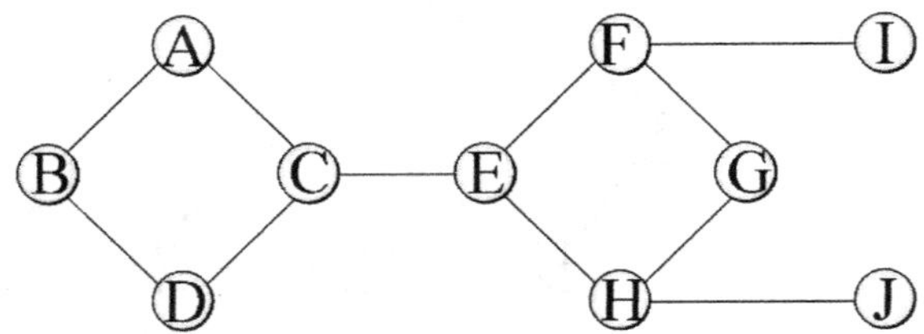

10. 图有哪 4 种常见的表示法？

11. 以 Python 语言简单写出求取图 G 的传递闭包矩阵算法及其时间复杂度。

12. 试简述图遍历的定义。

13. 简述拓扑排序的步骤。

14. 以下为一个有限状态机（finite state machine）的状态转换图（state transition diagram），试列举两种图的数据结构来表示它，其中：

S 代表状态 S。

射线（→）表示转换方式。

射线上方的 A/B：A 代表输入信号，B 代表输出信号。

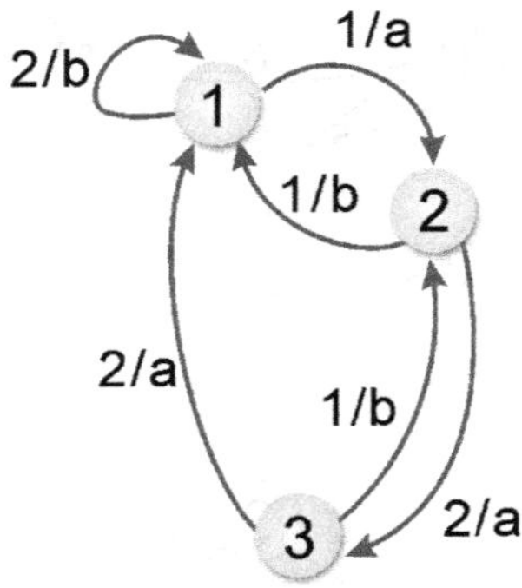

15. 什么是完全图，试进行说明。

16. 下图为图形 G：

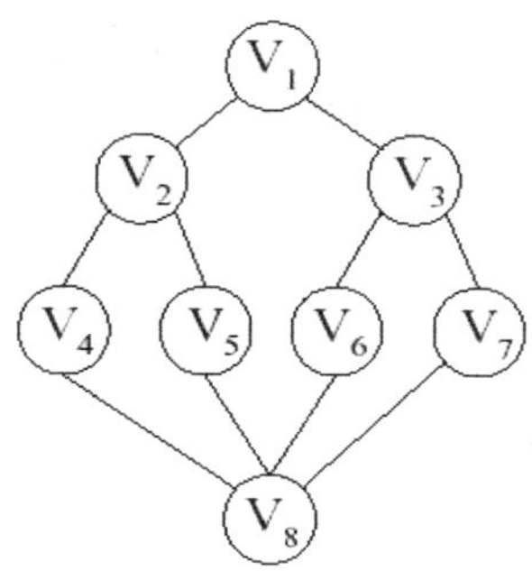

（1）以邻接表和邻接数组表示 G。

（2）使用下面的遍历法（或搜索法）求出生成树。

① 深度优先

② 广度优先

17. 以下所列的各个树都是关于图 G 的搜索树（或称为查找树）。假设所有的搜索都始于节点 1。试判定每棵树是深度优先搜索树还是广度优先搜索树，或二者都不是。

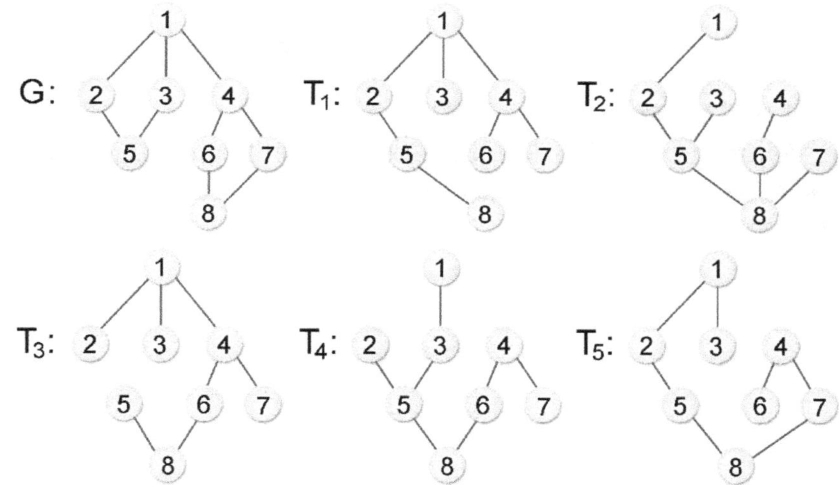

18. 求 V_1、V_2、V_3 任意两个顶点间的最短距离，并描述其过程。

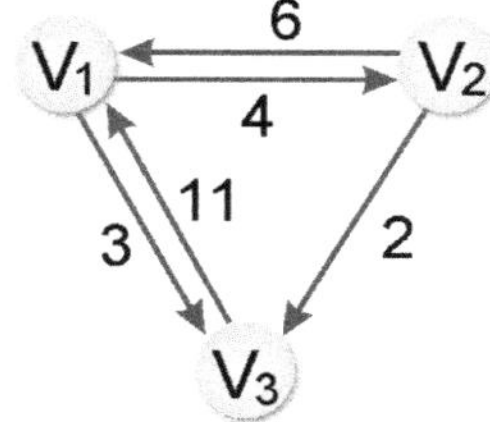

19. 假设在注有各地距离的图上（单行道）求各地之间的最短距离（Shortest Paths），求下列各题。

（1）使用矩阵将下图的数据存储起来，并写出结果。

（2）写出求所有各地之间最短距离的算法。

（3）写出最后所得的矩阵，并说明其可表示所求各地之间的最短距离。

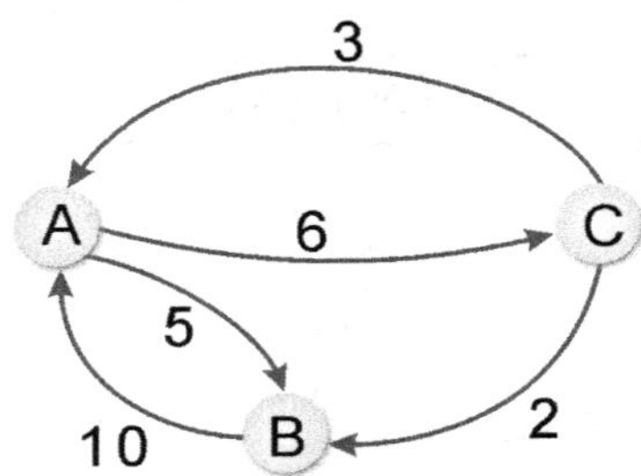

20. 求下图的邻接矩阵：

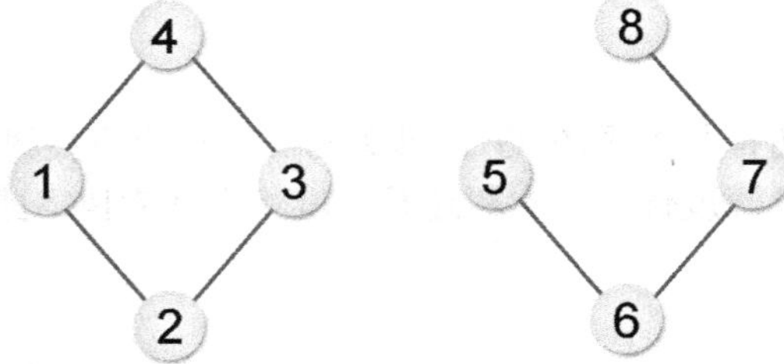

21. 什么是生成树？生成树应该包含哪些特点？

22. 试简述在求解一个无向连通图的最小生成树时，使用 Prim 算法的主要步骤。

23. 试简述在求解一个无向连通图的最小生成树时，使用 Kruskal 算法的主要步骤。

24. 以邻接矩阵表示下面的有向图。

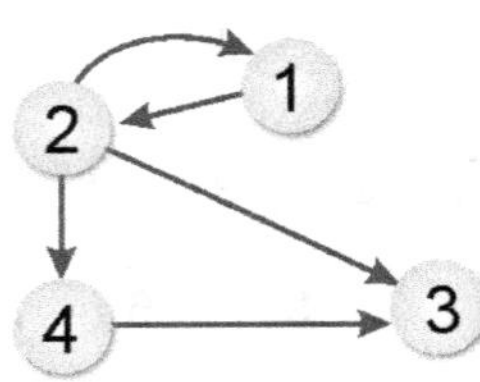

第 8 章 排　序

8.1　排序简介
8.2　内部排序法

随着信息科技的逐渐普及与全球国际化的影响，企业所拥有的数据量成倍数地增长。无论是庞大的商业应用软件，还是个人的文字处理软件，每项工作的核心都与数据库有着莫大的关系，而数据库中最常见且重要的功能就是排序与查找，如图 8-1 所示。

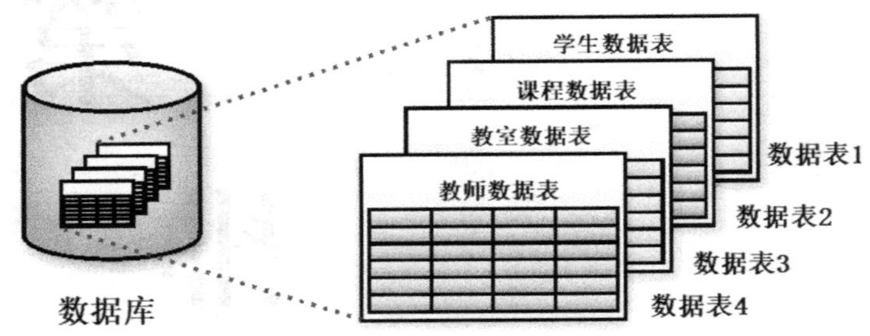

图 8-1　现在每项工作的核心都与数据库关系密切

“排序”（Sorting）是指将一组数据按特定规则调换位置，使数据具有某种顺序关系（递增或递减）。例如数据库内可针对某一字段进行排序，而此字段称为“键（key）”，字段里面的值称为“键值（key value）”。

8.1 排序简介

在排序的过程中，数据的移动方式可分为“直接移动”和“逻辑移动”两种。“直接移动”是直接交换存储数据的位置，而“逻辑移动”并不会移动数据存储的位置，仅改变指向这些数据的辅助指针的值，如图 8-2 和图 8-3 所示。

键值

R1	4	DD
R2	2	BB
R3	1	AA
R4	5	EE
R5	3	CC

R1	1	AA
R2	2	BB
R3	3	CC
R4	4	DD
R5	5	EE

图 8-2　直接移动排序

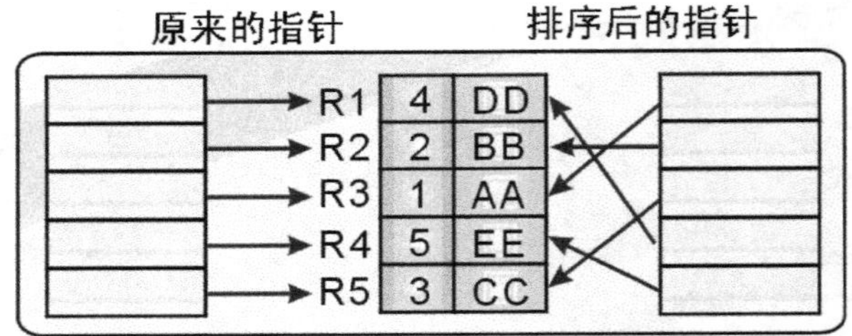

图 8-3　逻辑移动排序

两者间的优劣在于直接移动会浪费许多时间进行数据的移动，而逻辑移动只要改变辅助指针指向的位置就能轻易达到排序的目的。例如在数据库中，可在报表中显示多项记录，也可以针对这些字段的特性来分组并进行排序与汇总，这就属于逻辑移动，而不是去实际移动改变数据在数据文件中的位置。数据在经过排序后会有下列 3 点好处：

（1）数据较容易阅读。

（2）数据较利于统计和整理。

（3）可大幅减少数据查找的时间。

8.1.1　排序的分类

排序可以按照执行时所使用的内存种类区分为以下两种方式。

（1）内部排序：排序的数据量小，可以全部加载到内存中进行排序。

（2）外部排序：排序的数据量大，无法全部一次性加载到内存中进行排序，而必须借助辅助存储器（如硬盘）进行排序。

常见的排序法有冒泡排序法、选择排序法、插入排序法、合并排序法、快速排序法、堆积排序法、希尔排序法、基数排序法等。在后面的章节中，将会对以上排序法做进一步的说明。

8.1.2　排序算法的分析

排序算法的选择将影响到排序的结果与效率，通常可由以下几点决定：

- **算法稳定与否**

稳定的排序是指数据在经过排序后，两个相同键值的记录仍然保持原来的次序，如下例中7左的原始位置在7右的左边（7左和7右是指相同键值一个在左而另一个在右），稳定的排序（Stable Sort）后，7左仍应在7右的左边，不稳定排序则有可能7左会跑到7右的右边去，例如：

原始数据顺序：	7左	2	9	7右	6
稳定的排序：	2	6	7左	7右	9
不稳定的排序：	2	6	7右	7左	9

- **时间复杂度**

当数据量相当大时，排序算法所花费的时间就显得相当重要。排序算法的时间复杂度（Time Complexity）可分为最好情况（Best Case）、最坏情况（Worst Case）及平均情况（Average Case）。最好情况就是数据已完成排序，例如原本数据已经完成升序了，如果再进行一次升序，所使用的时间复杂度就是最好情况。最坏情况是指每一个键值均须重新排列，例如原本为升序，现在要重新排序成为降序就是最坏情况。如下所示：

排序前：2	3	4	6	8	9
排序后：9	8	6	4	3	2

这种排序的时间复杂度就是最坏情况。

- **空间复杂度**

空间复杂度（Space Complexity）就是指算法在执行过程所需占用的额外内存空间。例如，所挑选的排序法必须借助递归的方式来进行，递归过程中会使用到的堆栈就是这个排序法必须付出的额外空间。另外，任何排序法都有数据对调的操作，数据对调就会暂时用到一个额外的空间，它也是排序法中空间复杂度要考虑的问题。排序法所使用到的额外空间越少，它的空间复杂度就越佳。例如冒泡法在排序过程中仅会用到一个额外的空间，在所有的排序算法中，这样的空间复杂度就算是最好的。

8.2 内部排序法

排序的各种算法称得上是数据结构这门学科的精髓所在。每一种排序方法都有其适用的情况与数据种类。首先我们将内部排序法按照算法的空间复杂度和键值整理，如表 8-1 所示。

表 8-1　内部排序法（按照算法的空间复杂度和键值整理）

	排序名称	排序特性
简单排序法	1. 冒泡排序法（Bubble Sort）	（1）稳定排序法 （2）空间复杂度为最佳，只需一个额外空间 O(1)
	2. 选择排序法（Selection Sort）	（1）不稳定排序法 （2）空间复杂度为最佳，只需一个额外空间 O(1)
	3. 插入排序法（Insertion Sort）	（1）稳定排序法 （2）空间复杂度为最佳，只需一个额外空间 O(1)
	4. 希尔排序法（Shell Sort）	（1）稳定排序法 （2）空间复杂度为最佳，只需一个额外空间 O(1)
高级排序法	1. 快速排序法（Quick Sort）	（1）不稳定排序法 （2）空间复杂度最差为 O(n)，最佳为 O(log2n)
	2. 堆积排序法（Heap Sort）	（1）不稳定排序法 （2）空间复杂度为最佳，只需一个额外空间 O(1)
	3. 基数排序法（Radix Sort）	（1）稳定排序法 （2）空间复杂度为 O(np)，n 为原始数据的个数，p 为基底

8.2.1 冒泡排序法

冒泡排序法又称为交换排序法，是从观察水中气泡变化构思而成的，原理是从第一个元素开始，比较相邻元素的大小，若大小顺序有误，则对调后再进行下一个元素的比较，就仿佛气泡逐渐从水底冒升到水面上一样。如此扫描过一次之后，就可以确保最后一个元素位于正确的顺序。接着逐步进行第二次扫描，直到完成所有元素的排序关系为止。

以下使用 55、23、87、62、16 数列来演示排序过程，这样大家可以清楚地知道冒泡排序法的具体流程。图 8-4 所示为原始顺序，图 8-5～图 8-8 所示为排序的具体过程。

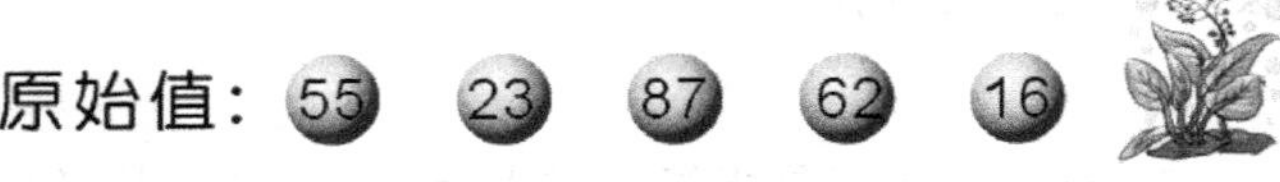

图 8-4　排序前的原始位置

从小到大排序：

第一次扫描会先拿第一个元素 55 和第二个元素 23 进行比较，如果第二个元素小于第一个元素，就进行互换。接着拿 55 和 87 进行比较，就这样一直比较并互换，到第 4 次比较完后即可确定最大值在数组的最后面，如图 8-5 所示。

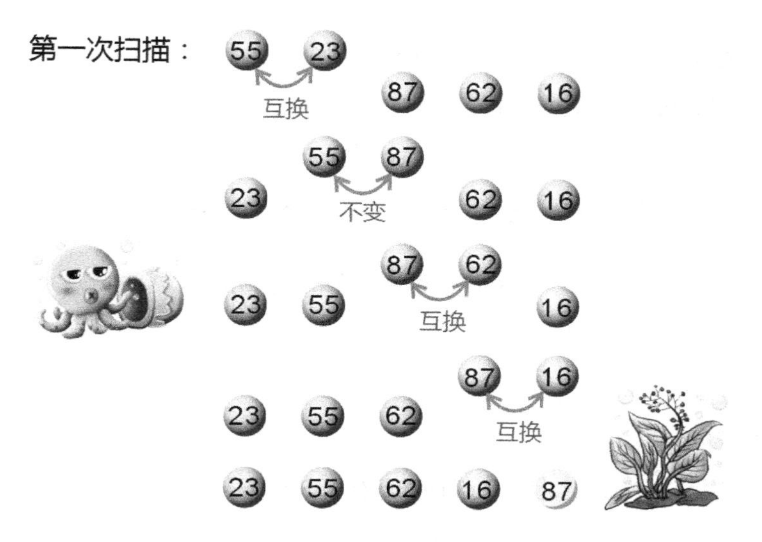

图 8-5 冒泡排序的第一次扫描

第二次扫描也是从头比较，但因为最后一个元素在第一次扫描就已确定是数组中的最大值，故只需比较 3 次即可把剩余数组元素的最大值排到剩余数组的最后面，如图 8-6 所示。

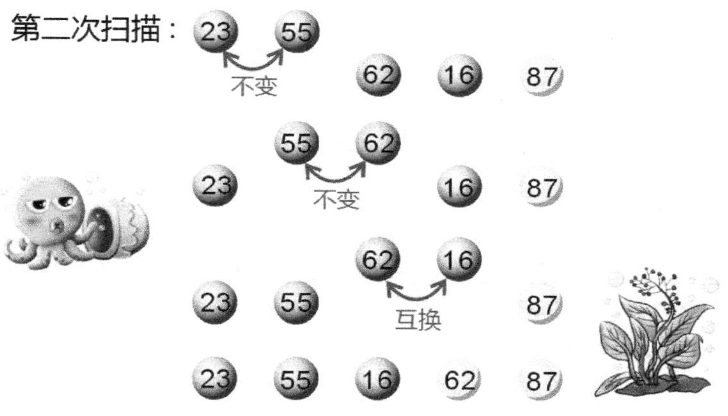

图 8-6 冒泡排序的第二次扫描

第三次扫描完，完成三个值的排序，如图 8-7 所示。

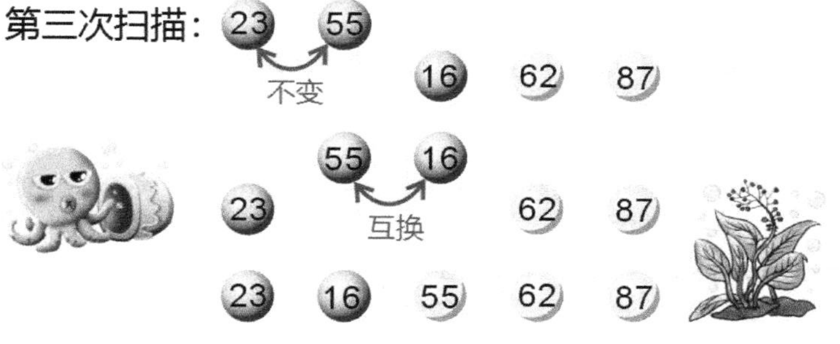

图 8-7 冒泡排序的第三次扫描

第四次扫描完即可完成所有排序，如图 8-8 所示。

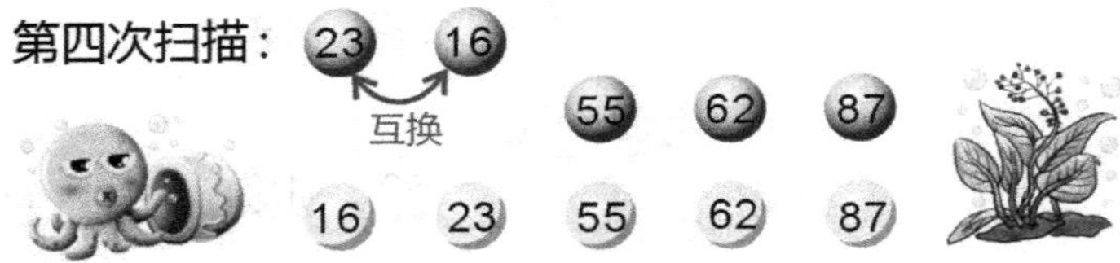

图 8-8　冒泡排序的第四次扫描

由此可知，5 个元素的冒泡排序法必须执行 5-1 次扫描，第一次扫描需比较 5-1 次，共比较 4+3+2+1=10 次。

冒泡法分析

（1）最坏情况和平均情况均需比较 $(n-1)+(n-2)+(n-3)+\ldots+3+2+1=\frac{n(n-1)}{2}$ 次；时间复杂度为 $O(n^2)$，最好情况只需完成一次扫描，发现没有执行数据的交换操作，就表示已经排序完成，所以只做了 n−1 次比较，时间复杂度为 O(n)。

（2）由于冒泡排序是相邻两个数据相互比较和对调，并不会更改其原本排列的顺序，因此是稳定排序法。

（3）只需一个额外的空间，所以空间复杂度为最佳。

（4）此排序法适用于数据量小或有部分数据已经过排序的情况。

范例 8.2.1　设计一个 Python 程序，并使用冒泡排序法对以下的数列进行排序：

```
16,25,39,27,12,8,45,63
```

范例程序：CH08_01.py

```
data=[16,25,39,27,12,8,45,63]    # 原始数据
print('冒泡排序法：原始数据为：')
for i in range(8):
    print('%3d' %data[i],end='')
print()

for i in range(7,-1,-1): #扫描次数
    for j in range(i):
        if data[j]>data[j+1]:#比较,交换的次数
            data[j],data[j+1]=data[j+1],data[j]  #比较相邻的两数,如果第一个数较大，就交换
    print('第 %d 次排序后的结果是：' %(8-i),end='') #把各次扫描后的结果打印出来
    for j in range(8):
        print('%3d' %data[j],end='')
    print()

print('排序后的结果为：')
```

```
    for j in range(8):
        print('%3d' %data[j],end='')
print()
```

【执行结果】

执行结果如图 8-9 所示。

```
冒泡排序法：原始数据为：
 16 25 39 27 12  8 45 63
第 1 次排序后的结果是：  16 25 27 12  8 39 45 63
第 2 次排序后的结果是：  16 25 12  8 27 39 45 63
第 3 次排序后的结果是：  16 12  8 25 27 39 45 63
第 4 次排序后的结果是：  12  8 16 25 27 39 45 63
第 5 次排序后的结果是：   8 12 16 25 27 39 45 63
第 6 次排序后的结果是：   8 12 16 25 27 39 45 63
第 7 次排序后的结果是：   8 12 16 25 27 39 45 63
第 8 次排序后的结果是：   8 12 16 25 27 39 45 63
排序后的结果为：
  8 12 16 25 27 39 45 63
```

图 8-9　执行结果

范例 **8.2.2**　我们知道冒泡排序法有一个缺点，就是无论数据是否已排序完成，都固定会执行 n(n−1)/2 次。设计一个 Python 程序，使用岗哨的概念，可以提前中断程序，又可以得到正确的排序结果，以此来提高程序执行的效率。

范例程序：CH08_02.py

```
#[示范]：改进的冒泡排序法
def showdata(data):     #使用循环打印数据
    for i in range(6):
        print('%3d' %data[i],end='')
    print()

def bubble (data):
    for i in range(5,-1,-1):
        flag=0     #flag用来判断是否执行了交换操作
        for j in range(i):
            if data[j+1]<data[j]:
                data[j],data[j+1]=data[j+1],data[j]
                flag+=1  #如果执行过交换操作，flag 就不为 0
        if flag==0:
            break
        #执行完一次扫描后，判断是否执行过交换操作，如果没有交换过数据，
 #就表示此时数组已完成排序，故可直接跳出循环
        print('第 %d 次排序：' %(6-i),end='')
        for j in range(6):
            print('%3d' %data[j],end='')
```

```
            print()
        print('排序后的结果为: ',end='')
        showdata (data)

    def main():
        data=[4,6,2,7,8,9]  #原始数据
        print('改进的冒泡排序法测试用的原始数据为: ')
        bubble (data)

    main()
```

【执行结果】

执行结果如图 8-10 所示。

```
改进的冒泡排序法测试用的原始数据为:
第 1 次排序:    4  2  6  7  8  9
第 2 次排序:    2  4  6  7  8  9
排序后的结果为:    2  4  6  7  8  9
```

图 8-10 执行结果

8.2.2 选择排序法

选择排序法（Selection Sort）可使用两种方式排序，即在所有的数据中，当从大到小排序时，将最大值放入第一个位置；当从小到大排序时，将最大值放入最后一个位置。例如，一开始在所有的数据中挑选一个最小项放在第一个位置（假设是从小到大排序），再从第二项开始挑选一个最小项放在第 2 个位置，以此重复，直到完成排序为止。

以下我们仍然用 55、23、87、62、16 数列的从小到大的排序过程来说明选择排序法的演算流程。

步骤 01 首先找到此数列中的最小值后与第一个值交换，如图 8-11 所示。

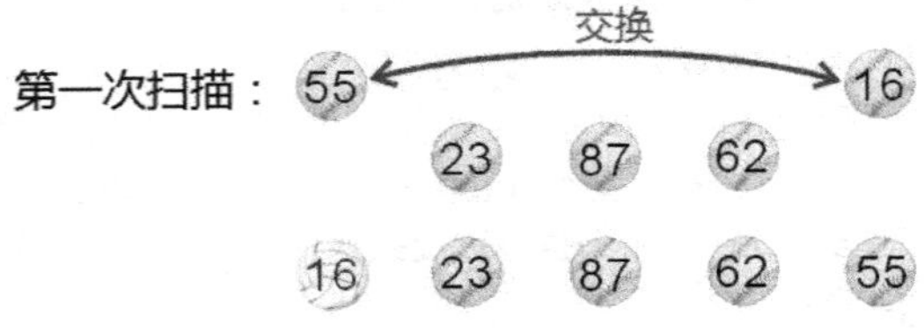

图 8-11 选择排序的第一次扫描

步骤 02 从第二个值开始找，找到此数列中（不包含第一个）的最小值，再和第二个值交换，如图 8-12 所示。

步骤 03 从第三个值开始找，找到此数列中（不包含第一、二个）的最小值，再和第三个值交换，如图 8-13 所示。

第二次扫描：16 23 87 62 55

16 23 87 62 55

图 8-12　选择排序的第二次扫描

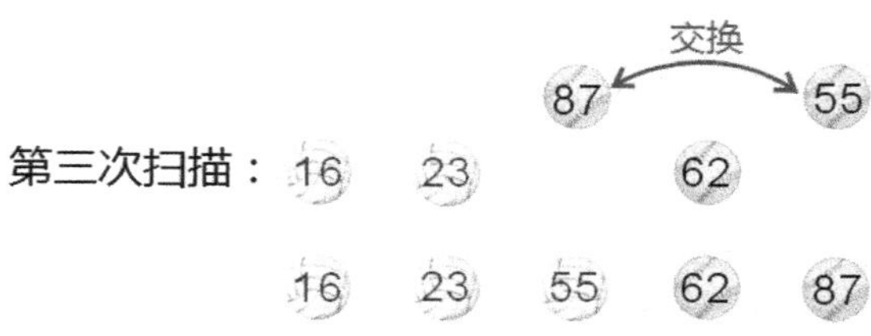

图 8-13　选择排序的第三次扫描

步骤 04 从第四个值开始找，找到此数列中（不包含第一、二、三个）的最小值，再和第四个值交换，此排序就完成了，如图 8-14 所示。

图 8-14　选择排序的第四次扫描，在此例中即可完成排序

选择排序法的分析

（1）无论是最坏情况、最佳情况还是平均情况都需要找到最大值（或最小值），因此其比较次数为$(n-1)+(n-2)+(n-3)+\ldots+3+2+1=\dfrac{n(n-1)}{2}$次，时间复杂度为$O(n^2)$。

（2）由于选择排序是以最大或最小值直接与最前方未排序的键值交换，数据排列顺序很有可能被改变，故不是稳定排序法。

（3）只需一个额外的空间，所以空间复杂度为最佳。

（4）此排序法适用于数据量小或有部分数据已经过排序的情况。

范例 8.2.3　设计一个 Python 程序，并使用选择排序法对以下的数列进行排序：

```
16,25,39,27,12,8,45,63
```

范例程序：CH08_03.py

```
def showdata (data):
    for i in range(8):
        print('%3d' %data[i],end='')
    print()

```

```
def select (data):
    for i in range(7):
        for j in range(i+1,8):
            if data[i]>data[j]: #比较第 i 个和第 j 个元素
                data[i],data[j]=data[j],data[i]
    print()

data=[16,25,39,27,12,8,45,63]
print('原始数据为：')
for i in range(8):
    print('%3d' %data[i],end='')
print('\n-----------------------------------')
select(data)
print("排序后的数据为：")
for i in range(8):
    print('%3d' %data[i],end='')
print('')
```

【执行结果】

执行结果如图 8-15 所示。

```
原始数据为:
 16 25 39 27 12  8 45 63
-------------------------------------

排序后的数据为:
  8 12 16 25 27 39 45 63
```

图 8-15　执行结果

8.2.3　插入排序法

插入排序法（Insert Sort）是将数组中的元素逐一与已排序好的数据进行比较，前两个元素先排好，再将第三个元素插入适当的位置，所以这三个元素仍然是已排序好的，接着将第四个元素加入，重复此步骤，直到排序完成为止。可以看作是在一串有序的记录 R1、R2…Ri 中插入新的记录 R，使得 i+1 个记录排序妥当。

以下我们仍然用 55、23、87、62、16 数列的从小到大排序过程来说明插入排序法的演算流程。在图 8-16 的步骤二中，以 23 为基准与其他元素比较后，放到适当位置（55 的前面），步骤三则拿 87 与其他两个元素比较，接着在比较完前三个数后将 62 插入 87 的前面……将最后一个元素比较完后即可完成排序。

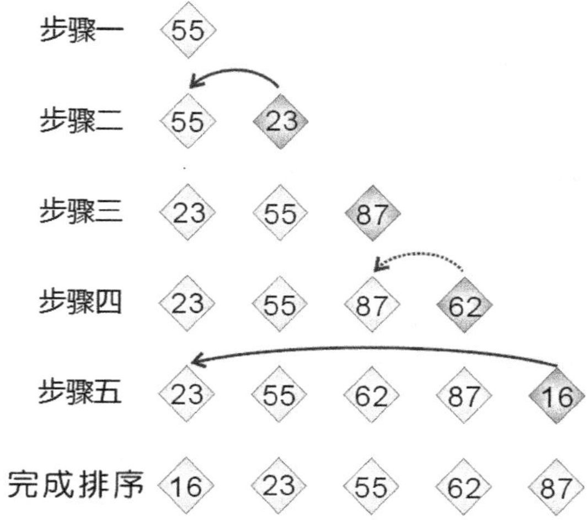

图 8-16　插入排序的各个步骤

插入排序法的分析

（1）最坏情况和平均情况需比较(n−1)+(n−2)+(n−3)+…+3+2+1 = $\frac{n(n-1)}{2}$次，时间复杂度为 $O(n^2)$，最好情况的时间复杂度为 O(n)。

（2）插入排序是稳定排序法。

（3）只需一个额外的空间，所以空间复杂度为最佳。

（4）此排序法适用于大部分数据已经过排序或已排序数据库新增数据后进行排序的情况。

（5）插入排序法会造成数据的大量搬移，所以建议在链表上使用。

范例 **8.2.4**　设计一个 Python 程序，并使用插入排序法对以下的数列进行排序：

```
16,25,39,27,12,8,45,63
```

范例程序：CH08_04.py

```
SIZE=8          #定义数组大小
def showdata(data):
    for i in range(SIZE):
        print('%3d' %data[i],end='')   #打印数组数据
    print()

def insert(data):
    for i in range(1,SIZE):
        tmp=data[i] #tmp用来暂存数据
        no=i-1
        while no>=0 and tmp<data[no]:
```

```
            data[no+1]=data[no]    #就把所有元素往后推一个位置
            no-=1
        data[no+1]=tmp #最小的元素放到第一个位置

def main():
    data=[16,25,39,27,12,8,45,63]
    print('原始数组是：')
    showdata(data)
    insert(data)
    print('排序后的数组是：')
    showdata(data)

main()
```

【执行结果】

执行结果如图 8-17 所示。

```
原始数组是:
 16 25 39 27 12  8 45 63
排序后的数组是:
  8 12 16 25 27 39 45 63
```

图 8-17　执行结果

8.2.4　希尔排序法

我们知道在原始记录的键值大部分已排好序的情况下，插入排序法会非常有效率，因为它不需要执行太多的数据搬移操作。“希尔排序法”是 D. L. Shell 在 1959 年 7 月发明的一种排序法，可以减少插入排序法中数据搬移的次数，以加速排序的进行。排序的原则是将数据区分成特定间隔的几个小区块，以插入排序法排完区块内的数据后再渐渐减少间隔的距离。

以下我们仍然用 63、92、27、36、45、71、58、7 数列的从小到大排序过程来说明希尔排序法的演算流程。

63　92　27　36　45　71　58　7

首先，将所有数据分成 Y：(8 div 2)，即 Y=4，称为划分数。注意，划分数不一定要是 2，质数最好。但为了算法方便，我们习惯选 2。因而一开始的间隔设置为 8/2，于是分成：

63　92　27　36　45　71　58　7

如此一来可得到 4 个区块，分别是：(63，45)(92，71)(27，58)(36，7)，再分别用插入排序法排序成为(45，63)(71，92)(27，58)(7，36)。

45　71　27　7　63　92　58　36

接着缩小间隔为 (8/2)/2，于是分成：

45 71 27 7 63 92 58 36

可得到(45，27，63，58)(71，7，92，36)，再分别用插入排序法后得到：

27 7 45 36 58 71 63 92

最后以((8/2)/2)/2 的间距进行插入排序，也就是对每一个元素进行排序，于是得到最后的结果：

7 27 36 45 58 63 71 92

希尔排序法的分析

（1）任何情况的时间复杂度均为 $O(n^{3/2})$。
（2）希尔排序法和插入排序法一样，都是稳定排序。
（3）只需一个额外空间，所以空间复杂度是最佳。
（4）此排序法适用于数据大部分都已排序完成的情况。

范例 **8.2.5** 设计一个 Python 程序，并使用希尔排序法来对以下的数列排序：

```
16,25,39,27,12,8,45,63
```

范例程序：CH08_05.py

```
SIZE=8

def showdata(data):
    for i in range(SIZE):
        print('%3d' %data[i],end='')
    print()

def shell(data,size):
    k=1 #k 打印计数
    jmp=size//2
    while jmp != 0:
        for i in range(jmp, size): #i 为扫描次数，jmp 为设置间距的位移量
            tmp=data[i] #tmp 用来暂存数据
            j=i-jmp      #以 j 来定位比较的元素
            while tmp<data[j] and j>=0: #插入排序法
                data[j+jmp] = data[j]
                j=j-jmp
            data[jmp+j]=tmp
        print('第 %d 次排序过程: ' %k, end='')
```

```
        k+=1
        showdata (data)
        print('-----------------------------------------')
        jmp=jmp//2    #控制循环次数

def main():
    data=[16,25,39,27,12,8,45,63]
    print('原始数组是:      ')
    showdata (data)
    print('-----------------------------------------')
    shell(data,SIZE)

main()
```

【执行结果】

执行结果如图 8-18 所示。

```
原始数组是:
 16 25 39 27 12  8 45 63
-----------------------------------------
第 1 次排序过程:  12  8 39 27 16 25 45 63
-----------------------------------------
第 2 次排序过程:  12  8 16 25 39 27 45 63
-----------------------------------------
第 3 次排序过程:   8 12 16 25 27 39 45 63
-----------------------------------------
```

图 8-18　执行结果

8.2.5　合并排序法

合并排序法（Merge Sort）的工作原理是针对已排序好的两个或两个以上的数列（或数据文件），通过合并的方式将其组合成一个大的且已排好序的数列（或数据文件），步骤如下：

（1）将 N 个长度为 1 的键值成对地合并成 N/2 个长度为 2 的键值组。

（2）将 N/2 个长度为 2 的键值组成对地合并成 N/4 个长度为 4 的键值组。

（3）将键值组不断地合并，直到合并成一组长度为 N 的键值组为止。

以下我们仍然用 38、16、41、72、52、98、63、25 数列的从小到大排序过程来说明合并排序法的基本演算流程，如图 8-19 所示。

38、16、41、72、52、98、63、25

[16、38]、[41、72]、[52、98]、[25、63]

[16、38、41、72]、[25、52、63、98]

[16、25、38、41、52、63、72、98]

图 8-19　合并排序的演算流程

上面展示的合并排序法的例子是一种最简单的合并排序，又称为 2 路（2-way）合并排序，主要概念是把原来的数列视作 N 个已排好序且长度为 1 的数列，再将这些长度为 1 的数列两两合并，结合成 N/2 个已排好序且长度为 2 的数列；以同样的做法，再按序两两合并，合并成 N/4 个已排好序且长度为 4 的数列……以此类推，最后合并成一个已排好序且长度为 N 的数列。

现在将排序步骤整理如下：

步骤01 将 N 个长度为 1 的数列合并成 N/2 个已排序妥当且长度为 2 的数列。

步骤02 将 N/2 个长度为 2 的数列合并成 N/4 个已排序妥当且长度为 4 的数列。

步骤03 将 N/4 个长度为 4 的数列合并成 N/8 个已排序妥当且长度为 8 的数列。

步骤04 将 $N/2^{i-1}$ 个长度为 2^{i-1} 的数列合并成 $N/2^i$ 个已排序妥当且长度为 2^i 的数列。

合并排序法的分析

（1）使用合并排序法，n 项数据一般需要约 $\log_2 n$ 次处理，每次处理的时间复杂度为 O(n)，所以合并排序法的最佳情况、最差情况及平均情况复杂度为 O(nlogn)。

（2）由于在排序过程中需要一个与数列（或数据文件）大小同样的额外空间，故其空间复杂度 O(n)。

（3）是一个稳定（stable）的排序方式。

范例程序：CH08_06.py

```
# 合并排序法(Merge Sort)

#99999 为数列 1 的结束数字，不列入排序
list1 = [20,45,51,88,99999]
#99999 为数列 2 的结束数字，不列入排序
list2 = [98,10,23,15,99999]
list3 = []

def merge_sort():
    global list1
    global list2
    global list3

    # 先使用选择排序对两个数列排序，再进行合并
    select_sort(list1, len(list1)-1)
    select_sort(list2, len(list2)-1)


    print('\n 第 1 个数列的排序结果为: ', end = '')
    for i in range(len(list1)-1):
        print(list1[i], ' ', end = '')

```

```
    print('\n第2个数列的排序结果为: ', end = '')
    for i in range(len(list2)-1):
        print(list2[i], ' ', end = '')
    print()

    for i in range(60):
        print('=', end = '')
    print()

    My_Merge(len(list1)-1, len(list2)-1)

    for i in range(60):
        print('=', end = '')
    print()

    print('\n合并排序法的最终结果为: ', end = '')
    for i in range(len(list1)+len(list2)-2):
        print('%d ' % list3[i], end = '')

def select_sort(data, size):
    for base in range(size-1):
        small = base
        for j in range(base+1, size):
            if data[j] < data[small]:
                small = j
        data[small], data[base] = data[base], data[small]

def My_Merge(size1, size2):
    global list1
    global list2
    global list3

    index1 = 0
    index2 = 0
    for index3 in range(len(list1)+len(list2)-2):
        if list1[index1] < list2[index2]:#比较两个数列，其中数小的先存于合并后的数列
            list3.append(list1[index1])
            index1 += 1
            print('此数字%d取自于第1个数列' % list3[index3])
        else:
            list3.append(list2[index2])
            index2 += 1
```

```
            print('此数字%d取自于第2个数列' % list3[index3])
        print('目前的合并排序结果为: ', end = '')
        for i in range(index3+1):
            print(list3[i], ' ', end = '')
        print('\n')

#主程序开始

merge_sort()  #调用所定义的合并排序法函数
```

【执行结果】

执行结果如图 8-20 所示。

```
第1个数列的排序结果为: 20  45  51  88
第2个数列的排序结果为: 10  15  23  98
============================================================
此数字10取自于第2个数列
目前的合并排序结果为: 10

此数字15取自于第2个数列
目前的合并排序结果为: 10  15

此数字20取自于第1个数列
目前的合并排序结果为: 10  15  20

此数字23取自于第2个数列
目前的合并排序结果为: 10  15  20  23

此数字45取自于第1个数列
目前的合并排序结果为: 10  15  20  23  45

此数字51取自于第1个数列
目前的合并排序结果为: 10  15  20  23  45  51

此数字88取自于第1个数列
目前的合并排序结果为: 10  15  20  23  45  51  88

此数字98取自于第2个数列
目前的合并排序结果为: 10  15  20  23  45  51  88  98

============================================================

合并排序法的最终结果为: 10 15 20 23 45 51 88 98
```

图 8-20　执行结果

8.2.6　快速排序法

快速排序法又称分割交换排序法，是目前公认最佳的排序法，也是使用“分而治之”（Divide and Conquer）的方式，先会在数据中找到一个虚拟的中间值，并按此中间值将所有打算排序的数据分为两部分。其中小于中间值的数据放在左边，而大于中间值的数据放在右边，再以同样的方式分别处理左右两边的数据，直到排序完为止。操作与分割步骤如下：

假设有 n 项 R1、R2、R3…Rn 记录，其键值为 k1、k2、k3…kn：

步骤 01 先假设 K 的值为第一个键值。

步骤 02 从左向右找出键值 K_i，使得 K_i>K。

步骤 03 从右向左找出键值 K_j，使得 K_j<K。

步骤 04 如果 i<j，那么 K_i 与 K_j 互换，并回到步骤 2。

步骤 05 若 i≥j，则将 K 与 K_j 交换，并以 j 为基准点分割成左右部分。然后针对左右两边进行步骤 1 至 5，直到左半边键值等于右半边键值为止。

下面使用快速排序法对下列数据进行排序。

R1	R2	R3	R4	R5	R6	R7	R8	R9	R10
26	3	38	1	67	8	55	14	43	18
K=26		i							j

因为 i < j，故交换 K_i 与 K_j，然后继续比较：

26	3	18	1	67	8	55	14	43	18
				i			j		

因为 i < j，故交换 K_i 与 K_j，然后继续比较：

26	3	18	1	14	8	55	67	43	38
					i	j			

因为 i≥j，故交换 K 与 K_j，并以 j 为基准点分割成左右两半：

[8 3 18 1 14] 26 [55 67 43 38]

从上述这几个步骤，大家可以将小于键值 K 的数据放在左半部，大于键值 K 的数据放在右半部，按照上述的排序过程，对左右两部分再分别排序。过程如下：

[1 3] 8 [18 14] 26 [55 67 43 38]
1 3 8 [18 14] 26 [55 67 43 38]
1 3 8 14 18 26 [55 67 43 38]
1 3 8 14 18 26 [43 38] 55 [67]
1 3 8 14 18 26 38 43 55 67

快速排序法的分析

（1）在最快和平均情况下，时间复杂度为 $O(n\log_2 n)$。最坏情况就是每次挑中的中间值不是最大就是最小，因而最坏情况下的时间复杂度为 $O(n^2)$。

（2）快速排序法不是稳定排序法。

（3）在最差的情况下，空间复杂度为 O(n)，而最佳情况为 $O(\log_2 n)$。

（4）快速排序法是平均运行时间最快的排序法。

范例 **8.2.6**　设计一个 Python 程序，并使用快速排序法对随机产生的数列进行排序。

范例程序：CH08_07.py

```
import random

def inputarr(data,size):
    for i in range(size):
        data[i]=random.randint(1,100)

def showdata(data,size):
    for i in range(size):
        print('%3d' %data[i],end='')
    print()

def quick(d,size,lf,rg):
    #第一项键值为d[lf]
    if lf<rg:  #排序数列的左边与右边
        lf_idx=lf+1
        while d[lf_idx]<d[lf]:
            if lf_idx+1 >size:
                break
            lf_idx +=1
        rg_idx=rg
        while d[rg_idx] >d[lf]:
            rg_idx -=1
        while lf_idx<rg_idx:
            d[lf_idx],d[rg_idx]=d[rg_idx],d[lf_idx]
            lf_idx +=1
            while d[lf_idx]<d[lf]:
                lf_idx +=1
            rg_idx -=1
            while d[rg_idx] >d[lf]:
                rg_idx -=1
        d[lf],d[rg_idx]=d[rg_idx],d[lf]

        for i in range(size):
            print('%3d' %d[i],end='')
        print()

        quick(d,size,lf,rg_idx-1)   #以 rg_idx 为基准点分成左右两半，以递归方式
        quick(d,size,rg_idx+1,rg)   #分别为左右两半进行排序，直至完成排序

def main():
```

```
    data=[0]*100
    size=int(input('请输入数组大小(100 以下): '))
    inputarr (data,size)
    print('您输入的原始数据是: ')
    showdata (data,size)
    print('排序过程如下: ')
    quick(data,size,0,size-1)
    print('最终的排序结果为: ')
    showdata(data,size)

main()
```

【执行结果】

执行结果如图 8-21 所示。

```
请输入数组大小(100以下): 10
您输入的原始数据是:
 69 79 68 88 72 55 90 79 28 15
排序过程如下:
 55 15 68 28 69 72 90 79 88 79
 28 15 55 68 69 72 90 79 88 79
 15 28 55 68 69 72 90 79 88 79
 15 28 55 68 69 72 90 79 88 79
 15 28 55 68 69 72 79 79 88 90
 15 28 55 68 69 72 79 79 88 90
最终的排序结果为:
 15 28 55 68 69 72 79 79 88 90
```

图 8-21 执行结果

8.2.7 堆积排序法

堆积排序法是选择排序法的改进版，它可以减少在选择排序法中的比较次数，进而减少排序时间。堆积排序法用到了二叉树的技巧，它是利用堆积树来完成排序的。堆积树是一种特殊的二叉树，可分为最大堆积树和最小堆积树两种。而最大堆积树满足以下 3 个条件：

（1）它是一个完全二叉树。

（2）所有节点的值都大于或等于它左右子节点的值。

（3）树根是堆积树中最大的。

而最小堆积树则具备以下 3 个条件：

（1）它是一个完全二叉树。

（2）所有节点的值都小于或等于它左右子节点的值。

（3）树根是堆积树中最小的。

在开始讨论堆积排序法之前，大家必须先了解如何将二叉树转换成堆积树（heap tree）。我们以下面的实例进行说明。

假设有 9 项数据 32、17、16、24、35、87、65、4、12，我们以二叉树表示，如图 8-22 所示。

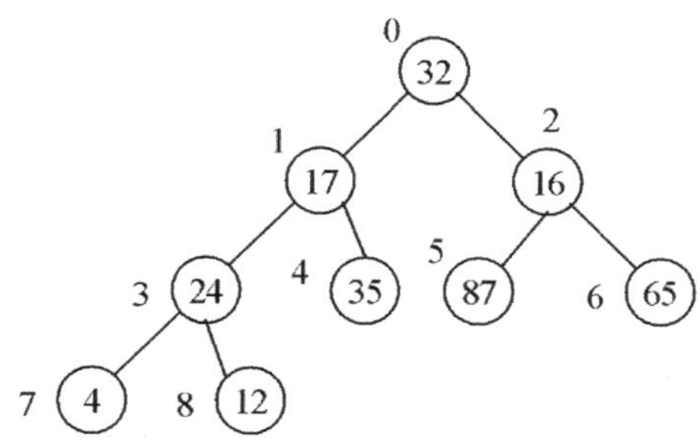

图 8-22　二叉树表示要排序的 9 项数据

如果要将该二叉树转换成堆积树，我们可以用数组来存储二叉树所有节点的值，即：

A[0]=32、A[1]=17、A[2]=16、A[3]=24、A[4]=35、A[5]=87、A[6]=65、A[7]=4、A[8]=12

步骤 01　A[0]=32 为树根，若 A[1]大于父节点，则必须互换。此处 A[1]=17 < A[0]=32，故不交换。

步骤 02　A[2]=16 < A[0]，故不交换，如图 8-23 所示。

步骤 03　A[3]=24 > A[1]=17，故交换，如图 8-24 所示。

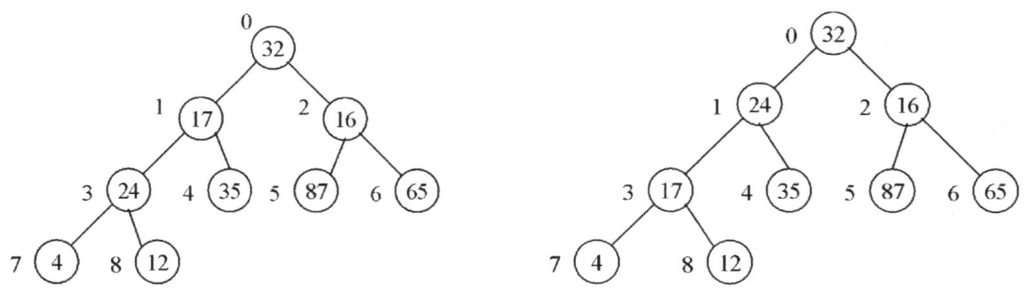

图 8-23　步骤 1 和步骤 2　　图 8-24　步骤 3

步骤 04　A[4]=35 > A[1]=24，故交换，再与 A[0]=32 比较，A[1]=35 > A[0]=32，故交换，如图 8-25 所示。

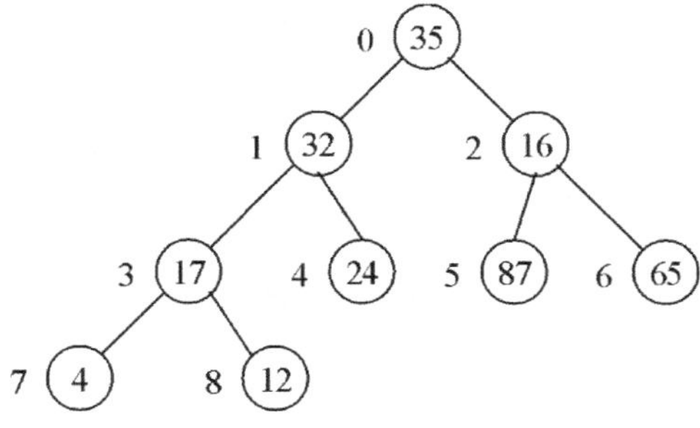

图 8-25　步骤 4

步骤05 A[5]=87 > A[2]=16，故交换，再与 A[0]=35 比较，A[2]=87 > A[0]=35，故交换，如图 8-26 所示。

步骤06 A[6]=65 > A[2]=35，故交换，且 A[2]=65 < A[0]=87，故不必交换，如图 8-27 所示。

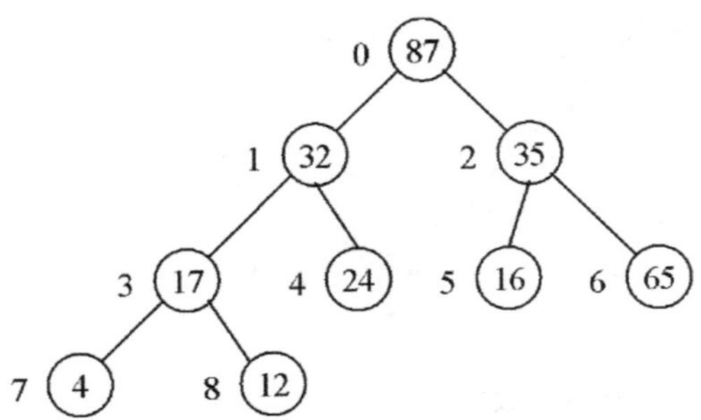

图 8-26 步骤 5

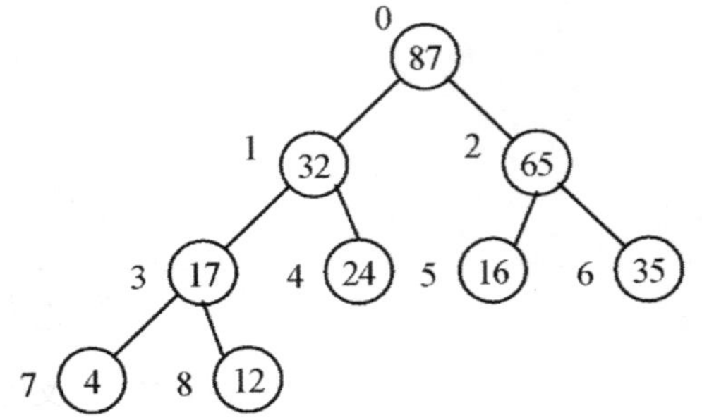

图 8-27 步骤 6

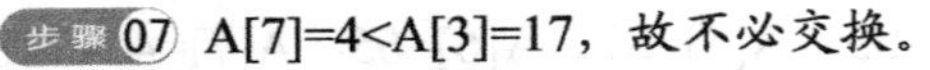

步骤07 A[7]=4<A[3]=17，故不必交换。

步骤08 A[8]=12<A[3]=17，故不必交换。

可得如图 8-28 所示的堆积树。

刚才示范从二叉树的树根开始从上往下逐一按堆积树的建立原则来改变各节点的值，最终得到一棵最大堆积树。大家可能发现堆积树并非唯一，例如可以从数组最后一个元素（例如此例中的 A[8]）从下往上逐一比较来建立最大堆积树。如果想从小到大排序，就必须建立最小堆积树，方法和建立最大堆积树类似，在此就不再另外说明。

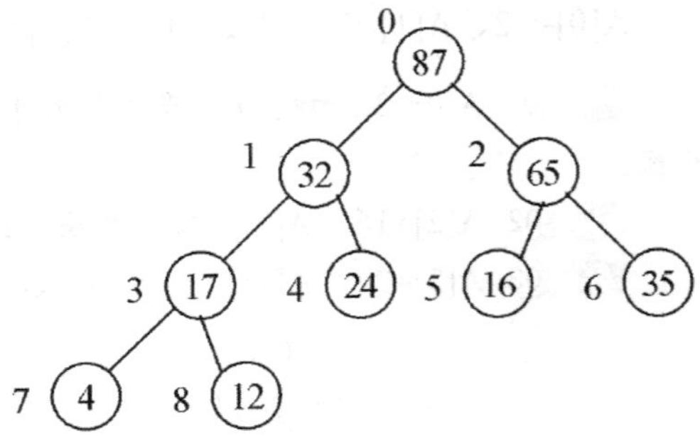

图 7-28 步骤 7 和步骤 8，得到堆积树

下面我们将利用堆积排序法对 34、19、40、14、57、17、4、43 进行排序，排序的过程示范如下：

步骤01 按图 8-29 所示的数字顺序建立完全二叉树。

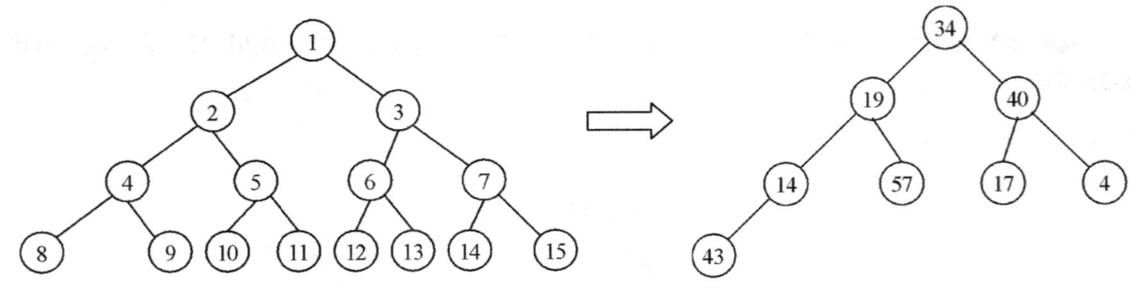

图 8-29 步骤 1

步骤02 建立堆积树，如图 8-30 所示。

步骤03 将 57 从树根删除，重新建立堆积树，如图 8-31 所示。

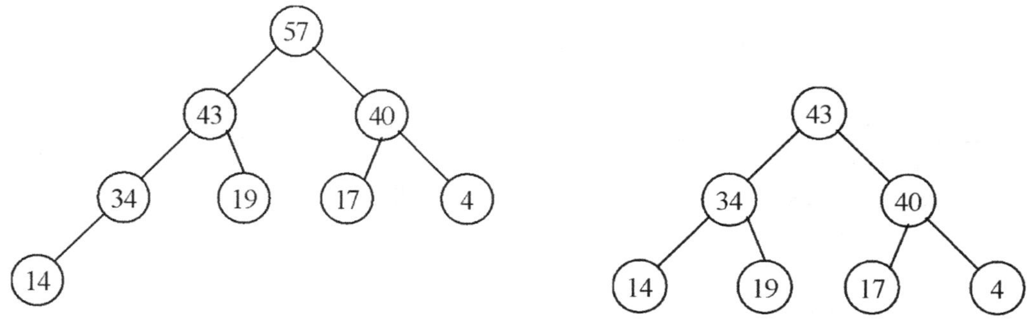

图 8-30　步骤 2

图 8-31　步骤 3

步骤 04　将 43 从树根删除，重新建立堆积树，如图 8-32 所示。

步骤 05　将 40 从树根删除，重新建立堆积树，如图 8-33 所示。

步骤 06　将 34 从树根删除，重新建立堆积树，如图 8-34 所示。

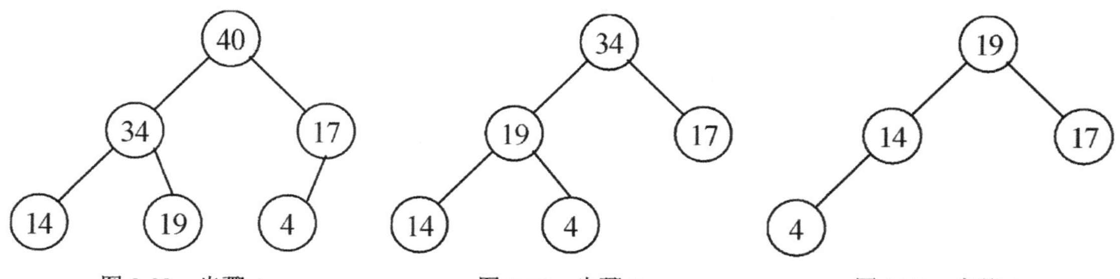

图 8-32　步骤 4

图 8-33　步骤 5

图 8-34　步骤 6

步骤 07　将 19 从树根删除，重新建立堆积树，如图 8-35 所示。

步骤 08　将 17 从树根删除，重新建立堆积树，如图 8-36 所示。

步骤 09　将 14 从树根删除，重新建立堆积树，如图 8-37 所示。

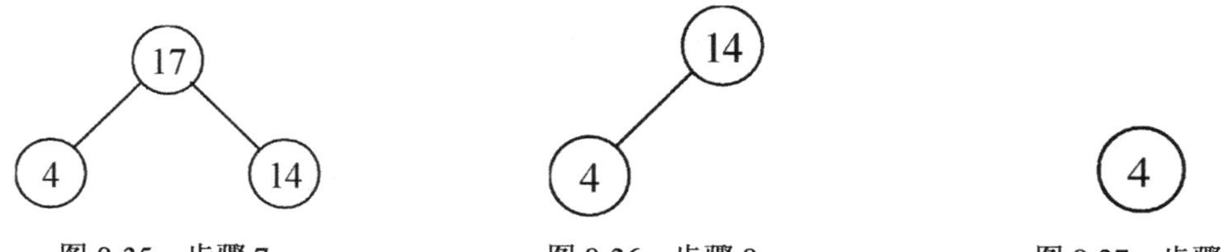

图 8-35　步骤 7

图 8-36　步骤 8

图 8-37　步骤 9

最后将 4 从树根删除，得到的排序结果为：57、43、40、34、19、17、14、4。

堆积排序法的分析

（1）在所有情况下，时间复杂度均为 O(nlogn)。

（2）堆积排序法不是稳定排序法。

（3）只需要一个额外的空间，空间复杂度为 O(1)。

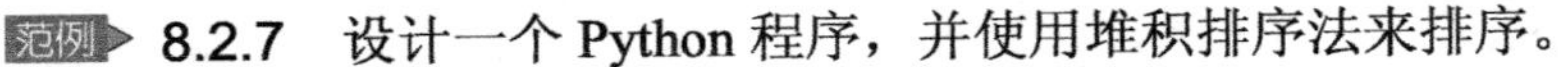

范例 8.2.7 设计一个 Python 程序，并使用堆积排序法来排序。

范例程序：CH08_08.py

```
def heap(data,size):
    for i in range(int(size/2),0,-1):#建立堆积树节点
        ad_heap(data,i,size-1)
    print()
    print('堆积的内容: ',end='')
    for i in range(1,size): #原始堆积树的内容
        print('[%2d] ' %data[i],end='')
    print('\n')
    for i in range(size-2,0,-1): #堆积排序
        data[i+1],data[1]=data[1],data[i+1]#头尾节点交换
        ad_heap(data,1,i)#处理剩余节点
        print('处理过程为: ',end='')
        for j in range(1,size):
            print('[%2d] ' %data[j],end='')
        print()

def ad_heap(data,i,size):
    j=2*i
    tmp=data[i]
    post=0
    while j≤size and post==0:
        if j<size:
            if data[j]<data[j+1]: #找出最大节点
                j+=1
        if tmp>=data[j]: #若树根较大，则结束比较过程
            post=1
        else:
            data[int(j/2)]=data[j]#若树根较小，则继续比较
            j=2*j
    data[int(j/2)]=tmp #指定树根为父节点

def main():
    data=[0,5,6,4,8,3,2,7,1] #原始数组的内容
    size=9
    print('原始数组为: ',end='')
    for i in range(1,size):
        print('[%2d] ' %data[i],end='')
    heap(data,size) #建立堆积树
    print('排序结果为: ',end='')
```

```
    for i in range(1,size):
        print('[%2d] ' %data[i],end='')

main()
```

【执行结果】

执行结果如图 8-38 所示。

```
原始数组为: [ 5] [ 6] [ 4] [ 8] [ 3] [ 2] [ 7] [ 1]
堆积的内容: [ 8] [ 6] [ 7] [ 5] [ 3] [ 2] [ 4] [ 1]

处理过程为: [ 7] [ 6] [ 4] [ 5] [ 3] [ 2] [ 1] [ 8]
处理过程为: [ 6] [ 5] [ 4] [ 1] [ 3] [ 2] [ 7] [ 8]
处理过程为: [ 5] [ 3] [ 4] [ 1] [ 2] [ 6] [ 7] [ 8]
处理过程为: [ 4] [ 3] [ 2] [ 1] [ 5] [ 6] [ 7] [ 8]
处理过程为: [ 3] [ 1] [ 2] [ 4] [ 5] [ 6] [ 7] [ 8]
处理过程为: [ 2] [ 1] [ 3] [ 4] [ 5] [ 6] [ 7] [ 8]
处理过程为: [ 1] [ 2] [ 3] [ 4] [ 5] [ 6] [ 7] [ 8]
排序结果为: [ 1] [ 2] [ 3] [ 4] [ 5] [ 6] [ 7] [ 8]
```

图 8-38　执行结果

8.2.8　基数排序法

基数排序法和我们之前所讨论的排序法不太一样，它并不需要进行元素间的比较操作，而是属于一种分配模式排序方式。

基数排序法按比较的方向可分为最高位优先（Most Significant Digit First，MSD）和最低位优先（Least Significant Digit First，LSD）两种。MSD 法是从最左边的位数开始比较，而 LSD 则是从最右边的位数开始比较。在下面的范例中，我们以 LSD 对三位数的整数数据来加以排序，它是按个位数、十位数、百位数来进行排序的。直接看以下最低位优先（LSD）例子的说明，便可清楚地知道它的工作原理。

原始数据：

59	95	7	34	60	168	171	259	372	45	88	133

步骤 01 把每个整数按其个位数字放到列表中：

个位数字	0	1	2	3	4	5	6	7	8	9
数据	60	171	372	133	34	95 45		7	168 88	59 259

合并后成为：

60	171	372	133	34	95	45	7	168	88	59	259

步骤02 再按其十位数字，按序放到列表中：

十位数字	0	1	2	3	4	5	6	7	8	9
数据	7			133 34	45	59 259	60 168	171 372	88	95

合并后成为：

7	133	34	45	59	259	60	168	171	372	88	95

步骤03 再按其百位数字，按序放到列表中：

百位数字	0	1	2	3	4	5	6	7	8	9
数据	7 34 45 59 60 88 95	133 168 171	259	372						

最后合并即可完成排序：

7	34	45	59	60	88	95	133	168	171	259	372

基数排序法的分析

（1）在所有情况下，时间复杂度均为 $O(n\log_p k)$，k 是原始数据的最大值。

（2）基数排序法是稳定排序法。

（3）基数排序法会使用到很大的额外空间来存放列表数据，其空间复杂度为 O(n*p)，n 是原始数据的个数，p 是数据字符数。例如上例中，数据的个数 n=12，字符数 p=3。

（4）若 n 很大，p 固定或很小，则此排序法将很有效率。

范例 8.2.8 设计一个 Python 程序，并使用基数排序法来排序。

范例程序：CH08_09.py

```
# 基数排序法:从小到大排序
import random

def inputarr(data,size):
    for i in range(size):
        data[i]=random.randint(0,999) #设置 data 值最大为 3 位数

def showdata(data,size):
```

```
    for i in range(size):
        print('%5d' %data[i],end='')
    print()

def radix(data,size):
     n=1 #n 为基数，从个位数开始排序
     while n≤100:
        tmp=[[0]*100 for row in range(10)]
                    # 设置暂存数组，[0~9 位数][数据个数]，所有内容均为 0
        for i in range(size): # 对比所有数据
            m=(data[i]//n)%10  # m 为 n 位数的值，如 36 取十位数 (36/10)%10=3
            tmp[m][i]=data[i]  # 把 data[i]的值暂存在 tmp 中
        k=0
        for i in range(10):
            for j in range(size):
                if tmp[i][j] != 0:    # 因为一开始设置 tmp ={0}，故不为 0 者即为
                    data[k]=tmp[i][j] # data 暂存在 tmp 中的值，把 tmp 中的值放
                    k+=1              # 回 data[ ]里
        print('经过%3d 位数排序后: ' %n,end='')
        showdata(data,size)
        n=10*n

def main():
    data=[0]*100
    size=int(input('请输入数组大小(100 以下): '))
    print('您输入的原始数据是: ')
    inputarr (data,size)
    showdata (data,size)
    radix (data,size)

main()
```

【执行结果】

执行结果如图 8-39 所示。

```
请输入数组大小(100以下): 10
您输入的原始数据是:
  118  591  985  901  316  826   23  951  521  547
经过  1位数排序后:    591  901  951  521   23  985  316  826  547  118
经过 10位数排序后:    901  316  118  521   23  826  547  951  985  591
经过100位数排序后:     23  118  316  521  547  591  826  901  951  985
```

图 8-39 执行结果

【课后习题】

1. 若排序的数据是以数组数据结构来存储的，则下列的排序法中，哪一个的数据搬移量最大。

A. 冒泡排序法　　B. 选择排序法　　C. 插入排序法

2. 举例说明合并排序法是否为稳定排序？
3. 待排序的关键字的值如下，使用冒泡排序法列出每个回合的结果：

26、5、37、1、61

4. 建立下列序列的堆积树：

8、4、2、1、5、6、16、10、9、11

5. 待排序关键字的值如下，使用选择排序法列出每个回合排序的结果：

8、7、2、4、6

6. 待排序关键字的值如下，使用选择排序法列出每个回合排序的结果：

26、5、37、1、61

7. 待排序关键字的值如下，使用合并排序法列出每个回合排序的结果：

11、8、14、7、6、8+、23、4

8. 在排序过程中，数据移动的方式可分为哪两种方式？两者间的优劣如何？
9. 排序如果按照执行时所使用的内存区分，可分为哪两种方式？
10. 什么是稳定排序？试着举出 3 种稳定排序的例子。
11. （1）什么是堆积树？
（2）为什么有 n 个元素的堆积树可完全存放在大小为 n 的数组中？
（3）将下图中的堆积树表示为数组。
（4）将 88 移去后，该堆积树如何变化？
（5）若将 100 插入步骤（3）的堆积树中，则该堆积树如何变化？

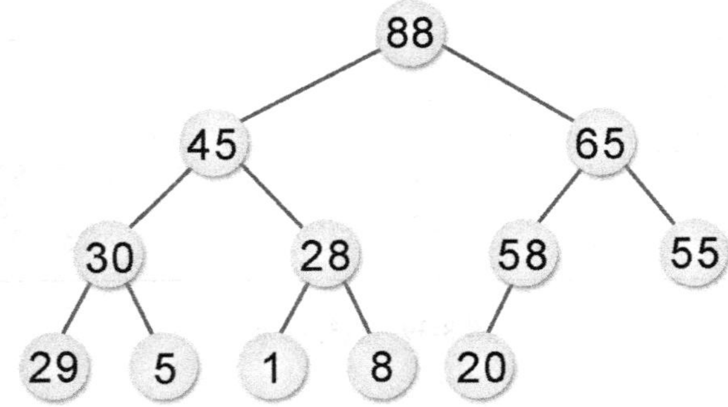

12. 最大堆积树必须满足哪 3 个条件？

13. 回答下列问题：

（1）什么最大堆积树？

（2）下面三棵树哪一棵为堆积树（设 a<b<c<...<y<z）？

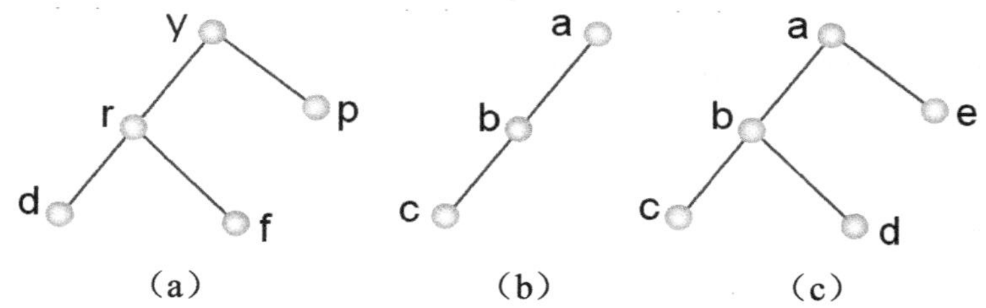

（a）　　　　（b）　　　　（c）

（3）利用堆积排序法把第（2）题中堆积树内的数据排成从小到大的顺序，并画出堆积树的每一次变化。

14. 简述基数排序法的主要特点。

15. 按序输入数据：5、7、2、1、8、3、4，并完成以下工作：

（1）建立最大堆积树。

（2）将树根节点删除后，再建立最大堆积树。

（3）在插入 9 后的最大堆积树是什么样的？

16. 若输入的数据存储于双链表中，则下列各种排序方法是否仍适用？试说明理由。

（1）快速排序

（2）插入排序

（3）选择排序

（4）堆积排序

17. 如何改进快速排序的执行速度？

18. 下列叙述正确与否？试说明原因。

（1）无论输入什么数据，插入排序的元素比较总次数都比冒泡排序的元素比较总次数要少。

（2）若输入数据已排序完成，再利用堆积排序，则只需 O(n)时间即可完成排序，n 为元素个数。

19. 我们在讨论一个排序法的复杂度时，对于那些以比较为主要排序手段的排序算法而言，决策树是一个常用的方法。

（1）什么是决策树？

（2）以插入排序法为例，对（a、b、c）三项元素进行排序，则其决策树是什么样的？试画出。

（3）就此决策树而言，什么能表示此算法的最坏表现。

（4）就此决策树而言，什么能表示此算法的平均比较次数。

20. 利用二叉查找法在 L[1]≤L[2]≤…≤L[i−1]中找出适当位置。

（1）在最坏情形下，此修改的插入排序元素比较总数是多少（以 Big-Oh 符号表示）？

（2）在最坏情形下，共需元素搬动的总数是多少（以 Big-Oh 符号表示）？

21. 讨论下列排序法的平均情况和最坏情况的时间复杂度：

（1）冒泡排序法

（2）快速排序法

（3）堆积排序法

（4）合并排序法

22. 试以数列 26、73、15、42、39、7、92、84 来说明堆积排序的过程。

23. 回答以下选择题：

（1）若以平均所花的时间考虑，使用插入排序法排序 n 项数据的时间复杂度为多少？

A. O(n)　　B. $O(\log_2 n)$　　C. $O(n\log_2 n)$　　D. $O(n^2)$

（2）数据排序中常使用一种数据值的比较而得到排列好的数据结果。若现有 N 个数据，试问在各排序方法中，最快的平均比较次数是多少？

A. og_2N　　B. $N\log_2 N$　　C. N　　D. N^2

（3）在一个堆积树数据结构上，搜索最大值的时间复杂度为多少？

A.O(n)　　B. $O(\log_2 n)$　　C. O(1)　　D. $O(n^2)$

（4）关于额外的内存空间，哪一种排序法需要最多？

A. 选择排序法　　B. 冒泡排序法

C. 插入排序法　　D. 快速排序法

24. 建立一个最小堆积树，必须写出建立此堆积树的每一个步骤。

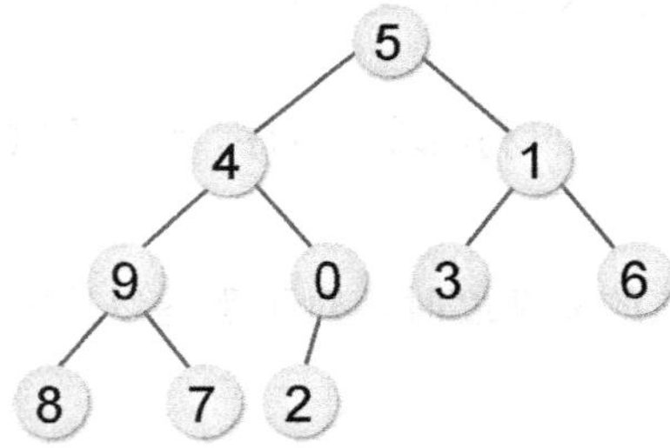

25. 说明选择排序为什么不是一种稳定的排序法？

26. 数列 (43, 35, 12, 9, 3, 99) 用冒泡排序法从小到大排序，在执行时前三次对换的结果各是什么？

第9章 查 找

9.1 常见的查找方法
9.2 哈希查找法
9.3 常见的哈希函数
9.4 碰撞与溢出问题的处理

在数据处理过程中，是否能在最短时间内查找到所需要的数据是一个相当值得信息从业人员关心的问题。所谓查找（Search，或搜索），指的是从数据文件中找出满足某些条件的记录。用以查找的条件称为“键值”（Key），就如同排序所用的键值一样。例如我们在电话簿中找某人的电话号码，那么这个人的姓名就成为在电话簿中查找电话号码的键值。通常影响查找时间长短的主要因素包括算法的选择、数据存储的方式和结构。

9.1 常见的查找方法

根据数据量的大小，我们可将查找分为内部查找和外部查找。

- 内部查找：数据量较小的文件可以一次性全部加载到内存中进行查找。
- 外部查找：数据量大的文件无法一次性加载到内存中处理，而需要使用辅助存储器来分次处理。

如果从另一个角度来看，查找的技巧又可分为“静态查找”和“动态查找”两种，定义如下。

- 静态查找：指的是在查找过程中，查找的表格或文件的内容不会被改动。例如符号表的查找就是一种静态查找。
- 动态查找：指的是在查找过程中，查找的表格或文件的内容可能会被改动，例如在树状结构中所谈的 B-Tree 查找就属于一种动态查找。

查找技巧中比较常见的方法有顺序法、二分查找法、斐波拉契法、插值法、哈希法，等等。为了让大家能确实掌握各种查找的技巧和基本原理，以便应用于日后的各种领域，下面分别介绍几个主要的查找方法。

9.1.1 顺序查找法

顺序查找法又称线性查找法，是一种最简单的查找法。它的方法是将数据一项一项地按顺序逐个查找，所以无论数据的顺序是什么样的，都得从头到尾遍历一次。此方法的优点是文件在查找前不需要进行任何处理与排序，缺点为查找速度较慢。如果数据没有重复，找到数据就可以中止查找，在最差情况下是未找到数据，而需进行 n 次比较，在最好情况下则是一次就找到数据，只需 1 次比较。

现在以一个例子来说明，假设已有数列 74、53、61、28、99、46、88，若要查找 28，则需要比较 4 次；要查找 74 仅需比较 1 次；要查找 88 则需查找 7 次，这表示当查找的数列长度 n 很大时，利用顺序查找是不太适合的，它是一种适用于小数据文件的查找方法。在日常生活中，我们经常会使用到这种查找法，例如我们想在衣柜中找衣服时，通常会从柜子最上方的抽屉逐层寻找，如图 9-1 所示。

图 9-1　顺序查找法在现实生活中的应用

顺序查找法的分析

（1）时间复杂度：如果数据没有重复，找到数据就可以中止查找，在最差情况下是未找到数据，而需进行 n 次比较，时间复杂度为 O(n)。

（2）在平均情况下，假设数据出现的概率相等，则需进行 (n+1)/2 次比较。

（3）当数据量很大时，不适合使用顺序查找法。但如果预估所查找的数据在文件的前端，选择这种查找法则可以减少查找的时间。

范例 9.1.1　设计一个 Python 程序，以随机数生成 1~150 之间的 80 个整数，然后实现顺序查找法的过程。

范例程序：CH09_01.py

```
import random

val=0
data=[0]*80
for i in range(80):
    data[i]=random.randint(1,150)
while val!=-1:
    find=0
    val=int(input('请输入查找键值(1-150)，输入-1 离开：'))
    for i in range(80):
        if data[i]==val:
            print('在第 %3d 个位置找到键值 [%3d]' %(i+1,data[i]))
            find+=1
    if find==0 and val !=-1 :
        print('######没有找到 [%3d]######' %val)
print('数据内容为：')
for i in range(10):
    for j in range(8):
```

```
            print('%2d[%3d]  ' %(i*8+j+1,data[i*8+j]),end='')
        print('')
```

【执行结果】

执行结果如图 9-2 所示。

```
请输入查找键值(1-150)，输入-1离开：76
######没有找到 [ 76]######
请输入查找键值(1-150)，输入-1离开：78
在第   1个位置找到键值 [ 78]
在第  47个位置找到键值 [ 78]
请输入查找键值(1-150)，输入-1离开：79
在第  12个位置找到键值 [ 79]
请输入查找键值(1-150)，输入-1离开：-1
数据内容为：
 1[ 78]   2[101]   3[106]   4[ 77]   5[121]   6[ 22]   7[ 55]   8[ 50]
 9[ 37]  10[133]  11[ 58]  12[ 79]  13[ 37]  14[118]  15[127]  16[124]
17[ 74]  18[107]  19[144]  20[ 37]  21[ 44]  22[ 91]  23[103]  24[ 43]
25[  3]  26[101]  27[  8]  28[ 24]  29[130]  30[ 17]  31[ 31]  32[101]
33[150]  34[115]  35[ 48]  36[ 90]  37[ 97]  38[104]  39[116]  40[135]
41[ 19]  42[ 40]  43[ 50]  44[145]  45[ 10]  46[ 66]  47[ 78]  48[ 49]
49[ 23]  50[ 97]  51[ 53]  52[119]  53[ 41]  54[124]  55[132]  56[138]
57[ 66]  58[108]  59[123]  60[ 74]  61[ 91]  62[  4]  63[ 40]  64[115]
65[ 70]  66[ 45]  67[138]  68[140]  69[ 51]  70[ 12]  71[ 28]  72[ 68]
73[141]  74[ 86]  75[ 51]  76[121]  77[ 48]  78[ 54]  79[ 52]  80[128]
```

图 9-2　执行结果

9.1.2　二分查找法

如果要查找的数据已经事先排好序了，就可以使用二分查找法来进行查找。二分查找法是将数据分割成两等份，再比较键值与中间值的大小，如果键值小于中间值，就可以确定要查找的数据在前半段，否则在后半部。如此分割数次直到找到或确定不存在为止。例如，已排序的数列为 2、3、5、8、9、11、12、16、18 ，而所要查找的值为 11 时：

首先跟第 5 个数值 9 比较，如图 9-3 所示。

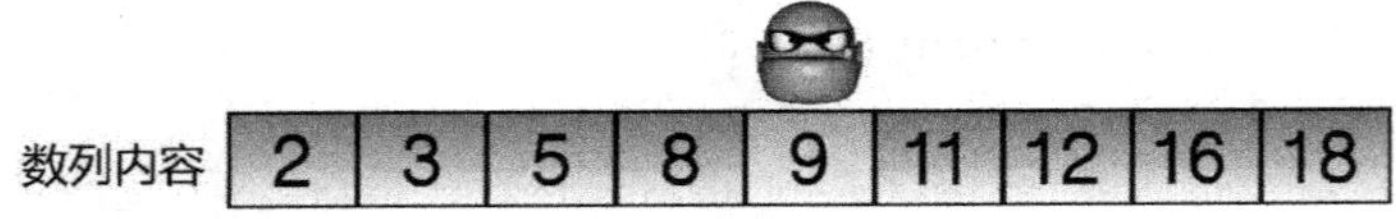

图 9-3　先和中值比较

因为 11>9，所以和后半部的中间值 12 比较，如图 9-4 所示。

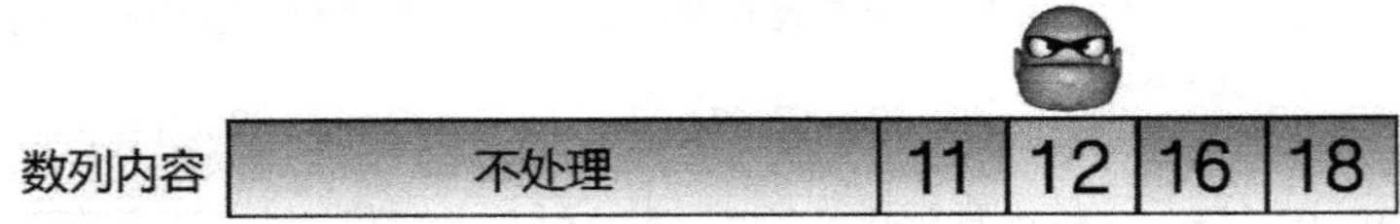

图 9-4　再和后半部的中值比较

因为 11<12，所以和后半部的前半部的中间值 11 比较，如图 9-5 所示。

图 9-5　再和后半部的前半部中值比较

因为 11=11，表示查找完成，如果不相等，就表示找不到。

二分查找法的分析

（1）时间复杂度：因为每次的查找都会比上一次少一半的范围，最多只需要比较$\lceil \log_2 n \rceil+1$或$\lceil \log_2(n+1) \rceil$次，时间复杂度为 O(log *n*)。

（2）二分查找法必须事先经过排序，且要求所有备查数据都必须加载到内存中方能进行。

（3）此法适用于不需增删的静态数据。

范例 **9.1.2**　设计一个 Python 程序，以随机数生成 1~150 之间的 80 个整数，然后实现二分查找法的过程与步骤。

范例程序：CH09_02.py

```
import random

def bin_search(data,val):
    low=0
    high=49
    while low ≤ high and val !=-1:
        mid=int((low+high)/2)
        if val<data[mid]:
            print('%d 介于位置 %d[%3d] 和中间值 %d[%3d] 之间，找左半边' \
                  %(val,low+1,data[low],mid+1,data[mid]))
            high=mid-1
        elif val>data[mid]:
            print('%d 介于中间值位置 %d[%3d] 和 %d[%3d] 之间，找右半边' \
                 %(val,mid+1,data[mid],high+1,data[high]))
            low=mid+1
        else:
            return mid
    return -1

val=1
data=[0]*50
for i in range(50):
    data[i]=val
    val=val+random.randint(1,5)

```

```
while True:
    num=0
    val=int(input('请输入查找键值(1-150), 输入-1 结束: '))
    if val ==-1:
        break
    num=bin_search(data,val)
    if num==-1:
        print('##### 没有找到[%3d] #####' %val)
    else:
        print('在第 %2d 个位置找到 [%3d]' %(num+1,data[num]))

print('数据内容未: ')
for i in range(5):
    for j in range(10):
        print('%3d-%-3d' %(i*10+j+1,data[i*10+j]), end='')
    print()
```

【执行结果】

执行结果如图 9-6 所示。

```
请输入查找键值(1-150), 输入-1结束: 58
58 介于位置 1[  1] 和中间值 25[ 75] 之间, 找左半边
58 介于中间值位置 12[ 30] 和 24[ 70] 之间, 找右半边
58 介于中间值位置 18[ 53] 和 24[ 70] 之间, 找右半边
58 介于位置 19[ 57] 和中间值 21[ 60] 之间, 找左半边
58 介于中间值位置 19[ 57] 和 20[ 58] 之间, 找右半边
在第 20个位置找到 [ 58]
请输入查找键值(1-150), 输入-1结束: 69
69 介于位置 1[  1] 和中间值 25[ 75] 之间, 找左半边
69 介于中间值位置 12[ 30] 和 24[ 70] 之间, 找右半边
69 介于中间值位置 18[ 53] 和 24[ 70] 之间, 找右半边
69 介于中间值位置 21[ 60] 和 24[ 70] 之间, 找右半边
69 介于中间值位置 23[ 68] 和 24[ 70] 之间, 找右半边
69 介于位置 24[ 70] 和中间值 24[ 70] 之间, 找左半边
##### 没有找到[ 69] #####
请输入查找键值(1-150), 输入-1结束: -1
数据内容为:
  1-1    2-4    3-5    4-6    5-10   6-13   7-18   8-20   9-25  10-26
 11-29  12-30  13-33  14-34  15-39  16-43  17-48  18-53  19-57  20-58
 21-60  22-64  23-68  24-70  25-75  26-76  27-80  28-81  29-85  30-88
 31-89  32-91  33-95  34-97  35-101 36-105 37-110 38-112 39-115 40-120
 41-123 42-126 43-127 44-131 45-136 46-141 47-146 48-151 49-154 50-159
```

图 9-6　执行结果

9.1.3　插值查找法

插值查找法（Interpolation Search）又叫作插补查找法，是二分查找法的改进版。它是按照数据位置的分布，利用公式预测数据所在的位置，再以二分法的方式渐渐逼近。使用插值法是假设数据平均分布在数组中，而每一项数据的差距相当接近或有一定的距离比例。插值法的公式为：

$$Mid = low + ((key - data[low]) / (data[high] - data[low])) * (high - low)$$

其中 key 是要查找的键，data[high]、data[low]是剩余待查找记录中的最大值和最小值，假设数据项数为 n，其插值查找法的步骤如下：

步骤01 将记录从小到大的顺序给予 1、2、3…n 的编号。

步骤02 令 low = 1，high = n。

步骤03 当 low < high 时，重复执行步骤 4 和步骤 5。

步骤04 令 Mid = low+((key - data[low]) / (data[high] - data[low])) * (high - low) 。

步骤05 若 key < key_{Mid} 且 high ≠ Mid-1，则令 high = Mid-1。

步骤06 若 key = key_{Mid}，表示成功查找到键值的位置。

步骤07 若 key > key_{Mid} 且 low ≠ Mid+1，则令 low = Mid+1。

插值查找法的分析

（1）一般而言，插值查找法优于顺序查找法，数据的分布越平均，查找速度越快，甚至可能第一次就找到数据。此法的时间复杂度取决于数据分布的情况，平均而言优于 O(log n)。

（2）使用插值查找法数据需先经过排序。

范例 **9.1.3** 设计一个 Python 程序，以随机数生成 1~150 之间的 50 个整数，然后实现插值查找法的过程与步骤。

范例程序：CH09_03.py

```
import random

def interpolation_search(data,val):
    low=0
    high=49
    print('查找过程中......')
    while low≤ high and val !=-1:
        mid=low+int((val-data[low])*(high-low)/(data[high]-data[low]))
                                                  #插值查找法公式
        if val==data[mid]:
            return mid
        elif val < data[mid]:
            print('%d 介于位置 %d[%3d] 和中间值 %d[%3d] 之间，找左半边' \
                  %(val,low+1,data[low],mid+1,data[mid]))
            high=mid-1
        elif val > data[mid]:
            print('%d 介于中间值位置 %d[%3d] 和 %d[%3d] 之间，找右半边' \
                  %(val,mid+1,data[mid],high+1,data[high]))
            low=mid+1
    return -1

val=1
data=[0]*50
for i in range(50):
```

```
    data[i]=val
    val=val+random.randint(1,5)

while True:
    num=0
    val=int(input('请输入查找键值(1-150)，输入-1 结束：'))
    if val==-1:
        break
    num=interpolation_search(data,val)
    if num==-1:
        print('##### 没有找到[%3d] #####' %val)
    else:
        print('在第 %2d 个位置找到 [%3d]' %(num+1,data[num]))

print('数据内容为：')
for i in range(5):
    for j in range(10):
        print('%3d-%-3d' %(i*10+j+1,data[i*10+j]),end='')
print()
```

【执行结果】

执行结果如图 9-7 所示。

```
请输入查找键值(1-150)，输入-1结束：76
查找过程中......
76 介于位置 1[  1] 和中间值 26[ 78] 之间，找左半边
76 介于中间值位置 25[ 75] 和 25[ 75] 之间，找右半边
##### 没有找到[ 76] #####
请输入查找键值(1-150)，输入-1结束：87
查找过程中......
87 介于位置 1[  1] 和中间值 30[ 92] 之间，找左半边
在第 29个位置找到 [ 87]
请输入查找键值(1-150)，输入-1结束：-1
数据内容为:
  1-1     2-3     3-6     4-11    5-12    6-14    7-16    8-21    9-24   10-27
 11-28   12-32   13-37   14-39   15-41   16-42   17-46   18-50   19-52   20-56
 21-59   22-61   23-66   24-71   25-75   26-78   27-82   28-84   29-87   30-92
 31-95   32-97   33-99   34-102  35-106  36-107  37-108  38-110  39-114  40-118
 41-120  42-121  43-125  44-126  45-128  46-130  47-133  48-134  49-138  50-143
```

图 9-7 执行结果

9.1.4 斐波拉契查找法

斐波拉契查找法（Fibonacci Search）和二分法一样都是以分割范围来进行查找的，不同的是斐波拉契查找法不以对半分割而是以斐波拉契级数的方式来分割。

斐波拉契级数 F(n)的定义如下：

$$\begin{cases} F_0=0,\ F_1=1 \\ F_i=F_{i-1}+F_{i-2},\quad i\geqslant 2 \end{cases}$$

斐波拉契级数：0、1、1、2、3、5、8、13、21、34、55、89……也就是除了第 0 个和第 1 个元素外，级数中的每个值都是前两个值的和。

斐波拉契查找法的好处是只用到加减运算而不需用到乘除运算，这从计算机运算的过程来看，效率会高于前两种查找法。在尚未介绍斐波拉契查找法之前，我们先来认识斐波拉契查找树。所谓斐波拉契查找树，是以斐波拉契级数的特性来建立的二叉树，其建立的原则如下：

（1）斐波拉契树的左右子树均为斐波拉契树。

（2）当数据个数 n 确定时，若想确定斐波拉契树的层数 k 值，我们必须找到一个最小的 k 值，使得斐波拉契层数的 Fib(k+1)≥n+1。

（3）斐波拉契树的树根一定是一个斐波拉契数，且子节点与父节点差值的绝对值为斐波拉契数。

（4）当 k≥2 时，斐波拉契树的树根为 Fib(k)，左子树为 (k−1) 层斐波拉契树（其树根为 Fib(k−1)），右子树为 (k−2) 层斐波拉契树（其树根为 Fib(k)+Fib(k−2)）。

（5）若 n+1 值不为斐波拉契数的值，则可以找出存在一个 m 使用 Fib(k+1)−m=n+1，m=Fib(k+1)−(n+1)，再按斐波拉契树的建立原则完成斐波拉契树的建立，最后斐波拉契树的各节点再减去差值 m 即可，并把小于 1 的节点去掉。

斐波拉契树建立过程的示意图如图 9-8 所示。

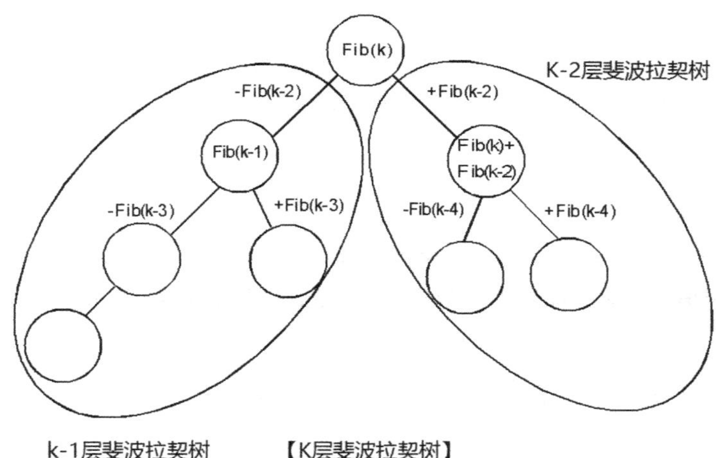

图 9-8　斐波拉契树建立过程的示意图

也就是说，当数据个数为 n，且我们找到一个最小的斐波拉契数 Fib(k+1)使得 Fib(k+1)>n+1 时，Fib(k) 就是这棵斐波拉契树的树根，而 Fib(k−2) 则是与左右子树开始的差值，左子树用减的，右子树用加的。例如我们来实际求取 n=33 的斐波拉契树。

由于 n = 33，且 n+1 = 34 为一个斐波拉契树，并且知道斐波拉契数列的三项特性：

Fib(0) = 0
Fib(1) = 1
Fib(k) = Fib(k−1) + Fib(k−2)

因此得知 Fib(0) = 0、Fib(1) = 1、Fib(2) = 1、Fib(3) = 2、Fib(4) = 3、Fib(5) = 5、Fib(6) = 8、Fib(7) = 13、Fib(8) = 21、Fib(9) = 34。

从上式可得知 Fib(k+1) = 34 → k = 8，建立二叉树的树根为 Fib(8) = 21。

左子树的树根为 Fib(8−1) = Fib(7) = 13。

右子树的树根为 Fib(8) + Fib(8−2) = 21 + 8 = 29。

按此原则，我们可以建立如图 9-9 所示的斐波拉契树。

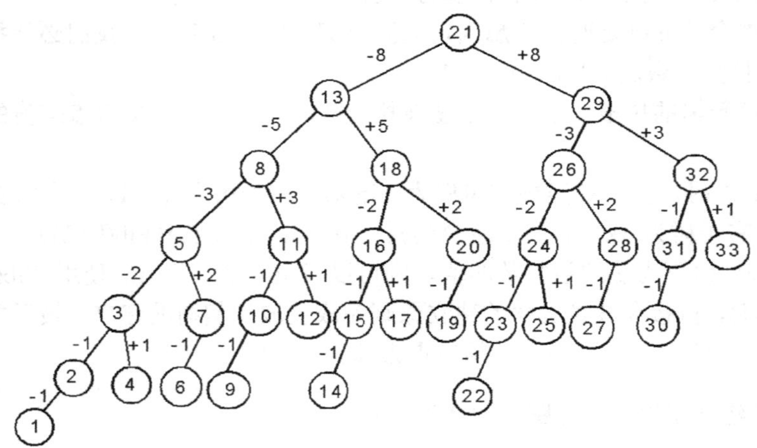

图 9-9 斐波拉契树

斐波拉契查找法是以斐波拉契树来查找数据的，如果数据的个数为 n，而且 n 比某一个斐波拉契数小，且满足如下的表达式：

Fib(k+1) ≥ n+1

此时 Fib(k) 就是这棵斐波拉契树的树根，而 Fib(k−2)则是 Fib(k)与左右子树开始的差值，若我们要查找的键值为 key，首先比较数组索引 Fib(k) 和键值 key，此时可以有下列 3 种比较情况：

（1）当 key 值比较小时，表示所查找的键值 key 落在 1 到 Fib(k) − 1 之间，故继续查找 1 到 Fib(k) − 1 之间的数据。

（2）如果键值与数组索引 Fib(k) 的值相等，表示成功查找到所要的数据。

（3）当 key 值比较大时，表示所找的键值 key 落在 Fib(k) + 1 到 Fib(k+1) − 1 之间，故继续查找 Fib(k) + 1 到 Fib(k+1) − 1 之间的数据。

斐波拉契查找法的分析

（1）平均而言，斐波拉契查找法的比较次数会少于二元查找法，但在最坏的情况下，二元查找法较快。其平均时间复杂度为 $O(\log_2 N)$。

（2）斐波拉契查找算法较为复杂，需额外产生斐波拉契树。

范例 9.1.4 设计一个斐波拉契查找法的 Python 程序，然后实现斐波拉契查找法的过程与步骤，所查找的数组内容如下：

```
data=[5,7,12,23,25,37,48,54,68,77, \
    91,99,102,110,118,120,130,135,136,150]
```

范例程序：CH09_04.py

```
MAX=20

def fib(n):
    if n==1 or n==0:
        return n
    else:
        return fib(n-1)+fib(n-2)

def fib_search(data,SearchKey):
    global MAX
    index=2
    #斐波拉契数列的查找
    while fib(index)≤MAX :
        index+=1
    index-=1
    # index >=2
    #起始的斐波拉契数
    RootNode=fib(index)
    #前一个斐波拉契数
    diff1=fib(index-1)
    #前两个斐波拉契数，即 diff2=fib(index-2)
    diff2=RootNode-diff1
    RootNode-=1 #这个表达式配合数组的索引，是从 0 开始存储数据的
    while True:
        if SearchKey==data[RootNode]:
            return RootNode
        else:
            if index==2:
                return MAX #没有找到
            if SearchKey<data[RootNode]:
                RootNode=RootNode-diff2 #左子树的新斐波拉契数
                temp=diff1
                diff1=diff2          #前一个斐波拉契数
                diff2=temp-diff2  #前两个斐波拉契数
                index=index-1
            else:
                if index==3:
                    return MAX
                RootNode=RootNode+diff2 #右子树的新斐波拉契数
```

```
                diff1=diff1-diff2  #前一个斐波拉契数
                diff2=diff2-diff1  #前两个斐波拉契数
                index=index-2


data=[5,7,12,23,25,37,48,54,68,77, \
      91,99,102,110,118,120,130,135,136,150]
i=0
j=0
while True:
    val=int(input('请输入查找键值(1-150)，输入-1 结束：'))
    if val==-1: #输入值为-1 就跳离循环
        break
    RootNode=fib_search(data,val)  #使用斐波拉契查找法查找数据
    if RootNode==MAX:
        print('##### 没有找到[%3d] #####' %val)
    else:
        print('在第 %2d 个位置找到 [%3d]' %(RootNode+1,data[RootNode]))

print('数据内容为：')
for i in range(2):
    for j in range(10):
        print('%3d-%-3d' %(i*10+j+1,data[i*10+j]),end='')
print()
```

【执行结果】

执行结果如图 9-10 所示。

```
请输入查找键值(1-150)，输入-1结束：56
##### 没有找到[ 56] #####
请输入查找键值(1-150)，输入-1结束：68
在第  9个位置找到 [ 68]
请输入查找键值(1-150)，输入-1结束：-1
数据内容为：
  1-5    2-7    3-12   4-23   5-25   6-37   7-48   8-54   9-68  10-77
 11-91  12-99  13-102 14-110 15-118 16-120 17-130 18-135 19-136 20-150
```

图 9-10　执行结果

9.2 哈希查找法

哈希法（或称散列法）这个主题通常和查找法一起讨论，主要原因是哈希法不仅用于数据的查找，在数据结构的领域中，还能将它应用在数据的建立、插入、删除与更新中。

例如符号表在计算机上的应用领域很广泛，包含汇编程序、编译程序、数据库使用的数据字典等，都是利用提供的名称来找到对应的属性。符号表按其特性可分为两类：静态表（Static

Table）和动态表（Dynamic Table）。而“哈希表”（Hash Table）则是属于静态表中的一种，我们将相关的数据和键值存储在一个固定大小的表格中。

哈希法简介

基本上，哈希法（Hashing）就是将本身的键值通过特定的数学函数运算或使用其他的方法转换成相对应的数据存储地址。哈希法所使用的数学函数就称为“哈希函数”（Hashing Function）。现在我们先来介绍有关哈希函数的相关名词。

- bucket（桶）：哈希表中存储数据的位置，每一个位置对应唯一的一个地址（bucket address）。桶就好比一个记录。
- slot（槽）：每一个记录中可能包含好几个字段，而 slot 指的就是“桶”中的字段。
- collision（碰撞）：如果两项不同的数据经过哈希函数运算后对应到相同的地址，就称为碰撞。
- 溢出：如果数据经过哈希函数运算后所对应到的 bucket 已满，就会使 bucket 发生溢出。
- 哈希表：存储记录的连续内存。哈希表是一种类似数据表的索引表格，其中可分为 n 个 bucket，每个 bucket 又可分为 m 个 slot，如表 9-1 所示。

表 9-1 哈希表示例

	索引	姓名	电话
bucket→	0001	Allen	07-772-1234
	0002	Jacky	07-772-5525
	0003	May	07-772-6604
		↑ slot	↑ slot

- 同义词（Synonym）：当两个标识符 I_1 和 I_2 经哈希函数运算后所得的数值相同时，即 $f(I_1)= f(I_2)$，称 I_1 与 I_2 对于 f 这个哈希函数是同义词。
- 加载密度（Loading Factor）：所谓加载密度，是指标识符的使用数目除以哈希表内槽的总数：

$$\alpha\text{（加载密度）}=\frac{n\text{（标识符的使用数目）}}{s\text{（每一个桶内的槽数）}\times b\text{（桶的数目）}}$$

  α 值越大，表示哈希空间的使用率越高，碰撞或溢出的概率也会越高。
- 完美哈希（Perfect Hashing）：指没有碰撞也没有溢出的哈希函数。

通常在设计哈希函数时应该遵循以下几个原则：

（1）降低碰撞和溢出的产生。
（2）哈希函数不宜过于复杂，越容易计算越佳。
（3）尽量把文字的键值转换成数字的键值，以利于哈希函数的运算。

（4）所设计的哈希函数计算得到的值尽量能均匀地分布在每一个桶中，不要太过于集中在某些桶内，这样就可以降低碰撞，并减少溢出的处理。

9.3 常见的哈希函数

常见的哈希法有除留余数法、平方取中法、折叠法和数字分析法。下面分别进行介绍。

9.3.1 除留余数法

最简单的哈希函数是将数据除以某一个常数后，取余数来当索引。例如在一个有 13 个位置的数组中，只使用到 7 个地址，值分别是 12、65、70、99、33、67、48。我们可以把数组内的值除以 13，并以其余数来当数组的下标（即作为索引），可以用以下这个式子来表示：

h(key) = key mod B

在这个例子中，我们所使用的 B = 13。一般而言，建议大家选择的 B 最好是质数。而上例所建立出来的哈希表如表 9-2 所示。

以下我们将用除留余数法作为哈希函数，将 7 个数字存储在 11 个空间：323, 458, 25, 340, 28, 969, 77，这时建立的哈希表是什么样的？

令哈希函数为 h(key) = key mod B，其中 B=11 为一个质数，这个函数的计算结果介于 0~10 之间（包括 0 和 10 两个数），则 h(323)=4、h(458)=7、h(25)=3、h(340)=10、h(28)=6、h(969)=1、h(77)=0。所建立的哈希表如表 9-3 所示。

表 9-2 所建立的哈希表

索引	数据
0	65
1	
2	67
3	
4	
5	70
6	
7	33
8	99
9	48
10	
11	
12	12

表 9-3 所建立的哈希表

索引	数据
0	77
1	969
2	
3	25
4	323
5	
6	28
7	458
8	
9	
10	340

9.3.2　平方取中法

平方取中法和除留余数法相当类似，就是先计算数据的平方，之后再取中间的某段数字作为索引。在下例中，我们使用平方取中法，并将数据存放在 100 个地址空间中，其操作步骤如下。

将 12、65、70、99、33、67、51 平方后如下：

144、4225、4900、9801、1089、4489、2601

再取百位数和十位数作为键值，分别为：

14、22、90、80、08、48、60

上述这 7 个数字的数列就对应于原先的 7 个数 12、65、70、99、33、67、517 存放在 100 个地址空间的索引键值，即：

f(14) = 12
f(22) = 65
f(90) = 70
f(80) = 99
f(8) =33
f(48) = 67
f(60) = 51

若实际空间介于 0~9（即 10 个空间），但取百位数和十位数的值介于 0～99（共有 100 个空间），则我们必须将平方取中法第一次所求得的键值再压缩 1/10，才可以将 100 个可能产生的值对应到 10 个空间，即将每一个键值除以 10 取整数（下例以 DIV 运算符作为取整数的除法），可以得到下列的对应关系：

f(14 DIV 10)=12		f(1)=12
f(22 DIV 10)=65		f(2)=65
f(90 DIV 10)=70		f(9)=70
f(80 DIV 10)=99	→	f(8)=99
f(8 DIV 10) =33		f(0)=33
f(48 DIV 10)=67		f(4)=67
f(60 DIV 10)=51		f(6)=51

9.3.3　折叠法

折叠法是将数据转换成一串数字后，先将这串数字拆成几个部分，再把它们加起来，就可以计算出这个键值的 Bucket Address（桶地址）。例如有一个数据，转换成数字后为 2365479125443，若每 4 个数字为一个部分，则可拆为 2365、4791、2544、3。将这 4 组数字加起来后即为索引值：

2365
4791
2544
+ 3
9703 →桶地址

在折叠法中有两种做法，如上例直接将每一部分相加所得的值作为其桶地址，这种做法称为“移动折叠法”。但哈希法的设计原则之一就是降低碰撞，如果希望降低碰撞的机会，就可以将上述每一部分的数字中的奇数或偶数反转，再相加来取得其桶地址，这种改进式的做法称为“边界折叠法（folding at the boundaries）”。

请看下例的说明。

（1）情况一：将偶数反转

2365（第 1 个是奇数，故不反转）
1974（第 2 个是偶数，要反转）
2544（第 3 个是奇数，故不反转）
+ 3（第 4 个是偶数，要反转）
6886 →桶地址

（2）情况二：将奇数反转

5632（第 1 个是奇数，要反转）
4791（第 2 个是偶数，故不反转）
4452（第 3 个是奇数，要反转）
+ 3（第 4 个是偶数，故不反转）
14878 →桶地址

9.3.4 数字分析法

数字分析法适用于数据不会更改，且为数字类型的静态表。在决定哈希函数时先逐一检查数据的相对位置和分布情况，将重复性高的部分删除。例如下面这个电话号码表，它是相当有规则性的，除了区码全部是 07 外，中间 3 个数字的变化不大，假设地址空间的大小 m=999，我们必须从下列数字提取适当的数字，即数字不要太集中，分布范围较为平均(或称随机度高)，最后决定提取最后 4 个数字的末尾三码。故最后得到的哈希表如图 9-11 所示。

看完上面几种哈希函数之后，相信大家可以发现哈希函数并没有一定的规则可寻，可能使用其中的某一种方法，也可能同时使用好几种方法，所以哈希常常被用来处理数据的加密和压缩。但是，哈希法常会遇到“碰撞”和“溢出”的情况。接下来，我们要了解遇到上述两种情况时，该如何解决。

电话
07-772-2234
07-772-4525
07-774-2604
07-772-4651
07-774-2285
07-772-2101
07-774-2699
07-772-2694

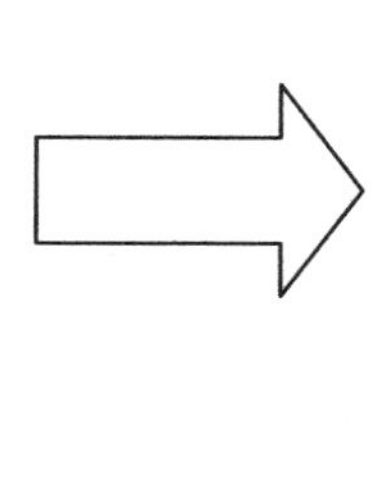

索引	电话
234	07-772-2234
525	07-772-4525
604	07-774-2604
651	07-772-4651
285	07-774-2285
101	07-772-2101
699	07-774-2699
694	07-772-2694

图 9-11 最后得到的哈希表

9.4 碰撞与溢出问题的处理

没有一种哈希函数能够确保数据经过哈希运算处理后所得到的索引值都是唯一的，当索引值重复时，就会产生碰撞的问题，而碰撞的情况在数据量大的时候特别容易发生。因此，如何在碰撞后处理溢出的问题就显得相当重要。下面介绍常见的溢出处理方法。

9.4.1 线性探测法

线性探测法是当发生碰撞情况时，若该索引对应的存储位置已有数据，则以线性的方式往后寻找空的存储位置，一旦找到位置就把数据放进去。线性探测法通常把哈希的位置视为环形结构，如此一来，当后面的位置已被填满而前面还有位置时，可以将数据放到前面。

Python 的线性探测算法如下：

```
def create_table(num,index):  #建立哈希表子程序
    tmp=num%INDEXBOX            #哈希函数 = 数据%INDEXBOX
    while True:
        if index[tmp]==-1:     #如果数据对应的位置是空的
            index[tmp]=num     #就直接存入数据
            break
        else:
            tmp=(tmp+1)%INDEXBOX      #否则往后找位置存放
```

范例 9.4.1 设计一个 Python 程序，以除留余数法的哈希函数取得索引值，再以线性探测法来存储数据。

范例程序：CH09_05.py

```
import random

INDEXBOX=10     #哈希表最大元素
MAXNUM=7        #最大数据个数

def print_data(data,max_number):  #打印数组子程序
    print('\t',end='')
    for i in range(max_number):
        print('[%2d] ' %data[i],end='')
    print()

def create_table(num,index):  #建立哈希表子程序
    tmp=num%INDEXBOX              #哈希函数 = 数据%INDEXBOX
    while True:
        if index[tmp]==-1:    #如果数据对应的位置是空的
            index[tmp]=num    #就直接存入数据
            break
        else:
            tmp=(tmp+1)%INDEXBOX    #否则往后找位置存放

#主程序
index=[None]*INDEXBOX
data=[None]*MAXNUM

print('原始数组值：')
for i in range(MAXNUM):  #起始数据值
    data[i]=random.randint(1,20)
for i in range(INDEXBOX): #清除哈希表
    index[i]=-1
print_data(data,MAXNUM)   #打印起始数据

print('哈希表的内容：')
for i in range(MAXNUM):  #建立哈希表
    create_table(data[i],index)
    print('  %2d =>' %data[i],end='')  #打印单个元素的哈希表位置
    print_data(index,INDEXBOX)

print('完成的哈希表：')
print_data(index,INDEXBOX)   #打印最后完成的结果
```

【执行结果】

执行结果如图 9-12 所示。

```
原始数组值:
           [15] [10] [ 9] [ 8] [16] [18] [ 3]
哈希表的内容:
  15 => [-1] [-1] [-1] [-1] [-1] [15] [-1] [-1] [-1] [-1]
  10 => [10] [-1] [-1] [-1] [-1] [15] [-1] [-1] [-1] [-1]
   9 => [10] [-1] [-1] [-1] [-1] [15] [-1] [-1] [-1] [ 9]
   8 => [10] [-1] [-1] [-1] [-1] [15] [-1] [-1] [ 8] [ 9]
  16 => [10] [-1] [-1] [-1] [-1] [15] [16] [-1] [ 8] [ 9]
  18 => [10] [18] [-1] [-1] [-1] [15] [16] [-1] [ 8] [ 9]
   3 => [10] [18] [-1] [ 3] [-1] [15] [16] [-1] [ 8] [ 9]
完成的哈希表:
           [10] [18] [-1] [ 3] [-1] [15] [16] [-1] [ 8] [ 9]
```

图 9-12　执行结果

9.4.2　平方探测法

线性探测法有一个缺点，就是相类似的键值经常会聚集在一起，因此可以考虑以平方探测法来加以改进。在平方探测中，当溢出发生时，下一次查找的地址是 $(f(x)+i^2)$ mod B 与 $(f(x)-i^2)$ mod B，即让数据值加或减 i 的平方，例如数据值 key，哈希函数 f：

第一次查找：f(key)
第二次查找：$(f(key)+1^2)\%B$
第三次查找：$(f(key)-1^2)\%B$
第四次查找：$(f(key)+2^2)\%B$
第五次查找：$(f(key)-2^2)\%B$
……

第 n 次查找：$(f(key)\pm((B-1)/2)^2)\%B$，其中，B 必须为 4j + 3 型的质数，且 $1\leqslant i\leqslant(B-1)/2$。

9.4.3　再哈希法

再哈希就是一开始先设置一系列的哈希函数，如果使用第一种哈希函数出现溢出，就改用第二种，如果第二种也出现溢出，就改用第三种，一直到没有发生溢出为止。例如 h1 为 key%11，h2 为 key*key，h3 为 key*key%11……

9.4.4　链表法

将哈希表的所有空间建立 n 个链表，最初的默认值只有 n 个链表头。如果发生溢出，就把相同地址的键值连接在链表头的后面，形成一个键表，直到所有的可用空间全部用完为止，如图 9-13 所示。

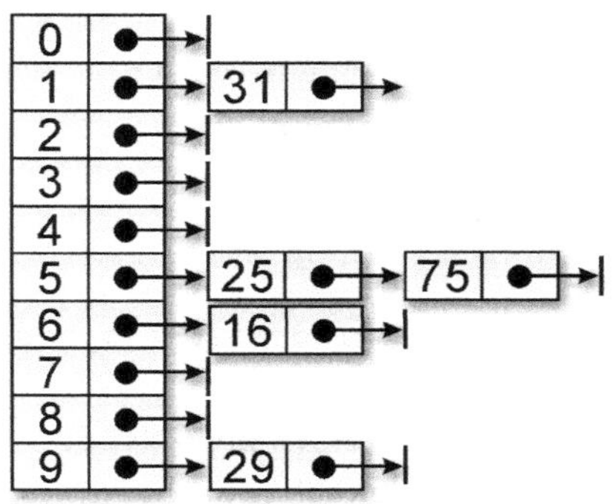

图 9-13　以再哈希和链表来解决哈希的溢出问题

Python 的再哈希（使用链表）算法如下：

```
def create_table(val):      #建立哈希表子程序
    global indextable
    newnode=Node(val)
    myhash=val%7            #哈希函数除以 7 取余数

    current=indextable[myhash]

    if current.next==None:
        indextable[myhash].next=newnode
    else:
        while current.next!=None:
            current=current.next
    current.next=newnode    #将节点加入链表
```

范例 9.4.2　设计一个 Python 程序，使用链表来进行再哈希处理。

范例程序：CH09_06.py

```
import random

INDEXBOX=7        #哈希表元素个数
MAXNUM=13         #数据个数

class Node:       #声明链表结构
    def __init__(self,val):
        self.val=val
        self.next=None

global indextable

indextable=[Node]*INDEXBOX #声明动态数组

def create_table(val):       #建立哈希表子程序
    global indextable
    newnode=Node(val)
    myhash=val%7             #哈希函数除以 7 取余数

    current=indextable[myhash]

    if current.next==None:
        indextable[myhash].next=newnode
    else:
```

```
        while current.next!=None:
            current=current.next
    current.next=newnode  #将节点加入链表

def print_data(val):     #打印哈希表子程序
    global indextable
    pos=0
    head=indextable[val].next          #起始指针
    print('   %2d: \t' %val,end='')  #索引地址
    while head!=None:
        print('[%2d]-' %head.val,end='')
        pos+=1
        if pos % 8==7:
            print('\t')
        head=head.next
    print()


#主程序

data=[0]*MAXNUM
index=[0]*INDEXBOX


for i in range(INDEXBOX):  #清除哈希表
    indextable[i]=Node(-1)

print('原始数据：')
for i in range(MAXNUM):
    data[i]=random.randint(1,30)    #随机数建立原始数据
    print('[%2d] ' %data[i],end='') #并打印出来
    if i%8==7:
        print('\n')

print('\n哈希表：')
for i in range(MAXNUM):
    create_table(data[i])  #建立哈希表

for i in range(INDEXBOX):
    print_data(i)          #打印哈希表
print()
```

【执行结果】

执行结果如图 9-14 所示。

```
原始数据：
[23] [11] [ 1] [17] [10] [10] [11] [29]

[27] [ 2] [ 9] [28] [11]
哈希表：
    0:  [28]-
    1:  [ 1]-[29]-
    2:  [23]-[ 2]-[ 9]-
    3:  [17]-[10]-[10]-
    4:  [11]-[11]-[11]-
    5:
    6:  [27]-
```

图 9-14　执行结果

范例 **9.4.3**　在范例 9.4.2 中直接把原始数据值存放在哈希表中，如果现在要查找一个数据，那么只需将它先经过哈希函数的处理后，直接到对应的索引值列表中查找，如果没找到，表示数据不存在。如此一来，可大幅减少数据读取和对比的次数，甚至可能一次读取和对比就找到想查找的数据。设计一个 Python 程序，加入查找的功能，并打印出对比的次数。

范例程序：CH09_07.py

```
import random

INDEXBOX=7        #哈希表元素个数
MAXNUM=13         #数据个数

class Node:      #声明链表结构
    def __init__(self,val):
        self.val=val
        self.next=None

global indextable
indextable=[Node]*INDEXBOX #声明动态数组

def create_table(val):       #建立哈希表子程序
    global indextable
    newnode=Node(val)
    myhash=val%7                 #哈希函数除以 7 取余数

    current=indextable[myhash]

    if current.next==None:
        indextable[myhash].next=newnode
```

```
    else:
        while current.next!=None:
            current=current.next
    current.next=newnode   #将节点加入链表

def print_data(val):        #打印哈希表子程序
    global indextable
    pos=0
    head=indextable[val].next          #起始指针
    print('   %2d：\t' %val,end='')   #索引地址
    while head!=None:
        print('[%2d]-' %head.val,end='')
        pos+=1
        if pos % 8==7:
            print('\t')
        head=head.next
    print()

def findnum(num):     #哈希查找子程序
    i=0
    myhash =num%7
    ptr=indextable[myhash].next
    while ptr!=None:
        i+=1
        if ptr.val==num:
            return i
        else:
            ptr=ptr.next
    return 0



#主程序

data=[0]*MAXNUM
index=[0]*INDEXBOX


for i in range(INDEXBOX):  #清除哈希表
    indextable[i]=Node(-1)

print('原始数据：')
for i in range(MAXNUM):
```

```
        data[i]=random.randint(1,30)      #随机数建立原始数据
        print('[%2d] ' %data[i],end='') #并打印出来
        if i%8==7:
            print('\n')

    for i in range(MAXNUM):
        create_table(data[i])  #建立哈希表
    print()

    while True:
        num=int(input('请输入查找数据(1-30)，结束请输入-1：'))
        if num==-1:
            break
        i=findnum(num)
        if i==0:
            print('#####没有找到 %d #####' %num)
        else:
            print('找到 %d，共找了 %d 次!' %(num,i))


    print('\n哈希表：')
    for i in range(INDEXBOX):
        print_data(i)                #打印哈希表
    print()
```

【执行结果】

执行结果如图 9-15 所示。

```
原始数据：
[24] [10] [ 2] [17] [16] [13] [16] [ 5]
[26] [11] [28] [24] [ 9]
请输入查找数据(1-30)，结束请输入-1：15
#####没有找到 15 #####
请输入查找数据(1-30)，结束请输入-1：21
#####没有找到 21 #####
请输入查找数据(1-30)，结束请输入-1：28
找到 28，共找了 1 次!
请输入查找数据(1-30)，结束请输入-1：16
找到 16，共找了 2 次!
请输入查找数据(1-30)，结束请输入-1：-1

哈希表：
    0：  [28]-
    1：
    2：  [ 2]-[16]-[16]-[ 9]-
    3：  [24]-[10]-[17]-[24]-
    4：  [11]-
    5：  [ 5]-[26]-
    6：  [13]-
```

图 9-15　执行结果

【课后习题】

1. 若有 n 项数据已排序完成，用二分查找法查找其中某一项数据，其查找时间约为多少？

A. $O(\log^2 n)$　　B. $O(n)$　　C. $O(n^2)$　　D. $O(\log_2 n)$

2. 使用二分查找法的前提条件是什么？

3. 有关二分查找法，下列叙述哪一个是正确的？

A. 文件必须事先排序

B. 当排序数据非常小时，其时间会比顺序查找法慢

C. 排序的复杂度比顺序查找法要高

D. 以上都正确

4. 下图为二叉查找树，试绘出当插入键值为 42 时的新二叉树。注意，插入这个键值后仍需保持高度为 3 的二叉查找树。

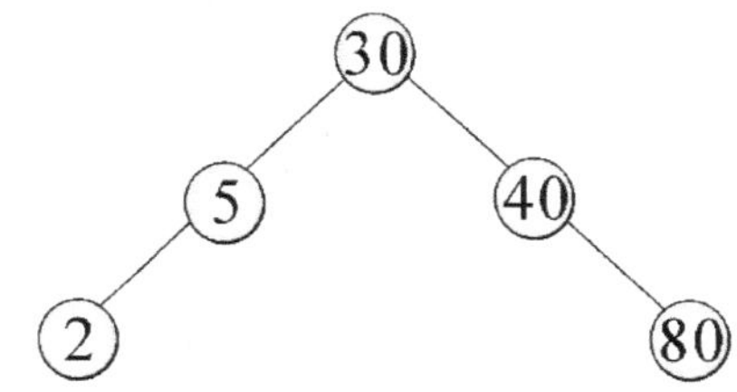

5. 用二叉查找树表示 n 个元素时，最小高度和最大高度的二叉查找树的值分别是什么？

6. 使用斐波拉契查找法查找的过程中，算术运算比二分查找法简单，此说明是否正确？

7. 假设 A[i] = 2i，$1 \leqslant i \leqslant n$。若欲查找的键值为 2k−1，以插值查找法进行查找，试求比较几次才能确定此为一次失败的查找？

8. 用哈希法将这 7 个数字存在 0、1…6 的 7 个位置：101、186、16、315、202、572、463。若要存入 1000 开始的 11 个位置，又应该如何存放？

9. 什么是哈希函数？试使用除留余数法和折叠法，并以 7 位电话号码作为数据进行说明。

10. 试述哈希查找与一般查找技巧有什么不同。

11. 什么是完美哈希？在什么情况下可以使用？

12. 假设有 n 个数据记录，我们要在这个记录中查找一个特定键值的记录。

（1）若用顺序查找，平均查找长度是多少？

（2）若用二分查找，平均查找长度是多少？

（3）在什么情况下才能使用二分查找法去查找一个特定记录？

（4）若找不到要查找的记录，在二分查找法中要进行多少次比较？

13. 采用哪一种哈希函数可以使用整数集合：{74, 53, 66, 12, 90, 31, 18, 77, 85, 29}存入数组空间为 10 的哈希表不会发生碰撞？

14. 解决哈希碰撞有一种叫作 Quadratic 的方法，试证明碰撞函数为 h(k)，其中 k 为 key，

当哈希碰撞发生时 $h(k)\pm i^2$，$1 \leqslant i \leqslant \frac{M-1}{2}$，M 为哈希表的大小，这样的方法能涵盖哈希表的每一个位置，即证明该碰撞函数 h(k) 将产生 $0 \sim (M-1)$ 之间的所有正整数。

15. 哈希函数 f(x) = 5x+4，试分别计算下列 7 项键值所对应的哈希值：

87、65、54、76、21、39、103

16. 解释下列哈希函数的相关名词。

（1）bucket（桶）
（2）同义词
（3）完美哈希
（4）碰撞

17. 有一个二叉查找树：

（1）键值 key 平均分配在[1, 100]之间，求在该查找树查找平均要比较几次。

（2）假设 k = 1 时，其概率为 0.5；k = 4 时，其概率为 0.3；k = 9 时，其概率为 0.103；其余 97 个数，概率为 0.001。

（3）假设各 key 的概率如（2），是否能将此查找树重新安排？

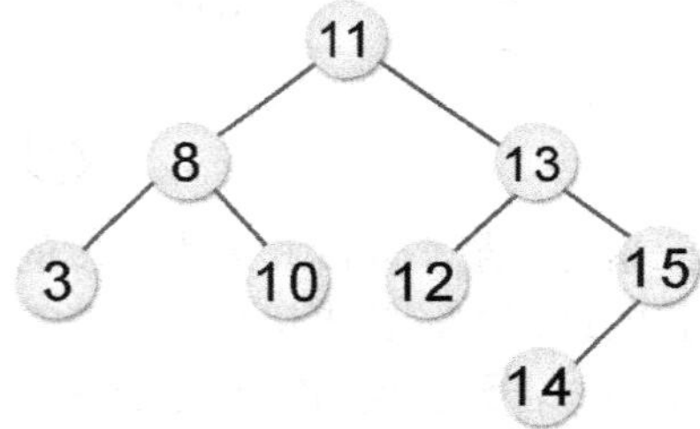

（4）以得到的最小平均比较次数绘出重新调整后的查找树。

18. 试写出一组数据：(1, 2, 3, 6, 9, 11, 17, 28, 29, 30, 41, 47, 53, 55, 67, 78)以插值查找法找到 9 的过程。

（1）先找到 m=2，键值为 2。
（2）再找到 m=4，键值为 6。
（3）最后找到 m=5，键值为 9。

附录 A
Python 语言快速入门

A.1 轻松学 Python 程序
A.2 基本数据处理
A.3 输入 input 和输出 print
A.4 运算符与表达式
A.5 流程控制
A.6 其他常用的类型
A.7 函数

随着物联网与大数据分析的日益“火红”，让在数据分析与数据挖掘中有着举足轻重地位的 Python 人气不断飙升，目前已经成为全球热门程序设计语言排行榜的常胜军。Python 语言的优点包括面向对象、解释执行、跨平台、简单易学、程序代码容易阅读以及编写具有弹性等，再加上丰富强大的软件包与免费开放的源代码，使得各个领域的用户都可以找到符合自己需求的软件包。Python 的用途十分广泛，涵盖了网页设计、App 设计、游戏设计、自动控制、生物科技、大数据等领域。综上所述，Python 语言非常适合有志于现代科技领域的读者作为程序设计的入门语言。

A.1 轻松学 Python 程序

Python 的解释器种类众多，本书的范例程序以 Python 3.x 基本语法为主，并以官方的 CPython 编译器作为开发工具。要下载和安装 Python 软件，请通过下面的网址连接到 Python 官方网站：https://www.python.org/。

安装后在 Windows 的开始菜单可以看到许多工具，如图 A-1 所示。

单击其中的 Python 3.6 即可进入 Python 交互模式，当看到 Python 提示符“>>>”之后，用户就可以逐行输入 Python 指令了，如图 A-2 所示。

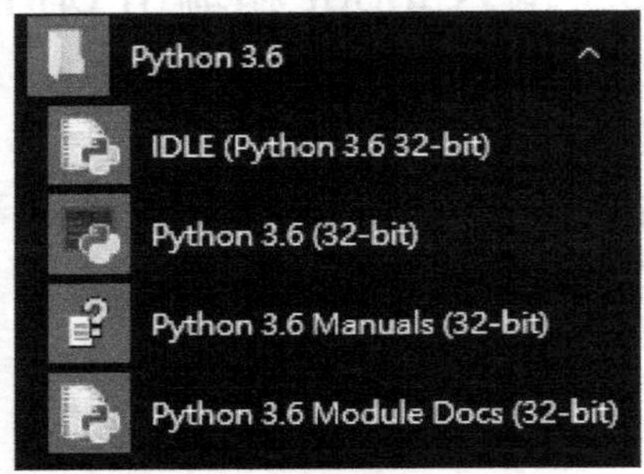

图 A-1　已安装好的 Python 工具

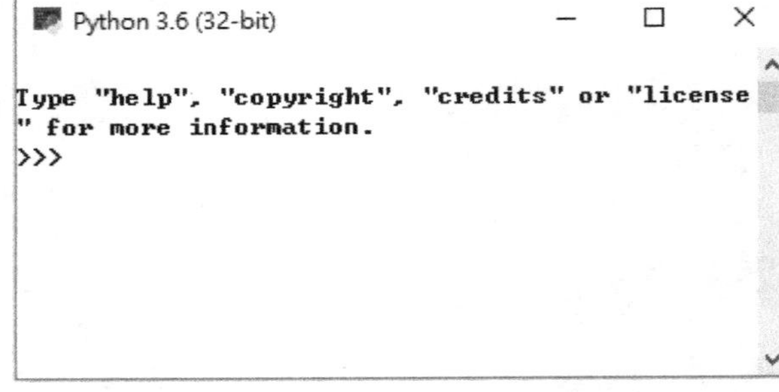

图 A-2　Python 交互模式

IDLE 软件为内建于 CPython 的集成开发环境（Integrated Development Environment，IDE），包括编写程序的编辑器、编译或解释器、调试器等。启动 IDLE 软件后，选择 File/New File 菜单选项，就可以开始编写程序，输入如下程序代码：

```
#我的第一个 Python 程序练习
print('第一个 Python 语言程序!!!')
```

存盘时以“*.py”为文件扩展名，接着选择 Run/Run Module 菜单选项，即可看到如图 A-3 所示的执行结果。

```
第一个Python语言程序！！！
```

图 A-3　执行结果

程序代码中第 1 行是 Python 的单行注释，如果是多行注释，就以 3 个双引号“""""”（或单引号“''”）开始，填入注释内容，再以 3 个双引号（或单引号）来结束。第 2 行是内建函数 print()，用来输出结果，字符串可以使用单引号“'”或双引号“"”来括住。

A.2 基本数据处理

数据处理最基本的对象就是变量（variable）和常数（constant）。变量的值可变动，常数则是固定不变的数据。变量命名规则如下：

- 第一个字符必须是英文字母、下划线（“_”）或中文，其余字符可以搭配其他的大小写英文字母、数字、下划线或中文。
- 不能使用 Python 内建的保留字。
- 变量名称必须区分大小写字母。

Python 语言简洁明了，变量不需要声明就可以使用，给变量赋值的方式如下：

```
变量名称 = 变数值
```

例如：

```
score = 100
```

如果要让多个变量同时具有相同的值，例如：

```
num1 = num2 = 50
```

当我们想要在同一行中给多个变量赋值时，可以使用“,”来分隔变量，例如：

```
a, b, c = 80, 60, 20
```

Python 也允许用户以“;”来分隔表达式，以便连续声明不同的程序语句，例如：

```
Salary = 25000; sum = 0
```

A.2.1 数值数据类型

数值数据类型主要有整数和浮点数，浮点数就是带有小数点的数字，例如：

```
total = 100  # 整数
product = 234.94  # 浮点数
```

A.2.2 布尔数据类型

Python 语言的布尔（bool）数据类型只有 True 和 False 两个值，例如：

```
switch = True
turn_on = False
```

布尔数据类型通常用于流程控制中的逻辑判断。

A.2.3 字符串数据类型

Python 是将字符串放在单引号或双引号中来标识的，例如：

```
title = "新年快乐"
title= '新年快乐'
```

A.3 输入 input 和输出 print

程序设计常需要计算机输出执行的结果，有时为了提高程序的互动性，会要求用户输入数据，这些输入和输出的工作都可以通过 input 和 print 指令来完成。

A.3.1 输出 print

print 指令就是用来输出指定的字符串或数值，语法如下：

```
print(项目1[, 项目2,…, sep=分隔字符, end=终止符])
```

例如：

```
print('四书五经')
print('《大学》','《中庸》','《论语》','《孟子》',sep='、')
print('《大学》','《中庸》','《论语》','《孟子》')
print('《大学》','《中庸》','《论语》','《孟子》',end=' ')
print('《诗经》《尚书》《礼记》《易经》《春秋》')
```

【执行结果】

```
四书五经
《大学》、《中庸》、《论语》、《孟子》
《大学》 《中庸》 《论语》 《孟子》
《大学》 《中庸》 《论语》 《孟子》 《诗经》《尚书》《礼记》《易经》《春秋》
```

print 指令也支持格式化功能，主要是由“%”字符与后面的格式化字符串来控制输出格式，语法如下：

```
print("项目" % (参数行))
```

在输出的项目中使用 %s 代表输出字符串，%d 代表输出整数，%f 代表输出浮点数。可参考下面的范例程序：

范例程序：ex002.py

```
name="陈大忠"
age=30
print("%s 的年龄是 %d 岁" % (name, age))
```

【执行结果】

执行结果如图 A-4 所示。

```
陈大忠 的年龄是 30 岁
```

图 A-4 执行结果

另外，通过设置字段可以达到对齐效果，例如：

- %7s 固定输出 7 个字符，若不足 7 个字符，则会在字符串左方填入空格符；若大于 7 个字符，则全部输出。
- %7d 固定输出 7 个数字，若不足 7 位数，则会在数字左方填入空格符；若大于 7 位数，则全部输出。
- %8.2f 连同小数点也算 1 个字符，这种格式会固定输出 8 个字符，其中小数固定输出 2 位数，如果整数少于 5 位数（因为必须扣除小数点和小数部分的位数），就会在数字左方填入空格符，但若小数小于 2 位数，则会在数字右方填入 0。

A.3.2 输出转义字符

print() 指令中除了输出一般的字符串或字符外，也可以在字符前加上反斜杠“\”来通知编译程序将后面的字符当成一个特殊字符，形成“转义字符”（Escape Sequence Character）。例如 '\n' 是表示换行功能的“转义字符”，表 A-1 为几个常用的转义字符。

表 A-1 常用的转义字符

转义字符	说明
\t	水平制表字符（horizontal tab）
\n	换行符（new line）
\"	显示双引号（double quote）
\'	显示单引号（single quote）
\\	显示反斜杠（backslash）

例如：

```
print('程序语言！\n越早学越好')
```

执行结果如下：

```
程序语言！
越早学越好
```

A.3.3 输入 input

input 是输入指令，语法如下：

```
变量 = input(提示字符串)
```

当我们输入数据再按 Enter 键后，就会将输入的数据赋值给变量。“提示字符串”则是一段给用户的提示信息，例如：

```
height =input("请输入你的身高：")
print (height)
```

注意，input 所输入的内容是一种字符串，如果要将该字符串转换为整数，就必须通过 int() 内建函数。当使用 print 输出时，还可以指定数值以哪种进制输出。常用的 4 种进制格式及说明如表 A-2 所示。

表 A-2　常用的 4 种进制格式及说明

格式指定码	说明
%d	输出十进制数
%o	输出八进制数
%x	输出十六进制数，超过 10 的数字以小写字母表示，例如 0xff
%X	输出十六进制数，超过 10 的数字以大写字母表示，例如 0xFF

范例程序：ex003.py

```
iVal=input('请输入 8 进制数值:')
print('您所输入 8 进制数值，其对应的 10 进制数为:%d' %int(iVal,8))
print('')

iVal=input('请输入 10 进制数值:')
print('您所输入 10 进制数值，其对应的 8 进制数为:%o' %int(iVal,10))
print('')

iVal=input('请输入 16 进制数值:')
print('您所输入 16 进制数值，其对应的 10 进制数为:%d' %int(iVal,16))
print('')

iVal=input('请输入 10 进制数值:')
print('您所输入 10 进制数值，其对应的 16 进制数为:%x' %int(iVal,10))
print('')
```

【执行结果】

执行结果如图 A-5 所示。

```
请输入8进制数值:65
您所输入8进制数值，其对应的10进制数为:53

请输入10进制数值:53
您所输入10进制数值，其对应的8进制数为:65

请输入16进制数值:87
您所输入16进制数值，其对应的10进制数为:135

请输入10进制数值:135
您所输入10进制数值，其对应的16进制数为:87
```

图 A-5　执行结果

A.4 运算符与表达式

表达式是由运算符与操作数所组成的。其中 =、+、* 及/符号称为运算符，操作数则包含变量、数值和字符。

A.4.1 算术运算符

算术运算符主要包含数学运算中四则运算的运算符、求余数运算符、整除运算符、指数运算符等，例如：

```
X = 58+32
X = 89 - 28
X = 3 * 12
X = 125 / 7
X = 145 // 15
X = 2**4
X = 46 % 5
```

A.4.2 复合赋值运算符

由赋值运算符“=”与其他运算符结合而成，也就是“=”右方的源操作数必须有一个和左方接收赋值数值的操作数相同，例如：

```
X += 1   #即 X = X+1
X -= 9   #即 X = X - 9
X *= 6   #即 X = X * 6
X /= 2   #即 X = X / 2
X **= 2  #即 X = X ** 2
X //= 7  #即 X = X // 7
X %= 5   #即 X = X % 5
```

A.4.3 关系运算符

用来比较两个数值之间的大小关系，通常用于流程控制语句，如果该关系运算结果成立，就返回真值（True）；若不成立，则返回假值（False）。例如 A = 5，B = 3，进行关系运算的结果如表 A-3 所示。

表 A-3 关系运算结果

运算符	说明
>	A 大于 B，返回 True
<	A 小于 B，返回 False
>=	A 大于或等于 B，返回 True
≤	A 小于或等于 B，返回 False
==	A 等于 B，返回 False
!=	A 不等于 B，返回 True

A.4.4 逻辑运算符

主要有 3 个运算符：not、and、or，它们的功能分别说明如下：

```
print (100>2) and (52>41)  #返回 True
total = 124
value = (total % 4 == 0) and (total % 3 == 0)
print(value)  #返回 False
```

A.4.5 位运算符

位运算（bit operation）就是二进制位逐位进行运算。在 Python 中，如果要将整数转换为二进制，就可以使用内建函数 bin()。简介如下：

- 操作数 1 & 操作数 2
  操作数 1、操作数 2 的值都为 1 时，才会返回 1。
- 操作数 1 | 操作数 2
  操作数 1、操作数 2 的值其中有一个为 1 时，就会返回 1。
- 操作数 1 ^ 操作数 2
  操作数 1、操作数 2 的值不相同时，才会返回 1。如果操作数 1、操作数 2 的值相同，就会返回 0。
- ~操作数
  或称求反运算，将 1 变成 0，将 0 变成 1。

例如：

```
num1 = 9; num2 = 10
bin(num1); bin(num2) #使用 bin()函数将 num1, num2 转为二进制
print(bin(num1))       #输出为 0b1001
print(bin(num2))       #输出为 0b1010
print(num1 & num2)      #输出为 8
print(num1 | num2)      #输出为 11
print(num1 ^ num2)      #输出为 3
print(~num1)           #输出为-10
```

位运算符还有两个较为特殊的运算符：左移（<<）和右移（>>）运算符，例如：

```
num1=125
num2=98475
print(bin(num1))      #0b1111101
print(bin(num1<<2)) #0b111110100
print(bin(num2))      #0b11000000010101011
print(bin(num2>>3)) #0b11000000010101
```

A.5 流程控制

Python 语言包含 3 种流程控制结构，即 if、for、while。

A.5.1 if 语句

if 语句语法如下：

```
if 条件表达式 1:
    程序语句区块 1
elif 条件表达式 2:
    程序语句区块 2
else:
    程序语句区块 3
```

在 Python 语言中，当指令后有“:”（冒号）时，下一行的程序代码就必须缩排，否则无法正确地解释或编译出这段程序代码，默认缩排为 4 个空格，我们可以使用键盘上的 Tab 键或空格键来产生缩排的效果。

范例程序：ex004.py

```
month=int(input('请输入月份：'))
if 2<=month and month<=4:
    print('充满生机的春天')
elif 5<=month and month<=7:
    print('热力四射的夏季')
elif month>=8 and month <= 10:
    print('落叶缤纷的秋季')
elif month==1 or (month>=11 and month<=12):
    print('寒风刺骨的冬季')
else:
    print('很抱歉没有这个月份!!!')
```

【执行结果】

执行结果如图 A-6 所示。

```
请输入月份：4
充满生机的春天
```

图 A-6　执行结果

另外，在其他程序设计语言中，常以 switch 和 case 语句来控制复杂的分支流程，在 Python 语言中，则可以用 if 语句来实现同样的功能，例如：

范例程序：ex005.py

```
print('1.80 以上,2.60~79,3.59 以下')
ch=input('请输入等级分数：')
```

```
#条件语句开始
if ch=='1':
    print('继续保持!')
elif ch=='2':
    print('还有进步空间!!')
elif ch=='3':
    print('请多多努力!!!')
else:
    print('error')
```

【执行结果】

执行结果如图 A-7 所示。

```
1.80以上，2.60~79，3.59以下
请输入等级分数：2
还有进步空间!!
```

图 A-7　执行结果

A.5.2　for 循环

for 循环又称为计数循环，是一种可以重复执行固定次数的循环，语法如下：

```
for item in sequence
    #for 的程序区块
else:
    #else 的程序区块，可加入或者不加入
```

上述语句中可加入或者不加入 else 指令。Python 提供了 range() 函数来搭配使用，主要功能是建立整数序列，语法如下：

range([起始值], 终止条件[, 步长值])

- 起始值：默认为 0，参数值可以省略。
- 终止条件：必需的参数，不可省略。
- 步长值：计数器的增减值，默认值为 1。

例如：

- range(5) 代表索引值从 0 开始，输出 5 个元素，即 0, 1, 2, 3, 4 共 5 个元素。
- range(1, 6)代表索引值从 1 开始，到索引编号 5 结束，索引编号 6 不包括在内，即 1, 2, 3, 4, 5 共 5 个元素。
- range(2, 10, 2)代表索引值从 2 开始，到索引编号 10 前结束，索引编号 10 不包括在内，步长值为 2（递增值为 2），即 2, 4, 6, 8 共 4 个元素。

范例程序：ex006.py

```
sum=0
number=int(input('请输入整数：'))

```

```
#递增 for 循环,从小到大打印出数字
print('从小到大排列输出数字:')
for i in range(1,number+1):
    sum+=i  #设置 sum 为 i 的和
    print('%d' %i,end='')
    #设置输出连加的算式
    if i<number:
        print('+',end='')
    else:
        print('=',end='')
print('%d' %sum)

sum=0
#递减 for 循环,从大到小打印出数字
print('从大到小排列输出数字:')
for i in range(number,0,-1):
    sum+=i
    print('%d' %i,end='')
    if i≤1:
        print('=',end='')
    else:
        print('+',end='')
print('%d' %sum)
```

【执行结果】

执行结果如图 A-8 所示。

```
请输入整数: 7
从小到大排列输出数字:
1+2+3+4+5+6+7=28
从大到小排列输出数字:
7+6+5+4+3+2+1=28
```

图 A-8　执行结果

A.5.3　while 循环

while 的条件表达式是用来判断是否执行循环的测试条件，当条件表达式结果为 False 时，就会结束循环的执行。其语法如下：

while 条件表达式:
　　要执行的程序语句
else:
　　不符合条件所要执行的程序语句

else 指令也是一个选择性指令，可加也可以不加。一旦条件表达式不符合，就会执行 else 区块内的程序语句。使用 while 循环必须小心设置离开的条件，万一不小心形成无限循环，就只能强行中断程序，需同时按 Ctrl + C 组合键。

范例程序：ex007.py

```
product=1
i=1
while i<6:
    product=i*product
    print('i=%d' %i,end='')
    print('\tproduct=%d' %product)
    i+=1
print('\n 阶乘的结果=%d'%product)
print()
```

【执行结果】

执行结果如图 A-9 所示。

```
i=1      product=1
i=2      product=2
i=3      product=6
i=4      product=24
i=5      product=120

阶乘的结果=120
```

图 A-9　执行结果

必须执行循环中的语句至少一次，在其他程序设计语言中可以选择 do while 循环来设计程序，但是 Python 语言因为没有 do while 这类的循环指令，所以可以参考下面范例的做法：

范例程序：ex008.py

```
sum=0
number=1
while True:
    if number==0:
        break
    number=int(input('数字 0 为结束程序，请输入数字：'))
    sum+=number
print('目前累加的结果为：%d' %sum)
```

【执行结果】

执行结果如图 A-10 所示。

```
数字0为结束程序,请输入数字: 85
目前累加的结果为: 85
数字0为结束程序,请输入数字: 78
目前累加的结果为: 163
数字0为结束程序,请输入数字: 95
目前累加的结果为: 258
数字0为结束程序,请输入数字: 93
目前累加的结果为: 351
数字0为结束程序,请输入数字: 0
目前累加的结果为: 351
```

图 A-10 执行结果

A.6 其他常用的类型

其他常用的类型包括 string 字符串、tuple 元组、list 列表、dict 字典等，为了方便存储多项相关的数据，大部分的程序设计语言（例如 C/C++语言）会以数组（Array）的方式处理。类似于数组的结构，在 Python 语言中被称为序列（Sequence），序列类型可以将多项数据集合在一起，通过“索引值”存取序列中的数据项。在 Python 语言中，string 字符串、list 列表、tuple 元组都是属于序列的数据类型。

A.6.1 string 字符串

将一连串字符放在单引号或双引号中括起来就是一个字符串（string），如果要将字符串赋值给特定变量，就可以使用“=”赋值运算符，例如：

```
str1 = ''              #空字符串
str2 = 'L'             #单个字符
str3 ="HAPPY"          #字符串也可以使用双引号
```

另外，内建函数 str() 可将数值数据转化为字符串，例如：

```
str()        #输出空字符串''
str(123)     #将数字转化为字符串'123'
```

要串接多个字符串，也可以使用“+”符号，例如：

```
print('大学'+'中庸'+'论语'+'孟子')
```

字符串的索引值具有顺序性，如果要获取单个字符或子字符串，就可以使用 [] 运算符，可参考表 A-4 的说明。

表 A-4 运算符及其说明

运算符	功能说明
s[n]	按指定索引值获取序列的某个元素
s[n:]	按索引值从 n 开始到序列的最后一个元素

（续表）

运算符	功能说明
s[n : m]	获取索引值从 n 到 m-1 的若干元素
s[:m]	从索引值 0 开始到索引值 m-1 结束
s[:]	表示会复制一份序列元素
s[::-1]	将整个序列的元素反转

例如：

```
msg = 'No pain, no gain'
print(msg[2 : 5])       #不含索引编号 5，可获取 3 个字符
print(msg[6: 14])       #可获取从编号 6 开始到序列的最后一个字符
print(msg[6 :])         #表示 msg[6 : 13]
print(msg[:5])          #start 省略时，表示从索引值 0 开始取 5 个字符
print(msg[4:8])         #索引编号从 4~8，取 4 个字符
```

【执行结果】

```
pa
n, no ga
n, no gain
No pa
ain,
```

字符串的方法很多，下面介绍几个实用的方法。

（1）len()

功能是获取字符串的长度。

```
>>> len('happy')
5
```

（2）count()

功能是找出子字符串出现的次数。

```
>>> msg='Never put off until tomorrow what you can do today.'
>>> msg.count('e')
2
```

（3）split()

功能是可根据 sep 设置字符来分割字符串。

```
data = 'dog cat cattle horse'
print(data.split())
wordB = 'dog/cat/cattle/horse'
print('字符串二：', wordB)
print(wordB.split(sep ='/'))
```

其执行结果如下：

```
['dog', 'cat', 'cattle', 'horse']
字符串二： dog/cat/cattle/horse
['dog', 'cat', 'cattle', 'horse']
```

（4）find()

检测字符串中是否包含子字符串 str，并返回其位置，注意字符串的索引值是从 0 开始的。

```
>>> msg='Python is easy to learn'
>>> msg.find('easy')
10
```

（5）upper()和 lower()

大小写转换。

```
>>> msg='Python is easy to learn'
>>> msg.upper()
'PYTHON IS EASY TO LEARN'
>>> msg.lower()
'python is easy to learn'
```

A.6.2 list 列表

列表是一种以中括号“[]”存放不同数据类型的有序数据类型，例如变量 student 是一种列表的数据类型，共有 4 个元素，分别表示班别、姓名、学号、成绩。

```
student = ['一班','许士峰', '15',95]
```

列表可以是空列表，也可以包含不同的数据类型或其他的子列表，以下几个列表变量都是正确的使用方式：

```
data = []    #空的列表
data1 = [25, 36, 78]  #存储数值的 list 对象
data2 = ['one', 25, 'Judy']   #含有不同类型的列表
data3 = ['Mary', [78, 92], 'Eric', [65, 91]]
```

列表是一种可变的序列类型，列表中的每一个元素都可以通过索引来取得其值。因此在数据结构中的数组（Array），在实现上常以列表的方式来表示数组的结构。在列表中要增加元素，可以通过 append()函数实现。如果要获取列表的长度，就可以使用 len()函数。list 类型可以使用 [] 运算符来获取列表中的元素，例如：

```
list = [1,2,3,4,5,6,7,8,9,10]
list[2:7]  #会输出[3, 4, 5, 6, 7]
```

以下程序范例要示范由用户输入数据后，再按序以 append()方法附加到 list 列表中，最后

将列表的内容打印出来。整个程序的步骤是，首先创建空的 list 列表，接着配合 for 循环和 append()方法把元素加入该 list 列表。另外，列表提供 sort()方法对列表中的元素进行排序，无论是数值还是字符串都能排序，sort()方法中加入参数“reverse = True”就可以进行降序排序。范例如下：

```
list1 = ['zoo', 'yellow', 'student', 'play']
list1.sort(reverse = True)  #按字母进行降序排序
```

在上述范例中，列表中只有数值或字符串才能进行排序。如果列表中存放了不同类型的元素，由于无法判断排序的准则，因此会发生错误。在 C 语言中，声明一个名称为 score 的整数一维数组：

```
int score[6];
```

这表示声明了整数类型的一维数组，数组名是 score，数组中可以放入 6 个整数元素，而 C 语言数组索引是从 0 开始计算的，元素分别是 score[0]、score[1]、score[2]…score[5]，如图 A-11 所示。

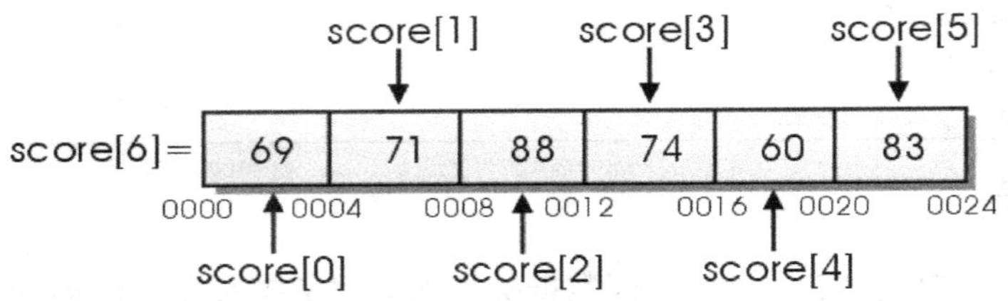

图 A-11　存放的 6 个整数元素

若改以 Python 语言来实现上述数组的程序代码，则可以参考下面的语句：

```
score=[0]*6  #score 是一个包含 6 个元素默认值为 0 的列表，即[0, 0, 0, 0, 0, 0]
```

当然，一维数组也可以扩展到二维或多维数组，差别只在于维数的声明。在 C 语言中，二维数组设置初始值时，为了方便区分行与列，除了最外层的{}外，最好以{}括住每一行元素的初始值，并以“,”分隔每个数组元素，例如：

```
int arr[2][3]={{1,2,3},{2,3,4}};
```

若改以 Python 语言来实现上述 C 语言数组的程序代码，则可以参考下面的语句：

```
arr=[[1,2,3],[2,3,4]]
```

范例程序：ex009.py

```
import sys

#声明字符串数组并初始化
newspaper=['1.北京晚报','2.作家文摘','3.参考消息', \
```

```
                    '4.证券报','5.不需要']
#字符串数组的输出
for i in range(5):
    print('%s  ' %newspaper[i], end='')

try :
    choice=int(input('请输入选择:'))
    #输入的判断
    if choice>=0 and choice<4:
        print('%s' %newspaper[choice-1])
        print('谢谢您的订购!!!')
    elif choice==5:
        print('感谢您的参与!!!')
    else:
        print('数字选项输入错误')

except ValueError:
    print('所输入的不是数字')
```

【执行结果】

执行结果如图 A-12 所示。

```
1.北京晚报  2.作家文摘  3.参考消息  4.证券报  5.不需要
请输入选择:3
3.参考消息
谢谢您的订购!!!
```

图 A-12　执行结果

A.6.3　tuple 元组和 dict 字典

元组（tuple）也是一种有序数据类型，它的结构和列表相同，列表是以中括号“[]”来存放元素的，但是元组却是以小括号 () 来存放元素的。列表中的元素位置和元素值都可以改变，但是元组中的元素不能任意更改其位置以及它的内容值。以下为 3 种创建元组的方式：

```
(1, 3, 5,7,9)  #创建时没有名称
tup1= ('1001', 'BMW', 2016)  #给予名称的tuple数据类型
tup2 ='1001', 'BMW', 2016    #无小括号，也是tuple数据类型
```

字典（dict）存储的数据为“键（key）”与“值（value）”所对应的数据。字典和列表（list）、元组（tuple）等序列类型有一个很大的不同点，字典中的数据是没有顺序性的，它是使用“键”来查询“值”的。除了使用大括号“{}”来产生字典外，也可以使用 dict()函数，或者先创建空的字典，再使用 [] 运算符以键设值。修改字典的方法必须针对“键”来设置该元素的新值。如果要新增字典的“键值”对，只要加入新的“键值”即可。语法范例如下：

```
    dic= {'Shanghai':95, 'Nanjing':94, 'Shenzhen':96} #设置字典
    print (dic) #查看字典内容，会输出{'Shanghai': 95, 'Nanjing': 94, 'Shenzhen':
96}
    dic['Shanghai']      #获取字典中'Shanghai'键的值，会输出 95
    dic['Nanjing']=93    #将字典中'Nanjing'键的值修改为 93
    print (dic) #会输出修改后的字典 {'Shanghai': 95, 'Nanjing': 93, 'Shenzhen': 96}
    dic['Guangzhou']= 87    #在字典中新增'Guangzhou'，该键所设置的值为 87
    dic #新增元素后的字典  {'Shanghai': 95, 'Nanjing': 93, 'Shenzhen': 96,
'Guangzhou': 87}
    print (dic)
```

A.7 函数

函数可以视为一段程序语句的集合，并且给予一个名称来代表它，当需要时再进行调用即可。Python 提供了功能强大的标准函数库，这些函数库除了内建软件包之外，还有第三方公司所开发的函数。所谓软件包，就是多个函数的组合，它可以通过 import 语句来引用。

Python 函数分为 3 种类型：内建函数、标准函数库及自定义函数。

- 内建函数（Built-In Function，BIF），例如将其他数据类型转换成整数的 int()函数。
- Python 提供的标准函数库（Standard Library），使用这类函数必须事先以 import 指令将该函数软件包导入。
- 程序设计人员使用 def 关键词自行定义的函数，这种函数则是按照程序设计者自己的需求自行设计的函数。

我们必须先行定义函数，才可以进行函数的调用，例如定义一个名称为 hello()的函数，函数执行的流程如下：

（1）定义函数。先以“def”关键词定义 hello()函数及函数主体，它提供的是函数执行的依据。

（2）调用程序。从程序语句中“调用函数”hello()。

A.7.1 自定义无参数函数

接下来我们将以几个简单的例子来说明如何在 Python 中自定义函数。

```
def hello():
    print('Hello, World')
hello()  #会输出 Hello, World
```

上面的自定义函数 hello()中没有任何参数，函数功能只是以 print() 函数输出指定的字符串，当调用此函数 hello()时，会打印出该函数所要输出的字符串。

def 是 Python 中用来定义函数的关键词，函数名称后要有冒号“:”。在自定义函数中的参数列表可以省略，也可以包含多个参数。冒号“:”之后则是函数的程序代码，可以是单行

或多行语句。函数中的 return 指令可以让函数返回运算后的值，若没有返回任何数值，则可以省略。

A.7.2 有参数行的函数

上述函数中所输出的字符串是固定的，这样的函数设计上没有弹性。我们可以在函数中增加一个参数，范例如下：

```
def hello(sentence):
    print(sentence)
#主程序
hello('Hello, World')     #会输出 Hello, World
hello('Happy Birthday')  #会输出 Happy Birthday
hello('==============')  #会输出 ==============
```

A.7.3 函数返回值

如果函数主体中会进行一些运算，就可以使用 return 指令返回给调用此函数的程序段，例如：

```
def add(a, b, c):
    return a+b+c

print (add(3,7,2))  #输出 12
```

A.7.4 参数传递

大多数程序设计语言有两种常见的参数传递方式：传值调用和传址调用。

- 传值（call by value）调用：表示在调用函数时，会将自变量的值逐个复制给函数的参数，在函数中对参数值所做的任何修改都不会影响原来的自变量值。
- 传址（pass-by-reference）调用：表示在调用函数时，所传递给函数的参数值是变量的内存地址，参数值的变动连带着也会影响原来的自变量值。

在 Python 语言中，当传递的数据是不可变对象（如数值、字符串）时，在传递参数时，会先复制一份再进行传递。但是，如果所传递的数据是可变对象（如列表），Python 在传递参数时，会直接以内存地址来传递。简单地说，如果可变对象在函数中被修改了内容值，因为占用的是同一个地址，所以会连动影响函数外部的值。以下是函数传值调用的范例。

范例程序：ex010.py

```
#函数声明
def fun(a,b):
    a,b=b,a
    print('函数内交换数值后:a=%d,\tb=%d\n' %(a,b))
```

```
a=10
b=15
print('调用函数前的数值:a=%d,\tb=%d\n'%(a,b))

print('\n--------------------------------------')

#调用函数
fun(a,b)
print('\n--------------------------------------')
print('调用函数后的数值:a=%d,\tb=%d\n'%(a,b))
```

【执行结果】

执行结果如图 A-13 所示。

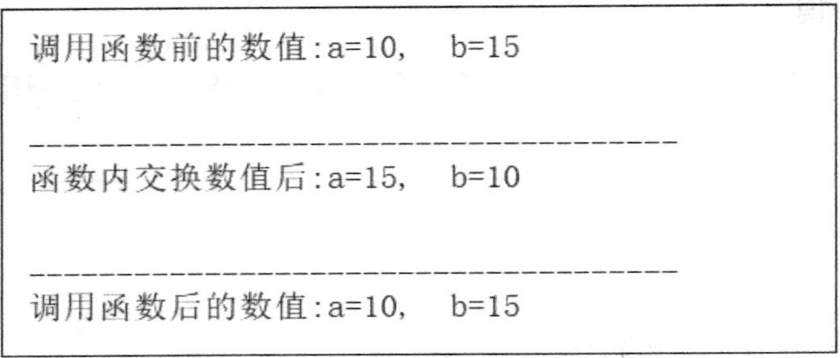

调用函数前的数值:a=10,　b=15

函数内交换数值后:a=15,　b=10

调用函数后的数值:a=10,　b=15

图 A-13　执行结果

以下范例的参数为 List 列表，是一种可变对象，Python 在传递的参数是可变对象时，会直接以可变对象的内存地址来传递，当在函数内的列表被修改了内容时，因为占用的是同一个地址，所以会连动影响函数外部的值。

范例程序：ex011.py

```
def change(data):
    data[0],data[1]=data[1],data[0]
    print('函数内交换位置后: ')
    for i in range(2):
        print('data[%d]=%3d' %(i,data[i]),end='\t')

#主程序
data=[16,25]
print('原始数据为: ')
for i in range(2):
    print('data[%d]=%3d' %(i,data[i]),end='\t')
print('\n--------------------------------------')
change(data)
```

```
print('\n--------------------------------------')
print("排序后数据为：")
for i in range(2):
    print('data[%d]=%3d' %(i,data[i]),end='\t')
```

【执行结果】

执行结果如图 A-14 所示。

```
原始数据为:
data[0]= 16     data[1]= 25
--------------------------------------
函数内交换位置后:
data[0]= 25     data[1]= 16
--------------------------------------
排序后数据为:
data[0]= 25     data[1]= 16
```

图 A-14　执行结果

附录 B
数据结构使用 Python 程序调试实录

对于程序设计开发者而言，当程序无法正常执行时，常常会花上好多时间进行调试，为了降低调试过程中所花费的时间及挫折感，笔者在附录 B 列出在本书编写过程中较常出现的几个错误，分析造成这些错误的原因，并分享解决经验与建议，希望有助于大家的学习。

print 格式化字符串设置错误

【尚未调试的程序片段】

```
if search(ptr,data)!=None:   # 在二叉树中查找
    print('二叉树中有此节点了!'%data)
else:
    ptr=create_tree(ptr,data)
inorder(ptr)
```

【错误信息】

```
print('二叉树中有此节点了!' %data)
TypeError: not all arguments converted during string formatting
```

【可能造成该错误的原因及说明】

这个错误告诉用户，在进行 print 格式化字符串输出时，有一些自变量无法进行字符串格式化，如果细看该行程序，就会发现用 print 指令中的"%"字符与后面的格式化字符串来控制输出格式时没有对应关系，这个看似是小问题，但是许多程序设计人员在太过自信的情况下，往往会忽略这个小细节。上述 print('二叉树中有此节点了!' %data)的语句中多了“%data”格式化字符串，只要将其删掉，就可以正确解决这个错误了。

【修正后的正确程序代码】

```
if search(ptr,data)!=None:   #在二叉树中查找
    print('二叉树中有此节点了!')
else:
    ptr=create_tree(ptr,data)
    inorder(ptr)
```

局部变量在未赋值前被引用

【尚未调试的程序片段】

```
class Node:
    def __init__(self):
        self.value=0
        self.left_Thread=0
        self.right_Thread=0
        self.left_Node=None
        self.right_Node=None

```

```
rootNode=Node()
rootNode=None

#将指定的值加入二元线索树中
def Add_Node_To_Tree(value):
    newnode=Node()
    newnode.value=value
    newnode.left_Thread=0
    newnode.right_Thread=0
    newnode.left_Node=None
    newnode.right_Node=None
    previous=Node()
    previous.value=value
    previous.left_Thread=0
    previous.right_Thread=0
    previous.left_Node=None
    previous.right_Node=None
    #设置线索二叉树的开头节点
    if rootNode==None:
        rootNode=newnode
        rootNode.left_Node=rootNode
        rootNode.right_Node=None
        rootNode.left_Thread=0
        rootNode.right_Thread=1
        Return
   …以下程序代码省略
```

【错误信息】

```
if rootNode==None:
UnboundLocalError: local variable 'rootNode' referenced before assignment
```

【可能造成该错误的原因及说明】

这个错误告诉用户，在引用局部变量的值之前并未赋值给该局部变量，一种情况是在函数内引用该局部变量前先行给该变量赋值，另一种情况有可能是这个变量是一个全局变量，在函数外已被设置初值。就本例而言，只要在函数内加入 global rootNode 的声明，就不会发生这类错误了。

【修正后的正确程序代码】

```
class Node:
    def __init__(self):
        self.value=0
        self.left_Thread=0
        self.right_Thread=0
```

```
        self.left_Node=None
        self.right_Node=None

rootNode=Node()
rootNode=None

#将指定的值加入二元线索树中
def Add_Node_To_Tree(value):
    global rootNode
    newnode=Node()
    newnode.value=value
    newnode.left_Thread=0
    newnode.right_Thread=0
    newnode.left_Node=None
    newnode.right_Node=None
    previous=Node()
    previous.value=value
    previous.left_Thread=0
    previous.right_Thread=0
    previous.left_Node=None
    previous.right_Node=None
    #设置线索二叉树的开头节点
    if rootNode==None:
        rootNode=newnode
        rootNode.left_Node=rootNode
        rootNode.right_Node=None
        rootNode.left_Thread=0
        rootNode.right_Thread=1
        Return
    …以下程序代码省略
```

列表索引超出范围的错误

【尚未调试的程序片段】

```
data=[[1,2],[2,1],[1,5],[5,1], \
      [2,3],[3,2],[2,4],[4,2], \
      [3,4],[4,3]]
for i in range(14):  #读取图的数据
    for j in range(6):  #填入 arr 矩阵
        for k in range(6):
            tmpi=data[i][0]      #tmpi 为起始顶点
            tmpj=data[i][1]      #tmpj 为终止顶点
            arr[tmpi][tmpj]=1   #有边的点填入 1
```

【错误信息】

```
tmpi=data[i][0]     #tmpi 为起始顶点
IndexError: list index out of range
```

【可能造成该错误的原因及说明】

这个错误告诉用户，在取用列表内的元素时，发生了超出索引的错误，通常这种错误的正确解决方法就是详细检查所声明的列表元素个数，再去对比使用循环存取列表的元素时索引值是否超出了所设的范围。仔细检查本范例，就可以发现 for 循环中控制数字范围的上限出了问题，因此只要修正成如下的程序代码，就可以解决这个错误。

【修正后的正确程序代码】

```
data=[[1,2],[2,1],[1,5],[5,1], \
      [2,3],[3,2],[2,4],[4,2], \
      [3,4],[4,3]]
for i in range(10):  #读取图的数据
    for j in range(2):        #填入 arr 矩阵
        for k in range(6):
            tmpi=data[i][0]     #tmpi 为起始顶点
            tmpj=data[i][1]     #tmpj 为终止顶点
            arr[tmpi][tmpj]=1  #有边的点填入 1
```

运算符的操作数数据类型误用

【尚未调试的程序片段】

```
class list_node:
    def __init__(self):
        self.val=0
        self.next=None

head=[list_node()*6] #声明一个节点类型的列表

newnode=list_node()
```

【错误信息】

```
head=[list_node()*6] #声明一个节点类型的列表
TypeError: unsupported operand type(s) for *: 'list_node' and 'int'
```

【可能造成该错误的原因及说明】

这个错误告诉用户，每一个运算符都有其适用的操作数数据类型，当出现这类错误时，第一判断就是查看该行程序代码的运算符是否支持所输入的操作数数据类型，再根据错误信息选择进行程序调试的方向。

【修正后的正确程序代码】

```
class list_node:
    def __init__(self):
        self.val=0
        self.next=None

head=[list_node()]*6 #声明一个节点类型的列表

newnode=list_node()
```

未考虑到运算符优先级的边际错误

【尚未调试的程序片段】

```
VERTS=6                  #图的顶点数

class edge:              #声明边的类
    def __init__(self):
        self.start=0
        self.to=0
        self.find=0
        self.val=0
        self.next=None

v=[0]* VERTS+1
```

【错误信息】

```
v=[0]*VERTS+1
TypeError: can only concatenate list (not "int") to list
```

【可能造成该错误的原因及说明】

这个错误告诉用户，列表 list 只能和列表 list 进行串接的操作，此范例会造成这个错误的原因是没有考虑到运算符的优先级，此范例程序的原意是先将 VERTS 加 1，但因为没有事先用括号标识出它计算的优先性，而造成未预期的错误。

【修正后的正确程序代码】

```
VERTS=6                  #图的顶点数

class edge:              #声明边的类
    def __init__(self):
        self.start=0
        self.to=0
        self.find=0
        self.val=0
```

```
        self.next=None

v=[0]*(VERTS+1)
```

列表索引使用不当数据类型而引发的错误

【尚未调试的程序片段】

```
SIZE=7
NUMBER=6
INFINITE=99999  # 无穷大

Graph_Matrix=[[0]*SIZE for row in range(SIZE)] # 图的数组
distance=[0]*SIZE  # 路径长度数组

def BuildGraph_Matrix(Path_Cost):
    for i in range(1,SIZE):
        for j in range(1,SIZE):
            if i == j :
                Graph_Matrix[i][j] = 0 # 对角线设为 0
            else:
                Graph_Matrix[i][j] = INFINITE
    # 存入图的边线
    i=0
    while i<SIZE:
        Start_Point = Path_Cost[3*i]
        End_Point = Path_Cost[3*i+1]
        Graph_Matrix[Start_Point][End_Point]=Path_Cost[3*i+2]
        i+=1


# 主程序
global Path_Cost
Path_Cost = [ [1, 2, 29], [2, 3, 30],[2, 4, 35], \
              [3, 5, 28],[3, 6, 87],[4, 5, 42], \
              [4, 6, 75],[5, 6, 97]]

BuildGraph_Matrix(Path_Cost)
以下程序略...
```

【错误信息】

```
Graph_Matrix[Start_Point][End_Point]=Path_Cost[3*i+2]
TypeError: list indices must be integers or slices, not list
```

【可能造成该错误的原因及说明】

这个错误告诉用户，列表索引必须是整数而不是列表。

【修正后的正确程序代码】

```
SIZE=7
NUMBER=6
INFINITE=99999 # 无穷大

Graph_Matrix=[[0]*SIZE for row in range(SIZE)] # 图形数组
distance=[0]*SIZE  # 路径长度数组

def BuildGraph_Matrix(Path_Cost):
    for i in range(1,SIZE):
        for j in range(1,SIZE):
            if i == j :
                Graph_Matrix[i][j] = 0 # 对角线设为 0
            else:
                Graph_Matrix[i][j] = INFINITE
    # 存入图形的边线
    i=0
    while i<SIZE:
        Start_Point = Path_Cost[i][0]
        End_Point = Path_Cost[i][1]
        Graph_Matrix[Start_Point][End_Point]=Path_Cost[i][2]
        i+=1


# 主程序
global Path_Cost
Path_Cost = [ [1, 2, 29], [2, 3, 30],[2, 4, 35], \
              [3, 5, 28],[3, 6, 87],[4, 5, 42], \
              [4, 6, 75],[5, 6, 97]]

BuildGraph_Matrix(Path_Cost)
以下程序略...
```

不当缩排所造成的异常错误

【尚未调试的程序片段】

```
import sys
import random

class student:   #声明链表结构
```

```
    def __init__(self):
        self.num=0
        self.score=0
        self.next=None

def create_link(data,num): #建立链表子程序
    for i in range(num):
        newnode=student()
        if not newnode:
            print('Error!! 内存分配失败!!')
            sys.exit(0)
        if i==0:   #建立链表头
            newnode.num=data[i][0]
            newnode.score=data[i][1]
            newnode.next=None
            head=newnode
            ptr=head
        else:      #建立链表其他节点
            newnode.num=data[i][0]
            newnode.score=data[i][1]
            newnode.next=None
            ptr.next=newnode
            ptr=newnode
        newnode.next=head
    return ptr    #返回链表

def print_link(head): #打印链表子程序
    i=0
    ptr=head.next
    while True:
        print('[%2d-%3d] => ' %(ptr.num,ptr.score),end='\t')
        i=i+1
        if i>=3 : #每行打印三个元素
            print()
            i=0
            ptr=ptr.next
        if ptr==head.next:
            break

def concat(ptr1,ptr2):  #连接链表子程序
    head=ptr1.next         #在ptr1和ptr2中，各找任意一个节点
    ptr1.next=ptr2.next  #把两个节点的next对调即可
    ptr2.next=head
```

```
48          return ptr2
49
50      data1=[[None] * 2 for row in range(6)]
51      data2=[[None] * 2 for row in range(6)]
52
53      for i in range(1,7):
54          data1[i-1][0]=i*2-1
55          data1[i-1][1]=random.randint(41,100)
56          data2[i-1][0]=i*2
57          data2[i-1][1]=random.randint(41,100)
58
59      ptr1=create_link(data1,6)    #建立链表 1
60      ptr2=create_link(data2,6)    #建立链表 2
61      i=0
62      print('\n原 始 链 表 数 据：')
63      print('学号 成绩   \t 学号 成绩   \t 学号 成绩')
64      print('===========================================')
65      print('   链表 1 : ')
66      print_link(ptr1)
67      print('   链表 2 : ')
68      print_link(ptr2)
69      print('===========================================')
70      print('连接后的链表：')
71      ptr=concat(ptr1,ptr2)     #连接链表
72      print_link(ptr)
```

【错误信息】

执行后的输出结果不是自己原先预期的结果，本范例预计将两个列表连接后的结果输出，但却得到如下的输出结果：

```
原 始 链 表 数 据:
学号 成绩         学号 成绩         学号 成绩
==========================================

   链表 1 :
[ 1- 80] =>     链表 2 :
[ 7- 82] =>  ==========================================

连接后的链表:
[ 1- 80] =>
```

【可能造成该错误的原因及说明】

通常这类输出的结果和自己预期有差别，很大的可能性在于某些指令该缩排而没有缩排，或不该缩排的指令却不当缩排。因此调试重点在于仔细检查每一条指令，并查看指令的缩排位置是否正确。以本范例（本书的 CH03_11.py）的调试经验，后来经仔细查看，才发现第 40 行指令的缩排位置有误，经过了如下的修正后，就如预期输出了正确的执行结果。下图才是正确的执行结果：

```
原 始 链 表 数 据:
学号 成绩          学号 成绩          学号 成绩
==========================================
   链表 1 :
[ 1- 80] =>        [ 3- 70] =>        [ 5- 98] =>
[ 7- 82] =>        [ 9- 43] =>        [11- 67] =>
   链表 2 :
[ 2- 91] =>        [ 4- 95] =>        [ 6- 51] =>
[ 8- 94] =>        [10- 41] =>        [12- 78] =>
==========================================
连接后的链表:
[ 1- 80] =>        [ 3- 70] =>        [ 5- 98] =>
[ 7- 82] =>        [ 9- 43] =>        [11- 67] =>
[ 2- 91] =>        [ 4- 95] =>        [ 6- 51] =>
[ 8- 94] =>        [10- 41] =>        [12- 78] =>
```

【修正后的正确程序代码】

```
import sys
import random

class student:      #声明链表结构
    def __init__(self):
        self.num=0
        self.score=0
        self.next=None

def create_link(data,num): #建立链表子程序
    for i in range(num):
        newnode=student()
        if not newnode:
            print('Error!! 内存分配失败!!')
            sys.exit(0)
        if i==0:  #建立链表头
            newnode.num=data[i][0]
            newnode.score=data[i][1]
            newnode.next=None
            head=newnode
            ptr=head
        else:     #建立链表其他节点
            newnode.num=data[i][0]
            newnode.score=data[i][1]
            newnode.next=None
            ptr.next=newnode
            ptr=newnode
        newnode.next=head
    return ptr    #返回链表

```

```
def print_link(head): #打印链表子程序
    i=0
    ptr=head.next
    while True:
        print('[%2d-%3d] => ' %(ptr.num,ptr.score),end='\t')
        i=i+1
        if i>=3 : #每行打印三个元素
            print()
            i=0
        ptr=ptr.next
        if ptr==head.next:
            break

def concat(ptr1,ptr2):  #连接链表子程序
    head=ptr1.next        #在 ptr1 和 ptr2 中，各找任意一个节点
    ptr1.next=ptr2.next  #把两个节点的 next 对调即可
    ptr2.next=head
    return ptr2

data1=[[None] * 2 for row in range(6)]
data2=[[None] * 2 for row in range(6)]

for i in range(1,7):
    data1[i-1][0]=i*2-1
    data1[i-1][1]=random.randint(41,100)
    data2[i-1][0]=i*2
    data2[i-1][1]=random.randint(41,100)

ptr1=create_link(data1,6)    #建立链表 1
ptr2=create_link(data2,6)    #建立链表 2
i=0
print('\n 原 始 链 表 数 据：')
print('学号 成绩   \t 学号 成绩   \t 学号 成绩')
print('==========================================')
print('   链表 1 : ')
print_link(ptr1)
print('   链表 2 : ')
print_link(ptr2)
print('==========================================')
print('连接后的链表：')
ptr=concat(ptr1,ptr2)    #连接链表
print_link(ptr)
```

不当声明@staticmethod 所产生的错误

【尚未调试的程序片段】

```
#================ Program Description ================
#程序目的:  老鼠走迷宫

class Node:
    def __init__(self,x,y):
        self.x=x
        self.y=y
        self.next=None

class TraceRecord:
    def __init__(self):
        self.first=None
        self.last=None

    @staticmethod
    def isEmpty(self):
        return self.first==None

    @staticmethod
    def insert(self,x,y):
        newNode=Node(x,y)
        if self.first==None:
            self.first=newNode
            self.last=newNode
        else:
            self.last.next=newNode
            self.last=newNode
    @staticmethod
    def delete(self):
        if self.first==None:
            print('[队列已经空了]')
            return
        newNode=self.first
        while newNode.next!=self.last:
            newNode=newNode.next
        newNode.next=self.last.next
        self.last=newNode

...以下程序代码略(完整的程序代码可以参阅 CH04_08.py)
```

【错误信息】

错误信息如下：

```
[迷宫的路径(0标记的部分)]
111111111111
100011111111
111011000011
111011011011
111000011011
111011011011
111011011011
111111011011
110000001001
111111111111
Traceback (most recent call last):
  File "D:\My Documents\New Books 2017\图解数据结构使用Pyth
on\简体范例程序\ch04\CH04_08.py", line 88, in <module>
    path.insert(x,y)
TypeError: insert() missing 1 required positional argument:
'y'
>>>
```

【可能造成该错误的原因及说明】

本范例是 CH04_08 老鼠走迷宫的调试实例，因为笔者不恰当地把方法声明为@staticmethod 而引发错误，造成了在调用方法时，出现少了一个位置自变量的类型错误信息。开始调试时，一直百思不解为什么明明传入了 y 自变量，但却出现少了一个 y 自变量的错误，经上网查询后，staticmethod 的第一个参数是真的参数。所以笔者先将所有@staticmethod 的声明去掉，之后就得到了正确的结果：

```
[迷宫的路径(0标记的部分)]
111111111111
100011111111
111011000011
111011011011
111000011011
111011011011
111011011011
111111011011
110000001001
111111111111
[老鼠走过的路径(2标记的部分)]
111111111111
122211111111
111211222211
111211211211
111222211211
111211011211
111211011211
111111011211
110000001221
111111111111
```

【修正后的正确程序代码】

```
#=============== Program Description ===============
#程序目的： 老鼠走迷宫

```

```
class Node:
    def __init__(self,x,y):
        self.x=x
        self.y=y
        self.next=None

class TraceRecord:
    def __init__(self):
        self.first=None
        self.last=None

    def isEmpty(self):
        return self.first==None

    def insert(self,x,y):
        newNode=Node(x,y)
        if self.first==None:
            self.first=newNode
            self.last=newNode
        else:
            self.last.next=newNode
            self.last=newNode

    def delete(self):
        if self.first==None:
            print('[队列已经空了]')
            return
        newNode=self.first
        while newNode.next!=self.last:
            newNode=newNode.next
        newNode.next=self.last.next
        self.last=newNode

…以下程序略
```

未将输入的字符串转换成整数类型

【尚未调试的程序片段】

```
while(True):
    print('请输入要插入其后的员工编号,如输入的编号不在此链表中,')
    position=input('新输入的员工节点将视为此链表的链表头,要结束插入过程,
                     请输入-1: ')
    if position ==-1:
        break
```

```
    else:
        ptr=findnode(head,position)
        new_num=int(input('请输入新插入的员工编号：'))
        new_salary=int(input('请输入新插入的员工薪水：'))
        new_name=input('请输入新插入的员工姓名：')
        head=insertnode(head,ptr,new_num,new_salary,new_name)
    print()
```

【错误信息】

原先程序设定的用意是当输入-1 时，执行 break 指令而跳离循环，但上段程序代码中即使输入-1 也无法跳离程序。

【可能造成该错误的原因及说明】

关键点在于所输入的-1 事实上是字符串类型，所以 position==-1 这样的语句永远不会是 True 的结果，从而造成无法跳离循环的错误，只要对程序进行如下的修正，就可以正确执行程序了。

【修正后的正确程序代码】

```
while(True):
    print('请输入要插入其后的员工编号,如输入的编号不在此链表中,')
    position=int(input('新输入的员工节点将视为此链表的链表头,要结束插入过程,请输入-1：'))
    if position ==-1:
        break
    else:
        ptr=findnode(head,position)
        new_num=int(input('请输入新插入的员工编号：'))
        new_salary=int(input('请输入新插入的员工薪水：'))
        new_name=input('请输入新插入的员工姓名：')
        head=insertnode(head,ptr,new_num,new_salary,new_name)
    print()
```

附录 C 课后习题与答案

第 1 章　课后习题与答案

1. 以下 Python 程序片段是否相当严谨地表现出了算法的意义？

```
count=0
while count!=3:
    print(count)
```

解答▶ 不够严谨，因为造成无限循环会与算法有限性的特性相抵触。

2. 下列程序片段循环部分的实际执行次数与时间复杂度是多少？

```
for i in range(1,n+1):
    for j in range(i,n+1):
        for k in range(j,n+1):
```

解答▶ 我们可利用数学式来计算，公式如下：

$$\sum_{i=1}^{n}\sum_{j=i}^{n}\sum_{k=j}^{n}1=\sum_{i=1}^{n}\sum_{j=i}^{n}(n-j+1)$$

$$=\sum_{i=1}^{n}\left(\sum_{j=i}^{n}n-\sum_{j=i}^{n}j+\sum_{j=i}^{n}1\right)$$

$$=\sum_{i=1}^{n}\left(\frac{2n(n-i+1)}{2}-\frac{(n+i)(n-i+1)}{2}+(n-i+1)\right)$$

$$=\sum_{i=1}^{n}\left(\frac{(n-i+1)}{2}\right)(n-i+2)$$

$$=\frac{1}{2}\sum_{i=1}^{n}(n^2+3n+2+i^2-2ni-3i)$$

$$=\frac{1}{2}\left(n^3+3n^2+2n+\frac{n(n+1)(2n+1)}{6}-n^3-n^2-\frac{3n^2+3n}{2}\right)$$

$$=\frac{1}{2}\left(\frac{n(n+1)(2n+1)}{6}+\frac{n(n+1)}{2}\right)$$

$$=\frac{n(n+1)(n+2)}{6}$$

这个$\frac{n(n+1)(2n+1)}{6}$就是实际循环执行的次数，且我们知道必定存在 c，使得$\frac{n(n+1)(2n+1)}{6}$ $n_0 \leqslant cn^3$，当 $n \geqslant n_0$ 时，时间复杂度为 $O(n^3)$。

3. 试证明 $f(n) = a_m n^m+...+a_1 n+a_0$，则 $f(n)=O(n^m)$。

解答▶

$$f(n) \leqslant \sum_{i=1}^{n} |a_i| n^i$$

$$\leqslant n^m \sum_{0}^{m} |a_i| n^{i-m}$$

$$\leqslant n^m \sum_{0}^{m} |a_i|,\ for \geqslant n$$

另外，我们可以把 $\sum_{0}^{m} |a_i|$ 视为常数 C=>f(n)=0(n^n)。

4. 确定下列程序片段中，函数 my_fun(i, j, k)的执行次数：

```
for k in range(1,n+1):
    for i in range(0,k):
        if i!=j:
            my_fun(i,j,k)
```

解答▶ $n*(n+1)*(2n+1)/6-n*(n+1)/2 = n*(n^2-1)/3$。

5. 以下程序的 Big-Oh 是多少？

```
total=0
for i in range(1,n+1):
    total=total+i*i
```

解答▶ 循环执行 n 次，所以是 O(n)。

6. 试述非多项式问题的意义。

解答▶ 当解决某问题的算法的时间复杂度为 $O(2^n)$（指数时间）时，我们就称此问题为非多项式问题，简称 NP 问题。

7. 解释下列名词：

（1）O(n)

（2）抽象数据类型

解答▶

（1）定义一个 T(n)来表示程序执行所要花费的时间，其中 n 代表数据输入量，分析算法在所有可能的输入组合下，最多所需要的时间，也就是程序最高的时间复杂度，称为 Big-Oh（念成“big-o”），或可看成是程序执行的最坏情况。

（2）“抽象数据类型”（Abstract Data Type，ADT）是指一个数学模型以及定义在此数学模型上的一组数学运算或操作。也就是说，ADT 在计算机中用于表示一种“信息隐藏”（Information Hiding）的程序设计思想以及信息之间的某种特定的关系模式。例如堆栈（Stack）

就是一种典型数据抽象类型，它具有后进先出（Last In，First Out）的数据操作方式。

8. 试述结构化程序设计与面向对象程序设计的特性是什么？

解答▶ 结构化程序设计的核心精神就是“由上而下设计”与“模块化设计”。至于“面向对象程序设计”（Object-Oriented Programming，OOP）则是近年来相当流行的一种新兴程序设计思想。它主要让我们能以一种更生活化、可读性更高的设计思路来进行程序的开发和设计，并且所开发出来的程序也更容易扩充、修改及维护。

9. 编写一个算法来求函数 f(n)，f(n)的定义如下：

$$f(n): \begin{cases} n^n & \text{if } n \geq 1 \\ 1 & \text{otherwise} \end{cases}$$

解答▶

```
def aaa(n):
    if n≤0:
        return
    p=n
    q=n-1
    while q>0:
        p=p*n
        q=q-1
```

10. 算法必须符合哪 5 个条件？

解答▶

算法的特性	内容与说明
输入（Input）	0 个或多个输入数据，这些输入必须有清楚的描述或定义
输出（Output）	至少会有一个输出结果，不可以没有输出结果
明确性（Definiteness）	每一个指令或步骤必须是简洁明确的
有限性（Finiteness）	在有限步骤后一定会结束，不会产生无限循环
有效性（Effectiveness）	步骤清楚且可行，能让用户用纸笔计算而求出答案

11. 评估程序设计语言好坏的要素是什么？

解答▶ 评估程序设计语言好坏的要素：可读性（Readability）高、平均成本低、可靠度高、可编写性高。

第 2 章　课后习题与答案

1. 密集表（Dense List）在某些应用上相当方便，①在哪种情况下不适用？②如果原有 n 项数据，计算插入一项新数据平均需要移动几项数据？

解答▶

（1）密集表中同时加入或删除多项数据时会造成数据的大量移动，遇到这种情况非常不方便，例如数组结构。

（2）因为可能插入位置的概率都一样为 1/n，所以平均移动数据的项数为（求期望值）：

$$E = 1\times\frac{1}{n} + 2\times\frac{1}{n} + 3\times\frac{1}{n} + \ldots + n\times\frac{1}{n}$$
$$= \frac{1}{n}\times\frac{n(n+1)}{2} = \frac{n+1}{2}\text{项}$$

2. 试举出 8 种线性表常见的运算方式。

解答▶

（1）计算线性表的长度 n。

（2）取出线性表中的第 i 项元素来加以修正，1≤i≤n。

（3）插入一个新元素到第 i 项，1≤i≤n，并使得原来的第 i, i+1, …, n 项后移变成 i+1, i+2, …, n+1 项。

（4）删除第 i 项的元素，1≤i≤n，并使得第 i+1, i+2, …, n 项前移而变成第 i, i+1, …, n−1 项。

（5）从右到左或从左到右读取线性表中各个元素的值。

（6）在第 i 项存入新值，并取代旧值，1≤i≤n。

（7）复制线性表。

（8）合并线性表。

3. A(−3:5, −4:2)数组的起始地址 A(−3,−4) = 100，以行存储为主，求 Loc(A(1,1)) 的值。

解答▶ Loc(A(1, 1)) = 133

4. 若 A(3, 3)在位置 121，A(6, 4)在位置 159，则 A(4, 5)的位置在哪里（单位空间 d = 1）？

解答▶ 由 Loc(A(3, 3)) = 121，Loc(A(6, 4)) = 159 得知，数组 A 的存储分配是“以列为主”的方式，所以起始地址为 α，单位空间为 1，则根据数组 A(1:m, 1:n)存储位置的计算公式，计算如下：

=> α + (3−1)*1 + m*(3−1)*1

= α + 2*(1+m) = 121 => α+2+2m=121……①

A + (6−1)*1 + (4−1)*m

= α + 3m + 5 = 159 => α + 3m + 5 = 159……②

由①，②式可得 α＝49，m = 35

=> Loc(A(4, 5)) = 49 + 4*35 + 3 = 192(#)

5. 若 A(1, 1)在位置 2，A(2, 3)在位置 18，A(3, 2)在位置 28，试求 A(4, 5)的位置。

解答▶ 由 Loc(A(3, 2))大于 Loc(A(2, 3))得知，A 数组的存储分配方式为“以行为主”，而且 α = Loc(A(1,1)) = 2，令单位空间为 d。

另外，可由公式 Loc(A(i, j)) = α + (i−1)*n*d + (j−1)*d

=> 2 + nd + 2d = 18……①

2 + 2nd + d = 28……②

从①，②可得 d＝2，n=6

因此 Loc(A(4, 5)) = 2 + 3*6*2 + 4*2 = 46(#)

6. 举例说明稀疏矩阵的定义。

解答▶ 一个矩阵中大部分元素为 0，即可称为“稀疏矩阵”（Sparse Matrix）。例如下图的矩阵就是典型的稀疏矩阵。

$$\begin{bmatrix} 25 & 0 & 0 & 32 & 0 & -25 \\ 0 & 33 & 77 & 0 & 0 & 0 \\ 0 & 0 & 0 & 55 & 0 & 0 \\ 0 & 0 & 0 & 0 & 0 & 0 \\ 101 & 0 & 0 & 0 & 0 & 0 \\ 0 & 0 & 38 & 0 & 0 & 0 \end{bmatrix}_{6 \times 6}$$

7. 假设数组 A[−1:3, 2:4, 1:4, −2:1] 是以行为主排列的，起始地址 a = 200，每个数组元素内存空间为 5，请问 A [−1, 2, 1, −2]、A [3, 4, 4, 1]、A [3, 2, 1, 0]的位置。

解答▶ Loc(A[−1, 2, 1, −2]) = 200、Loc(A[3, 4, 4, 1]) = 1395、Loc(A [3, 2, 1, 0]) = 1170。

8. 求下图稀疏矩阵的压缩数组表示法。

$$\begin{bmatrix} 0 & 0 & 0 & 0 & 3 \\ 1 & 0 & 0 & 0 & 0 \\ 0 & 0 & 0 & 4 & 0 \\ 6 & 0 & 0 & 0 & 7 \\ 0 & 5 & 0 & 0 & 0 \end{bmatrix}$$

解答▶

声明一个数组 A[0:6, 1:3]：

A	1	2	3
0	5	5	6
1	1	5	3
2	2	1	1
3	3	4	4
4	4	1	6
5	4	5	7
6	5	2	5

9. 什么是带状矩阵（Band Matrix）？举例说明。

解答▶ 所谓带状矩阵，是一种在应用上较为特殊且稀少的矩阵，就是在上三角形矩阵中，右上方的元素都为零，在下三角形矩阵中，左下方的元素也都为零，即除了第一行与第 n 行有两个元素外，其余每行都具有 3 个元素，使得中间主轴附近的值形成类似带状的矩阵，如下图所示。

$$\begin{bmatrix} a_{11} & a_{21} & 0 & 0 & 0 \\ a_{12} & a_{22} & a_{32} & 0 & 0 \\ 0 & a_{23} & a_{33} & a_{43} & 0 \\ 0 & 0 & a_{34} & a_{44} & a_{54} \\ 0 & 0 & 0 & a_{45} & a_{55} \end{bmatrix}_{5\times 5}$$

a_{ij}=0,　if | i-j | >1

=>k=n*(j-1)-j*(j-1)/2+i

10. 解释下列名词：

（1）转置矩阵　　（2）稀疏矩阵

（3）左下三角形矩阵　　（4）有序表

解答▶ 可参考本章内容。

11. 数组结构类型通常包含哪几个属性？

解答▶ 数组结构类型通常包含 5 个属性：起始地址、维数（dimension）、索引上下限、数组元素个数、数组类型。

12. 数组（Array）是以 PASCAL 语言来声明的，每个数组元素占用 4 个单位的内存空间。若起始地址是 255，在下列声明中，所列元素存储位置分别是多少？

（1）VarA=array[−55…1, 1…55]，求 A[1,12]的地址。

（2）VarA=array[5…20, −10…40]，求 A[5,−5]的地址。

解答▶

（1）先求得数组中的实际行数和列数。

$1-(-55)+1=57$……行数

$55-1+1=55$……列数

由于 PASCAL 语言是以行为主的语言，可代入以下计算公式中：

$255+55\times4\times(1-(-55))+(12-1)\ \times4=12619$

（2）同样是先求得数组中的实际行数和列数。

$20-5+1=16$……行数，

$40-(-10)+1=51$……列数

$255+4\times51\times((5-5)+4\times(-5-(-10))=275$

13. 假设我们以 FORTRAN 语言来声明浮点数的数组 A[8][10]，且每个数组元素占用 4 个单位的内存空间，如果 A[0][0] 的起始地址是 200，那么元素 A[5][6] 的地址是多少？

解答▶ FORTRAN 语言是以列为主排列的，所以 $Loc(A[5][6])=200+5\times4+8\times4\times4=348$。

14. 假设有一个三维数组声明为 A(1:3, 1:4, 1:5)，A(1,1,1) = 300，且 d=1，试在以列为主的排列方式下，求出 A(2,2,3)所在的地址。

解答▶

$Loc(\ A(1,2,3)\ )=300+(3-1)\times3\times4\times1+(2-1)\times3\times1+(2-1)=328$

15. 有一个三维数组 A(−3:2, −2:3, 0:4)，以行为主的方式排列，数组的起始地址是 1118，试求 Loc(A(1,3,3))的值（d=1）。

解答▶

假设 A 为 $u_1\times u_2\times u_3$ 的数组，且是按照以行为主的方式排列的。

$m=2-(-3)+1=6$

$n=3-(-2)+1=6$

$o=4-0+1=5$

公式如下：

$Loc(\ A(1,3,3)\ )=1118+(1-(-3))\times6\times5+(3-(-2))\times5+(3-0)=1118+120+25+3=1266$

16. 假设有一个三维数组声明为 A(−3:2, −2:3, 0:4)，A(1,1,1) = 300，且 d = 2，试在以列为主的排列方式下，求出 A(2,2,3)所在的地址。

解答▶ $m=2-(-3)+1=6\quad n=3-(-2)+1=6\qquad o=4-0+1=5$

$Loc(\ A(2,2,3)\ )=300+(3-0)\times6\times6\times1+(2-(-2))\times6\times1+(2-(-3))\times1=437$

17. 下三角数组 B 是一个 n×n 的数组，其中 B[i, j]=0，i<j。

（1）求 B 数组中不为 0 的最大个数。

（2）如何将 B 数组以最经济的方式存储在内存中。

（3）写出在②的存储方式中，如何求得 B[i, j]，i≥j。

解答▶ （1）由题意得知，B 为左下三角形矩阵，因此不为 0 的个数为 $\frac{n(n+1)}{2}$。

（2）可将 B 数组非零项的值以行为主映射到一维数组 A 中，如下图所示。

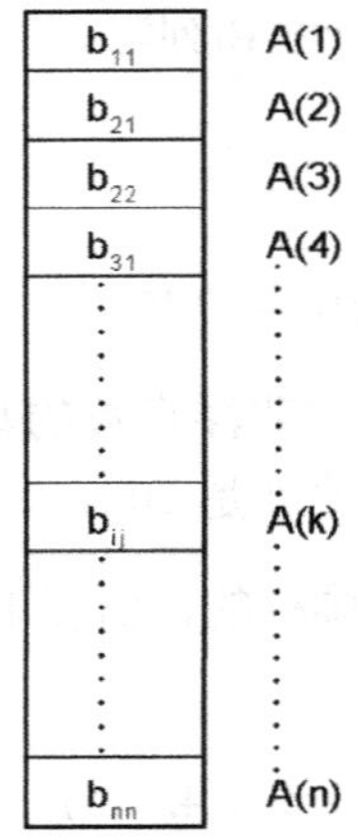

（3）以行为主的映射方式，b_{ij} = A(k)，k = $\frac{i(i-1)}{2}+j$。

18. 使用多项式的两种数组表示法来存储 $P(x) = 8x^5 + 7x^4 + 5x^2 + 12$。

解答▶ ① P = (5, 8, 7, 0, 5, 0, 12)　　② P = (5, 8, 5, 7, 4, 5, 2, 12, 0)

第 3 章　课后习题与答案

1. 如下图，利用 Python 语言写出新增一个节点 I 的算法。

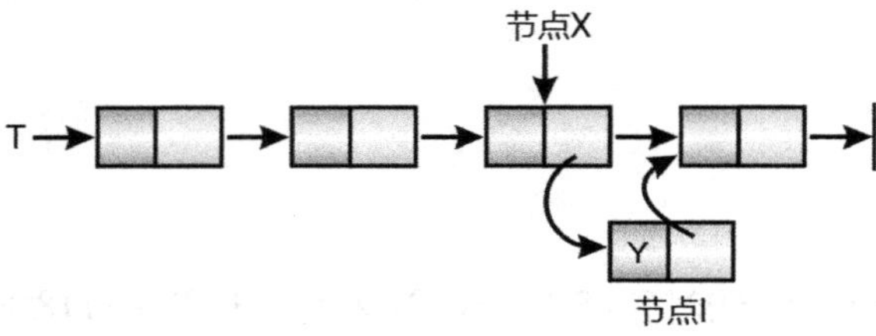

解答▶

```
class node:
    def __init__(self):
        self.value=0
        self.next=None

def Insert(T,X,Y):
    I=Node()
```

```
    I.value=Y
    if T==None:
        T=I
        I.next=None
    else:
        I.next=X.next
        X.next=I
```

2. 稀疏矩阵可以用环形链表来表示，绘图表示下列稀疏矩阵：

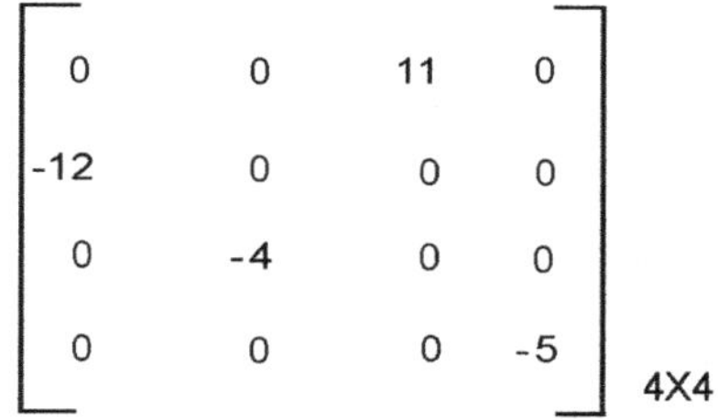

解答▶

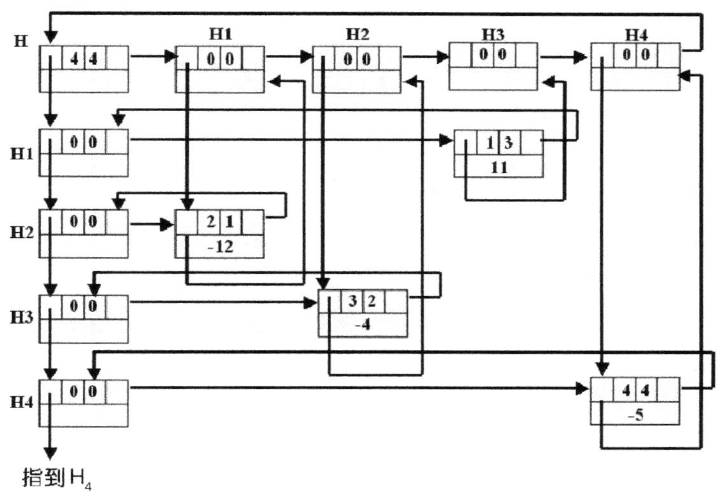

3. 什么是 Storage Pool？试写出 Return_Node(x)的算法。

解答▶ 可用节点所形成的可用空间称为 Storage Pool，其算法如下：

```
def Return_Node(X):
    X.next=AV    #将 X 节点放在 AV 链表的最前端
    AV=X         #利用堆栈后进先出的概念，AV 指向链表头
```

4. 在有 n 项数据的链表中查找一项数据，若以平均花费的时间考虑，其时间复杂度是 多少？

解答▶ O(n)。

5. 试说明环形链表的优缺点。

解答▶

优点：

（1）回收整个链表所需的时间是固定的，与长度无关。
（2）可以从任何一个节点遍历链表上的所有节点。

缺点：

（1）需要多一个指针空间。
（2）插入一个节点需要改变两个指针。环形链表增删节点比较慢，因为每个节点必须处理两个指针。

6. 使用图形来说明环形链表的反转算法。

解答▶ 以下为环形链表反转的示意图：

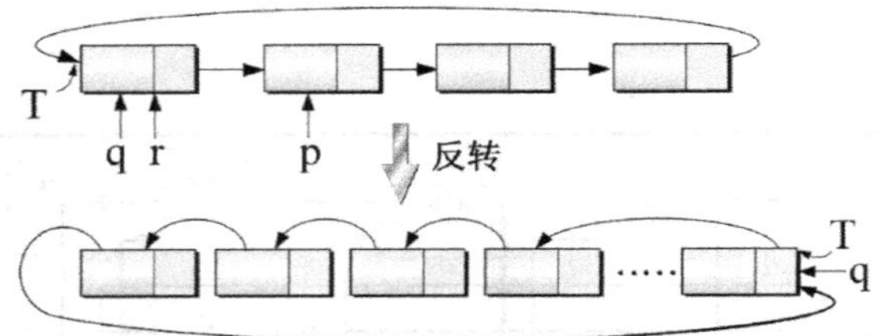

7. 如何使用数组来表示与存储多项式 $P(x, y) = 9x^5 + 4x^4y^3 + 14x^2y^2 + 13xy^2 + 15$？试进行说明。

解答▶ 假如 m、n 分别为多项式 x、y 的最大指数幂的系数，对于多项式 P(x) 而言，我们可用一个 (m+1)×(n+1) 的二维数组来存储它。例如本题 P(x, y) 可用(5+1)×(3+1)的二维数组来表示，如下所示：

	y^0	y^1	y^2	y^3
x^0	15	0	0	0
x^1	0	0	13	0
x^2	0	0	14	0
x^3	0	0	0	0
x^4	0	0	0	4
x^5	9	0	0	0

6 × 4

8. 设计一个链表数据结构表示如下多项式：

$P(x, y, z) = x^{10}y^3z^{10} + 2x^8y^3z^2 + 3x^8y^2z^2 + x^4y^4z + 6x^3y^4z + 2yz$

解答▶ 我们可建立一个数据结构，如下所示：

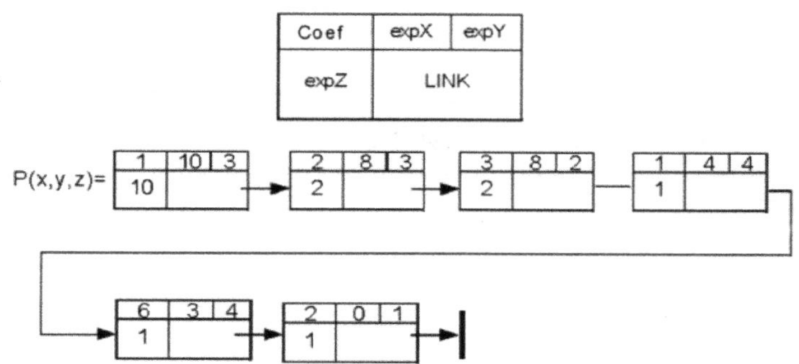

9. 使用多项式的两种数组表示法来存储 $P(x) = 8x^5 + 7x^4 + 5x^2 + 12$。

解答▶ ① P = (5, 8, 7, 0, 5, 0, 12) P = (5, 8, 5, 7, 4, 5, 2, 12, 0)

10. 假设一个链表的节点结构如下：

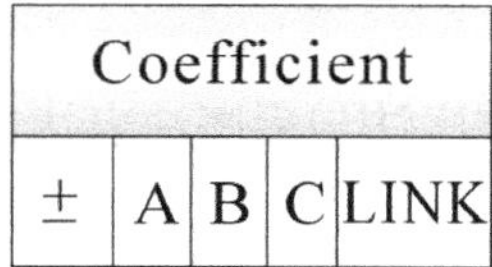

表示多项式 $X^AY^BZ^C$ 的各项。

（1）绘出多项式 $X^6 - 6XY^5 + 5Y^6$ 的链表图。
（2）绘出多项式“0”的链表图。
（3）绘出多项式 $X^6 - 3X^5 - 4X^4 + 2X^3 + 3X + 5$ 的链表图。

解答▶

（1）

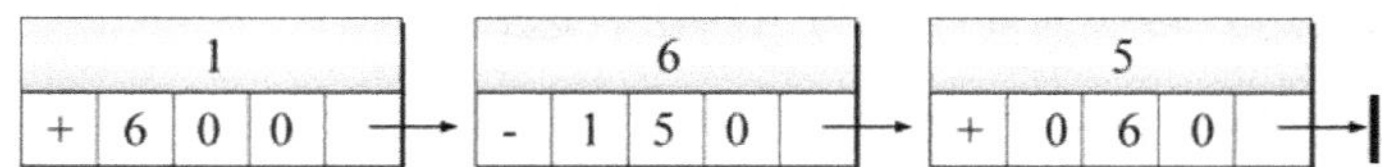

（2）

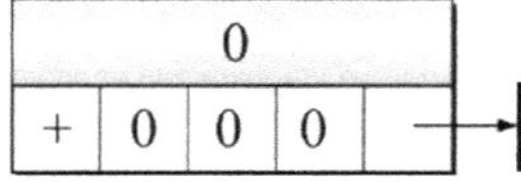

（3）

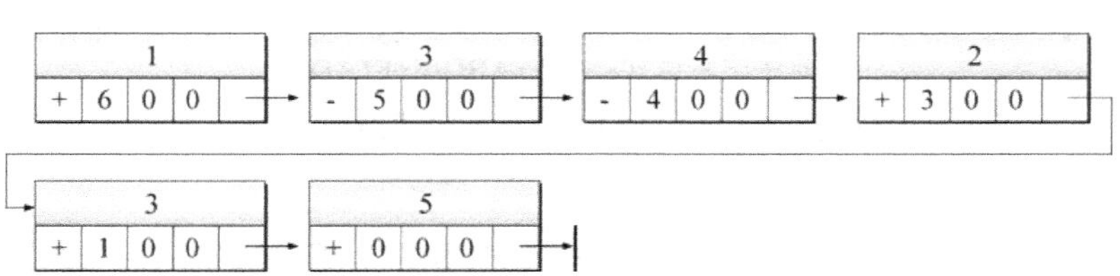

11. 设计一个学生成绩的双向链表节点，并说明双向链表结构的意义。

解答▶ 双向链表的工作原理与单向链表其实是相同的，由于每个元素都拥有前后元素的位置信息，因此数据的查找会十分方便，定义如下：

```
class student:
    def __init__(self):
        self.name=' '*20
        selfback=None
        self.next=None
```

在这个类中声明了两个结构指针 back 与 next，我们可以令 back 指向前一个元素，而 next 指向下一个元素，如此就可以形成双向链表结构。

第 4 章　课后习题与答案

1. 将下列中序法表达式转换为前序法与后序法表达式。

（1）(A/B*C − D) + E/F/(G+H)

（2）(A + B)*C − (D−E)*(F+G)

解答▶ BC

（1）前序法表达式：+−*/AD//EF+GH

后序法表达式：AB/C*D−EF/GH+/+

（2）前序法表达式：−*+ABC*−DE+FG

后序法表达式：AB+C*DE−FG+*−

2. 将下列中序法表达式转换为前序法与后序法表达式。

（1）(A+B)*D + E/(F+A*D) + C

（2）A↑B↑C

（3）A↑ − B + C

解答▶

（1）

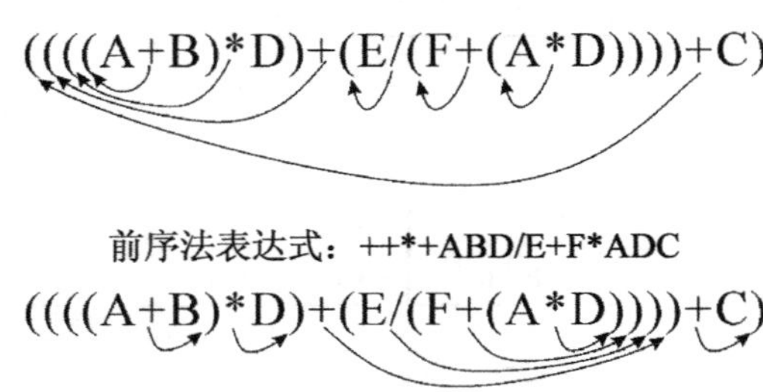

前序法表达式：++*+ABD/E+F*ADC

后序法表达式：AB+D*EFAD*+/+C+

（2）

(A ↑ (B ↑ C)) 前序法表达式：↑A↑BC

(A ↑ (B ↑ C)) 后序法表达式：ABC↑↑

（3）

((A ↑ (-B))+C) 前序法表达式：+ ↑A-BC

((A ↑ (-B))+C) 后序法表达式：AB-↑C+

3. 以堆栈法求中序法表达式 A−B*(C+D)/E 的后序法与前序法表达式。

解答▶

中序转前序（从右至左读入字符）

读入字符	堆栈中的内容	输出	说明
None	Empty	None	
E	Empty	E	字符是操作数就直接输出
/	/	E	将运算符压入堆栈中
)	)/	E	'）'在堆栈中的优先级较小
D	)/	DE	
+	+)/	DE	
C	+)/	CDE	
(	/	+CDE	弹出堆栈内的运算符，直到'）'为止
*	*/	+CDE	虽然'*'的运算优先级和'/'的相等，但在中序→前序时不必弹出
B	*/	B+CDE	
-	-	/*B+CDE	'-'的运算优先级小于'*'的运算优先级，所以弹出堆栈内的运算符
A	-	A/*B+CDE	
None	empty	- A/*B+CDE	读入完毕，将堆栈内的运算符弹出

中序转后序（从左至右读入字符）

读入字符	堆栈内容	输出	说明
None	Empty	None	
A	Empty	A	
-	-	A	将运算符压入堆栈中
B	-	AB	
*	*-	AB	因为'*'的运算优先级大于'-'的运算优先级，所以将'*'压入堆栈中

（续表）

读入字符	堆栈内容	输出	说明
(	(*-	AB	'('在堆栈外优先级最大，所以'('的运算优先级大于'*'的运算优先级
C	(*-	ABC	
+	+(*-	ABC	在堆栈内的优先级最小
D	+(*-	ABCD	
)	*-	ABCD+	遇到')'，则直接弹出堆栈内运算符，一直到弹出一个'('为止。
/	/-	ABCD+*	因为在中序→后序中，只要堆栈内运算符的优先级大于等于外面符号的运算符优先级，就弹出堆栈内的运算符
E	/-	ABCD+*E	
None	Empty	ABCD+*E/-	读入完毕，将堆栈内的运算符弹出

4. 利用括号法求 A−B*(C+D)/E 的前序法表达式和后序法表达式。

解答▶

（1）中序转前序

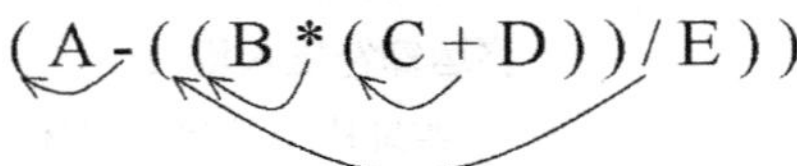

前序法表达式：-A/*B+CDE

（2）中序转后序

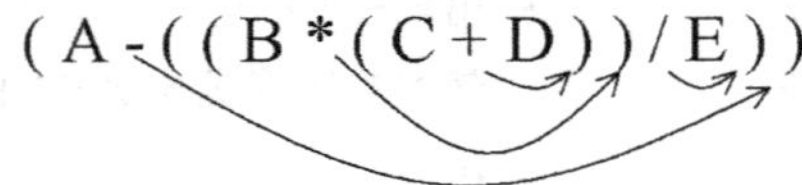

后序法表达式：ABCD+*E/-

5. 利用堆栈法求中序法表达式 (A+B)*D − E/(F+C) + G 的后序法表达式。

解答▶

读入字符	堆栈中的内容	输出
None	Empty	None
(	(	
A	(	A
+	(+	A
B	(+	AB
)	Empty	AB+
*	*	AB+
D	*	AB+D

（续表）

读入字符	堆栈中的内容	输出
-	-	AB+D*
E	-	AB+D*E
/	-/	AB+D*E
(	-/(	AB+D*E
F	-/(	AB+D*EF
+	-/(+	AB+D*EF
C	-/(+	AB+D*EFC
)	-/	AB+D*EFC+
+	+	AB+D*EFC+/-
G	+	AB+D*EFC+/-G
None	Empty	AB+D*EFC+/-G+

6. 练习利用堆栈法把中序法表达式 A*(B+C)*D 转换成前序法表达式和后序法表达式。

解答▶ 中序法表达式 A*(B+C)*D 转成前序法表达式的过程如下：

Next-token	Stack	Output
D	empty	D
*	*	D
)	)*	D
C	)*	CD
+	+)*	CD
B	+)*	BCD
(	*	+BCD
*	**	+BCD
A	**	A+BCD
None	None	**A+BCD

中序法表达式 A*(B+C)*D 转成后序法表达式的过程如下：

Next-token	Stack	Output
none	empty	none
A	empty	A
*	*	A
(	*(	A
B	*(	AB
+	*(+	AB
C	*(+	ABC
)	*	ABC+
*	*	ABC+*
D	*	ABC+*D
none	empty	ABC+*D*

7. 将下列中序法表达式改为后序法表达式。

(1) A** − B + C
(2) ┐(A&┐(B<C or C>D)) or C<E

解答▶

(1) AB−＊＊C+
(2) ABC＜CP＞or┐8┐CE<or

8. 将前序法表达式+*23*45 转换为中序法表达式。

解答▶ 2*3+4*5。

9. 将下列中序法表达式改成前序法表达式和后序法表达式。

(1) A**B**C
(2) A**B−B+C
(3) (A&B)orCor¬(E>F)

解答▶

(1) **A**BC（前序）、ABC****（后序）
(2) +**A−BC（前序）、AB−**C+（后序）
(3) oror&ABC¬>EF（前序）、AB&CorEF>¬or（后序）

10. 将 6+2*9/3+4*2 − 8 用括号法转换成前序法或后序法表达式。

解答▶

(1) 中序转前序

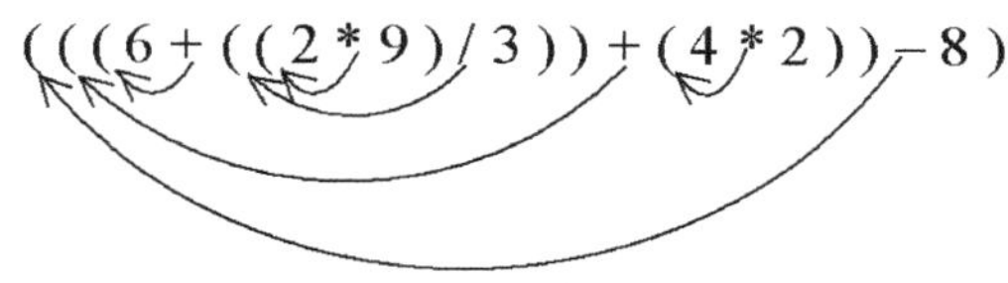

-++6/*293*428（前序法表达式）

（2）中序转后序

629*3/+42*+8-（后序法表达式）

11. 计算后序法表达式 abc–d+/ea–*c*的值 (a=2，b=3，c=4，d=5，e=6)。

解答▶ 将 abc–d+/ea–*c*转为中序法表达式 a/(b–c+d)*(e–a)*c，再代入求值，可得答案为 8。

12. 利用堆栈法将 AB*CD+–A/ 转为中序法表达式。

解答▶

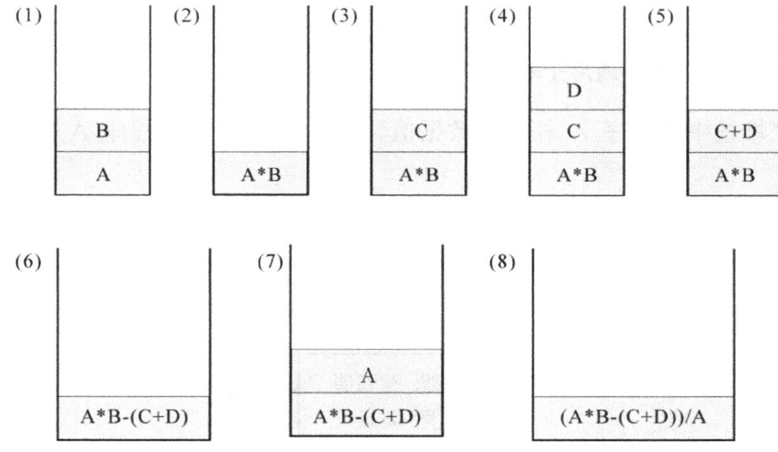

13. 下列哪个算术表示法不符合前序法表达式的语法规则？

A. +++ab*cde　　B. –+ab+cd*e　　C. +–**abcde　　D. +a*–+bcde

解答▶ 可从前序法表达式是否能成功转换为中序法表达式来判断，大家可按照本章所述的括号法检验得：B 并非完整的前序法表达式，所以答案为 B。

14. 如果主程序调用子程序 A，A 再调用子程序 B，在 B 完成后，A 再调用子程序 C，试以堆栈的方法说明调用过程。

解答▶

步骤 01 主程序调用子程序 A。

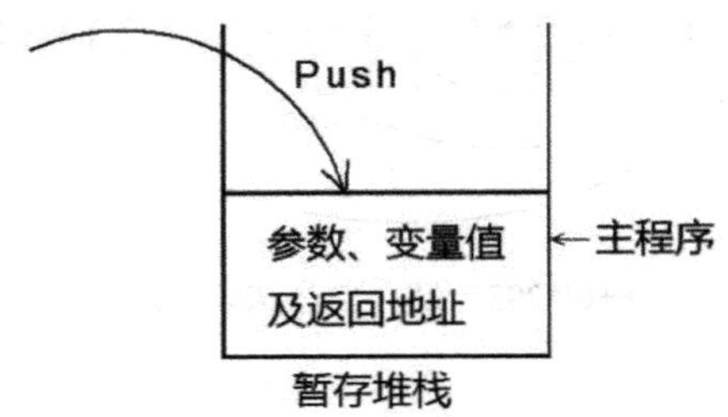

步骤 02 A 调用子程序 B，B 完成。

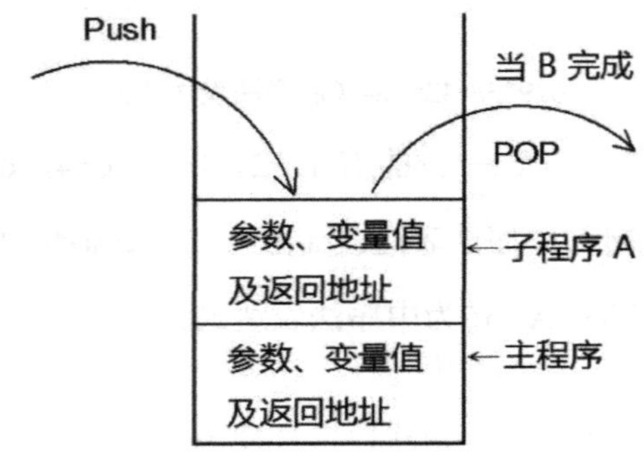

步骤 03 B 完成后，A 再调用子程序 C。

注意，此处堆栈中子程序 A 相关的数据值和步骤 2 堆栈中子程序 A 的相关数据值并不相同。

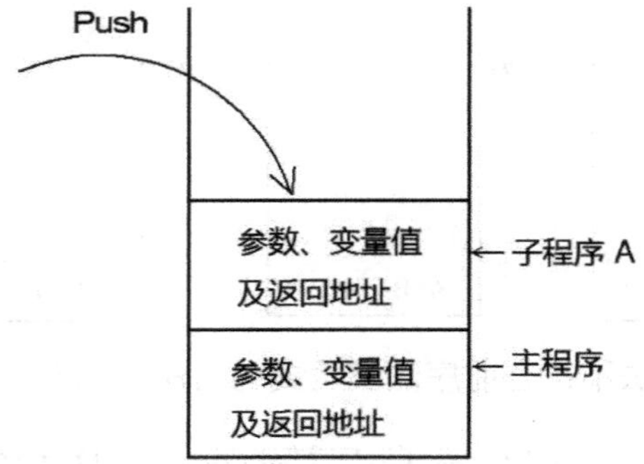

15. 举出至少 7 种常见的堆栈应用。

解答▶

（1）二叉树和森林的遍历运算，例如中序遍历（Inorder）、前序遍历（Preorder）等。

（2）计算机中央处理单元（CPU）的中断处理（Interrupt Handling）。

（3）图的深度优先（DFS）搜索法。

（4）某些堆栈计算机（Stack Computer）采用空地址（zero-address）指令，其指令没有操作数，大部分都通过弹出（Pop）和压入（Push）两个指令来处理程序。

（5）递归程序的调用和返回。在每次递归之前，需先将下一个指令的地址和变量的值保存到堆栈中。当从递归返回（Return）时，则按序从堆栈顶端取出这些相关值，回到原来执行递归前的状态，再往下继续执行。

（6）算术表达式的转换和求值，例如中序法转换成后序法。

（7）调用子程序和返回处理，例如在执行调用的子程序之前，必须先将返回地址（即下一条指令的地址）压入堆栈中，然后才开始执行调用子程序的操作，等到子程序执行完毕后，再从堆栈中弹出返回地址。

（8）编译错误处理（Compiler Syntax Processing）。例如当编辑程序发生错误或警告信息时，将所在的地址压入堆栈中之后，才会显示出错误相关的信息对照表。

16. 什么是多重堆栈（Multi Stack）？试说明定义与目的。

解答▶

我们可以使用一维数组 S(1:n)来表示，假设数组分给 m 个堆栈使用，令 B(i)表示第一个堆栈的底部，T(i)为第 i 个堆栈的顶端，而且每一个堆栈为空时，T(i) = B(i) 且 T(i) = B(i) = int[n/m]*(i−1)，1≤i≤m，如下图所示。

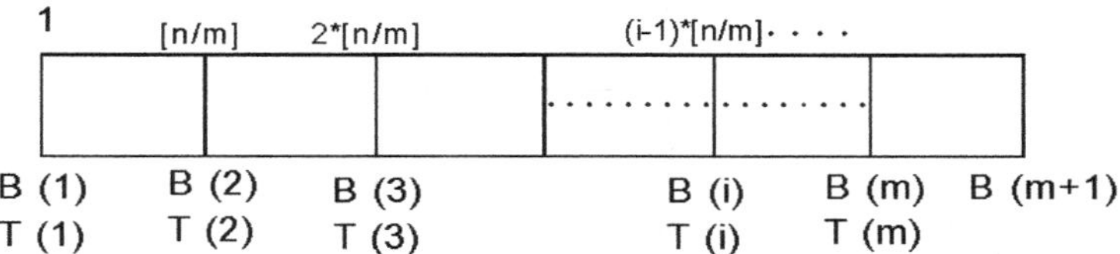

其中多重堆栈压入与弹出操作的算法如下：

```
Procedure push(i,x)
if T(i)=B(i+1)
then call Stack_Full(i)
T(i)←T(i)+1
S(T(i))←x
end
```

```
Procedure pop(i,x)
if T(i)=B(i)
then call Stack_Empty(i)
T(i)←T(i)-1
end
```

17. 下式为一般的数学式子，其中“*”表示乘法，“/”表示除法。

A*B + (C/D)

回答下列问题：

（1）写出上式的前序法表达式（Prefix Form）。

（2）若改变各运算符的计算优先次序为：

a. 优先次序完全一样，且为左结合律运算。

b. 括号“()”内的符号最先计算。

则上式的前序法表达式是什么？

（3）要编写一个程序完成表达式的转换，下列数据结构哪一个较合适？

① 队列（Queue）　② 堆栈（Stack）　③ 列（List）　④ 环（Ring）

解答▶

（1）前序法表达式：+*AB/CD

（2）前序法表达式：+*AB/CD

（3）堆栈，答案为②

18. 试写出利用两个堆栈（Stack）执行下列算术式的每一个步骤。

$$a + b*(c-1) + 5$$

解答▶ 方式如下：

（1）将中序法表达式 a + b*(c−1) + 5 转换成后序法表达式 abc1−*+5+的过程如下：

NextToken	Stack	Output
-	empty	-
a	empty	a
+	+	a
b	+	ab
*	+*	ab
(	+*	ab
c	+*(	abc
-	+*(-	abc
1	+*(-	abc1
)	+*	abc1-
+	+	abc1*+
5	+	abc1*+5
-	-	abc-*+5+

（2）再将后序法表达式 abc1−*5+利用 Stack 得出最后值。

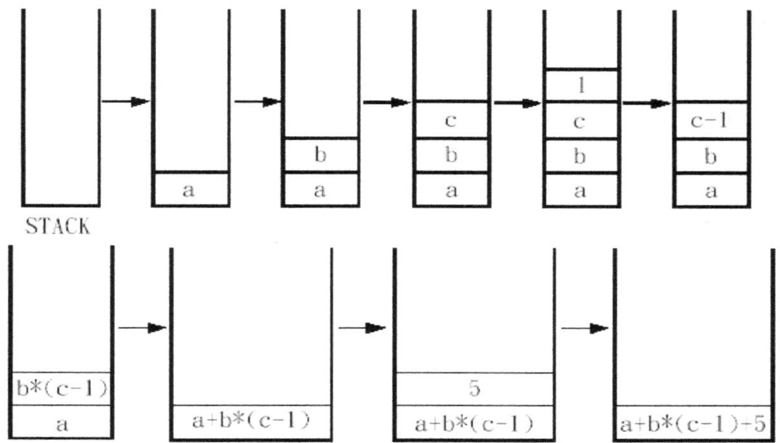

19. 若 A=1、B=2、C=3，求出下面后序法表达式的值。

（1）ABC+*CBA−+*

（2）AB+C−AB+*

解答▶ ABC+*CBA−+* = 5*4 = 20

AB+C−AB+* = (1+2−3) * (1+2) = 0

20. 解释下列名词：

（1）堆栈（Stack）是什么？

（2）TOP (PUSH(i, s)) 的结果是什么？

（3）POP (PUSH(i, s)) 的结果是什么？

解答▶

（1）堆栈是一组相同数据类型数据的集合，所有的操作均在堆栈顶端进行，具有“后进先出”（Last In First Out，LIFO）的特性。堆栈结构在计算机中的应用相当广泛，时常被用来解决计算机运行的问题，例如前面所谈到的递归调用、子程序的调用。堆栈的应用在日常生活中也随处可见，例如大楼电梯、货架的货品等，都类似于堆栈的原理。

（2）结果是堆栈内增加一个元素。这个操作是将元素 i 压入堆栈 s 中，再返回堆栈顶端的元素。

（3）结果是堆栈内的元素保持不变。这个操作是将元素 i 压入堆栈 s 中，再将堆栈 s 最顶端的 i 元素弹出。

21. 在汉诺塔问题中，移动 n 个盘子所需的最小移动次数是多少？试进行说明。

解答▶ 书中曾经提过，当有 n 个盘子时，可将汉诺塔问题归纳成 3 个步骤，其中 a_n 为移动 n 个盘子所需的最少移动次数，a_{n-1} 为移动 n−1 个盘子所需的最少移动次数，$a_1 = 1$ 为只剩一个盘子时的移动次数，因此可得如下式子：

$$
\begin{aligned}
a_n &= a_{n-1} + 1 + a_{n-1} \\
&= 2a_{n-1} + 1 \\
&= 2(a_{n-2} + 1) \\
&= 4a_{n-2} + 2 + 1 \\
&= 4(2a_{n-3} + 1) + 2 + 1 \\
&= 8a_{n-3} + 4 + 2 + 1 \\
&= 8(2a_{n-4} + 1) + 4 + 2 + 1 \\
&= 16a_{n-4} + 8 + 4 + 2 + 1 \\
&= \ldots
\end{aligned}
$$

$$= 2^{n-1}a_1 + \sum_{k=0}^{n-2} 2^k$$

因此，$a_n=2^{n-1}*1+\sum_{k=0}^{n-2} 2^k$

$$= 2^{n-1} + 2^{n-1} - 1 = 2^n - 1$$

得知要移动 n 个盘子所需的最小移动次数为 2^n-1 次。

22. 试述“尾递归”（Tail Recursion）的含义。

解答▶ 所谓“尾递归”，就是程序的最后一条指令为递归调用，每次调用后，再回到前一次调用的第一行指令就是 return，不需要再进行任何计算工作，因此也不必保存原来的环境信息（如参数存储、控制权转移）。例如 N! 的递归方式。

23. 以下程序是递归程序的应用，请问输出结果是什么？

```
def dif2(x):
    if x:
        dif1(x)

def dif1(y):
    if y>0:
        dif2(y-3)
    print(y,end=' ')

dif1(21)
print()
```

解答▶ 3 6 9 12 15 18 21。

24. 将下面的中序法表达式转换成前序法表达式与后序法表达式（以下都用堆栈法）：

A/B↑C+D*E−A*C

解答▶ 中序转前序：

读入字符	运算符堆栈中的内容	输出
C	Empty	C
*	*	C
A	*	AC
-	-	*AC
E	-	E*AC
*	*-	E*AC
D	*-	DE*AC
+	+-	* DE*AC（不要弹出+号，请注意）
C	+-	C* DE*AC
↑	↑+-	C* DE*AC
B	↑+-	B C* DE*AC
/	/+-	↑ B C* DE*AC
A	/+-	A↑ B C* DE*AC
None	Empty	-+/ A↑ B C* DE*AC

中序转后序：

读入字符	运算符堆栈中的内容	输出
None	Empty	None
A	Empty	A
/	/	A
B	/	AB
↑	↑/	AB
C	↑/	ABC
+	+	ABC↑/
D	+	ABC↑/D
*	*+	ABC↑/D
E	*+	ABC↑/DE
-	-	ABC↑/DE*+
A	-	ABC↑/DE*+A
*	*-	ABC↑/DE*+A
C	*-	ABC↑/DE*+AC
None		ABC↑/DE*+AC*-

第 5 章　课后习题与答案

1. 什么是优先队列？试进行说明。

解答▶ 优先队列为一种不必遵守队列特性 FIFO（先进先出）的有序线性表，其中的每一个元素都赋予了一个优先级，加入元素时可任意加入，但是有最高优先级者则最先输出。例如，在计算机中 CPU 的作业调度、优先级调度（Priority Scheduling，PS）就是一种按照进程优先级“调度算法”进行的调度，这种调度就会使用到优先队列，好比优先级高的用户就比一般用户拥有较高的权利。

2. 设计一个队列（Queue）存储于全长为 N 的密集表（Dense List）Q 内，HEAD、TAIL 分别为其开始和结尾指针，均以 nil 表示为空。现欲加入一项新数据（New Entry），其处理为以下步骤，按序回答空格部分。

（1）按序按条件做下列选择：

① 若______，则表示 Q 已存满，无法进行插入操作。
② 若 HEAD 为 nil，则表示 Q 内为空，可取 HEAD = 1，TAIL = ______。
③ 若 TAIL = N，则表示_____需将 Q 内从 HEAD 到 TAIL 位置的数据，从 1 移到____的位置，并取 TAIL = _______，HEAD = 1。

（2）TAIL = TAIL+1。
（3）新数据移入 Q 内的 TAIL 处。
（4）结束插入操作。

解答▶ 把数据加入 TAIL 指针指向的位置，删除 HEAD 指针指向位置的数据。这样的方法当 TAIL = N 时，必须检查前面是否有空间。检查 Q 是否已满，我们可查看 TAIL−HEAD 的差。

（1）TAIL – HEAD + 1 = N　　（2）0
（3）已到密集表最右边，无法加入。　　（4）TAIL – HEAD + 1
（5）N – HEAD + 1

3. 回答以下问题：

（1）下列哪一个不是队列（Queue）的应用？

A. 操作系统的作业调度　　B. 输入/输出的工作缓冲
C. 汉诺塔的解决方法　　D. 高速公路的收费站收费

（2）下列哪些数据结构是线性表？

A.堆栈　　B. 队列　　C. 双向队列　　D. 数组　　E. 树

解答▶ ① C　　② A、B、C、D

4. 假设我们利用双向队列（deque）按序输入 1、2、3、4、5、6、7，试问是否能够得到 5174236 的输出排列?

解答▸ 这个问题必须思考的是：从输出序列和输入序列求得 7 个数字 1、2、3、4、5、6、7 存在队列内合理排列的情况，因为按序输入 1、2、3、4、5、6、7，且得到 5174236，5 为第一个输出，则此刻 deque 应是：

1	2	3	4	………………	7	5

先输出 5，再输出 1，又输出 7，deque 又变成：

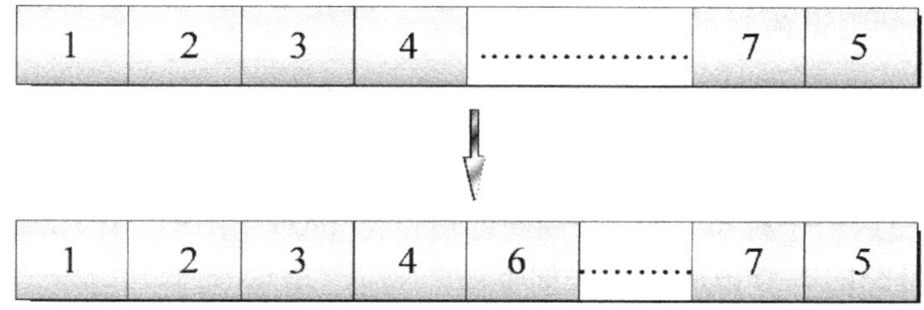

如果下一项要输出 4，就不可能，只可能输出 2，所以本题答案是不可能。

5. 什么是多重队列（Multiqueue）？说明其定义与目的。

解答▸ 双向队列（deque）就是一种二重队列，只是队列的队首可以在队列的左右两端。多重队列的原则就是遵循数据在 rear 端加入，在 front 端删除，并将多重堆栈的 T(i) 改成 rear(i)，B(i)改成 front(i)。多重队列也可以改成多重环形队列。其实无论是多重堆栈、多重队列还是环形队列，主要目的都是为了提高用于这些数据结构的数组的有效使用率，因为数组的大小必须事先声明，声明太大可能造成空间的浪费，而太小又可能造成使用空间不足。

6. 说明环形队列的基本概念。

解答▸ 环形队列就是一种环形结构的队列，它是 Q(0:n−1) 的一维数组，并且 Q(0) 是 Q(n−1) 的下一个元素。

7. 列出队列常见的基本操作。

解答▸

create	创建空队列
add	将新数据加入队列的末尾，返回新队列
delete	删除队列前端的数据，返回新队列
front	返回队列前端的值
empty	若队列为空，则返回“真”，否则返回“假”

8. 说明队列应具备的基本特性。

解答▶ 队列是一种抽象数据结构（Abstract Data Type，ADT），它有下列特性：

（1）具有先进先出（FIFO）的特性。

（2）拥有两种基本操作：加入与删除，而且使用 front 与 rear 两个指针来分别指向队列的前端与末尾。

9. 举出至少 3 种队列常见的应用。

解答▶ 队列常见的应用有：图形遍历的广度优先查找法（BFS）、计算机的模拟（simulation）、CPU 的作业调度、外围设备联机并发处理系统。

10. 在环形队列算法中，造成了任何时候队列中最多只允许 MAX_SIZE−1 个元素。有没有方法可以改进呢？试进行说明并写出修正后的算法。

解答▶ 只要多使用一个标志 TAG 来判断即可，当 TAG = 1 时，表示队列是满的；当 TAG = 0 时，表示队列是空的。修正后的算法如下：

```
# 环形队列加入操作的修正算法

def AddQ (item):
    rear=(rear+1)%MAX_SIZE
    if front==rear and TAG==1:
        print('队列已满！')
    else:
        queue[rear]=item
    if front==rear:
        TAG=1
# 环形队列删除操作的修正算法

def dequeue(item):
    if rear==front and TAG==0:
        print('队列是空的!')
    else:
        front=(front+1)%MAX_SIZE
        item=queue[front]
        if front==rear:
            TAG=0
```

第 6 章　课后习题与答案

1. 一般树形结构在计算机内存中的存储方式是以链表为主，对于 n 叉树（n−way 树）来说，我们必须取 n 为链接个数的最大固定长度，试说明为了改进存储空间浪费的缺点，我们最常使用二叉树（Binary Tree）结构来取代树形结构。

解答▶ 假设此 n 叉树有 m 个节点，那么此树共用了 n×m 个链接字段。另外，因为除了树根外，每一个非空链接都指向一个节点，所以得知空链接个数为 n×m − (m−1) = m×(n−1) + 1，而 n 叉树的链接浪费率为 $\frac{m \times (n-1)+1}{m \times n}$。因此我们可以得到以下结论：

n=2 时，2 叉树的链接浪费率约为 1/2。

n=3 时，3 叉树的链接浪费率约为 2/3。

n=4 时，4 叉树的链接浪费率约为 3/4。

……

故而当 n=2 时，它的链接浪费率最低。

2. 下列哪一种不是树？

A. 一个节点
B. 环形链表
C. 一个没有回路的连通图
D. 一个边数比点数少 1 的连通图

解答▶ B。因为环形链表会造成回路现象，不符合树的定义。

3. 关于二叉查找树的叙述，哪一个是错误的？

A. 二叉查找树是一棵完全二叉树
B. 可以是斜二叉树
C. 一节点最多只有两个子节点
D. 一节点的左子节点的键值不会大于右节点的键值

解答▶ A。

4. 以下二叉树的中序法、后序法以及前序法表达式分别是什么？

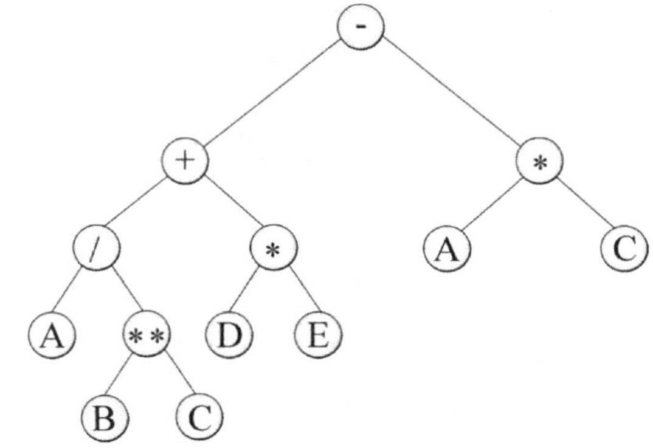

解答▶ 中序：A/B**C+D*E−A*C
后序：ABC**/DE*+AC*−
前序：−+/A**BC*DE*AC

5. 以下二叉树的中序法、前序法以及后序法表达式分别是什么？

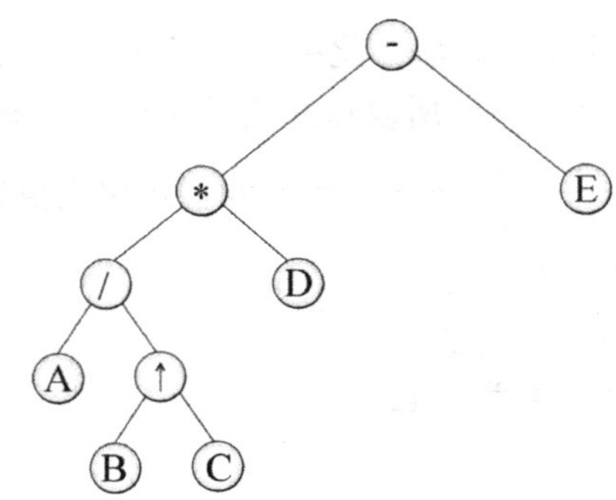

解答▶ 中序：A/B↑C*D−E

前序：−*/A↑BCDE

后序：ABC↑/D*E−

6. 试以链表来描述以下树形结构的数据结构。

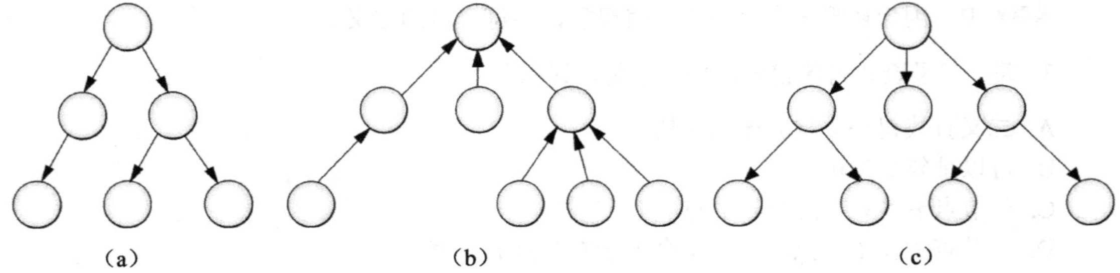

解答▶ (a) 每个节点的数据结构：

Llink	Data	Rlink

(b) 因为子节点都指向父节点，所以结构可以设计如下：

Data	link

(c) 每个节点的数据结构：

Data		
Link1	Link2	Link3

7. 假如有一个非空树，其度数为 5，已知度数为 i 的节点数有 i 个，其中 1≤i≤5，请问终端节点数总数是多少？

解答▶ 41 个。

8. 使用后序遍历法将下图二叉树的遍历结果按节点中的文字打印出来。

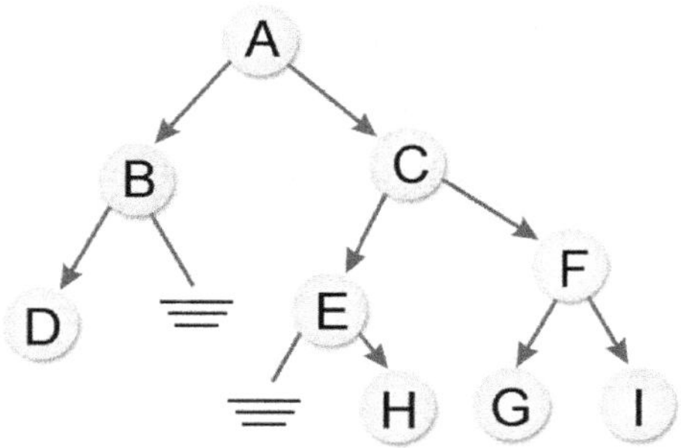

解答▶ 把握左子树→右子树→树根的原则，可得 DBHEGIFCA。

9. 以下二叉树的中序、前序以及后序遍历结果分别是什么？

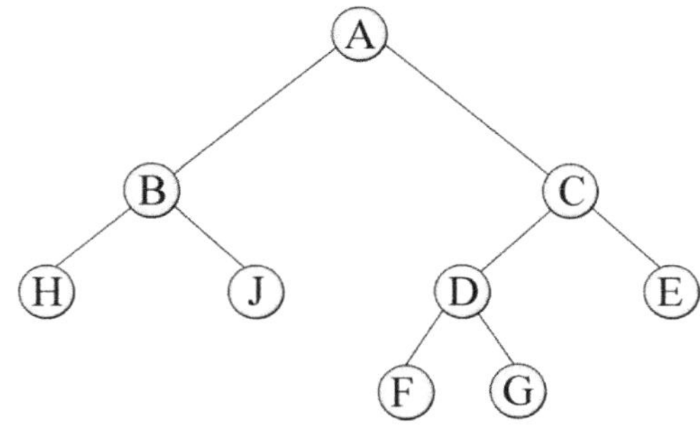

解答▶ 中序：HBJAFDGCE

前序：ABHJCDFGE

后序：HJBFGDECA

10. 用二叉查找树去表示 n 个元素时，最小高度和最大高度的二叉查找树的值分别是什么？

解答▶ 最大高度的二叉查找树高度为 n（例如斜二叉树），而最小高度的二叉查找树为完全二叉树，高度为 $\log_2(n+1)$。

11. 一棵二叉树被表示成 A(B(CD)E(F(G)H(I(JK)L(MNO))))，画出二叉树的结构以及后序与前序遍历的结果。

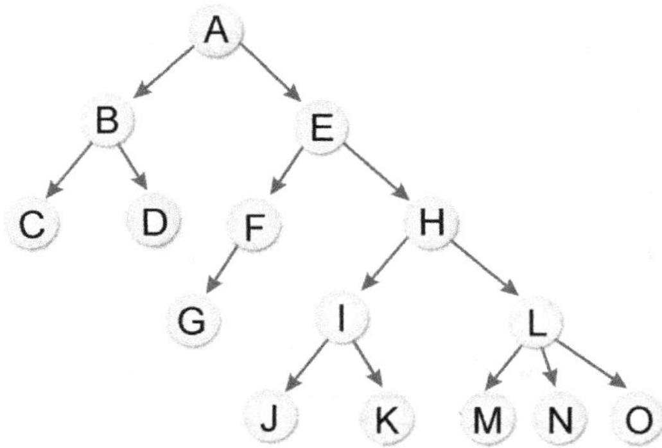

解答▶ 后序遍历：CDBGFJKIMNOLHEA
前序遍历：ABCDEFGHIJKLMNO

12. 以下运算二叉树的中序法、后序法与前序法表达式分别是什么？

解答▶ 中序：A*B+C**D−E
前序：−+*AB**CDE
后序：AB*CD**+E−

13. 尝试将 A−B*(−C+−3.5) 表达式转化为二叉运算树，并求出此算术表达式的前序与后序表示法。

解答▶ → A−B*(−C+−3.5) → (A−(B*((−C)+(−3.5)))) →

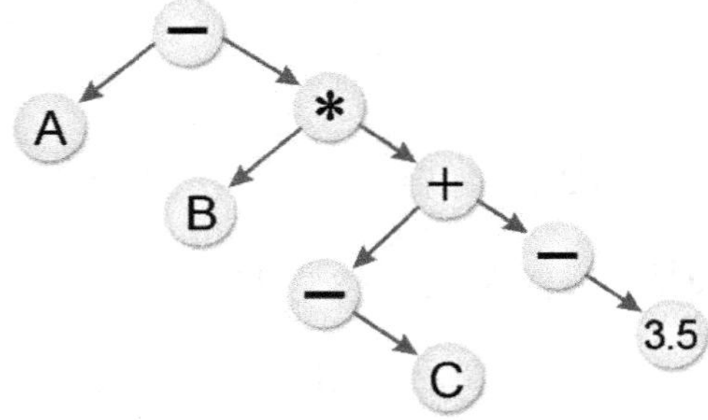

前序表示法：−A*B+−C−3.5　　　　后序表示法：ABC−3.5−+*−

14. 下图为一个二叉树：

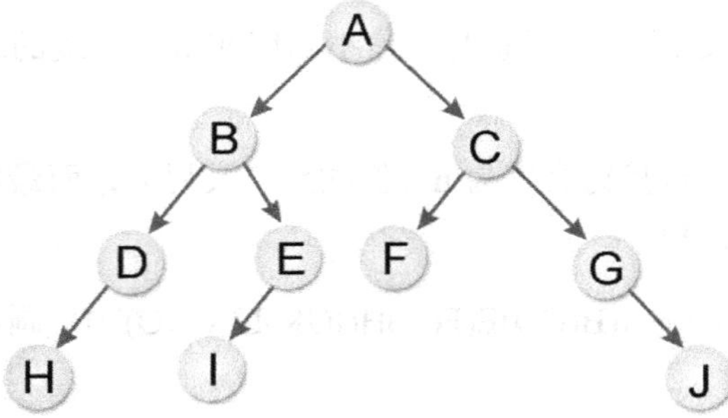

（1）求此二叉树的前序遍历、中序遍历与后序遍历结果。
（2）空的线索二叉树是什么？
（3）以线索二叉树表示其存储情况。

解答▶
（1）前序：ABDHEICFGJ　　中序：HDBIEAFCGJ　　后序：HDIEBFJGCA
（2）

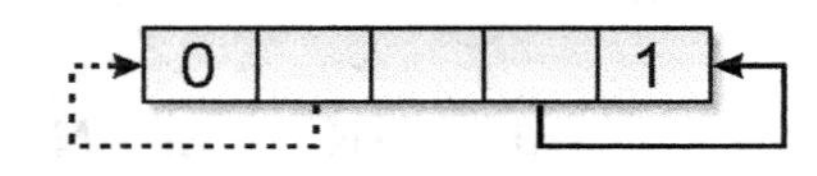

（3）

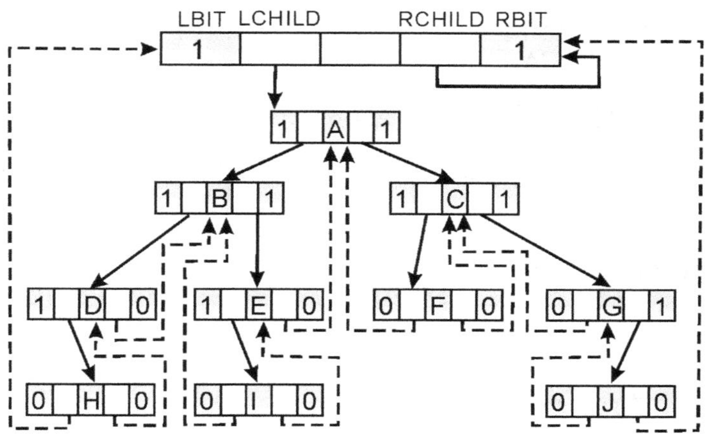

15. 求下图的森林转换成二叉树前后的中序、前序与后序遍历结果。

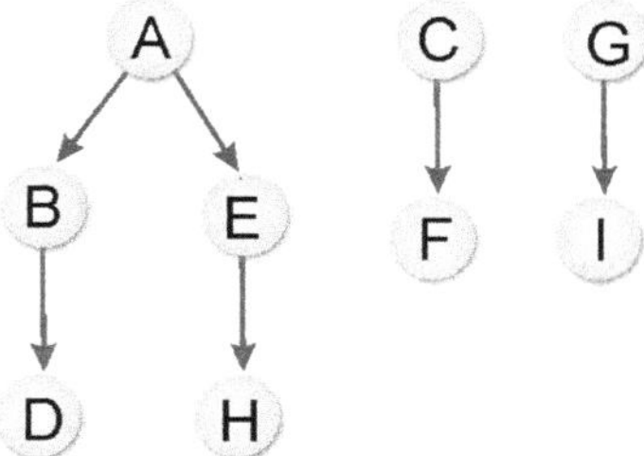

解答▶

森林遍历：

① 中序遍历：DBHEAFCIG
② 前序遍历：ABDEHCFGI
③ 后序遍历：DHEBFIGCA

转换为二叉树如下图：

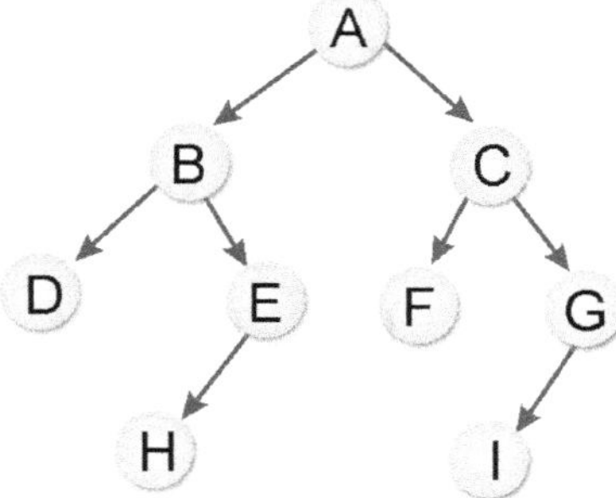

二叉树遍历：

① 中序遍历：DBHEAFCIG
② 前序遍历：ABDEHCFGI
③ 后序遍历：DHEBFIGCA

16. 形成 8 层的平衡树最少需要几个节点？

解答▶ 因为条件是形成最少节点的平衡树，不但要最少，而且要符合平衡树的定义。在此我们逐一讨论：

（1）一层的最少节点的平衡树：

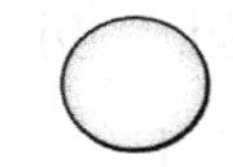

（2）二层的最少节点的平衡树：

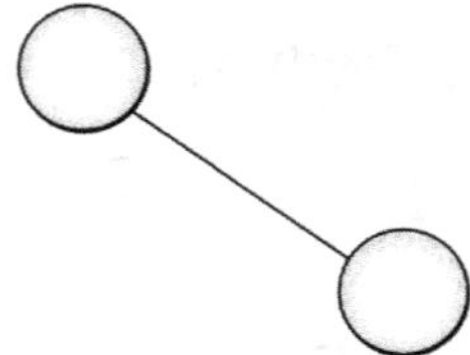

（3）三层的最少节点的平衡树：

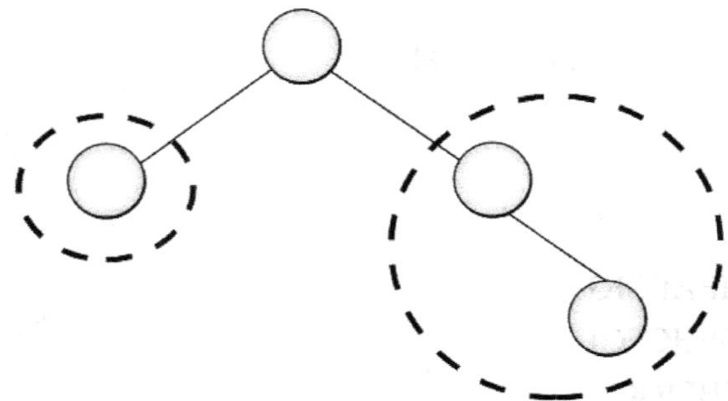

（4）四层的最少节点的平衡树：

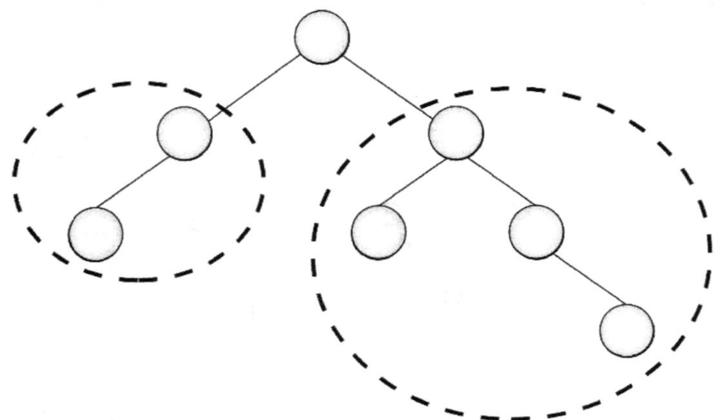

（5）五层的最少节点平衡树：

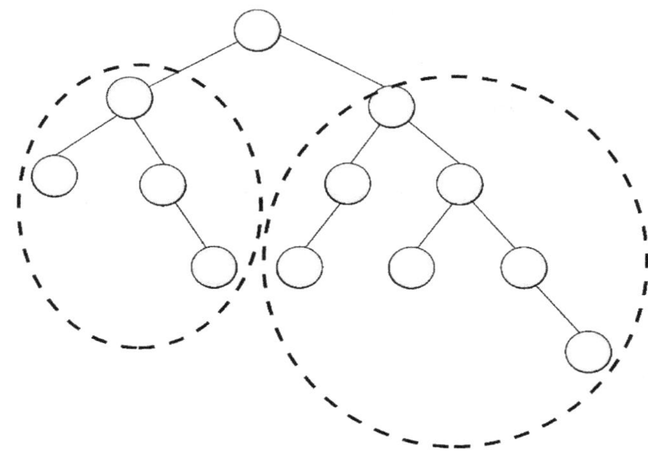

由以上的讨论得知：

$N_n=N_{n-1}+N_{n-2}+1$
且 $N_0=0$，$N_1=1$ ← 树根
→0，1，2，4，7，12，20，33，54，88……

所以第 8 层最少节点的平衡树有 54 个节点。

17. 将下图的树转换为二叉树。

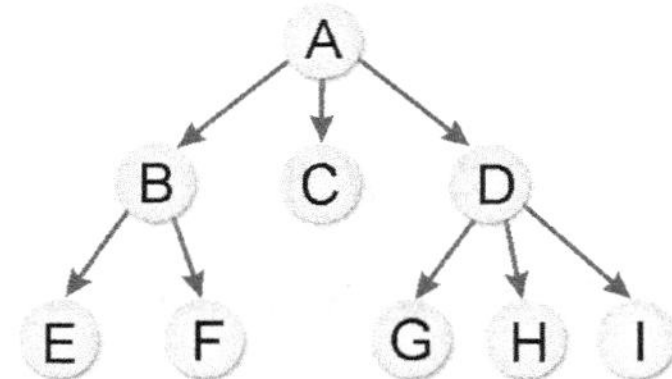

解答▶

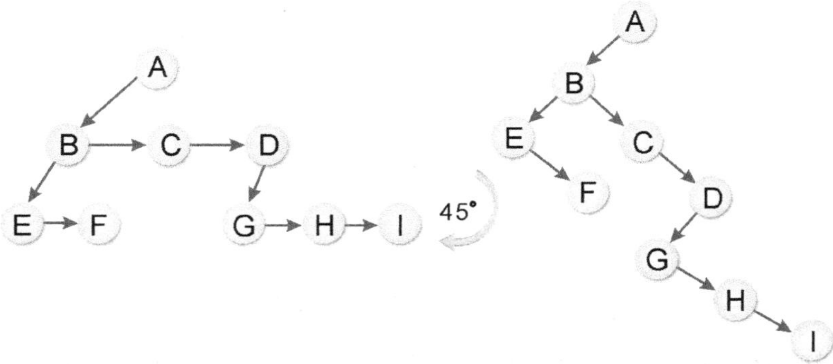

18. 说明二叉查找树的特点。

解答▶ 二叉查找树 T 具有以下特点：

（1）可以是空集合，但若不是空集合，则节点上一定要有一个键值。

（2）每一个树根的值需大于左子树的值。

（3）每一个树根的值需小于右子树的值。

（4）左右子树也是二叉查找树。

（5）树的每个节点的值都不相同。

19. 试写出一个伪码 SWAPTREE(T)，将二叉树 T 的所有节点的左右子节点对换。

解答▶

```
Procedure SWAPTREE(T)
   i←0
   while T<>nil do
       p←Lchild(T);q←Rchild(T)
       Lchild(T)←q;Rchild(T)←q
       if Rchild(T)<>nil then
        [
              i←i+1
              S(i)←Rchild(T)
        ]
       else
              T←Lchild(T)
       end
   if i≠0 then [T←S(i);i←i-1]
end
```

20. 将 A/B**C+D*E−A*C 转化为二叉运算树。

解答▶ 加括号成为(((A/B**C))+(D*E))−(A*C))，如下图：

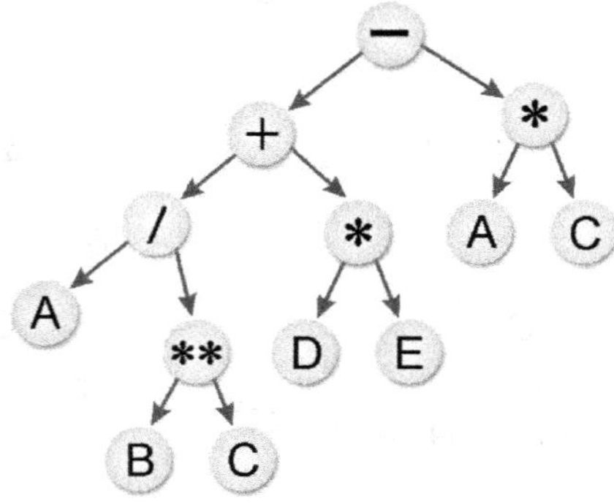

21. 试述如何对一个二叉树进行中序遍历不用堆栈或递归。

解答▶ 使用线索二叉树即可不必使用堆栈或递归来进行中序遍历。因为右线索可以指向中序遍历的下一个节点，而左线索可指向中序遍历的前一个节点。

22. 将下图的树转化为二叉树：

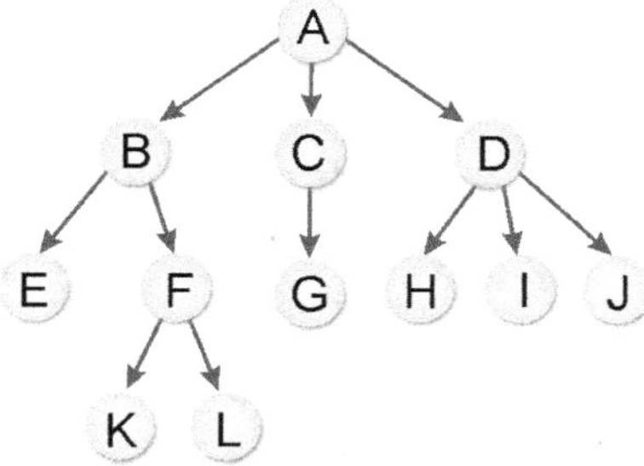

解答▶

（1）将树的各层兄弟用平行线连接起来：

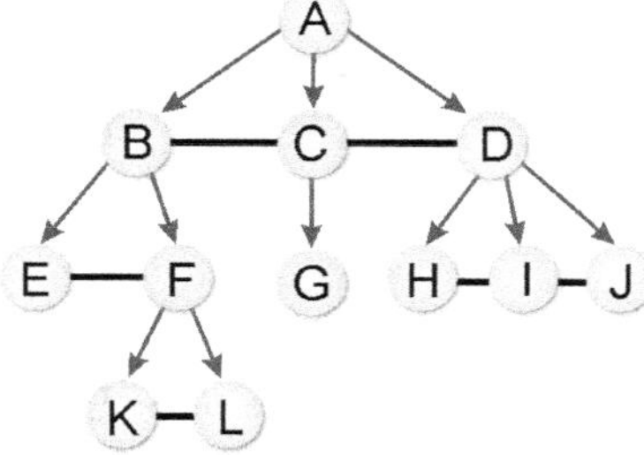

（2）删除掉所有子节点间的连接，只保留最左边的子节点：

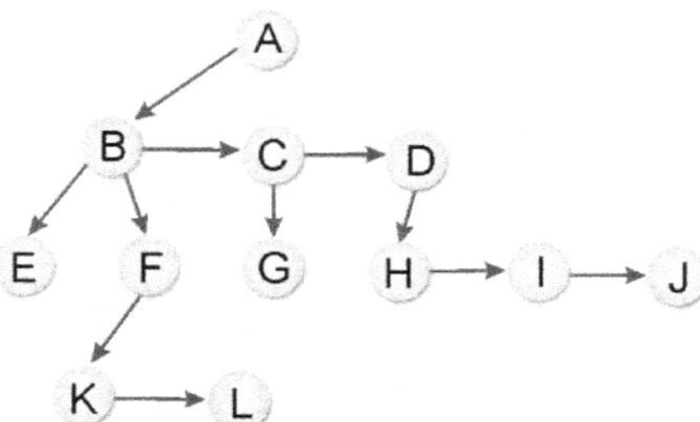

（3）顺时针旋转 45 度：

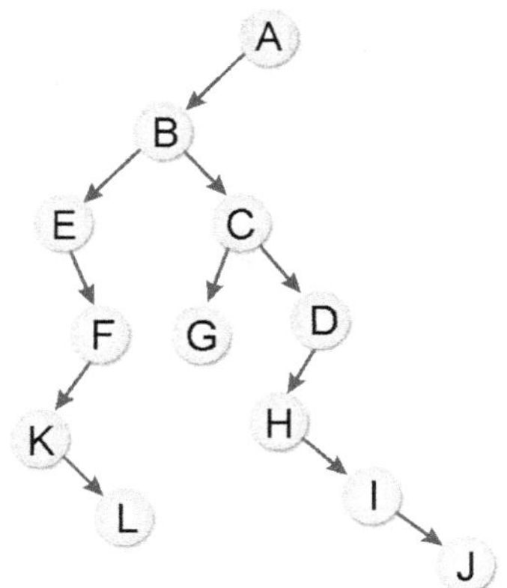

第 7 章　课后习题与答案

1. 以下哪些是图的应用？

（1）作业调度　（2）递归程序　（3）电路分析　（4）排序
（5）最短路径搜索　（6）仿真　（7）子程序调用　（8）都市计划

解答▶ （3）、（5）、（8）。

2. 什么是欧拉链理论？试绘图说明。

解答▶ 如果“欧拉七桥问题”的条件改成从某顶点出发，经过每个边一次，不一定要回到起点，即只允许其中两个顶点的度数是奇数，其余则必须全部为偶数，符合这样的结果就被称为欧拉链。

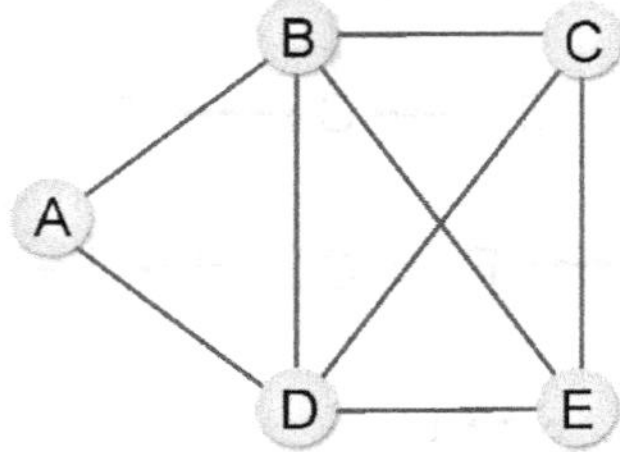

3. 求出下图的 DFS 与 BFS 结果。

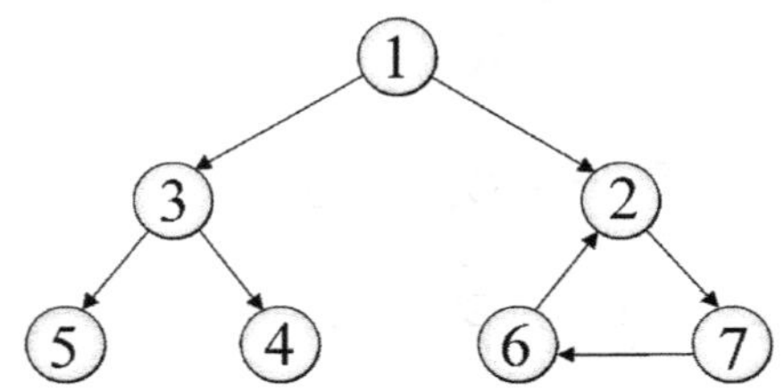

解答▶ DFS：1-2-7-6-3-4-5　　　BFS：1-2-3-7-4-5-6

4. 什么是多重图？试绘图说明。

解答▶ 图中任意两顶点只能有一条边，如果两顶点间相同的边有 2 条以上（含 2 条），就称这样的图为多重图。以图论严格的定义来说，多重图应该不能称为一种图。下图就是一个多重图：

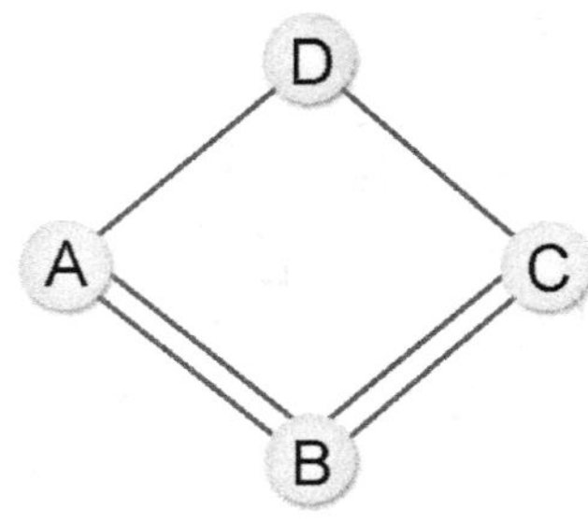

5. 以 K 氏法求取下图中的最小成本生成树：

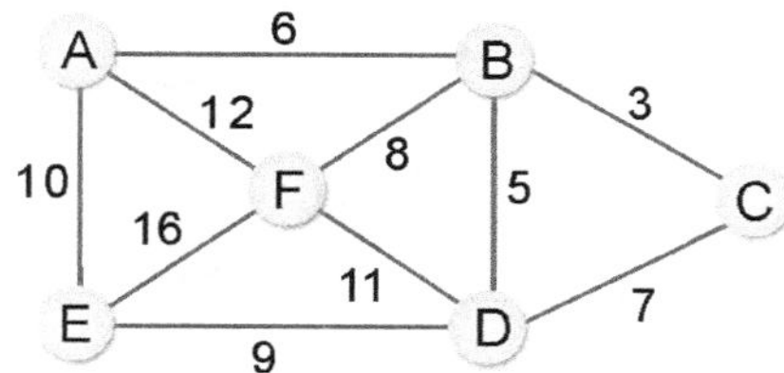

解答▶

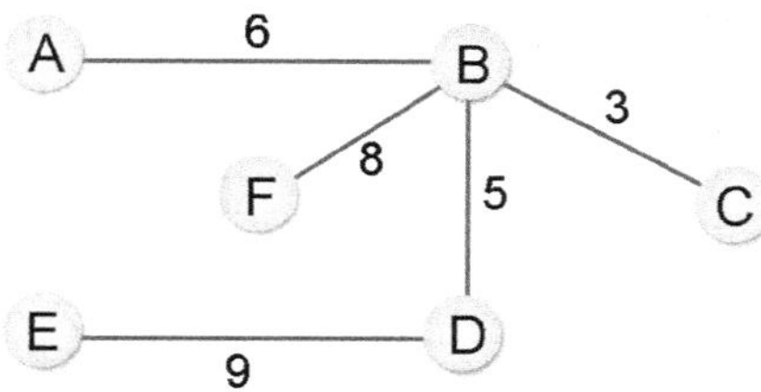

6. 写出下图的邻接矩阵表示法和各个顶点之间最短距离的表示矩阵。

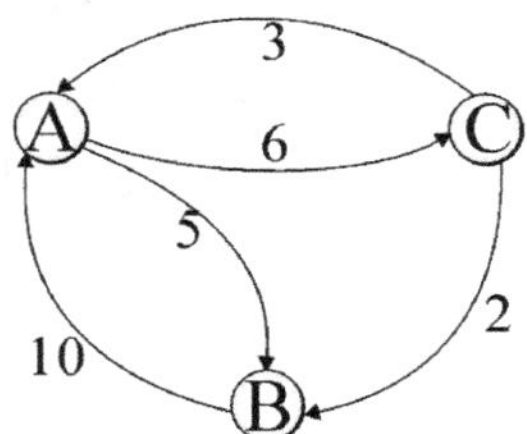

解答▶

$$A^0 = \begin{array}{c} \\ A \\ B \\ C \end{array}\begin{array}{ccc} A & B & C \\ 0 & 5 & 6 \\ 10 & 0 & \infty \\ 3 & 2 & 0 \end{array}$$

$$A^3 = \begin{array}{c} \\ A \\ B \\ C \end{array}\begin{array}{ccc} A & B & C \\ 0 & 5 & 6 \\ 10 & 0 & 16 \\ 3 & 2 & 0 \end{array}$$

7. 求下图的拓扑排序。

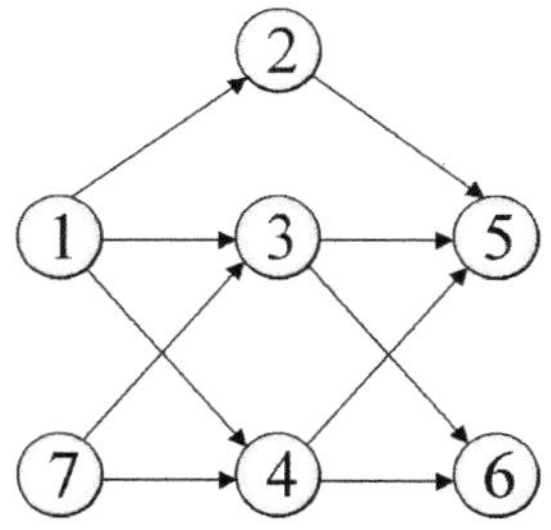

解答▶ 7, 1, 4, 3, 6, 2, 5。

8. 求下图的拓扑排序。

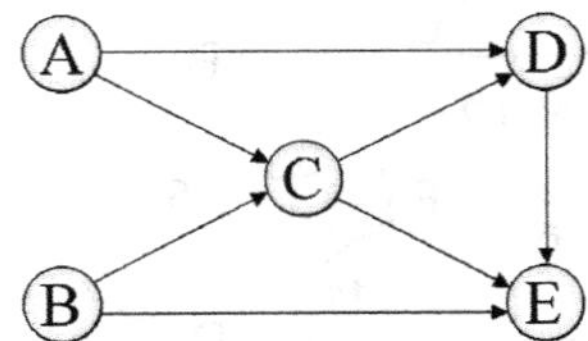

解答▸ 拓扑排序为 A→B→C→D→E 或 B→A→C→D→E。

9. 下图是否为双连通图（Biconnected Graph）？有哪些连通分支（Connected Components）？试进行说明。

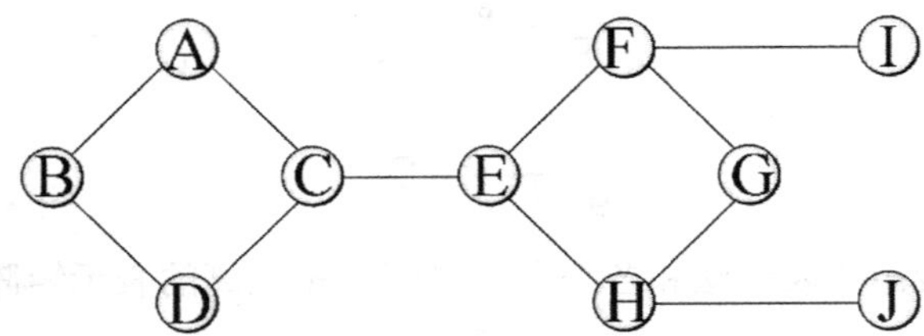

解答▸ 对于一个顶点 V，如果将 V 上所连接的边都去掉所生成的 G'，如果 G'最少有两个连通分支，就称此顶点 V 为的“割点”。一个没有割点的图，就是“双连通图”。而这个图有 4 个割点：C、E、F、H，因此并不是“双连通图”。此图的连通分支有下列 5 种：

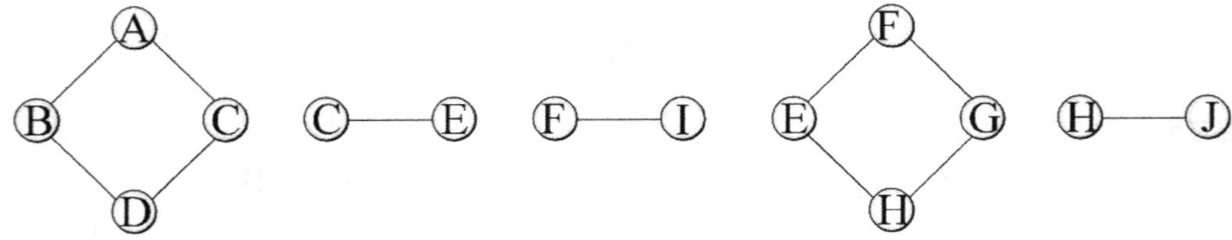

10. 图有哪 4 种常见的表示法？

解答▸ 邻接矩阵法、邻接表法、邻接多叉链表法（或邻接复合链表法）、索引表格法。

11. 以 Python 语言简单写出求取图 G 的传递闭包矩阵算法及其时间复杂度。

解答▸ 时间复杂度为 $O(n^3)$，算法如下：

```
def transitive_closure(COST,A,n):
    for i in range(1,n+1):
        for j in range(1,n+1):
            A[i,j]=COST[i,j]

    for k in range(1,n+1):
        for i in range(1,n+1):
            for j in range(1,n+1):
                A[i,j]=A[i,j] or (A[i,k] and [k,j])
```

12. 试简述图遍历的定义。

解答▶ 一个图 G = (V, E)，存在某一顶点 v∈V，从 v 开始，经过此顶点相邻的顶点而去访问 G 中其他顶点，这就称为“图的遍历”。

13. 简述拓扑排序的步骤。

解答▶ 拓扑排序的步骤：

步骤01 寻找图中任何一个没有先行者的顶点。

步骤02 输出此顶点，并将此顶点的所有边删除。

步骤03 重复以上两个步骤，处理所有的顶点。

14. 以下为一个有限状态机（finite state machine）的状态转换图（state transition diagram），试列举两种图的数据结构来表示它，其中：

S 代表状态 S。
射线（→）表示转换方式。
射线上方的 A/B：A 代表输入信号，B 代表输出信号。

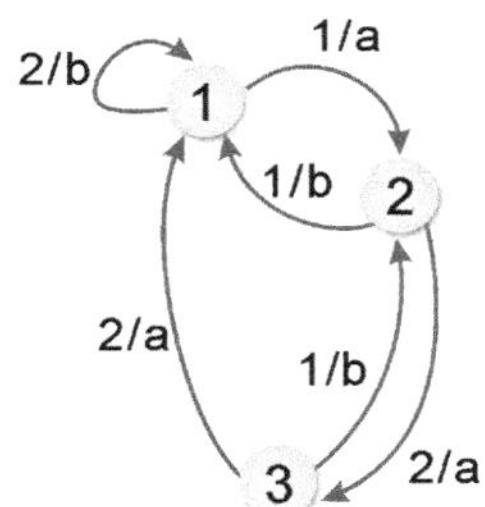

解答▶

（1）邻接矩阵：

$$
\begin{array}{c} \\ 1 \\ 2 \\ 3 \end{array}
\begin{array}{c} \begin{array}{ccc} 1 & 2 & 3 \end{array} \\ \begin{bmatrix} 2 & 1 & \infty \\ 1 & \infty & 2 \\ 2 & 1 & \infty \end{bmatrix} \end{array}
\qquad
\begin{array}{c} \\ 1 \\ 2 \\ 3 \end{array}
\begin{array}{c} \begin{array}{ccc} 1 & 2 & 3 \end{array} \\ \begin{bmatrix} b & a & \infty \\ 1 & \infty & a \\ 2 & b & \infty \end{bmatrix} \end{array}
$$

（2）邻接表：

1	→	1	2	b		→	2	1	a	→ |
2	→	1	1	b		→	3	2	a	→ |
3	→	1	3	a		→	2	1	b	→ |

15. 什么是完全图，试进行说明。

解答▶ 在“无向图”中，N 个顶点正好有 N(N−1)/2 条边，就称为“完全图”。但在“有向图”中，若要称为“完全图”，则必须有 N(N−1)个边。

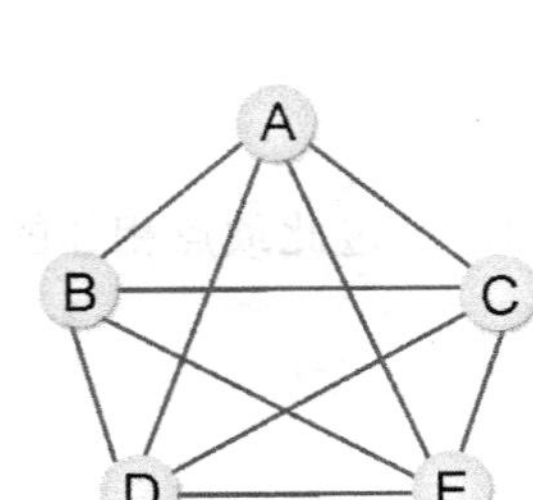

完整无向图

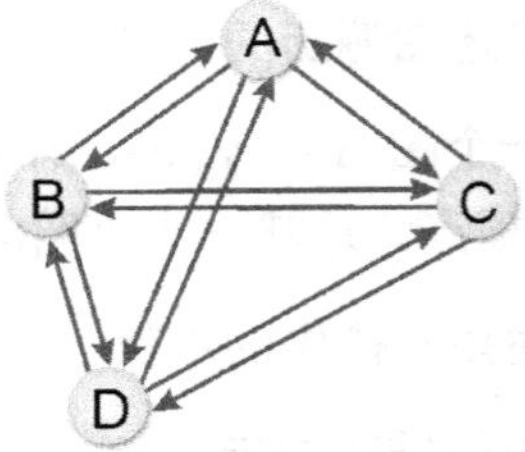

完整有向图

16. 下图为图形 G：

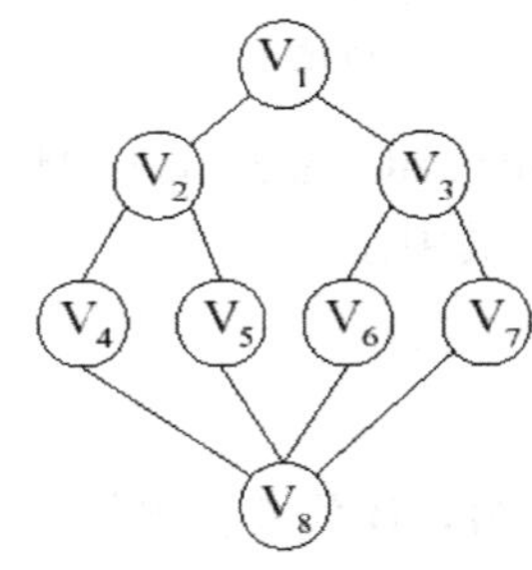

（1）以①邻接表和②邻接数组表示 G。

（2）使用下面的遍历法（或搜索法）求出生成树。

① 深度优先

② 广度优先

解答▶

（1）

① 邻接表：

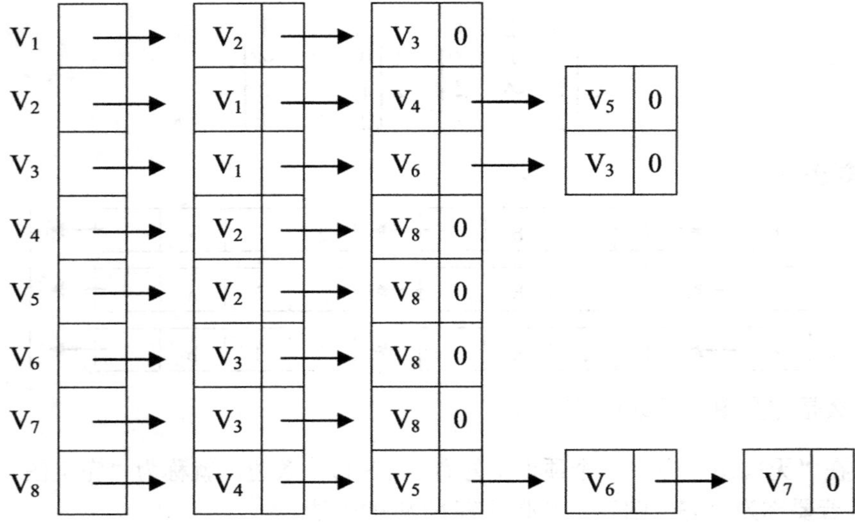

② 邻接数组：

	V_1	V_2	V_3	V_4	V_5	V_6	V_7	V_8
V_2	0	1	1	0	0	0	0	0
V_3	1	0	0	1	1	0	0	0
V_3	1	0	0	0	0	1	1	0
V_4	0	1	0	0	0	0	0	1
V_2	0	1	0	0	0	0	0	1
V_3	0	0	1	0	0	0	0	1
V_3	0	0	1	0	0	0	0	1
V_4	0	0	0	1	1	1	1	0

（2）

① 深度优先：

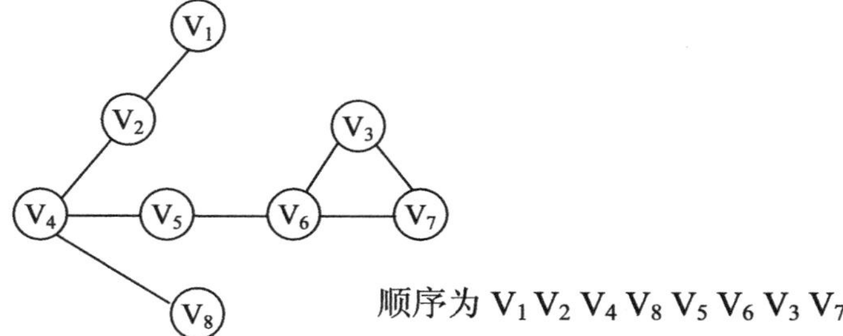

顺序为 $V_1\,V_2\,V_4\,V_8\,V_5\,V_6\,V_3\,V_7$

② 广度优先：

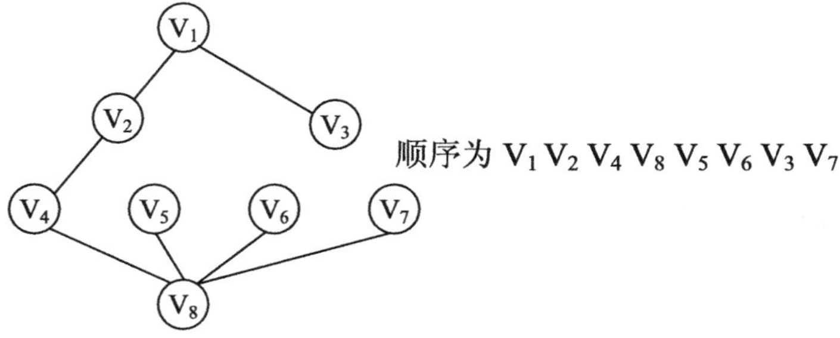

顺序为 $V_1\,V_2\,V_4\,V_8\,V_5\,V_6\,V_3\,V_7$

17. 以下所列的各个树都是关于图 G 的搜索树（或称为查找树）。假设所有的搜索都始于节点 1。试判定每棵树是深度优先搜索树还是广度优先搜索树，或二者都不是。

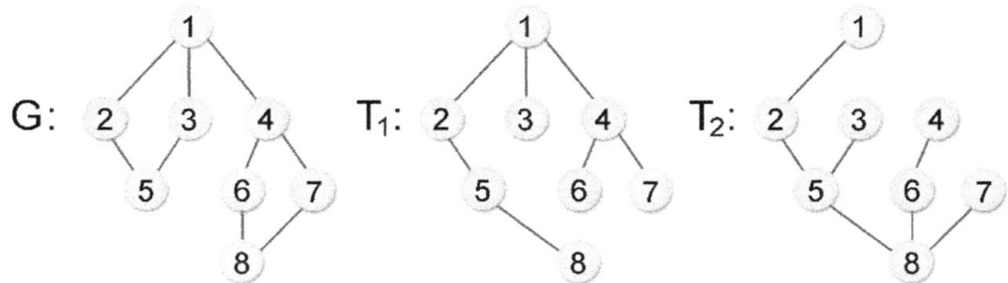

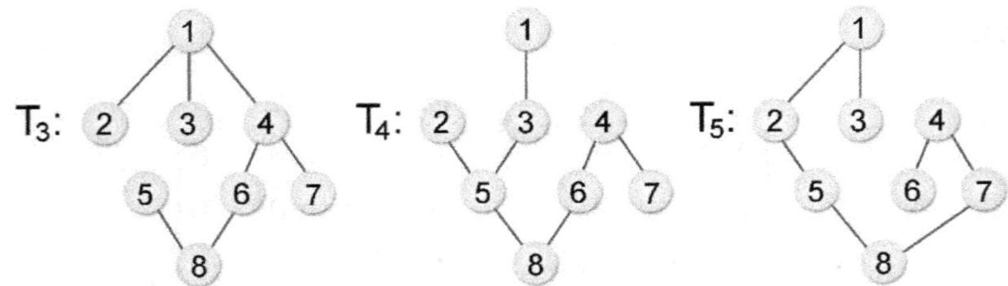

解答▶

① T_1 为广度优先搜索树　　② T_2 二者都不是

③ T_3 二者都不是　　④ T_4 为深度优先搜索树

⑤ T_5 二者都不是

18. 求 V_1、V_2、V_3 任意两个顶点间的最短距离，并描述其过程。

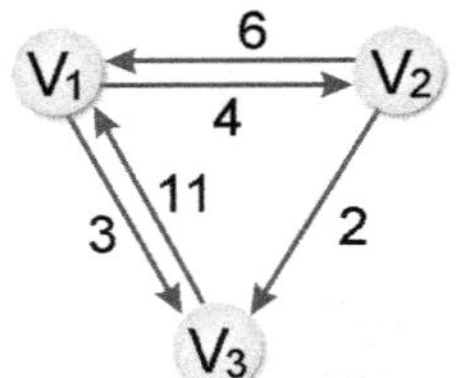

解答▶

$$A^0=\begin{bmatrix}0 & 4 & 11\\ 6 & 0 & 2\\ 3 & \infty & 0\end{bmatrix} \qquad A^1=\begin{bmatrix}0 & 4 & 11\\ 6 & 0 & 2\\ 3 & 7 & 0\end{bmatrix}$$

$$A^2=\begin{bmatrix}0 & 4 & 6\\ 6 & 0 & 2\\ 3 & 7 & 0\end{bmatrix} \qquad A^3=\begin{array}{c}\\ V_1\\ V_2\\ V_3\end{array}\begin{array}{c}\begin{array}{ccc}V_1 & V_2 & V_3\end{array}\\ \begin{bmatrix}0 & 4 & 11\\ 6 & 0 & 2\\ 3 & 7 & 0\end{bmatrix}\end{array}$$

19. 假设在注有各地距离的图上（单行道）求各地之间的最短距离（Shortest Paths），求下列各题。

（1）使用矩阵将下图的数据存储起来，并写出结果。

（2）写出求所有各地之间最短距离的算法。

（3）写出最后所得的矩阵，并说明其可表示所求各地之间的最短距离。

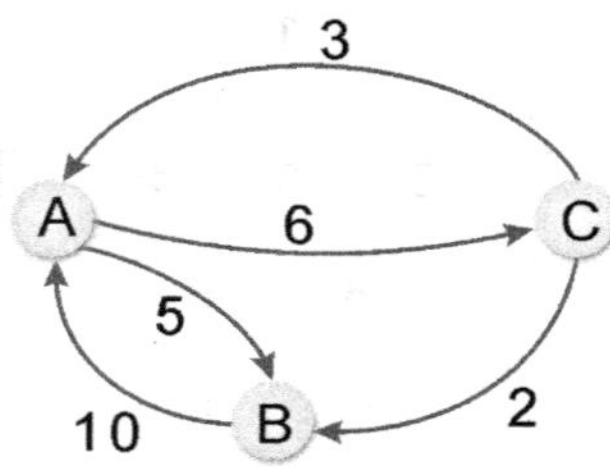

解答▶

（1）

$$\begin{array}{c c} & \begin{array}{ccc} A & B & C \end{array} \\ \begin{array}{c} A \\ B \\ C \end{array} & \begin{bmatrix} 0 & 5 & 6 \\ 10 & 0 & \infty \\ 3 & 2 & 0 \end{bmatrix} \end{array}$$

（2）算法为：

```
def shortestPath(vertex_total):
    # 初始化图的长度数组
    for i in range(1,vertex_total+1):
        for j in range(i,vertex_total+1):
            distance[i][j]=Graph_Matrix[i][j]
            distance[j][i]=Graph_Matrix[i][j]

    # 使用 Floyd 算法找出所有顶点两两之间的最短距离
    for k in range(1,vertex_total+1):
        for i in range(1,vertex_total+1):
            for j in range(1,vertex_total+1):
                if distance[i][k]+distance[k][j]<distance[i][j]:
                    distance[i][j] = distance[i][k]+distance[k][j]

   for (k=1;k≤vertex_total;k++ )
      for (i=1;i≤vertex_total;i++ )
         for (j=1;j≤vertex_total;j++ )
            if (distance[i][k]+distance[k][j]<distance[i][j])
               distance[i][j] = distance[i][k]+distance[k][j];
}
```

（3）

$$\begin{array}{c c} & \begin{array}{ccc} A & B & C \end{array} \\ \begin{array}{c} A \\ B \\ C \end{array} & \begin{bmatrix} 0 & 5 & 6 \\ 10 & 0 & 16 \\ 3 & 2 & 0 \end{bmatrix} \end{array}$$

20. 求下图的邻接矩阵：

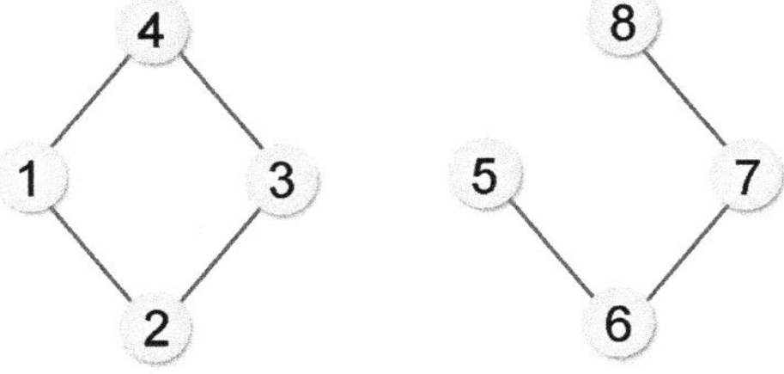

解答▶

	1	2	3	4	5	5	6	8
0	0	1	1	0	0	0	0	0
1	1	0	0	1	0	0	0	0
2	1	0	0	1	0	0	0	0
3	0	1	1	0	0	0	0	0
4	0	0	0	0	0	1	0	0
5	0	0	0	0	0	1	0	0
6	0	0	1	0	1	0	1	0
7	0	0	1	0	0	1	0	1
8	0	0	0	0	0	0	1	0

21. 什么是生成树？生成树应该包含哪些特点？

解答▶ 一个图的生成树是以最少的边来连接图中所有的顶点，且不造成回路的树状结构。生成树是由所有顶点和访问过程经过的边所组成的，令 S = (V, T)为图 G 中的生成树，该生成树具有下面的几个特点：

① E = T + B。
② 将集合 B 中的任意一边加入集合 T 中，就会造成回路。
③ V 中任意两个顶点 V_i 和 V_j，在生成树 S 中存在唯一的一条简单路径。

22. 试简述在求解一个无向连通图的最小生成树时，使用 Prim 算法的主要步骤。

解答▶ Prim 算法又称 P 氏法，对一个加权图 G = (V, E)，设 V={1, 2, …, n}，假设 U={1}，也就是说，U 和 V 是两个顶点的集合。然后从 V−U 差集所产生的集合中找出一个顶点 x，该顶点 x 能与 U 集合中的某个顶点形成最小成本的边，且不会造成回路。然后将顶点 x 加入 U 集合中，反复执行同样的步骤，一直到 U 集合等于 V 集合（即 U=V）为止。

23. 试简述在求解一个无向连通图的最小生成树时，使用 Kruskal 算法的主要步骤。

解答▶ Kruskal 算法是将各边按权值大小从小到大排列，接着从权值最低的边开始建立最小成本生成树，如果加入的边会造成回路，就舍弃不用，直到加入 n−1 条边为止。

24. 以邻接矩阵表示下面的有向图。

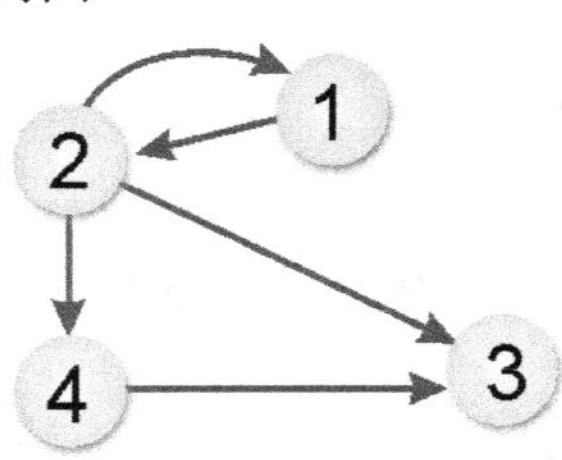

解答▶ 和无向图形的方法一样，找出相邻的点，并对边连接的两个顶点进行编码，作为坐标值，在矩阵中将对应位置的值设为 1。不同的是横坐标为出发点，纵坐标为终点，如下表所示：

	1	2	3	4
1	0	1	0	0
2	1	0	1	1
3	0	0	0	0
4	0	0	1	0

第 8 章　课后习题与答案

1. 若排序的数据是以数组数据结构来存储的，则下列的排序法中，哪一个的数据搬移量最大。

A. 冒泡排序法　　B. 选择排序法　　C. 插入排序法

解答▶ C。

2. 举例说明合并排序法是否为稳定排序？

解答▶ 合并排序法是一种稳定排序，例如 11、8、14、7、6、8+、23、4 在经过合并排序法的结果为 4、6、7、8、8+、11、14、23，这种排序不会更改键值相同的数据的原有顺序，例如上例中 8+在 8 的右侧，经排序后，8+仍在 8 的右侧，并没有改动键值相同的数据的原有顺序。

3. 待排序的关键字的值如下，使用冒泡排序法列出每个回合的结果：

26、5、37、1、61

解答▶

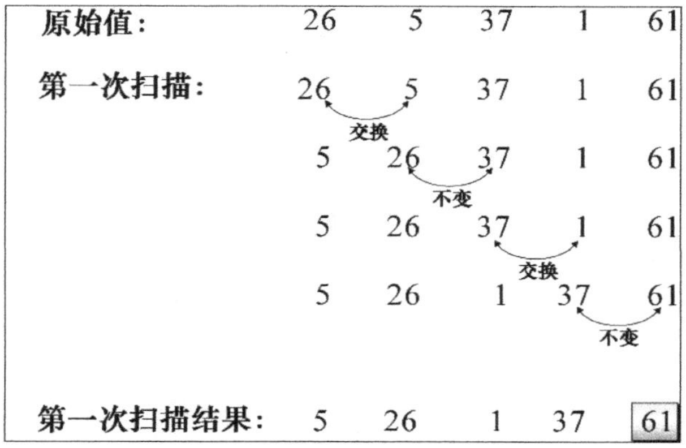

原始值：	26	5	37	1	61
第一次扫描：	26	5（26、5 交换）	37	1	61
	5	26	37（26、37 不变）	1	61
	5	26	37	1（37、1 交换）	61
	5	26	1	37	61（37、61 不变）
第一次扫描结果：	5	26	1	37	61

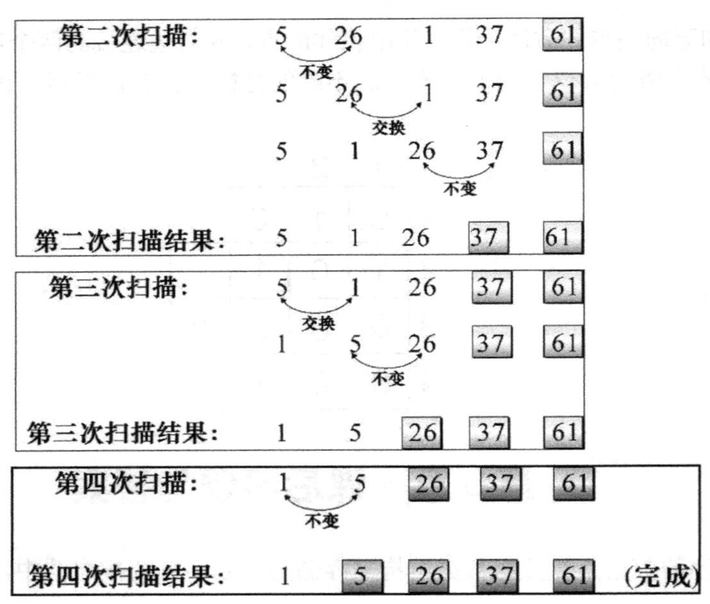

4. 建立下列序列的堆积树：

8、4、2、1、5、6、16、10、9、11

解答▶

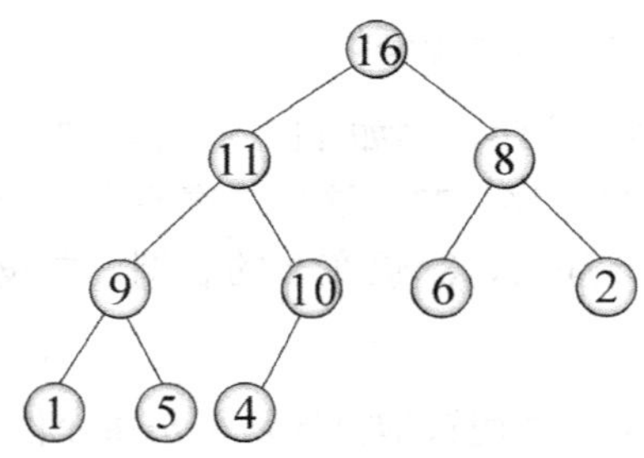

5. 待排序关键字其值如下，使用选择排序法列出每个回合排序的结果：

8、7、2、4、6

解答▶

1	X_0	X_1	X_2	X_3	X_4	X_5
2	-∞	8	7	2	4	6
3	-∞	7	8	2	4	6
4	-∞	2	7	8	4	6
5	-∞	2	4	7	8	6
	-∞	2	4	6	7	8

6. 待排序关键字其值如下，使用选择排序法列出每个回合排序的结果：

26、5、37、1、61

解答▶

26　5　37　1　61

→ (1)　5　37　26　61

→ (1)　(5)　37　26　61

→ (1)　(5)　(26)　37　61

→ (1)　(5)　(26)　(37)　61

7. 待排序关键字其值如下，使用合并排序法列出每个回合排序的结果：

11、8、14、7、6、8+、23、4

解答▶

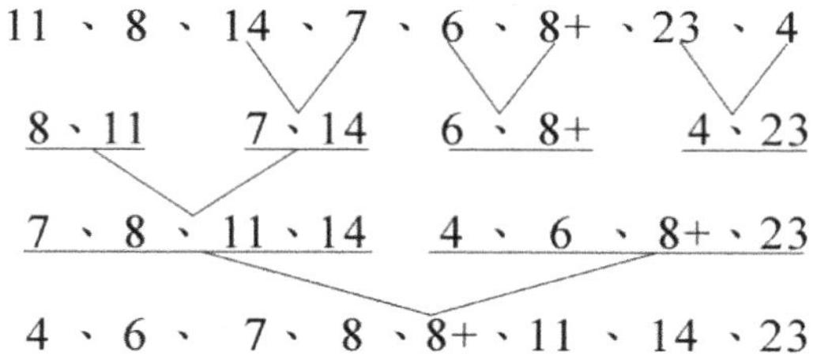

11 、8 、14 、7 、6 、8+ 、23 、4

8、11　7、14　6、8+　4、23

7 、8 、11、14　4 、6 、8+、23

4 、6 、7、8 、8+、11 、14 、23

8. 在排序过程中，数据移动的方式可分为哪两种方式？两者间的优劣如何？

解答▶ 在排序的过程中，数据的移动方式可分为“直接移动”和“逻辑移动”两种。“直接移动”是直接交换存储数据的位置，而“逻辑移动”并不会移动数据存储的位置，仅改变指向这些数据的辅助指针的值。两者间的优劣在于直接移动会浪费许多时间进行数据的移动，而逻辑移动只要改变辅助指针指向的位置就能轻易达到排序的目的。

9. 排序如果按照执行时所使用的内存区分，可分为哪两种方式？

解答▶ 排序可以按照执行时所使用的内存区分为以下两种方式。

（1）内部排序：排序的数据量小，可以全部加载到内存中进行排序。

（2）外部排序：排序的数据量大，无法全部一次性加载到内存中进行排序，而必须借助辅助存储器（如硬盘）进行排序。

10. 什么是稳定排序？试着举出 3 种稳定排序的例子。

解答▶ 稳定排序是指数据在经过排序后，两个相同键值的记录仍然保持原来的顺序。冒泡排序法、插入排序法、基数排序法都属于稳定的排序。

11.

（1）什么是堆积树？

（2）为什么有 n 个元素的堆积树可完全存放在大小为 n 的数组中？

（3）将下图中的堆积树表示为数组。

（4）将 88 移去后，该堆积树如何变化？

（5）若将 100 插入步骤（3）的堆积树中，则该堆积树如何变化？

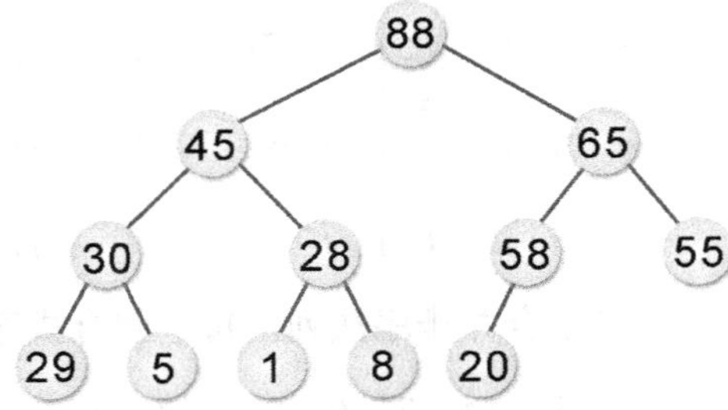

解答▶

（1）堆积树的特性（最大堆积树）：

① 为完全二叉树。

② 每个节点的键值都大于或等于其键值。

③ 树根的键值为各堆积树的最大值。

（2）因为堆积树为一个完全二叉树，按其定义可完全存于大小为 n 的数组中，且有下列规则：

① 节点 i 的父节点为 i/2。

② 节点 i 的右子节点为 2i+1。

③ 节点 i 的左子节点为 2i。

（3）存于一维数组中，如下图所示：

1	2	3	4	5	6	7	8	9	10	11	12
88	45	65	30	28	58	55	29	5	1	8	20

（4）

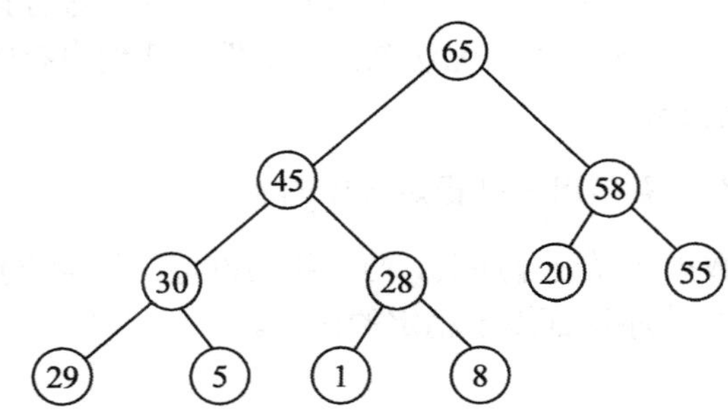

（5）

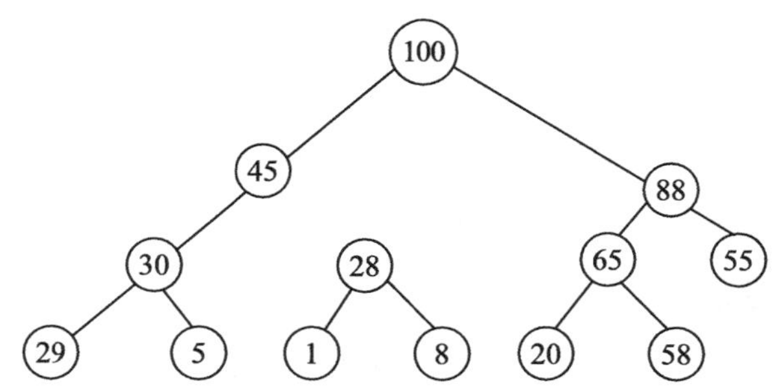

12. 最大堆积树必须满足哪 3 个条件？

解答▶ 最大堆积树要满足以下 3 个条件：

（1）它是一个完全二叉树。
（2）所有节点的值都大于或等于它左右子节点的值。
（3）树根是堆积树中最大的。

13. 回答下列问题：

（1）什么是最大堆积树？
（2）下面三棵树哪一棵为堆积树（设 a<b<c<...<y<z）？

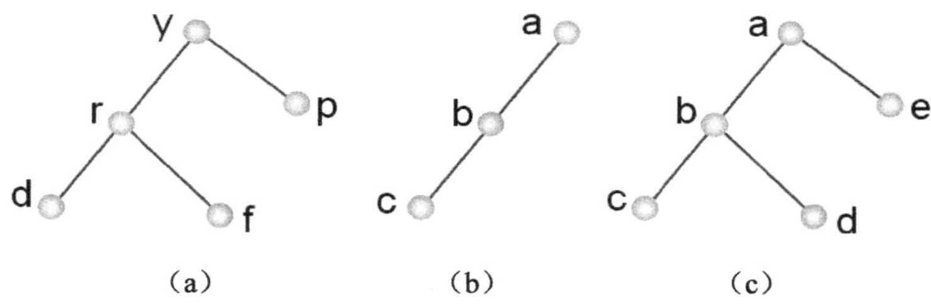

（3）利用堆积排序法把第（2）题中堆积树内的数据排成从小到大的顺序，并画出堆积树的每一次变化。

解答▶

（1）最大堆积树的定义：

a. 是一棵完全二叉树。
b. 每一个节点的值大于或等于其子节点的值。
c. 堆积树中具备最大键值的必定是树根。

（2）图（a）为堆积树。

（3）

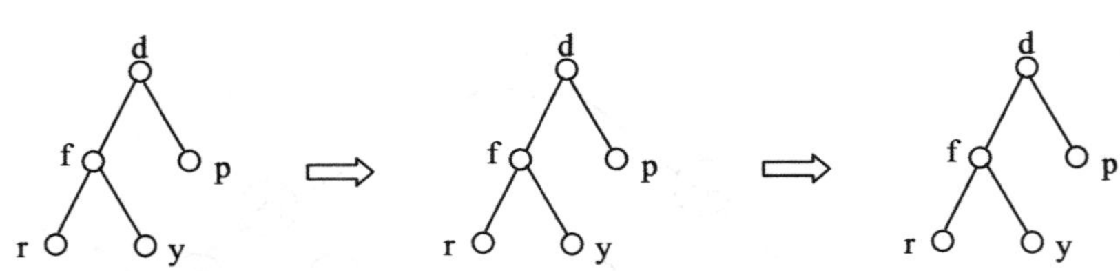

14. 简述基数排序法的主要特点。

解答▶ 基数排序法并不需要进行元素之间的直接比较操作，它属于一种分配模式的排序方式。基数排序法按比较的方向可分为最高位优先（Most Significant Digit First，MSD）和最低位优先（Least Significant Digit First，LSD）两种。MSD 是从最左边的位数开始比较，而 LSD 则是从最右边的位数开始比较。

15. 按序输入数据：5、7、2、1、8、3、4，并完成以下工作：

（1）建立最大堆积树。
（2）将树根节点删除后，再建立最大堆积树。
（3）在插入 9 后的最大堆积树是什么样的？

解答▶

（1）

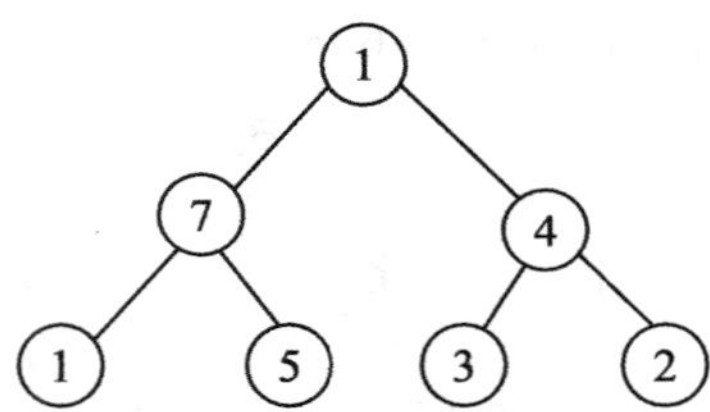

（2）

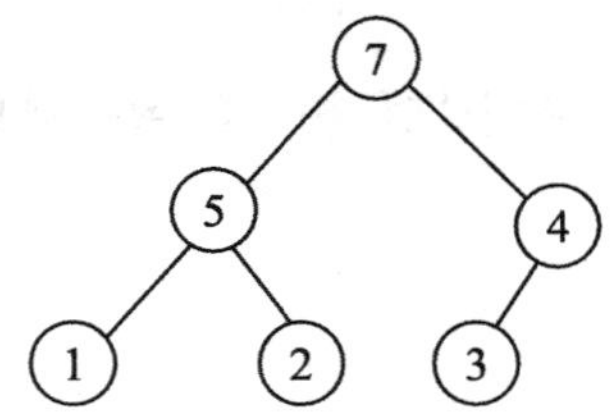

（3）

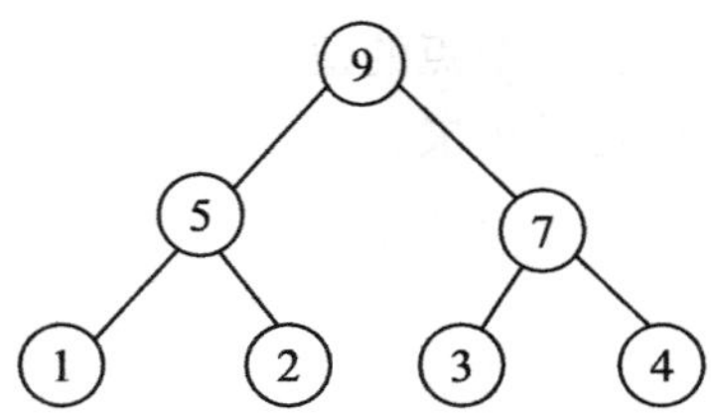

16. 若输入的数据存储于双链表中，则下列各种排序方法是否仍适用？试说明理由。

（1）快速排序
（2）插入排序
（3）选择排序
（4）堆积排序

解答▶ 提示：除了堆积排序法之外，其他 3 种都适用。

17. 如何改进快速排序的执行速度？

解答▶ 快速排序执行时最好的情况是使分开两边的数据个数尽量一致，故一般先找出中间值作为基准。

K_{middle}：{K_m, $K_{(m+n)/2}$, K_n}（m、n 表示分隔数据的左右边界）

例如 K_{middle}：{10, 13, 12} = 12。
此法会使在快速排序的最坏情况时，时间复杂度仍然只有 $O(n\log_2 n)$。

18. 下列叙述正确与否？试说明原因。

（1）无论输入什么数据，插入排序的元素比较总次数都比冒泡排序的元素比较总次数要少。

（2）若输入数据已排序完成，再利用堆积排序，则只需 O(n)时间即可完成排序，n 为元素个数。

解答▶ （1）错。提示：当有 n 个已排好序的输入数据时，两种方法比较次数都相同。
（2）错。在输入数据已排好序的情况下，需要 O(nlogn)的时间。

19. 我们在讨论一个排序法的复杂度时，对于那些以比较为主要排序手段的排序算法而言，决策树是一个常用的方法。

（1）什么是决策树？
（2）以插入排序法为例，对(a、b、c)三项元素进行排序，则其决策树是什么样的？试画出。
（3）就此决策树而言，什么能表示此算法的最坏表现。
（4）就此决策树而言，什么能表示此算法的平均比较次数。

解答▶

（1）对数据结构而言，决策树本身是人工智能（AI）中的一个重要概念，在信息管理系统（MIS）中也是决策支持系统（Decision Support System，DSS）执行的基础。也就是说，决策树就是利用树状结构的方法来讨论一个问题的各种情况分布的可能性。

（2）

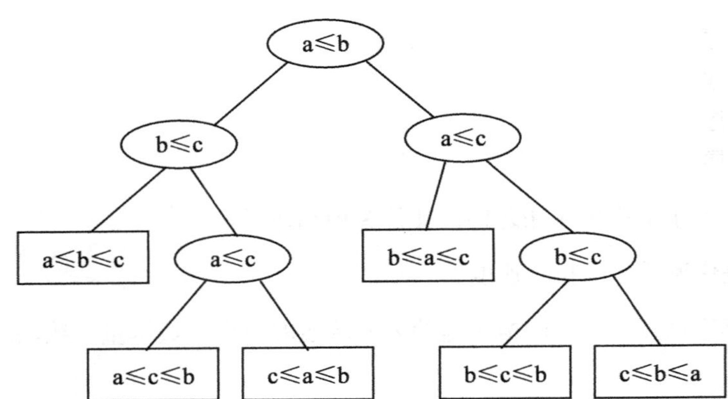

（3）最坏表现可以看成树根（root）到叶节点的最远距离，以本题来说就是 3。

（4）平均比较次数则是树根到每一个树叶节点的平均距离，以本题来说就是(2+3+3+2+3+3)/6=8/3。

20. 利用二叉查找法在 L[1]≤L[2]≤...≤L[i−1]中找出适当位置。

（1）在最坏情形下，此修改的插入排序元素比较总数是多少（以 Big-Oh 符号表示）？

（2）在最坏情形下，共需元素搬动的总数是多少（以 Big-Oh 符号表示）？

解答▶ （1）O(nlogn)　　（2）$O(n^2)$

21. 讨论下列排序法的平均情况和最坏情况时的时间复杂度：

（1）冒泡排序法　　（2）快速排序法

（3）堆积排序法　　（4）合并排序法

解答▶

排序方法	平均情况	最坏情况
冒泡排序法	$O(n^2)$	$O(n^2)$
快速排序法	O(nlogn)	$O(n^2)$
堆种排序法	O(nlogn)	O(nlogn)
合并排序法	O(nlogn)	O(nlogn)

22. 试以数列 26、73、15、42、39、7、92、84 来说明堆积排序的过程。

解答▶ 参考本章的方法，输出顺序为 7、15、26、39、42、73、84、92。

23. 回答以下选择题：

（1）若以平均所花的时间考虑，使用插入排序法排序 n 项数据的时间复杂度为多少？

A. O(n)　　B. $O(\log_2 n)$　　C. $O(n\log_2 n)$　　D. $O(n^2)$

（2）数据排序中常使用一种数据值的比较而得到排列好的数据结果。若现有 N 个数据，试问在各种排序方法中，最快的平均比较次数是多少？

A. $\log_2 N$　　B. $N\log_2 N$　　C. N　　D. N^2

（3）在一个堆积树数据结构上，搜索最大值的时间复杂度为多少？

A. O(n)　　B. $O(\log_2 n)$　　C. O(1)　　D. $O(n^2)$

（4）关于额外的内存空间，哪一种排序法需要最多？

A. 选择排序法　　B. 冒泡排序法　　C. 插入排序法　　D. 快速排序法

解答▶ （1）D　（2）B　（3）C　（4）D

24. 建立一个最小堆积树，必须写出建立此堆积树的每一个步骤。

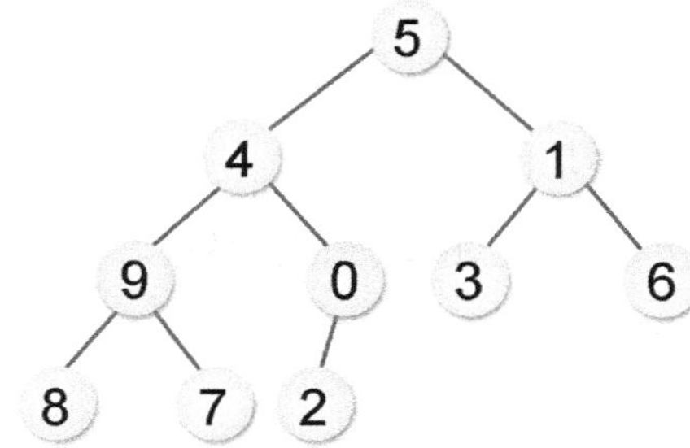

解答▶ 根据最小堆积树的定义：

（1）是一棵完全二叉树。
（2）每一个节点的键值都小于其子节点的值。
（3）树根的键值是此堆积树中最小的。

建立好的最小堆积树为：

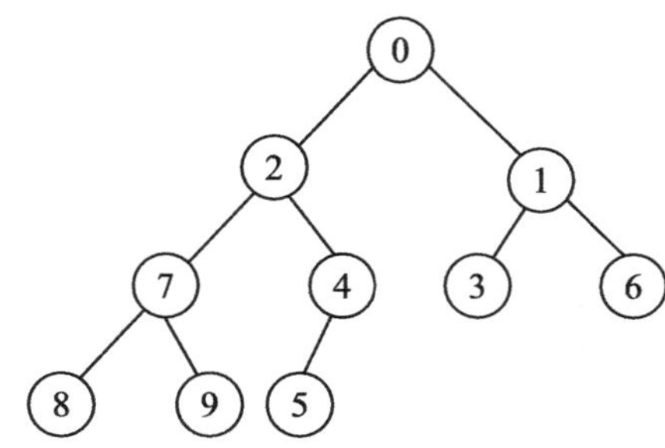

25. 说明选择排序为什么不是一种稳定的排序法？

解答▶ 由于选择排序是以最大或最小值直接与最前方未排序的键值互换，数据排列的顺序很有可能被改变，故不是稳定排序法。

26. 数列 (43, 35, 12, 9, 3, 99) 用冒泡排序法从小到大排序，在执行时前三次对换的结果各是什么？

解答▶

第一次交换的结果：(35, 43, 12, 9, 3, 99)
第二次交换的结果：(35, 12, 43, 9, 3, 99)
第三次交换的结果：(35, 12, 9, 43, 3, 99)

第 9 章　课后习题与答案

1. 若有 n 项数据已排序完成，用二分查找法查找其中某一项数据，其查找时间约为多少？

A. $O(\log^2 n)$　　B. O(n)　　C. $O(n^2)$　　D. $O(\log_2 n)$

解答▶ D。

2. 使用二分查找法的前提条件是什么？

解答▶ 必须存放在可以直接存取且已排好序的文件中。

3. 有关二分查找法，下列叙述哪一个是正确的？

A. 文件必须事先排序
B. 当排序数据非常小时，其时间会比顺序查找法慢
C. 排序的复杂度比顺序查找法要高
D. 以上都正确

解答▶ D。

4. 下图为二叉查找树，试绘出当插入键值为 42 时的新二叉树。注意，插入这个键值后仍需保持高度为 3 的二叉查找树。

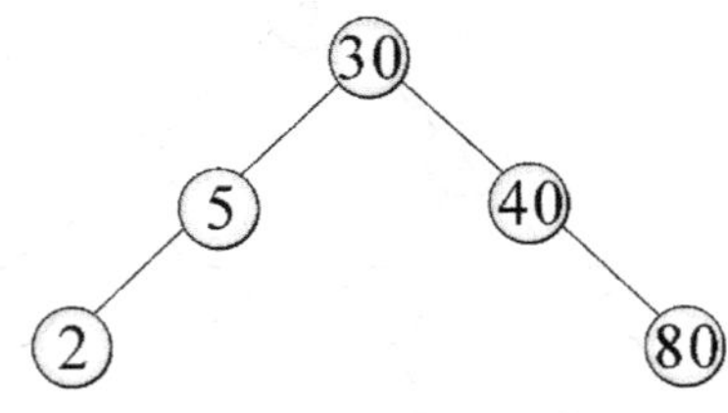

解答▶

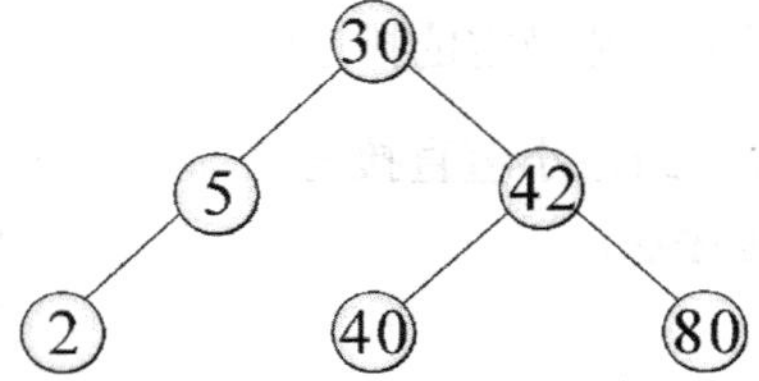

5. 用二叉查找树表示 n 个元素时，最小高度和最大高度的二叉查找树的值分别是什么？

解答▶

（1）最大高度二叉查找树的高度为 n（例如斜二叉树）。
（2）最小高度二叉查找树为完全二叉树，高度为$\lceil \log_2(n+1) \rceil$。

6. 斐波拉契查找法查找的过程中，算术运算比二分查找法简单，此说明是否正确？

解答▶ 正确。因为它只会用到加减运算，而不像二分法有除法运算。

7. 假设 A[i] = 2i，1≤ i ≤ n。若要查找的键值为 2k−1，以插值查找法进行查找，试求需要比较几次才能确定此为一次失败的查找？

解答▶ 2 次。

8. 用哈希法将这 7 个数字存在 0、1…6 的 7 个位置：101、186、16、315、202、572、463。若要存入 1000 开始的 11 个位置，又应该如何存放？

解答▶

f(X) = X mod 7
f(101) = 3
f(186) = 4
f(16) = 2
f(315) = 0
f(202) = 6
f(572) = 5
f(463) = 1

位置	0	1	2	3	4	5	6
数字	315	463	16	101	186	572	202

同理取：

f(X) = (X mod 11) + 1000
f(101) = 1002
f(186) = 1010
f(16) = 1005
f(315) = 1007
f(202) = 1004
f(572) = 1000
f(463) = 1001

位置	1000	1001	1002	1003	1004	1005	1006	1007	1008	1009	1010
数字	572	463	101		202	16		315			186

9. 什么是哈希函数？试使用除留余数法和折叠法，并以 7 位电话号码作为数据进行说明。

解答▶
以下列 6 组电话号码为例：

（1）9847585
（2）9315776
（3）3635251
（4）2860322
（5）2621780
（6）8921644

① 除留余数法：

利用 $f_D(X) = X \bmod M$，假设 $M = 10$

$f_D(9847585) = 9847585 \bmod 10 = 5$
$f_D(9315776) = 9315776 \bmod 10 = 6$
$f_D(3635251) = 3635251 \bmod 10 = 1$
$f_D(2860322) = 2830322 \bmod 10 = 2$
$f_D(2621780) = 2621780 \bmod 10 = 0$
$f_D(8921644) = 8921644 \bmod 10 = 4$

② 折叠法：

将数据分成几段，除最后一段外，每段长度都相同，再把每段值相加。

$f(9847585) = 984+758+5 = 1747$
$f(9315776) = 931+577+6 = 1514$
$f(3635251) = 363+525+1 = 889$
$f(2860322) = 286+032+2 = 320$
$f(2621780) = 262+178+0 = 440$
$f(8921644) = 892+164+4 = 1060$

10. 试述哈希查找与一般查找技巧有什么不同。

解答▶ 一般而言，判断一个查找法的好坏主要由其比较次数和查找时间来决定，一般的查找技巧主要是通过各种不同的比较方式来查找所要的数据项，反观哈希，则是直接通过数学函数来取得对应的地址，因此可以快速找到所要的数据。也就是说，在没有发生任何碰撞的情况下，其比较时间只需 O(1)的时间复杂度。除此之外，它不仅可以用来进行查找的工作，还可以很方便地使用哈希函数来进行创建、插入、删除与更新等操作。重要的是，通过哈希函数来进行查找的文件，事先不需要排序，这也是它和一般的查找存在差异的地方。

11. 什么是完美哈希？在什么情况下可以使用？

解答▶ 所谓完美哈希，是指该哈希函数在存入与读取的过程中不会发生碰撞或溢出。一般而言，只有在静态表的情况下才可以使用。

12. 假设有 n 个数据记录，我们要在这个记录中查找一个特定键值的记录。

（1）若用顺序查找，平均查找长度是多少？
（2）若用二分查找，平均查找长度是多少？
（3）在什么情况下才能使用二分查找法去查找一个特定记录？
（4）若找不到要查找的记录，在二分查找法中要进行多少次比较？

解答▶

（1）$\frac{n+1}{2}$ 次。
（2）$\sum_{i=1}^{n}\frac{\log_2(i+1)}{n}$次。
（3）已排序完成的文件。
（4）$O(\log_2 n)$。

13. 采用哪一种哈希函数可以使用整数集合：{74, 53, 66, 12, 90, 31, 18, 77, 85, 29}存入数组空间为 10 的哈希表不会发生碰撞？

解答▶ 采用数字分析法，并取出键值的个位数作为其存放地址。

14. 解决哈希碰撞有一种叫作 Quadratic 的方法，试证明碰撞函数为 h(k)，其中 k 为 key，当哈希碰撞发生时 $h(k)\pm i^2$，$1\leqslant i\leqslant\frac{M-1}{2}$，M 为哈希表的大小，这样的方法能涵盖哈希表的每一个位置，即证明该碰撞函数 h(k)将产生 0 ~ (M−1) 之间的所有正整数。

解答▶ 提示：可以导出，h(i)为一个哈希函数值。

```
A= { j²+h(I),[ mod M] | j=1,2...(M-1)/2 }
B= { (M+2h(I)-( j²+h(I))[ mod M])[ mod M] | j=1,2...(M-1)/2 }
=>A ∪ B= { j=0,1,2...M-1) } - { h(I) }
```

15. 哈希函数 f(x) = 5x+4，试分别计算下列 7 项键值所对应的哈希值：

87、65、54、76、21、39、103

解答▶

（1）f(87) = 5*87+4 = 439
（2）f(65) = 5*65+4 = 329
（3）f(54) = 5*54+4 = 274
（4）f(76) = 5*76+4 = 384
（5）f(21) = 5*21+4 = 109

（6）f(39) = 5*39+4 = 199

（7）f(103) = 5*103+4 = 519

16. 解释下列哈希函数的相关名词。

（1）bucket（桶）　　（3）完美哈希

（2）同义词　　（4）碰撞

解答▶

（1）bucket（桶）：哈希表中存储数据的位置，每一个位置对应一个唯一的地址（bucket address）。桶就好比存储一个记录的位置。

（2）同义词：当两个标识符 I_1 和 I_2 经哈希函数运算后所得的数值相同时，即 $f(I_1) = f(I_2)$，则称 I_1 与 I_2 对于 f 这个哈希函数是同义词。

（3）完美哈希：指没有碰撞又没有溢出的哈希函数。

（4）若两项不同的数据经过哈希函数运算后对应相同的地址，就称为碰撞。

17. 有一个二叉查找树：

（1）键值 key 平均分配在[1, 100]之间，求在该查找树查找平均要比较几次。

（2）假设 k = 1 时，其概率为 0.5；k = 4 时，其概率为 0.3；k = 9 时，其概率为 0.103；其余 97 个数，概率为 0.001。

（3）假设各 key 的概率如 (2)，是否能将此查找树重新安排？

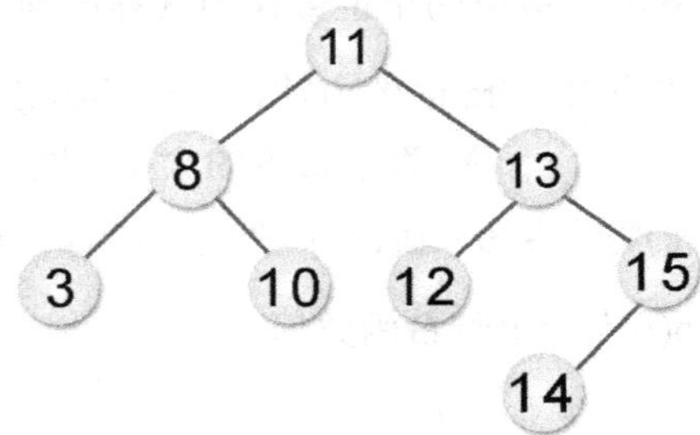

（4）以得到的最小平均比较次数绘出重新调整后的查找树。

解答▶

（1）2.97 次。

（2）2.997 次。

（3）可以重新安排此查找树。

（4）

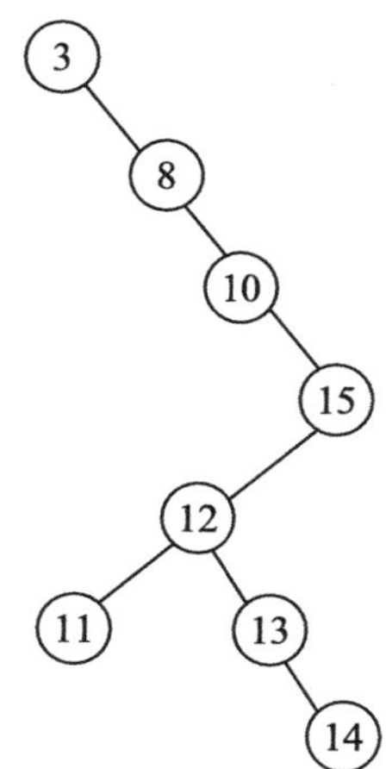

18. 试写出一组数据：（1, 2, 3, 6, 9, 11, 17, 28, 29, 30, 41, 47, 53, 55, 67, 78）以插值查找法找到 9 的过程。

解答▶

（1）先找到 m=2，键值为 2。

（2）再找到 m=4，键值为 6。

（3）最后找到 m=5，键值为 9。